普通高等学校省级精品课程教材
普通高等学校工科类精品教材

电子线路CAD技术

DIANZI XIANLU CAD JISHU

主　　编　袁依凤　袁慧宇
副 主 编　李　勤　陈　静　李海雯
编写人员　（以姓氏笔画为序）
代慧芳　孙新梅　李　勤
李海雯　陈　静　袁依凤
袁慧宇

中国科学技术大学出版社

内容简介

本书是一本面向电子、自动化专业的实用性教材。本书以功能强大的 Protel 99 SE 软件为主体，介绍其基础知识、设计流程及设计方法。

本书实例丰富、内容全面、步骤详细、易学好懂，可帮助读者快速、全面地掌握 Protel 99 SE 软件的设计技术。

本书可作为本科、高职高专学校教材，也可供电路设计人员、高级技术学校相关专业的师生参考。

图书在版编目(CIP)数据

电子线路 CAD 技术/袁依凤，袁慧宇主编. —合肥：中国科学技术大学出版社，2010.8
ISBN 978-7-312-02722-2

Ⅰ. 电… Ⅱ. ①袁… ②袁… Ⅲ. 电子电路—电路设计：计算机辅助设计—高等学校—教材 Ⅳ. TN702

中国版本图书馆 CIP 数据核字(2010)第 152564 号

出版 中国科学技术大学出版社
安徽省合肥市金寨路 96 号，230026
网址：http://press.ustc.edu.cn
印刷 安徽辉隆农资集团瑞隆印务有限公司
发行 中国科学技术大学出版社
经销 全国新华书店
开本 787 mm×1092 mm 1/16
印张 20.75
字数 531 千
版次 2010 年 8 月第 1 版
印次 2010 年 8 月第 1 次印刷
定价 35.00 元

前　言

随着电子科学技术的发展，电子设计自动化 EDA（Electronic Design Automation）的应用已成为时代潮流，EDA 的工作环境也由昂贵的工作站普及到一般个人电脑。计算机辅助设计进入电子设计各领域已成为趋势。对电子线路设计人员来说，掌握电子线路计算机辅助设计（电子线路 CAD）的基本概念，并能熟练运用有关 EDA 软件进行电路原理图设计及制作，将极大地提高工作效率。

Protel 99 SE 是由 Altium 公司开发的、目前国内最流行的通用电子设计自动化 EDA 软件。在当前众多的电子软件中，Protel 99 SE 以"强大的编辑功能、有效的检测手段和完善灵活的设计管理方式"等特点，深获电气行业工程技术人员的好评而得到广泛的使用。

本书以论述电子线路 CAD 软件设计原理为基础，重点介绍电子线路设计软件的应用，力图做到实例丰富、内容全面、步骤详细、易学好懂，使读者能够快速、全面掌握 Protel 99 SE 软件的设计技术。

本书具有以下主要特点：

配备丰富的网络资源。进入相关网址，就可参阅本课程配备的高清视频、电子课件、专题辅导资料等。

实例丰富、图解详细，可操作性强。尽可能对图加以汉译，使读者读图更为直观便捷。

注重模块的连接。原理图与层次原理图的过渡、原理图与 PCB 板图的过渡、原理图报表与 PCB 板图报表的区分，仿真原理图与 PCB 的联系要点等，这一切的关系在本书中均通过实例帮助读者快速了解。

效率高。通过汉译后的附录向读者指引元件库图标、元件封装库图标等所在，在较短时间内帮助学习者掌握第一手资料。

提供了第三方软件接口的方法。功能强大的 Protel 99 SE 软件与其他电子软件、绘图软件的结合使用可以使设计者绘图得心应手，设计更为灵活便捷。

本书主要内容如下：

第 1 章　介绍了 Protel 99 SE 的发展演变、运行环境、体系结构、文件管理以及 Protel 99 SE 的安装及卸载、启动和关闭等基本操作方法。

第 2 章　介绍有关 Protel 99 SE 的窗口设置、图纸设置、网格和光标设置等。

第 3 章　重点介绍原理图设计流程、绘制电路图的工具、报表及原理图输出等方法，并以一个完整的实例说明原理图设计全过程。

第 4 章　重点介绍层次电路设计方法、层次电路方框图、方框图内输入/输出端口的放置。

第 5 章　介绍了元件库编辑器的管理、元件图形符号的创建实例。

第 6、7 章　重点介绍 PCB 板的规划、手动与自动设计 PCB 板的步骤与方法、手动布局与自动布局、手动布线与自动布线、PCB 报表的含义。

第 8 章　介绍了元件封装图形的 3 种创建方法、元件封装编辑器的使用。

第 9 章　介绍 SIM 99 仿真库中的主要元件与激励源、仿真总体设计流程图、仿真器设置、电路仿真实例。

第 10 章　介绍实训项目，包括原理图设计、层次原理图设计、PCB 图设计、仿真电路图的仿真。

第 11 章　介绍了 Protel 99 SE 与第三方软件的接口。

附录　提供了绘制原理图的常用元件样图、元件封装类型样图、PCB 制作步骤，汉译后常用元件封装库名、汉译后仿真元件库所在库名。

本书由袁依凤和袁慧宇主编，并协同陈静、李海雯、孙新梅、代慧芳、李勤等共同执笔编写。其中本教材的前言及第 1、7、10、11 章由袁依凤与李勤负责编写并绘图；第 2、3、4、5 章由李海雯、陈静负责编写并绘图；第 6、8、9 章及附录由孙新梅、代慧芳、袁慧宇负责编写并绘图。团队成员人均编写字数在 6 万字以上。

在此感谢李安玉、李立柱等提出的意见与建议，他们的无私帮助是我们做好工作的动力。

由于编者水平有限，编写时间仓促，不足之处请广大读者批评指正。

编　者

2010 年 5 月 25 日

目　录

第 1 章　Protel 99 SE 基础

【内容提要】

- Protel 99 SE 的安装与卸载
- Protel 99 SE 的基本操作
- 设计管理器的使用
- Protel 99 SE 的窗口管理

本章主要介绍 Protel 99 SE 的基础知识，主要内容有：运行环境、体系结构、文件管理以及窗口界面等；还介绍了 Protel 99 SE 的安装及卸载、启动和关闭等基本操作方法。

1.1　Protel 99 SE 概述

Protel 是目前 EDA 行业中使用最方便、操作最快捷、界面最友好的开发工具。Protel 系列产品是澳大利亚 Protel 公司开发的大型电子线路设计软件。1988 年，美国 ACCEL 公司推出用于电子辅助设计的 Tango 软件，随后被 Protel 公司收购，成为 Protel 系列产品的前身。

Protel 公司在 1985 年推出 DOS 操作环境下的 Protel for DOS 软件；1997 年推出 Protel 98 软件；1999 年推出 Protel 99 软件；2000 年推出 Protel 99 SE 软件；2002 年又推出 Protel DXP 软件。

Protel 系列软件把所有核心 EDA 软件工具集中到一个集成软件包中，从而可以实现从设计概念到生产的无缝集成。目前，Protel 99 SE 以体积小、占用系统资源少、功能更强大、界面更友好等优点，成为使用最广泛的 Protel 版本。

1.1.1　Protel 99 SE 的功能模块

Protel 99 SE 集成了多种 EDA 功能，主要功能模块包括：电路原理图设计模块（SCH）、印制电路板设计模块（PCB）、自动布线模块（Route 99）、可编程逻辑器件设计模块（PLD）、电路信号仿真模块（SIM）等 5 大模块。

1. 电路原理图设计模块（Schematic）

电路原理图设计模块包括电路图编辑器（简称 SCH 编辑器）、电路图元器件编辑器（简称 Sch. lib 编辑器），是表示电子电气产品电路工作原理的重要技术文件，电路原理图设计系统主要用于绘制、修改和编辑电路原理图，是由代表各种电子元件的图形符号、线路、节点和说明文字组成的。如图 1.1 所示为一张完整的电路原理图。

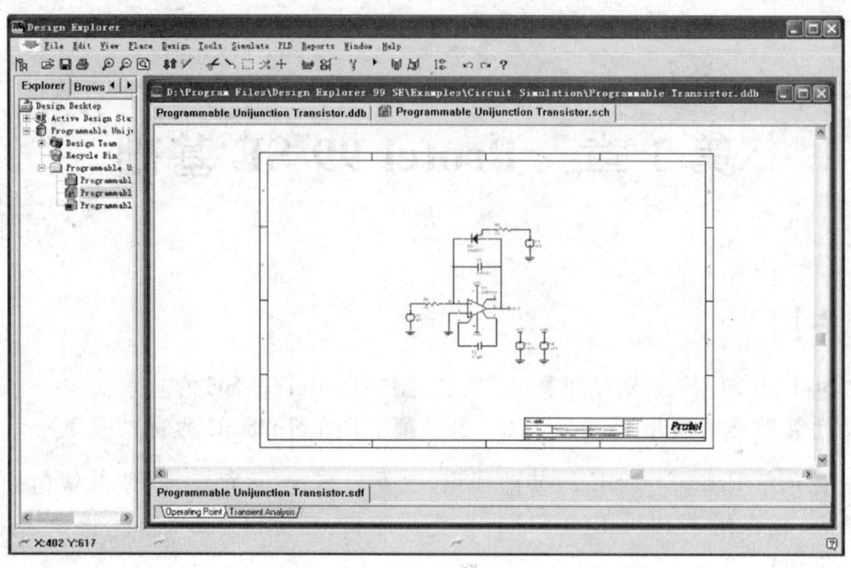

图 1.1 一张完整的电路原理图

2. 印制电路板设计模块(PCB)

印制电路板设计模块包括印制电路板编辑器(简称 PCB 编辑器)、元件封装编辑器(简称 PCB. lib 编辑器),主要用于绘制、修改和编辑印制电路板,更新和修改元件封装,管理电路板组件等,如图 1.2 所示为一张标准的印制电路板图。而印制板图就是制作电路板的设计图纸。PCB 设计模块是完成制板图设计的电子 CAD 工具。

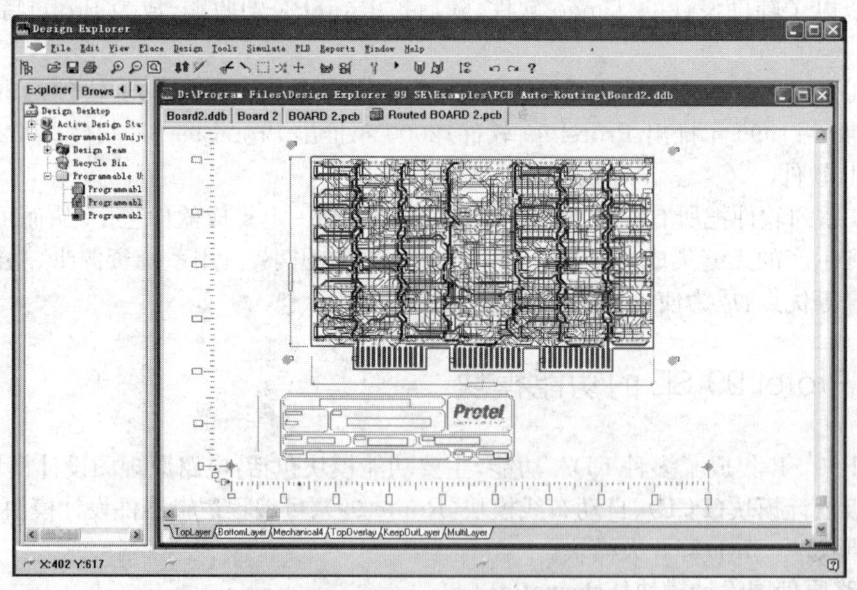

图 1.2 一张标准的印制电路板图

3. 自动布线模块(Route 99)

自动布线模块是一个完全集成的基于形状(Shape-based)的无网格自动布线器。布线效率高,使用方便。自动布线模块主要是为 PCB 设计系统服务,用于印制电路板设计自动布线，以实现 PCB 设计的自动化。

4. 可编程逻辑器件设计模块(PLD)

PLD 模块是一个可编程逻辑器件设计开发环境。可使用原理图或 CUPL 硬件描述语言作为设计前端，全面支持各大厂家的逻辑器件。PLD 99 模块包括一个波形编辑器(简称 Waveform)以及一个带有语法功能的文本编辑器，用于对逻辑电路进行分析综合，仿真逻辑信号的波形，可以最大限度地简化数字电路设计。

5. 电路信号仿真模块(SIM 99)

电路信号仿真模块 SIM 99 是一个功能强大的数字/模拟信号仿真器，可提供连续的模拟信号和离散的数字信号仿真，它运行在 Protel 的 EDA/Client 集成环境下，与 Protel 99 Advanced Schematic 原理图输入程序协同工作，作为 Advanced Schematic 的扩展，提供了一个完整的从设计到验证仿真设计的环境。

在 Protel 99 SE 中进行仿真，只需从仿真元器件库中选择所需要的元器件，连接好原理图，加上激励源，然后单击仿真按钮即可自动开始仿真。

1.1.2 Protel 99 SE 的安装与卸载

1. Protel 99 SE 的运行环境

Protel 99 SE 的运行环境包括软件环境和硬件环境。

(1) 软件环境：Protel 99 SE 要求运行在 Windows 98/2000/NT 或者更高版本操作系统中。

(2) 硬件环境：为了充分发挥 Protel 99 SE 的强大功能，要求机器的性能越高越好，至少应具备以下的硬件配置：

◆ CPU：Pentium Ⅱ或 Celeron 以上或者其他公司的同等级的 CPU。

◆ 内存 RAM：32 MB 以上，最好 64 MB 以上。

◆ 硬盘：剩余空间 400 MB 以上，最好是 1 GB 以上。

◆ 显示器分辨率：显示分辨率为 800×600 以上。显示分辨率 1024×768 为 Protel 99 SE 设计窗口的标准显示方式。当显示分辨率为 800×600 时，浏览管理器窗口下半部分将被截去，但设计器窗口中的设计可以正常进行。

◆ 显示卡：显示卡显存在 1 MB 以上。若显示卡配有 2 MB 以上的显存，则可支持更高的分辨率及更多的色彩，例如在 1024×768 分辨率下可以显示 65536 种颜色。

2. Protel 99 SE 的安装

安装 Protel 99 SE 的具体步骤如下：

步骤 1　运行安装光盘中 Protel 99 SE 子目录下的 Setup. exe 文件，将弹出安装向导对话框。

步骤 2　单击“Next”按钮，弹出 Protel 99 SE Setup 的用户信息对话框，如图 1.3 所示。在该对话框中的“Name”文本框中输入用户名；在“Company”文本框中输入单位名称；在“Access Code”文本框中输入序列号，序列号可在安装盘的安装说明文件中找到。

步骤 3　单击“Next”按钮，弹出安装路径对话框。若想改变路径，单击“Browse”按钮，选择安装路径。

步骤4 单击“Next”按钮，弹出选择安装方式对话框。其中，“Typical”单选按钮为典型安装，此时只安装Protel 99 SE的最基本功能组件，以适应大多数的计算机。“Custom”单选按钮为定制安装。

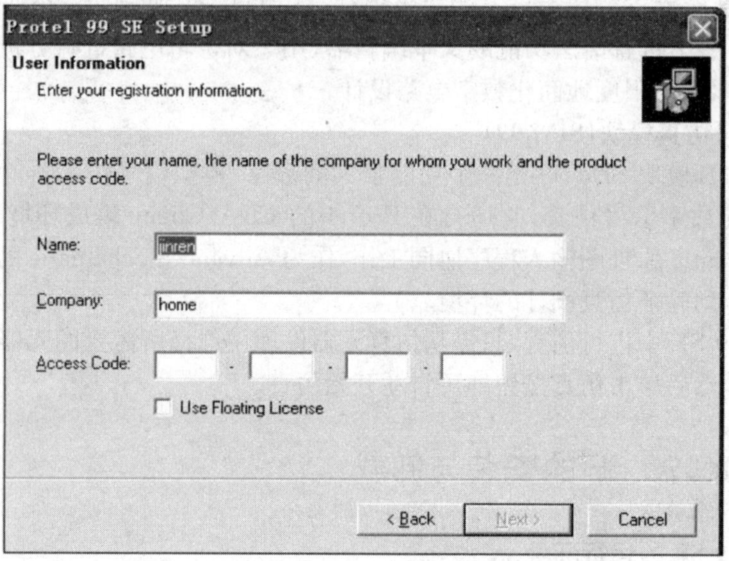

图1.3 Protel 99 SE Setup的用户信息对话框

步骤5 选择后，单击“Next”按钮，将弹出开始安装对话框。用户仍可以通过单击“Back”按钮，返回到前面的安装选项界面重新选择。

步骤6 如果确认无误，单击“Next”按钮，开始安装，安装过程中显示安装进度对话框，若需要终止安装过程，可以单击“Cancel”按钮。

步骤7 安装后选择重新启动系统，接着弹出安装完成对话框，单击“Finish”按钮，即可完成Protel 99 SE的安装。

安装结束后，系统会在“开始\程序”菜单中创建一个Protel 99 SE快捷子菜单，同时在桌面上创建一个Protel 99 SE快捷图标。

3. 安装中文菜单

步骤1 安装中文菜单：将安装盘中的Client99se. rcs复制到Windows根目录中(C:\ windows\)。在复制中文菜单前，先启动一次Protel 99 SE，关闭后将Windows根目录中的Client99se. rcs英文菜单保存起来，可以保存在任意位置。

步骤2 安装PCB汉字模块：将附带光盘中pcb-hz目录的全部文件复制到Design Explorer 99se根目录中，注意检查一下hanzi. lgs和Font. DDB文件的属性，将其只读选项去掉。

步骤3 安装国标码、库：将附带光盘中gb4728. ddb(国标库)复制到Design Explorer 99se/Librsry/SCH目录中，并将其属性中的只读选项去掉。将附带光盘中的Guobiao Template. ddb(国际模板)复制到Design Explorer 99se根目录中，并将其属性中的只读选项去掉。Protel 99 SE汉化过程完成。

4. Protel 99 SE的卸载

卸载Protel 99 SE的具体步骤如下：

步骤 1　在 Windows 的“开始”菜单中选择“设置/控制面板”，然后在控制面板中选择“添加/删除程序”选项。

步骤 2　在该对话框中，单击“添加/删除”按钮，将显示“Setup”对话框。其中，选择“Modify” 单选按钮，将自动修复被破坏的 Protel 99 SE 系统的功能；选择“Repair” 单选按钮，将重新安装 Protel 99 SE；选择“Remove” 单选按钮，将卸载 Protel 99 SE。

步骤 3　选择“Remove”单选按钮后单击“Next”按钮，将显示如图 1.4 所示的对话框。

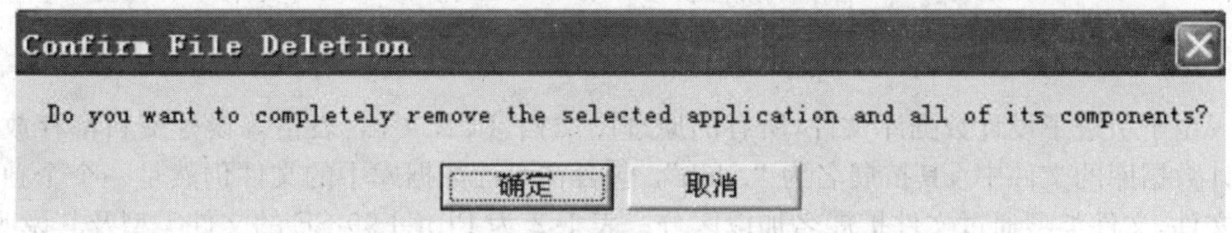

图 1.4　删除确认对话框

步骤 4　单击“确定”按钮，开始卸载。在卸载过程中，若想终止卸载，可单击“取消”按钮。

步骤 5　卸载完毕后，单击“Finish”按钮即可完成卸载。

1.1.3　Protel 99 SE 的文件组成

Protel 99 SE 安装完毕后，系统将在用户指定的安装目录下创建几个子文件夹，其中主应用程序文件 Client99se. exe 放在安装目录下。

单击 File\Open\Program Files\Design Explorer 99 SE，弹出设计文件管理器对话框，如图 1.5 所示。

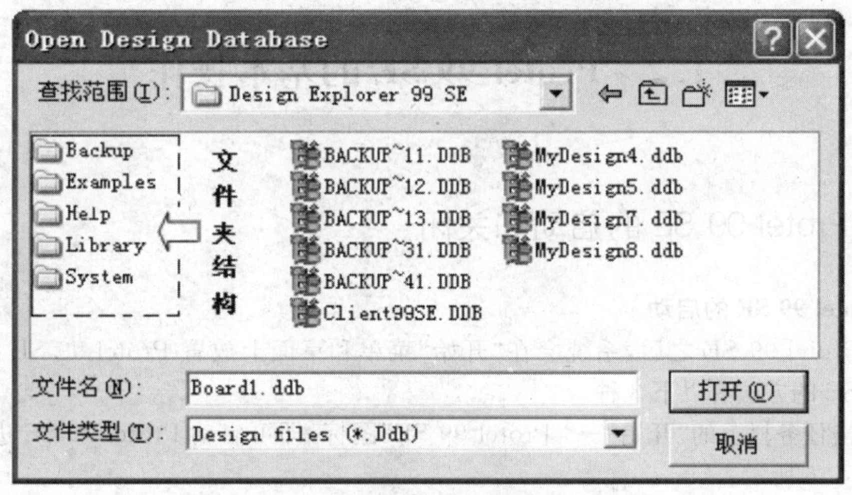

图 1.5　设计文件管理器对话框

其中 Protel 99 SE 的文件夹结构说明如表 1.1 所示。

表 1.1 Protel 99 SE 的文件夹结构

文件夹名称	存放文件说明
Backup	存放被修改文档的备份
Examples	存放 Protel 99 SE 附带的例子
Help	存放 Protel 99 SE 的帮助文件
Library	存放原理图(SCH)、PCB、PLD、仿真(SIM)等文件
System	存放 Protel 99 SE 各服务器程序文件

由于引进了设计数据库文件，所有的原理图文档、PCB 文档、表格等设计资料都存放在设计数据库的文件中，其扩展名为“.ddb”。包含在设计数据库中的文件仍然是一个个独立的文件，文件类型通过文件扩展名加以区分。表 1.2 为 Protel 99 SE 的文件类型及其说明。

表 1.2 Protel 99 SE 的文件类型及其说明

文件扩展名	文件类型说明	文件扩展名	文件类型说明
.abk	自动备份文件	.pld	Pld 描述文件
.ddd	设计数据库文件	.txt	文本文件
.pcb	印制板图文件	.rep	生成的报告文件
.sch	原理图文件	.ERC	电气法规测试报告文件
.lib	元件库文件	.XLS	元件列表文件
.net	网络表文件	.XRF	交叉参考元件列表文件
.prj	项目文件		

1.2 Protel 99 SE 的基本操作

1.2.1 Protel 99 SE 的启动和关闭

1. Protel 99 SE 的启动

安装 Protel 99 SE 之后，系统会在“开始”菜单和桌面上放置 Protel 99 SE 图标，启动 Protel 99 SE 的方法有以下 3 种。

◆ 单击任务栏上的“开始”→“ Protel 99 SE”图标，即可启动 Protel 99 SE 进入设计主窗口，如图 1.6 所示。

◆ 单击任务栏上的“开始”→“程序(P)”→ “Protel 99 SE”图标，即可启动 Protel 99 SE 进入设计主窗口，如图 1.7 所示。

◆ 直接在桌面上双击“Protel 99 SE”图标。启动主应用程序后，系统进入如图 1.8 所示的设计主窗口。

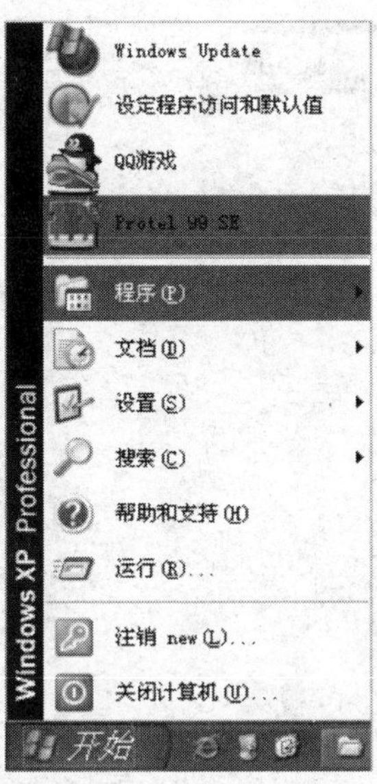

图1.6　“开始”菜单中的“Protel 99 SE”图标

图1.7　从“开始”到“程序”再到“Protel 99 SE”图标

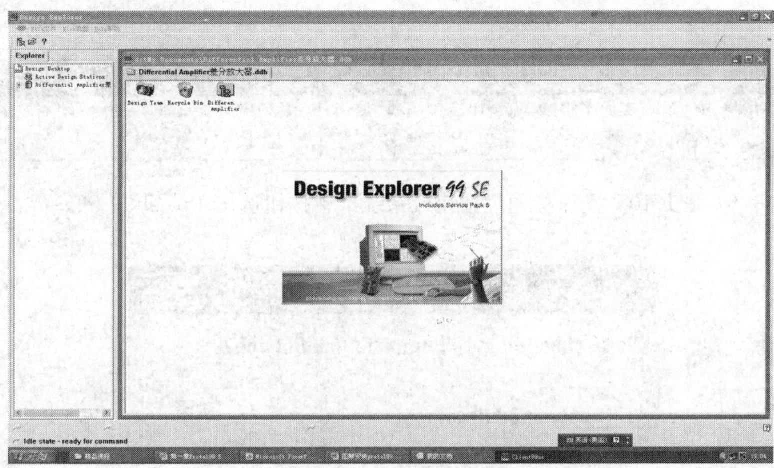

图1.8　启动后的Protel 99 SE主窗口

2. Protel 99 SE的关闭

关闭Protel 99 SE的方法有以下3种。

◆ 选择“File”菜单，然后在弹出的下拉菜单组中选择“Exit”菜单项，如图1.9所示。

◆ 从“开始”到“程序”再到“Protel 99 SE”图标，单击主窗口标题栏上的“×”退出按钮，或直接双击“系统菜单”按钮，如图1.10所示。

◆ 按下Alt+F4组合键。

在退出Protel 99 SE主程序时，如果修改了文档而没有保存，则会出现一个对话框，询问用户是否保存文件，如图1.11所示。

若要保存文件，单击“Yes”按钮；若不保存文件，单击“No”按钮；如果想退出操作，单击“Cancel”按钮。

图 1.9 执行菜单命令退出 Protel 99 SE

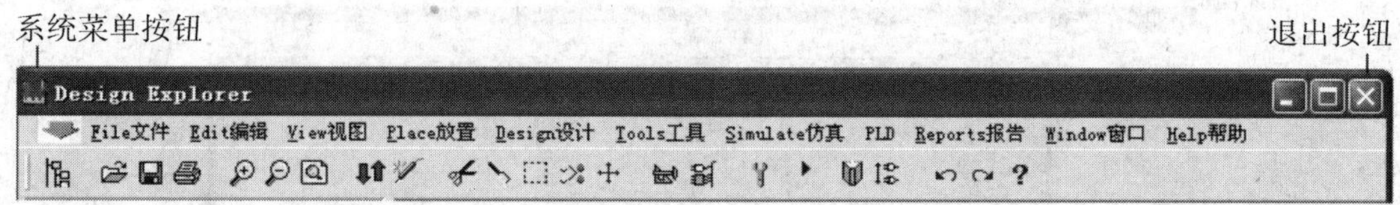

图 1.10 操作标题栏按钮或系统菜单按钮退出 Protel 99 SE

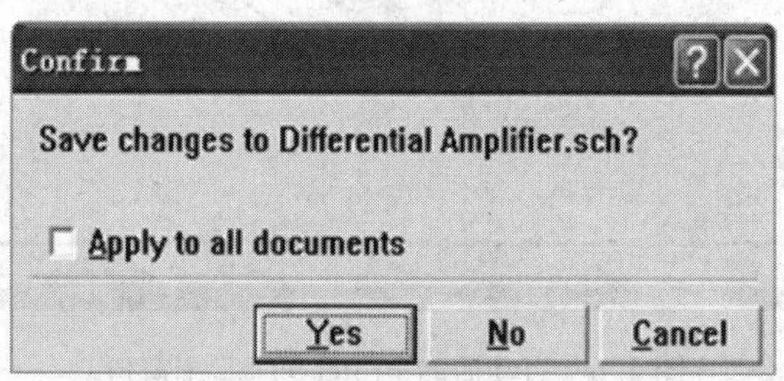

图 1.11 退出时的"询问"对话框

1.2.2 进入 Protel 99 SE 设计环境

启动 Protel 99 SE,系统将进入设计环境。

此时可单击"File"菜单中的"New"命令,系统弹出如图 1.12 所示"建立新设计数据库"的文件路径设置选项卡。下面介绍该选项卡。

1. Design Storage Type(设计保存类型)

在选项卡右侧的下拉按钮中有"MS Access Database"和"Windows File System"选项。

◆ "MS Access Database"选项。

图 1.12　建立新设计数据库

设计过程的全部文件都存储在单一的数据库中，即所有的原理图、PCB 文件、网络表、材料清单等都保存在一个后缀为.ddb 的文件中，在资源管理器中只能看到唯一的后缀为.ddb 的文件。

◆ “Windows File System”选项。

在对话框底部指定的硬盘位置建立一个数据库的文件夹，所有文件都被自动保存在文件夹中。可以直接在资源管理器中对数据库中的设计文件（如原理图、PCB 等）进行复制、粘贴等操作。这种设计数据库的存储类型，可以方便地在硬盘上对数据库内部的文件进行操作，但不支持 Design Team 特性。

若选择“MS Access Database”类型，对话框将增加一个 “Password”（密码设置）选项卡，如图 1.13 所示。若选择“Windows File System”类型，则没有该选项卡。

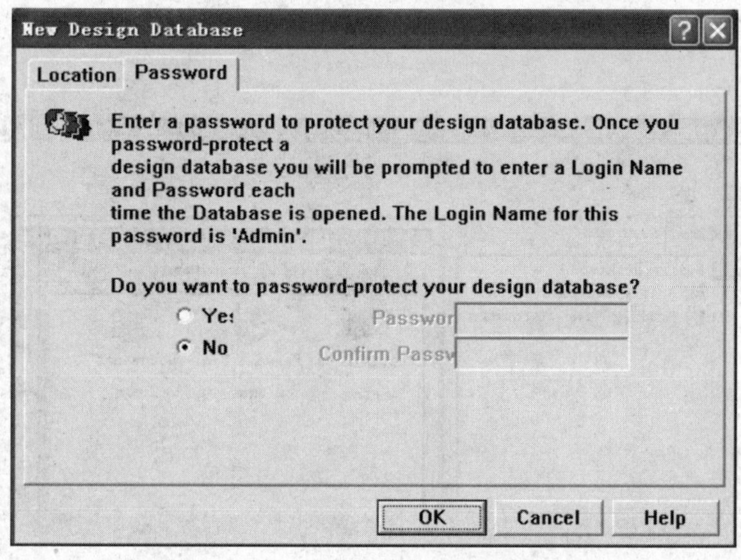

图 1.13　文件密码设置选项卡

当选择 “MS Access Database”类型时,如果想设置密码,则可以单击图 1.13 所示的对话框中的“Password”,进入文件密码选项卡,然后选择 “Yes”单选按钮,并在右边的“Password”和“Confirm Password”(确认密码)编辑框中输入相同的密码,如图 1.13 所示,即可完成设置。

注意: 必须记住用户自己设置的密码,否则将打不开所设计的文件。

2. Database File Name(数据库文件名)

可更改新建设计数据库文件的名称,在编辑框中输入所设计的电路图的数据库名,文件名的后缀为.ddb。

3. Protel 99 SE 设计组管理

在图 1.12 中单击“Browse”按钮,系统将弹出如图 1.14 所示的文件另存对话框,此时用户可以设定数据库文件要保存的路径。

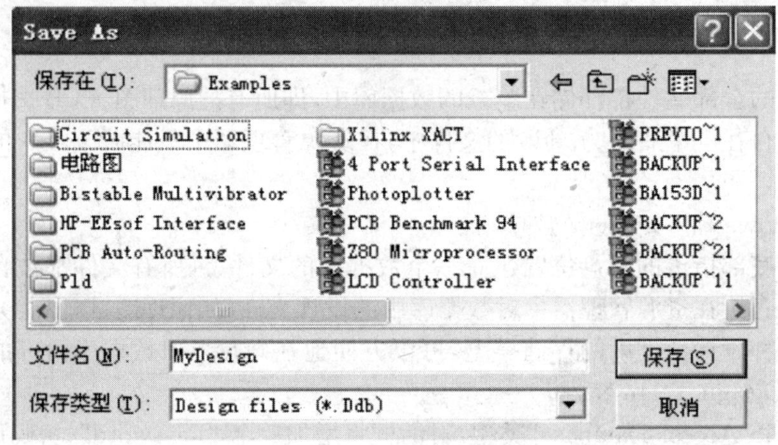

图 1.14 文件另存对话框

完成文件名的输入后,单击“保存”按钮,完成创建设计数据库操作,进入如图 1.15 所示的设计环境。

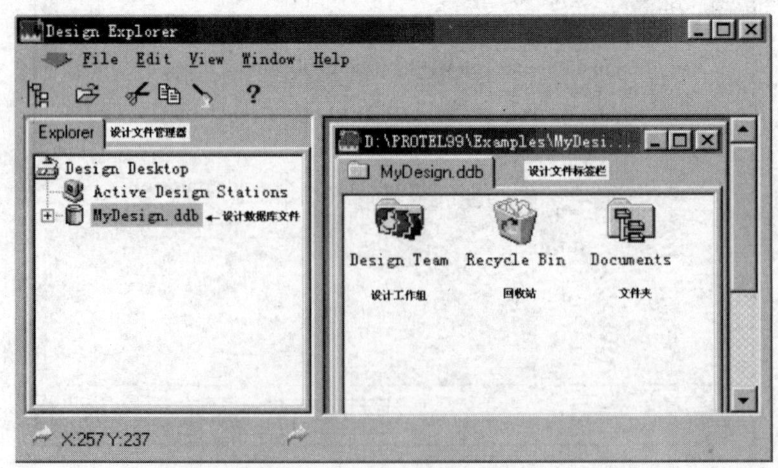

图 1.15 创建设计数据库

新设计数据库在创建之后将处于打开状态，同时被创建的还有一个设计工作组、回收站和一个设计文件夹工作组。Protel 99 SE提供了一系列的工具来管理多个用户同时操作项目数据库。每个数据库默认时都带有设计工作组(Design Team)，其中包括Members、Permissions、Sessions 3个部分。Members自带两个成员：系统管理员(Admin)和客户(Guest)。系统管理员可以进行修改密码、增加访问成员、删除设计成员、修改权限等操作。

1.2.3 Protel 99 SE文件管理

在建立一个新的设计数据库后，如果用户没有进入具体的设计操作界面，Protel 99 SE的各菜单主要是进行各种文件命令操作，设置视图的显示方式以及编辑操作。系统包括File、Edit、View、Window和Help等5个下拉菜单，如图1.15所示。

1. 文件管理

文件管理主要通过"File"菜单的各命令来实现，"File"菜单如图1.16所示。

"File"菜单中各选项的功能如下：

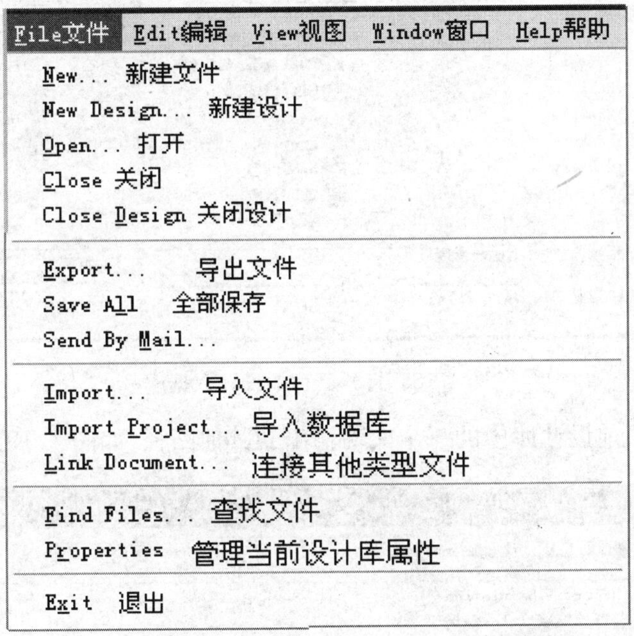

File文件 Edit编辑 View视图 Window窗口 Help帮助

New... 新建文件
New Design... 新建设计
Open... 打开
Close 关闭
Close Design 关闭设计

Export... 导出文件
Save All 全部保存
Send By Mail...

Import... 导入文件
Import Project... 导入数据库
Link Document... 连接其他类型文件

Find Files... 查找文件
Properties 管理当前设计库属性

Exit 退出

图1.16 "File"菜单

◆ New：新建一个空白文件。选择需建立的文档类型，然后单击"OK"按钮即可，如图1.17所示。

◆ New Design：新建立一个设计库。所有的设计文件将在这个设计库中统一进行管理，该命令与用户还没有创建数据库前的"New"命令执行过程一致。

◆ Open：打开已存在的设计数据库。执行该命令后，系统将弹出如图1.18所示的对话框，可以选择需要打开的文件对象或设计数据库。

◆ Close：关闭当前已经打开的设计文件。

◆ Close Design：关闭当前已经打开的设计库。

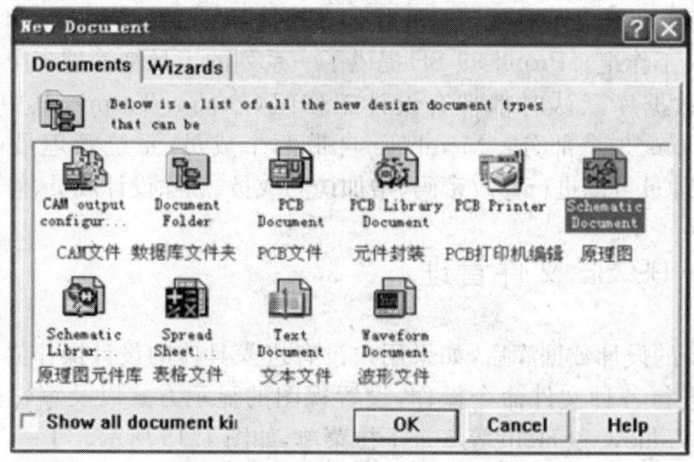

图 1.17 建立新文档对话框

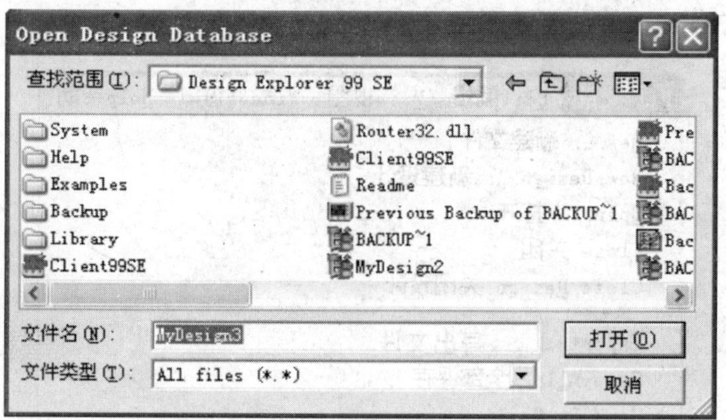

图 1.18 打开已存的设计数据库

◆ Export:将当前设计库中的一个文件输出到其他路径,如图 1.19 所示的对话框。

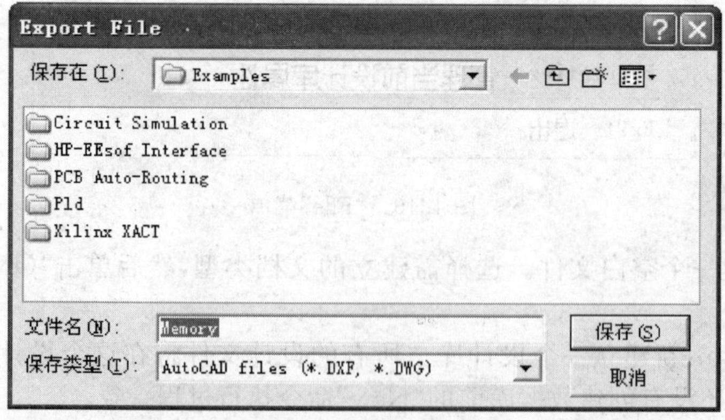

图 1.19 输出当前文件对话框

◆ Save All:保存当前所有已打开的文件。

◆ Send By Mail:选择命令后,可以将当前的设计数据库通过 E-mail 传送到其他计算机。

◆ Import:将其他文件导入到当前设计库。成为当前设计数据库中的一个文件。在如图 1.20 所示的导入文件对话框中,选取所需要的文件,则此文件导入到当前设计库中。

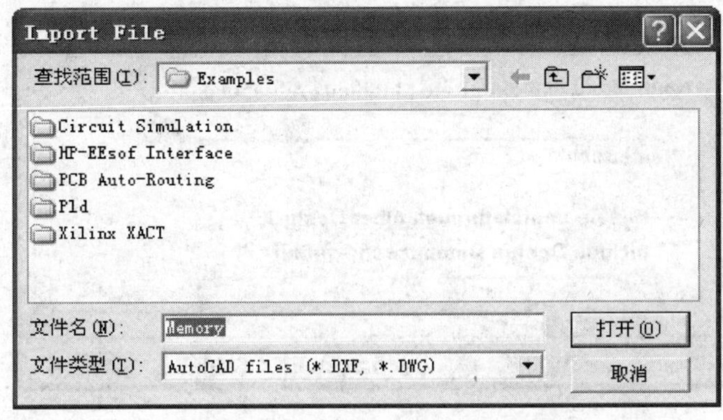

图 1.20　导入文件对话框

◆ Import Project:导入一个已经存在的设计数据库到当前设计平台中,如图 1.21 所示的打开设计数据库对话框。

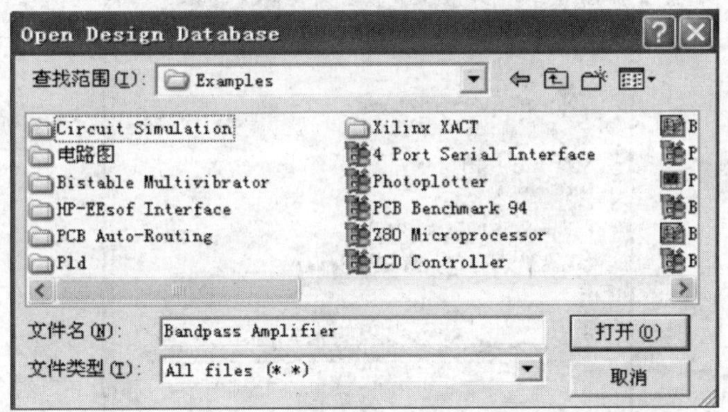

图 1.21　打开设计数据库对话框

◆ Link Document:连接其他类型的文件到当前设计库中,如图 1.22 所示对话框。

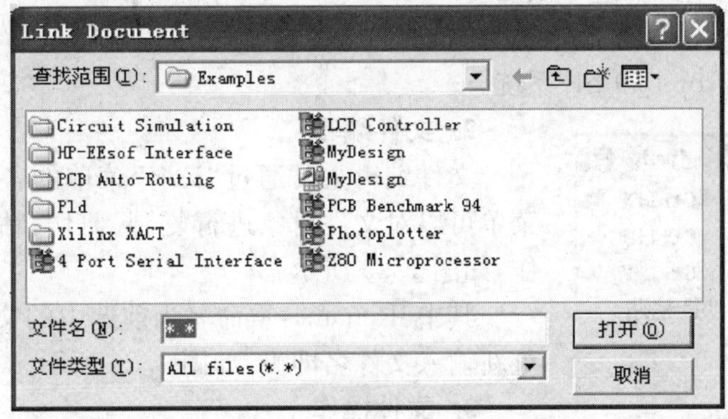

图 1.22　连接其他类型的文件到当前设计库

◆ Find Files:选择该命令后,系统将弹出如图 1.23 所示查找文件对话框,可以查找设计数据库中或硬盘驱动器上的其他文件,用户可以设置各种不同的查找方式。

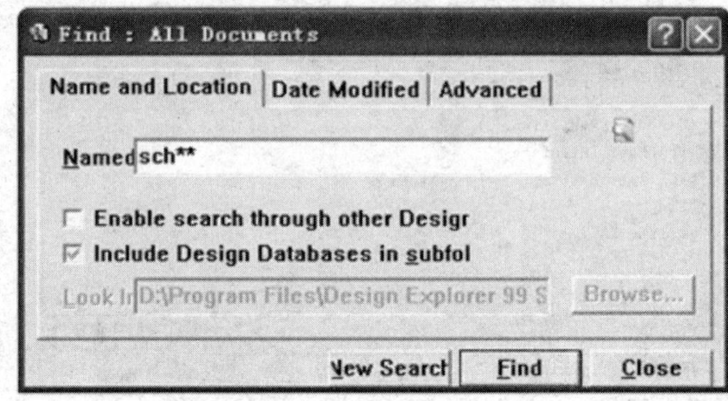

图 1.23　查找文件对话框

◆ Porperties:管理当前设计库的属性。若先选中一个文件夹后,再执行该命令,则系统将弹出如图 1.24 所示的文件属性对话框,可以修改或设置文件属性和说明。

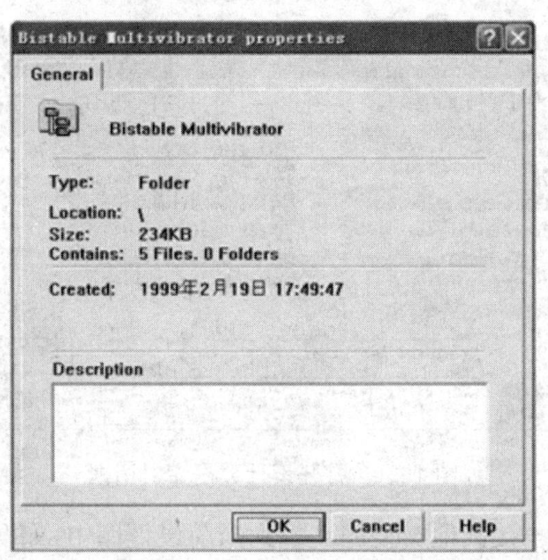

图 1.24　文件属性对话框

◆ Exit:退出 Protel 99 SE 系统。

图 1.25　"Edit"菜单

2. 文件编辑

文件编辑主要通过"Edit"菜单的各命令来实现,用该菜单可以对文件对象进行复制、剪切、粘贴、删除等编辑操作,如图 1.25 所示。

其中:Rename:重命名当前选中的文件,执行该命令后重新输入文件名即可,如图 1.26 所示。

3. 文件操作

文件编辑主要是通过"View"菜单的各命令来实现的,"View" 菜单如图 1.27 所示。

图 1.26　重新给文件命名

其中：

◆ Details：详细显示文件的状态，包括文件名、文件大小、文件类型、修改日期等属性。

◆ Refresh：刷新当前设计数据库(图 1.28)中的文件状态，也可以直接按 F5 键激活该命令。

图 1.27　“View”菜单

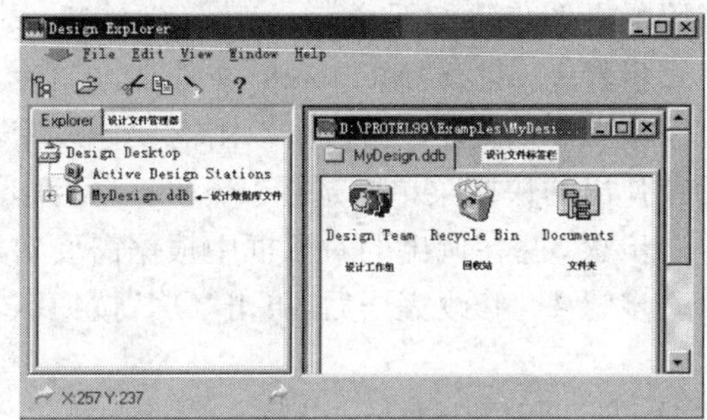

图 1.28　设计数据库

1.3　设计组管理

Protel 99 SE 提供了一系列的工具来管理多个用户，同时操作项目数据库。这就为多个设计者同时工作在一个项目设计组提供了安全保障。每个数据库在默认时都带有设计工作组(Design Team)，其中包括“Members”、“Permissions”和“Sessions”3 个部分，如图 1.29 所示。其中：

图 1.29　设计工作组

◆“Members”文件夹包含能够访问该设计数据库的成员列表;“Members”自带两个成员:系统管理员(Admin)和客户(Guest)。系统管理员可以进行修改密码、增加访问成员、删除设计成员、修改权限等操作。一般建库的用户就是这个项目的主管,该用户可以系统管理员的身份进入数据库。

◆“Permissions” 文件夹包含能够访问该设计数据库的成员列表。

◆“Sessions”文件夹包含处于打开状态的属于该设计数据库的文档或者文件夹的窗口名称列表,回收站用于存放临时性删除的文档,设计环境如图1.29所示。

1.3.1 修改密码

只有具备“Members”文件夹的 “Write”(写)权限的成员才能修改成员名称和密码,修改密码的操作步骤如下:

步骤1 打开“Members”文件夹。

步骤2 在设计窗口中双击需要修改密码的成员名称,或者在其上面单击鼠标右键,然后在弹出的快捷菜单中选择“Properties”菜单项。

步骤3 在调出的对话框中根据需要对成员名称、名称描述和密码等进行修改。

步骤4 修改完毕后,单击“OK”按钮。

1.3.2 增加访问成员

只有具备“Members”文件夹的 “Create”(创建)权限的成员才能增加新成员,增加访问成员的操作步骤如下:

步骤1 双击设计数据库,或者单击其前面的加号(+),展开设计数据库的目录树。

步骤2 双击设计文件夹“Design Team”,或者单击其前面的加号(+),展开其目录树。

步骤3 双击“Members”文件夹,在设计器窗口中打开成员列表。

步骤4 在右边设计窗口的空白处单击鼠标右键,然后在调出的快捷菜单中选择“New Member”菜单项,如图1.30所示。

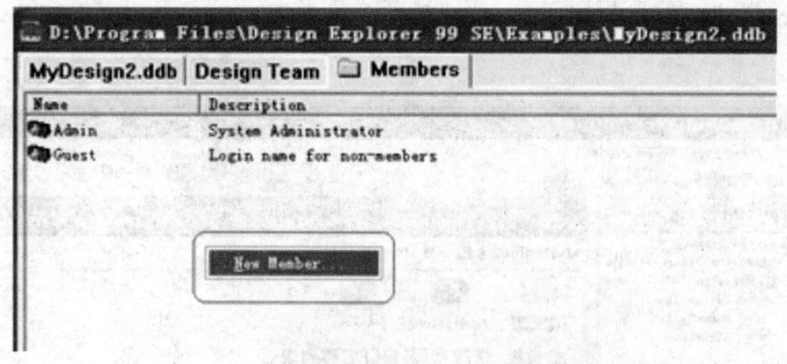

图1.30 设计数据库的访问成员列表

增加访问成员还可以通过选择“File”菜单,然后在弹出的快捷菜单中选择“New

Member”菜单项。

步骤5　在调出的“File\New Member\User Properties”对话框中输入成员的名称描述(可省略)及密码,如图1.31所示。

图1.31　增加访问成员“User Properties”对话框

步骤6　单击“OK”按钮。操作完成后,新成员将出现在成员列表中。新增加的访问成员的权限由“Permissions”文件夹上的“[All members]”决定,用语可以进行修改,例图如图1.32所示。

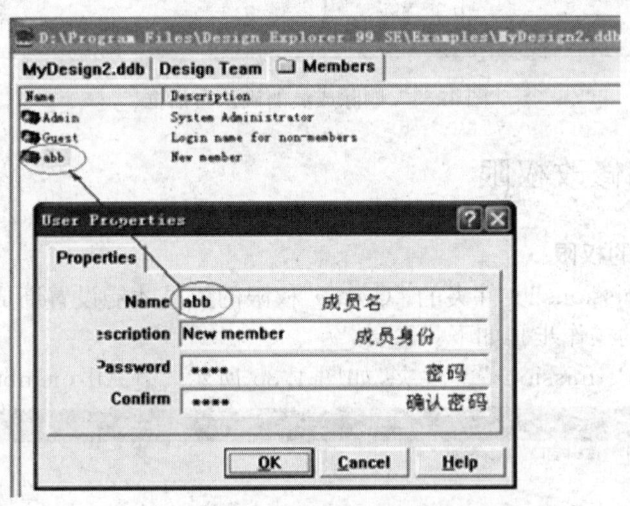

图1.32　增加访问成员

1.3.3　删除设计成员

只有具备“Members”文件夹的 “Delete”(删除)权限的成员才能删除成员,删除成员的操作步骤如下:

步骤1　打开“Members”文件夹。

步骤2　在要删除的成员名称上单击鼠标右键,然后在调出的快捷菜单中选择“Delete”菜单项,如图1.33所示。或者先选择要删除的成员名称,然后再按Delete键。

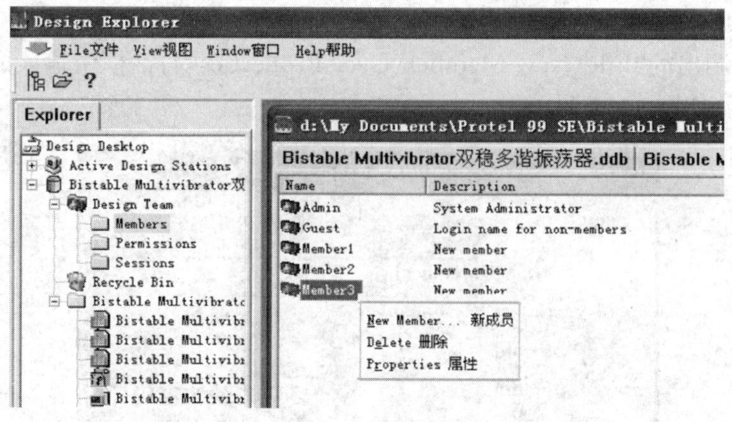

图 1.33 成员快捷菜单

步骤 3 在调出的“Confirm”对话框中单击“Yes”按钮，如图 1.34 所示。

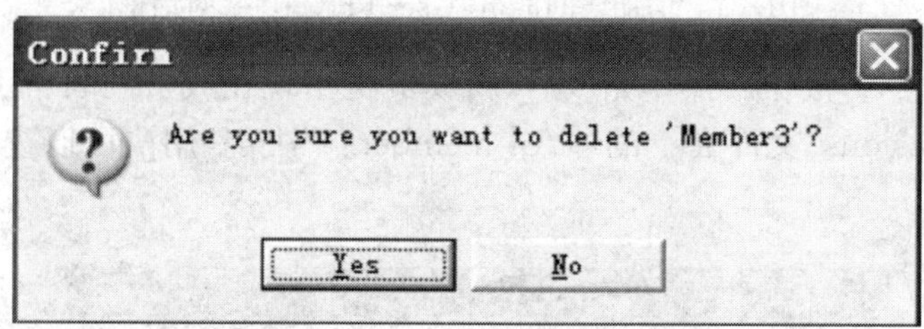

图 1.34 删除成员的确认对话框

1.3.4 设置和修改权限

1. 设置新成员的权限

只有具备“Permissions”文件夹的 “Create”权限的成员才能设置新成员的权限。对新增加的成员设置权限的操作步骤如下：

步骤 1 打开“Permissions”文件夹，如图 1.35 所示。“[All members]”成员组表示所

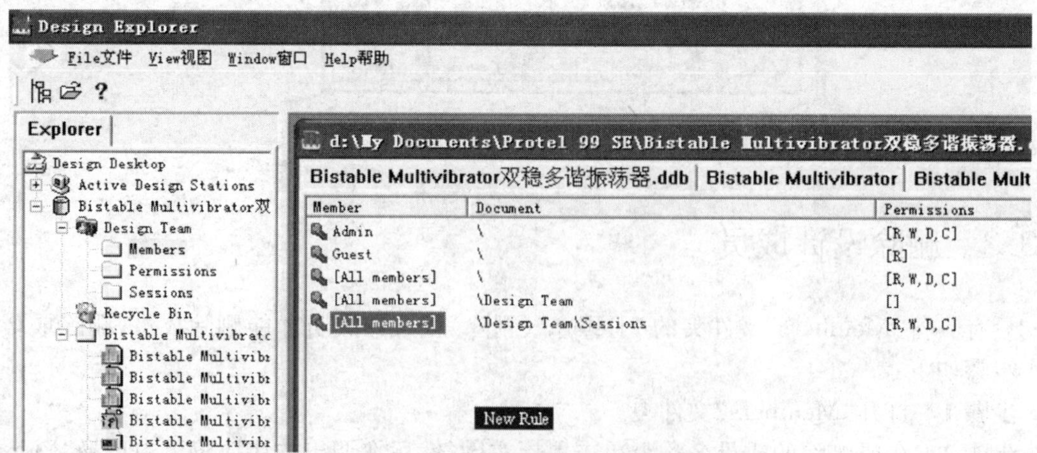

图 1.35 成员权限列表

有的成员，它所设置的权限对所有成员都有效，但是如果单独设置了某个成员的权限，则以单独设置的为准。

步骤 2　在设计器窗口中的空白处单击鼠标右键，然后在弹出的快捷菜单中选择“New Rule”，如图 1.35 所示。

步骤 3　在调出的“Permission Rule Properties”对话框中单击下拉按钮，并从中选择新增加的成员名称（“Member1”），并要在其下面的编辑框中输入权限范围（如“\Document”表示权限只对设计数据库中的“Document”文件夹起作用），然后指定它具有的权限，共有 4 种，分别是“Read”（读）、“Write”（写）、“Delete”（删除）和“Create”（创建）。如果它们前面的复选框中有“√”符号（单击时将在两种状态之间转换），表示具有相应权限。图 1.36 所示的情况表示成员“Member”对“Document”具有“Read”、“Write”、“Delete”和“Create”权限。

步骤 4　最后单击“Ok”按钮，完成操作。

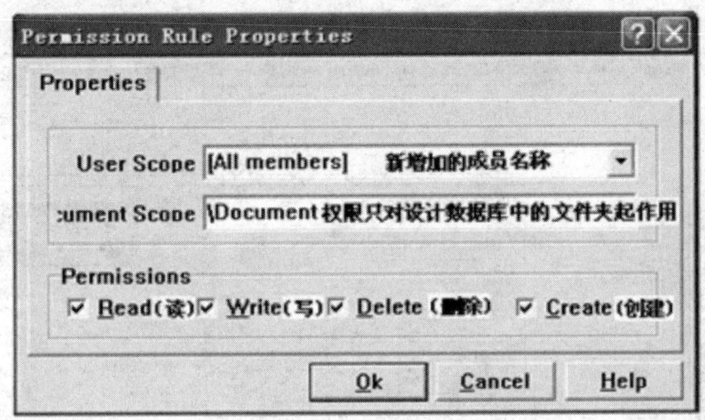

图 1.36　权限管理对话框

2. 修改已有成员的权限

只有具备“Permissions”文件夹的“Write”权限的成员才能修改已有成员的权限。修改已有成员权限的操作步骤如下：

步骤 1　打开“Permissions”文件夹。

步骤 2　在设计窗口中双击需要修改权限的成员名称。

步骤 3　在权限管理对话框中，如果需要，可以指定新的权限范围，设置权限。

步骤 4　最后单击“OK”按钮。

3. 排列图标

选择“Window”菜单，然后在弹出的下拉菜单中选择“Arrange Icons”菜单项可以重新排列图标。当所有窗口都处于最小化时，可以使用排列图标功能将最小化的图标重新排列，如果有一个窗口不处于最小化状态，则排列图标无效。

4. 关闭所有窗口

要关闭所有打开的窗口又不希望关闭主程序以使得主程序在打开的情况下占用最少的系统资源，可选择“Window”菜单，在弹出的下拉菜单中选择“Close All”菜单项。

1.4 Protel 99 SE 的窗口管理

1.4.1 Protel 99 SE 的窗口界面

Protel 99 SE 的主窗口由以下部分组成：标题栏、菜单栏、工具栏、设计器窗口、文档管理窗口、浏览管理器、状态栏以及命令栏等，如图 1.37 所示。

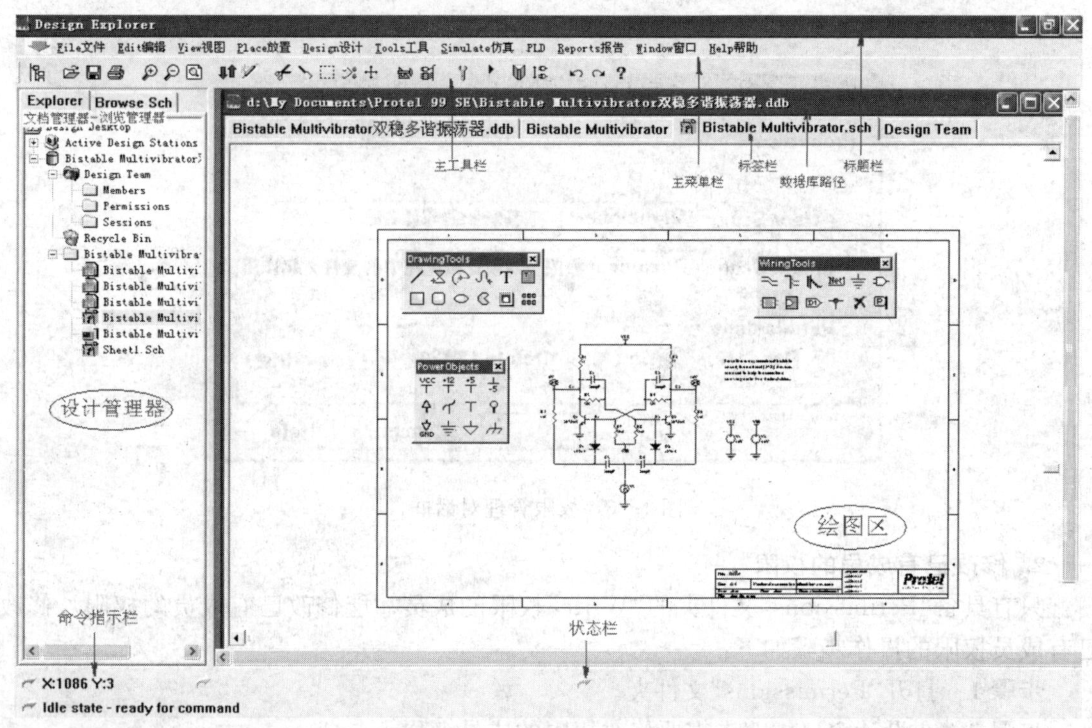

图 1.37 Protel 99 SE 主窗口

1. 菜单栏

Protel 99 SE 的菜单栏选项有：文件夹(File)、编辑器(Edit)、视图(View)、放置(Place)、设计管理器(Design)、工具(Tools)、模拟管理器(Simulate)、可编程逻辑器(PLD)、报表生成管理器(Reports)等。

2. 工具栏

Protel 99 SE 的常用工具栏中可设置整个文档显示、指定矩形放大、选择、取消选择、移动、交叉、打开库、浏览库、网格设置等图标。

3. 设计器窗口

设计器窗口实际上就是各个编辑器的工作区域，属于主窗口的一个子窗口，具有自己的标题栏。设计器窗口中有一个“标签栏”，当单击某个标签时，相应的文档就显示出来。

4. 文档管理器(Explorer)

文档管理器用于管理设计数据库文件,如图 1.38 所示,它与浏览管理器占据同一个窗口区域,都属于设计管理器。文档管理器和设计窗口结合使用,可以方便地对设计数据库进行管理。在文档管理器中,只要双击一个文档,在设计窗口中就会打开相应的编辑器对该文档进行编辑。如果某个文档已经处于打开状态,则只需在文档管理器中单击该文档,就可以直接调出相应的编辑器。

5. 浏览管理器(Browse Sch 或 Browse PCB)

浏览管理器包括:资料库(Libraries);添加与删除(Add/Remove...)、某库元件目录(Filte);编辑、放置、寻找等,如图 1.39 所示。

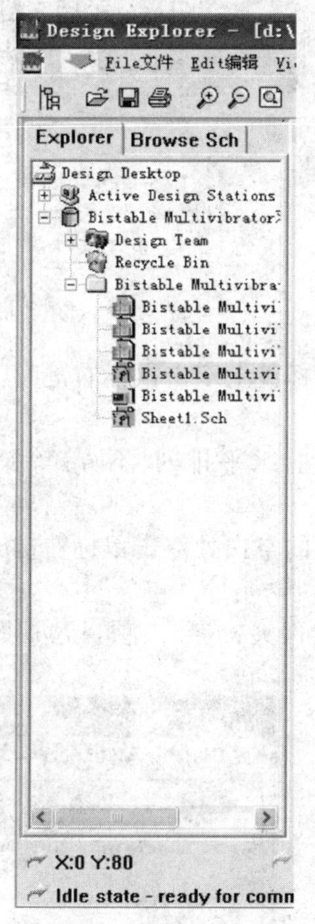

图 1.38　文档管理器

图 1.39　浏览管理器

6. 状态栏和命令指示栏

◆ 状态栏:主要显示进程的执行进度、进程说明。

◆ 命令指示栏:显示当前正在执行的命令操作,如放置对象等。

7. 快捷菜单

◆ 原理图快捷菜单:在原理图编辑区中双击鼠标右键时,就会调出相应的快捷菜单。

主要内容:放置连线、元件;电气检查;创建网络表以及调出对象属性对话框等操作,如图 1.40 所示。

◆ 文档对象快捷菜单:在设计窗口或者设计管理器中的文档对象双击鼠标右键时,就会调出相应的快捷菜单。

主要内容:打开文档、剪切、复制、粘贴、文档更名以及调出文档属性对话框等,如图 1.41 所示。

图 1.40 原理图快捷菜单

图 1.41 文档对象快捷菜单

◆ 设计窗口中的标签快捷菜单:在设计窗口的标签上双击鼠标右键时,就会调出相应的快捷菜单。

主要内容:关闭文档、窗口管理(分成垂直排列、水平排列、不分)等操作,如图 1.42 所示。

◆ 设计窗口中空白处的快捷菜单:在设计窗口的空白处双击鼠标右键时,就会调出相应的快捷菜单。

主要内容:新建文档、导入已有文档(或导入文件夹、或导入项目)、视图等操作,如图 1.43 所示。

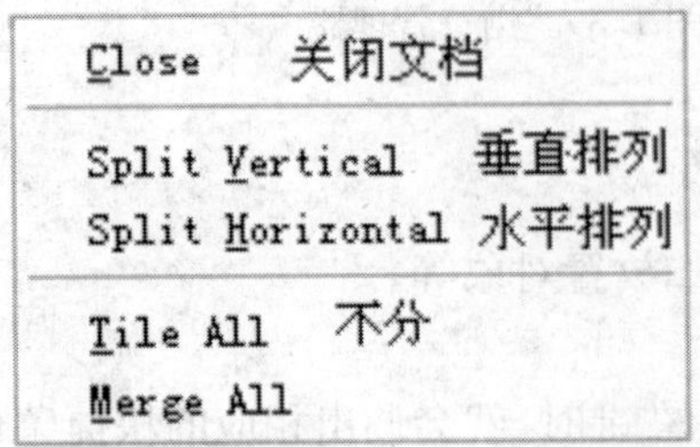

图 1.42 设计窗口中的标签快捷菜单

图 1.43 设计窗口中空白处的快捷菜单

1.4.2　窗口管理

1. 主窗口的管理

一般情况下，主窗口具有 3 种变化状态：最大化窗口、一般窗口和最小化窗口。

◆ 最大化窗口覆盖整个桌面，用户只要单击最大化按钮或者双击标题栏，窗口就会呈现最大化状态，这时最大化按钮将变成一个还原按钮。

◆ 最小化窗口在桌面上没有属于自己的区域，而只在任务栏上有一个标题按钮，如图 1.44 所示。单击最小化按钮时，窗口就变成最小化状态。需要恢复时，只需在菜单栏上单击标题按钮即可。

图 1.44　任务栏上的标题按钮

◆ 一般窗口在桌面上具有自己的区域，但不占整个桌面。一般窗口的大小是可以调整的。当鼠标移动到窗口的边界时，指针将变成双向箭头，这时按住鼠标左键不放，拖动鼠标就可以改变窗口的宽度或者高度。如果在标题栏上按住鼠标左键不放，并拖动鼠标，就可以移动整个窗口的位置。

2. 子窗口的管理

在设计窗口中，当打开的文档较多时，可以对各个子窗口进行管理，包括平铺窗口、层叠窗口、排列图标以及关闭所有窗口。

【平铺】 在设计窗口中可以打开两个以上的并排的设计子窗口，以便查看不同窗口的内容。平铺窗口的操作步骤如下：

步骤 1　在设计窗口的某个标签上单击鼠标右键，如图 1.45 所示。

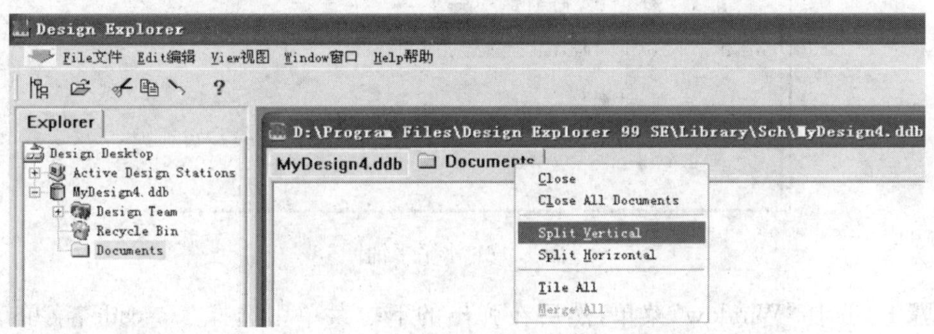

图 1.45　窗口快捷菜单

步骤 2　在调出的快捷菜单中选择“Split Vertical”菜单项，设计窗口将变成如图 1.46 所示的情况；如果选择“Split Horizontal”菜单项，将变成如图 1.47 所示的情况；如果选择“Tile All”菜单项，则为所有子窗口分配区域。

平铺之后，可以在平铺的快捷菜单中选择“Merge All”菜单项以合并所有的窗口，即关闭平铺。

【层叠】 如果同时打开几个设计数据库，且每一个设计数据库都有各自的设计窗口，那

么,当设计窗口处于最大化状态时,要切换到相应的设计数据库的设计窗口。对窗口进行层叠操作的方法有以下几种:

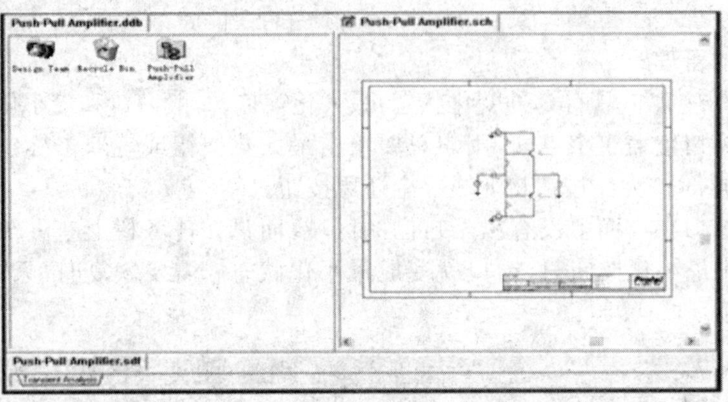

图1.46 垂直平铺

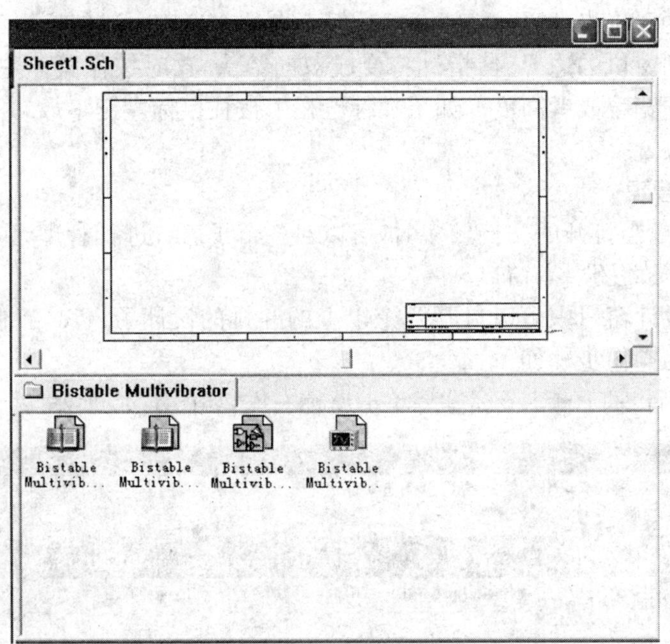

图1.47 水平平铺

步骤1 选择"Window"菜单,然后在弹出的下拉菜单中选择"Cascade"菜单项,如图1.48所示。

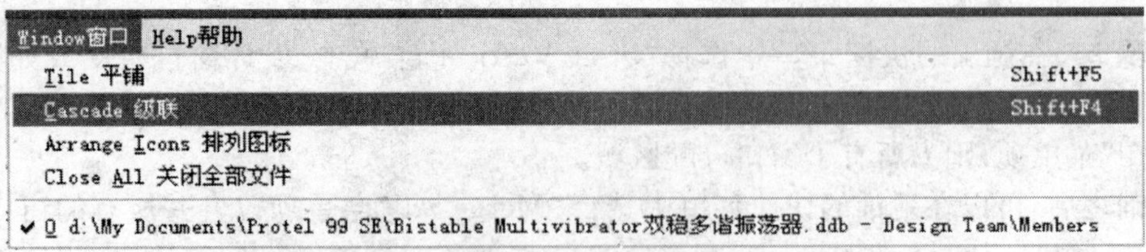

图1.48 层叠窗口菜单

步骤2　按下 Shift+F4 组合键。

步骤3　按下 W 键，松开后再按下 C 键。

【排列图标】　选择"Window"菜单，然后在弹出的下拉菜单中选择"Arrange Icons"菜单项可以重新排列图标。当所有窗口都处于最小化时，可以使用排列图标功能将最小化的图标重新排列，如果有一个窗口不处于最小化状态，则排列图标无效。

【关闭所有窗口】　要关闭所有打开的窗口又不希望关闭主程序，以使得主程序在打开的情况下占用最少的系统资源，可选择"Window"菜单，在弹出的下拉菜单中选择"Close All"菜单项。

思考与练习

1. Protel 99 SE 对运行环境有哪些要求？
2. Protel 99 SE 包含哪些功能模块？简述其各自功能。
3. 简述 Protel 99 SE 进行文件管理和编辑的过程。
4. Protel 99 SE 是怎样进行文档的导出和导入操作的？
5. 请说明如何对设计文档设置密码和修改密码？
6. 如何增加访问成员？如何删除设计成员？
7. 说明 Protel 99 SE 主窗口界面基本组成部分的含义。
8. 主窗口是怎样调整的？子窗口是如何平铺的？

第 2 章　原理图设计环境的设置

【内容提要】

- 窗口设置
- 图纸设置
- 网格和光标设置
- 其他设置

Schematic 99 是基于 Windows 平台的 Protel 99 SE 中的一个功能完备的多图样层次化的原理图编辑器，它提供了多种设计工具和数万个原理图元件符号，可以方便快捷地进行电子电路原理图的编辑。本章主要介绍原理图设计环境的设置，包括进入原理图设计系统、窗口设置、图纸设置、网格和光标设置、工具栏以及其他设置内容；介绍各种设置菜单的功能和使用方法。

2.1　进入原理图设计系统

绘制原理图之前先要进入 Protel 99 SE 的原理图设计系统，即启动原理图编辑器。在该系统中可以进行电路原理图的设计，生成相应的网格表，为之后的印制电路板的设计做准备。进入原理图设计环境的操作过程如下：

步骤 1　执行菜单命令“File\New”，建立新的设计数据库对话框，或打开一个已存在的设计数据库，将出现如图 2.1 所示的界面。

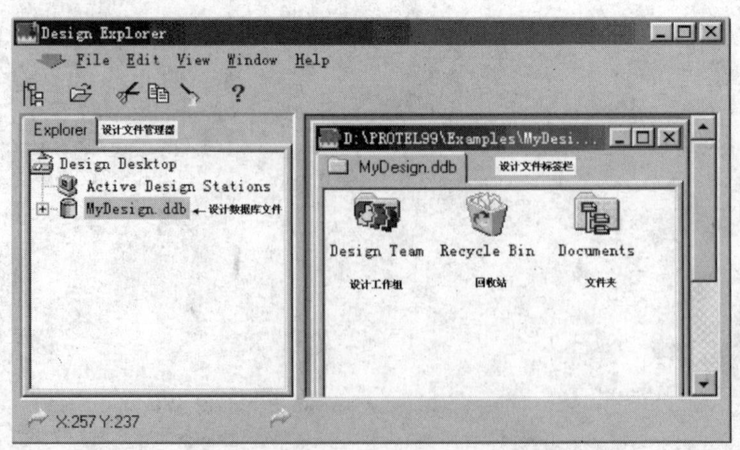

图 2.1　建立新的设计数据库对话框

步骤 2　在该界面下执行“File\New”命令，会出现如图 2.2 所示的新建文件对话框，在其中选择原理图图标，单击“OK”按钮或双击该图标即可完成新的原理图文件的创建。

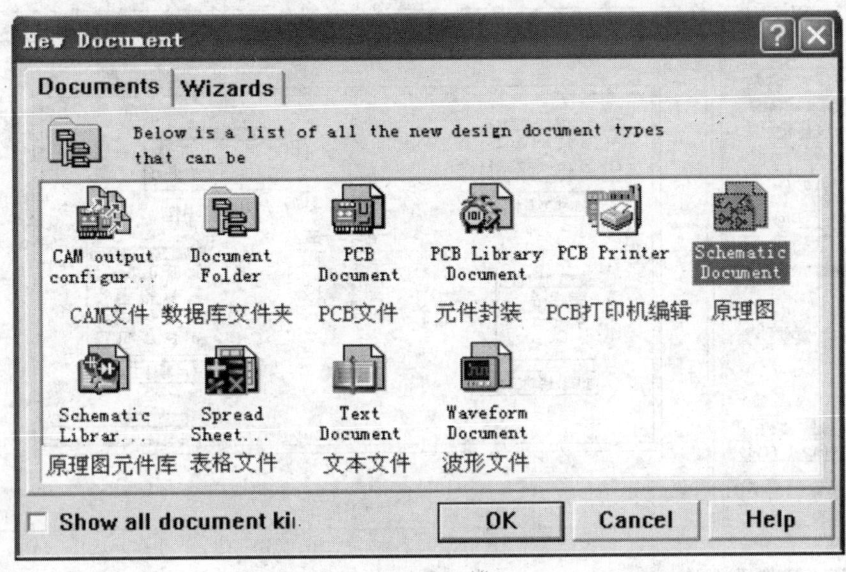

图 2.2　新建文件对话框

步骤 3　新建立的文件包含在当前的设计数据库中，系统默认的文件名为“Sheet1”，如图 2.3 所示，可以更改文件名。

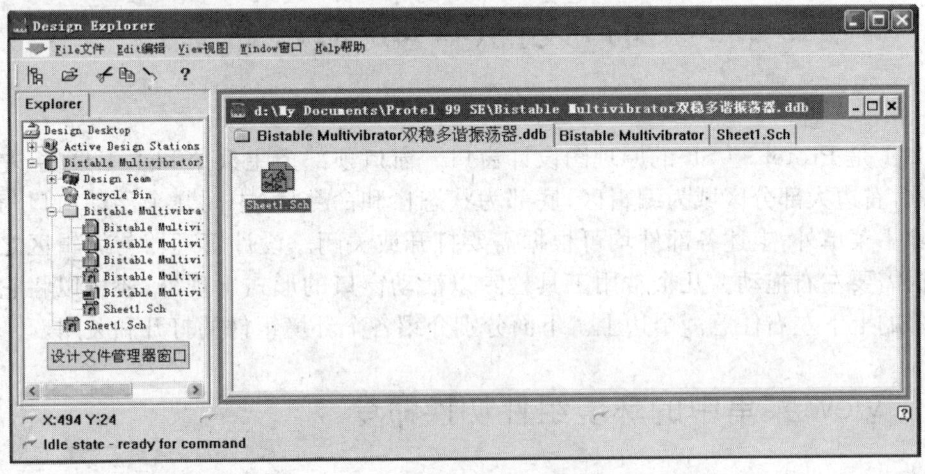

图 2.3　生成新建立文件的界面

步骤 4　双击此文件名，系统就进入原理图的设计系统，此时用来实现电路原理图设计和绘制的工具菜单全部显示出来，如图 2.4 所示。

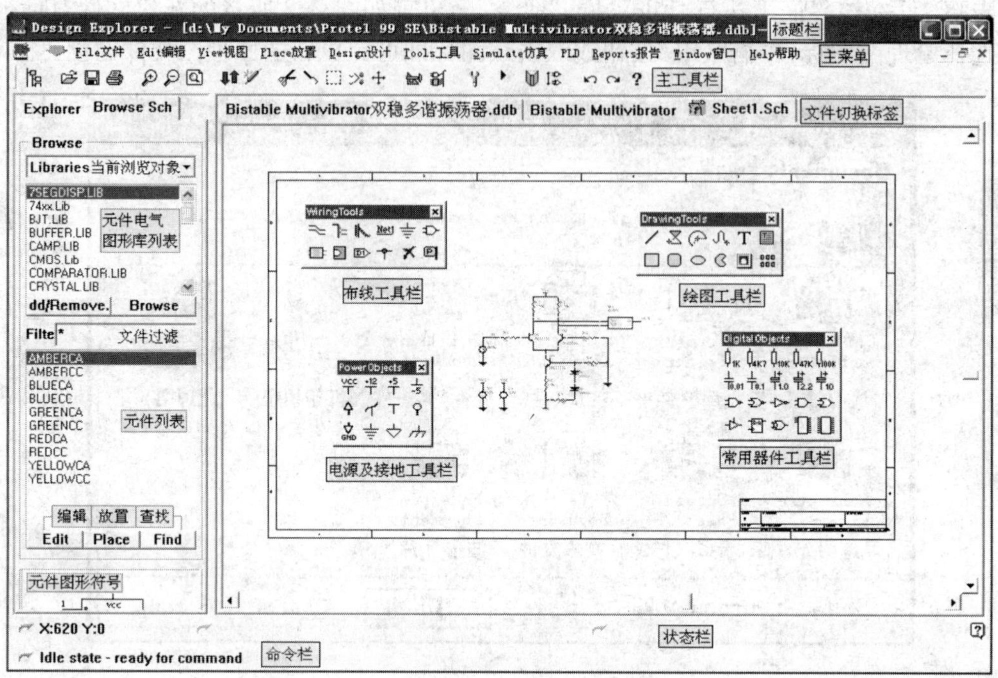

图 2.4 标准的 Protel 99 SE 原理图设计窗口

2.2 窗口设置(View\...命令)

图 2.4 是 Protel 99 SE 的原理图设计窗口。窗口顶部为主菜单和主工具栏,左部为设计管理器,右边大部分区域为编辑区,底部为状态栏和命令栏,中间几个浮动窗口为常用工具栏。除主菜单外,上述各部件均可根据需要打开或关闭。设计管理器与编辑区之间的界线可根据需要左右拖动。几个常用工具栏除以活动窗口的形式出现外,还可以将它们分别置于屏幕的上下左右任意一个边上。下面分别介绍各个环境组件的打开和关闭。

2.2.1 View 菜单中的环境组件切换命令

单击菜单命令"View",可实现窗口中多项环境组件的切换,如图 2.5 所示。

图 2.5 窗口中环境组件的切换命令

2.2.2　工具栏的切换：View\Toolbars\...

Protel 99 SE 的常用工具栏有主工具栏、连线工具栏、绘图工具栏、电源及接地工具栏、常用器件工具栏等。这些工具栏的打开与关闭可通过执行菜单命令“View\Toolbars”来实现，如图 2.6 所示。

Main Tools 主工具条
Wiring Tools 连线工具条
Drawing Tools 绘图工具条
Power Objects 电源实体
Digital Objects 数字实体
Simulation Sources 激励源
PLD Toolbar PLD工具条
Customize... 定制

图 2.6　工具栏菜单

1. 主工具栏：View\Toolbars\Main Tools

打开或关闭主工具栏可通过执行菜单命令“View\Toolbars\Main Tools”来实现。该工具栏打开后，结果如图 2.6 中的工具栏所示。

该工具栏为用户提供了缩放、选取对象等命令按钮，表 2.1 给出了主工具栏中各按钮的功能，表中序号为图 2.7 中所指按钮。

表 2.1　主工具栏中各按钮的功能

序号	功能说明	序号	功能说明
1	设计管理器按钮	12	选取
2	打开文件	13	取消选取
3	保存文件	14	移动
4	打印文件	15	绘图工具栏的切换
5	放大窗口	16	连线工具栏的切换
6	缩小窗口	17	仿真设置
7	显示整个文档	18	运行仿真
8	电路中的页面切换	19	打开库管理
9	显示选取图件	20	恢复
10	剪切	21	重做
11	粘贴	22	帮助

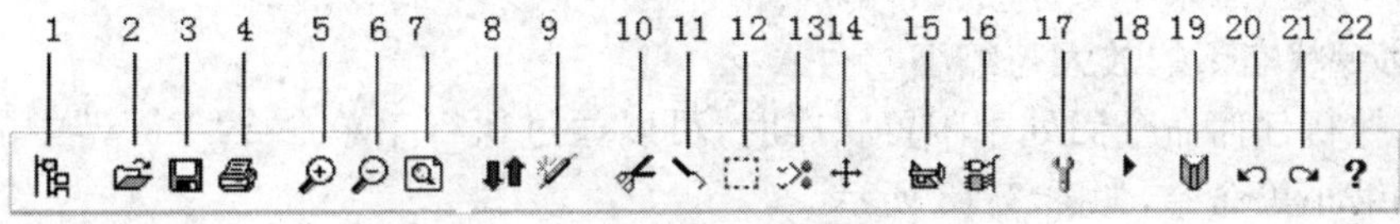

图 2.7　主工具栏

2. 连线工具栏：View\Toolbars\Wiring Tools

打开或关闭连线工具栏可通过执行菜单命令“View\Toolbars\Wiring Tools”来实现。该工具栏打开后，结果如图 2.8 所示。

3. 绘图工具栏：View\Toolbars\Drawing Tools

打开或关闭绘图工具栏可通过执行菜单命令“View\Toolbars\Drawing Tools”来实现，

如图 2.9 所示。

图 2.8 连线工具栏

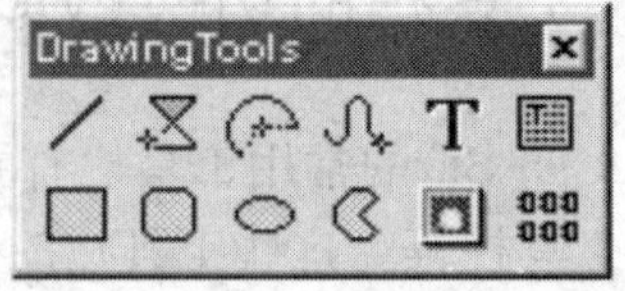

图 2.9 绘图工具栏

4. 电源及接地工具栏:View\Toolbars\Power Objects

打开或关闭电源及接地工具栏可通过执行菜单命令“View\Toolbars\Power Objects”来实现,如图 2.10 所示。

5. 常用器件工具栏:View\Toolbars\Digital Objects

打开或关闭常用工具栏可通过执行菜单命令“View\Toolbars\Digital Objects”来实现,如图 2.11 所示。

6. 激励源工具栏:View\Toolbars\Simulation Sources

打开或关闭激励源工具栏可通过执行菜单命令“View\Toolbars\Simulation Sources”来实现,如图 2.12 所示。

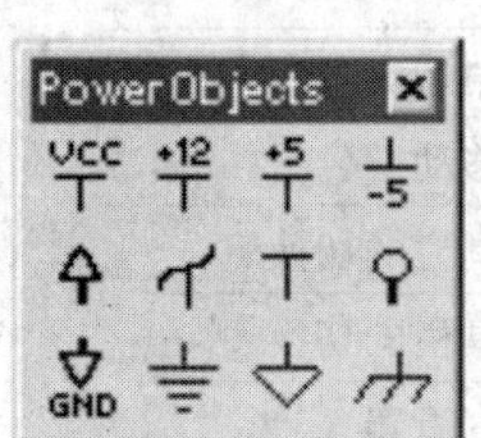

图 2.10 电源工具栏

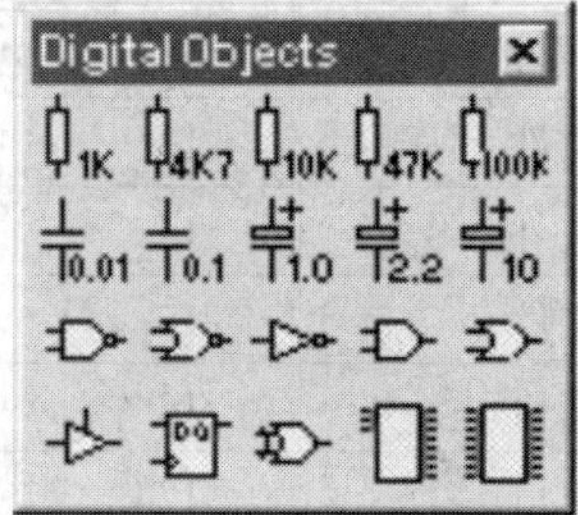

图 2.11 常用器件工具栏

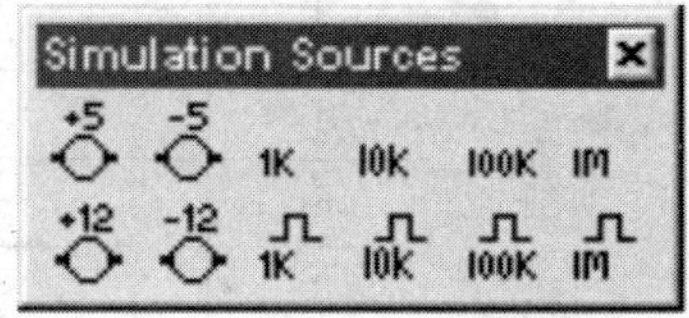

图 2.12 激励源工具栏

2.2.3 绘图区域的放大与缩小

对绘图区域执行放大、缩小或显示绘图状态的命令,可以方便地查看整张电路原理图或者某个局部区域直至某个具体的元件。

1. 非命令状态下的放大与缩小

在没有执行任何命令而处于闲置状态时,可以通过执行菜单命令“View”中的子命令来实现放大和缩小等命令,如图 2.13 所示。

Fit Document	适合文档	50%	不同比例显示	Zoom In	放大
Fit All Objects	适合全部体	100%		Zoom Out	缩小
Area	区域	200%		Pan	摇景
Around Point	以点为中心	400%		Refresh	刷新

图 2.13 视图“View”的子菜单命令

注意： 还可以单击主工具栏的🔍🔍🔲+命令，实现放大、缩小、填满和移动绘图区。

2. 命令状态下的放大与缩小

当处于命令状态下时，无法用鼠标去执行一般的菜单命令，此时要进行放大与缩小，必须采用功能键来完成上述工作，具体操作如下：

◆ 放大：按 Page Up 键，绘图区域会以光标当前位置为中心进行放大，该操作可连续执行多次。

◆ 缩小：按 Page Down 键，绘图区域会以光标当前位置为中心进行缩小，该操作可连续执行多次。

◆ 居中：按 Home 键后，原来光标下的显示位置会移到工作区的中心位置显示。

◆ 更新：按 End 键，对显示画面进行更新。

2.3　图纸设置（Design\Options 命令）

2.3.1　图纸尺寸

1. 选择标准图纸

执行菜单命令“Design\Options”，系统将弹出“Document Options”（文档选项）对话框，选择其中“Sheet Options”（选项）选项卡进行设置，如图 2.14 所示。将光标移至图 2.14 中的“Standard Style”（标准纸格式）选项，单击“Standard”编辑框的按钮，在下拉菜单中选用标准图纸。

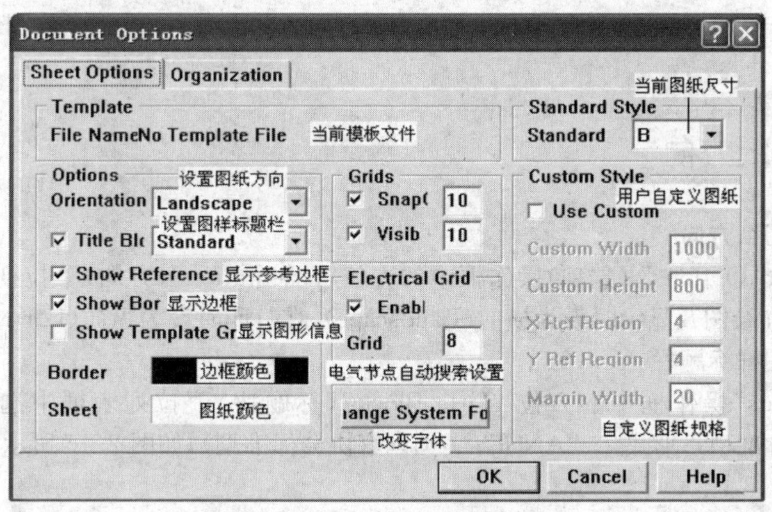

图 2.14　“Sheet Options”选项卡

Protel 99 SE 系统提供了 18 种规格的标准图纸，各种规格的图纸尺寸如表 2.2 所示。

表 2.2 各种规格的图纸

代号	尺寸(英寸)	代号	尺寸(英寸)
A4	11.5×7.6	E	42×32
A3	15.5×11.1	Letter	11×8.5
A2	22.3×15.7	Legal	14×8.5
A1	31.5×22.3	Tabloid	17×11
A0	44.6×31.5	OrcadA	9.9×7.9
A	9.5×7.5	OrcadB	15.6×9.9
B	15×9.5	OrcadC	20.6×15.6
C	20×15	OrcadD	32.6×20.6
D	32×20	OrcadE	42.8×32.2

2. 自定义图纸

如果需要自定义图纸尺寸,必须设置图 2.14 中"Custom Style",首先应选中"Use Custom"复选框,激活自定义图纸功能。

【Custom Style】栏中其他各项设置的含义如下:

◆ Custom Width:设置图纸的宽度,其单位为 1/100 英寸,1000 代表 10 英寸。

◆ Custom Height:设置图纸的高度,其单位为 1/100 英寸,800 代表 8 英寸。

◆ X Ref Region Count:设置 X 轴框参考坐标的刻度数。图 2.14 中设置为 4,也就是将 X 轴 4 等分。

◆ Y Ref Region Count:设置 Y 轴框参考坐标的刻度数。图 2.14 中设置为 4,也就是将 Y 轴 4 等分。

◆ Margin Width:设置图纸边框宽度。图 2.14 中设置为 20,也就是将图纸的边框宽度设置为 0.2 英寸。

2.3.2 图纸方向

1. 设置图纸方向

在"Design\Options"(选项)操作框中的方位"Orientation"(方向)下拉列表框中选取。通常情况下,在绘图及显示时设为横向(Landscape),在打印时设为纵向(Portrait)。

2. 设置图样标题栏

在"Options"操作框中的方位"Title Block"(标题块)下拉列表框中选取。形式一:"Standard"(标准型);形式二:"ANSI"(美国国家协会标准型),如图 2.15 所示。

2.3.3 图纸颜色

在图 2.14 中,单击边框颜色"Border"(边界),将弹出"Choose Color"(选择颜色)对话框,供用户选择边框颜色,如图 2.16 所示。

Title		
Size B	Number	Revision
Date: 17-Apr-2010	Sheet　of	
File: D:\Program Files\Design Explorer 99 SE\Examples\Circuit Simulation\MyDesign8.ddb	Drawn By:	

(a) “Standard”标题栏

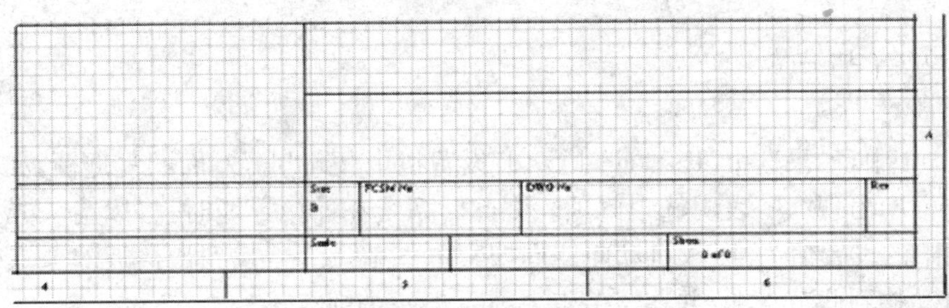

(b) “ANSI”标题栏

图 2.15　标题栏的类型

在图 2.14 中,单击图纸底色颜色“Sheet”,也将弹出“Choose Color”(选择颜色)对话框,选择新的图纸底色,如图 2.16 所示。

如果用户希望自己定义颜色,可单击“Define Custom Colors”(自定义颜色)按钮,打开如图 2.17 所示对话框,调出满意的颜色。

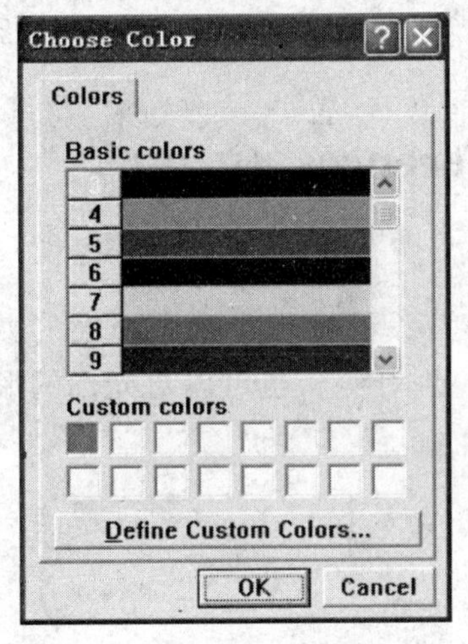

图 2.16　“选择颜色”对话框

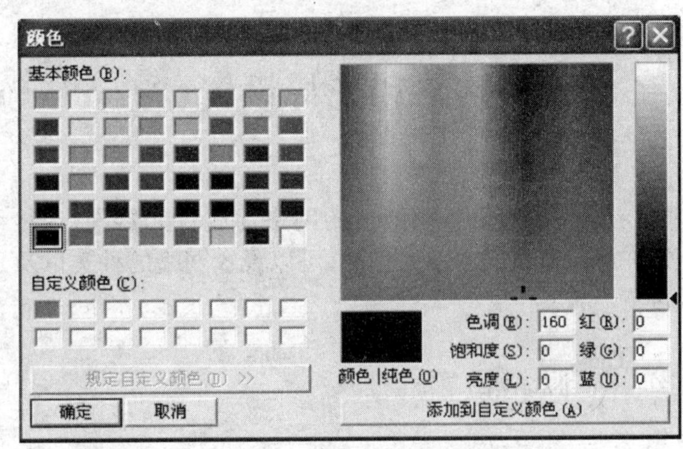

图 2.17　“颜色”对话框

2.3.4　图样栅格

在图 2.14 中,图样栅格“Grids”设定栏包括两个选项:“Snap”的设定和“Visible”的设定,如图 2.18 所示。

1. 锁定栅格(Snap)

“Snap”的设定主要决定光标位移的步长，即光标在位移过程中，以锁定栅格的设定为基本单位做跳移。如当设定“Snap=10”时，十字光标在移动时均以10个长度单位为基础。此设置的目的是使用户在画图过程上更加方便地对准目标和引脚。

2. 可视栅格(Visible)

“Visible”的设定只决定图样上实际显示的栅格的距离，不影响光标的移动。如当设定“Visible=10”时，图样上实际显示的每个栅格的边长为10个长度单位。

2.3.5 电气节点

在图2.14中，如果选中“Electrical Grid”设置栏中“Enable”左面的复选框，如图2.19所示。使复选框中出现“√”表明选中此项。则此时系统在连接导线时，将以箭头光标为圆心，以“Grid”栏中的设置值为半径，自动向四周搜索电气节点。当找到最接近的节点时，就会把十字光标自动移到此节点上，并在该节点上显示出一个圆点。

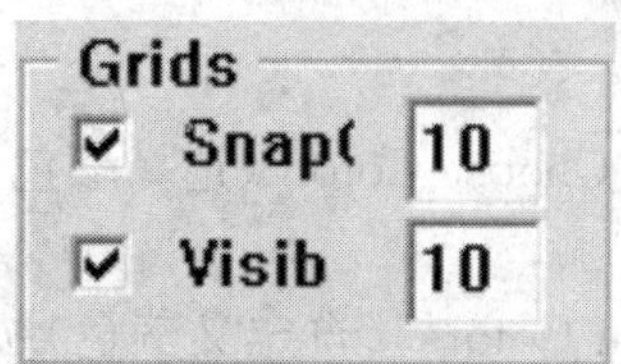

图2.18 图样栅格设定栏

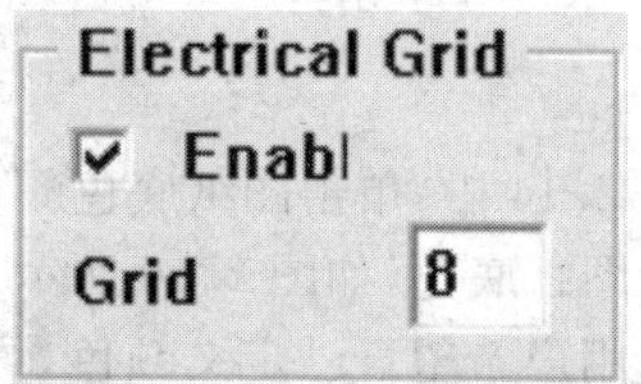

图2.19 电气节点设定栏

2.4 网格和光标设置(“Tools\Preferences”命令)

在设计原理图时，图纸上的网格为放置元器件、连接线路等设计工作带来了极大的方便。在进行图纸的显示操作时，可以设置网格的种类以及是否显示网格，也可以对光标的形状进行设置。

2.4.1 网格设置

执行“Tools\Preferences”命令后，将弹出 “Preferences”(参数)对话框，如图2.20所示。

在“Graphical Editing”(绘画编辑)选项卡中，单击“Cursor\Grid Options”(网格选项)操作框的“Visible Grid”(可见栅格)选项的下拉按钮，选择网格：线状网格(Lines)或点状网格(Dots)，如图2.21所示。

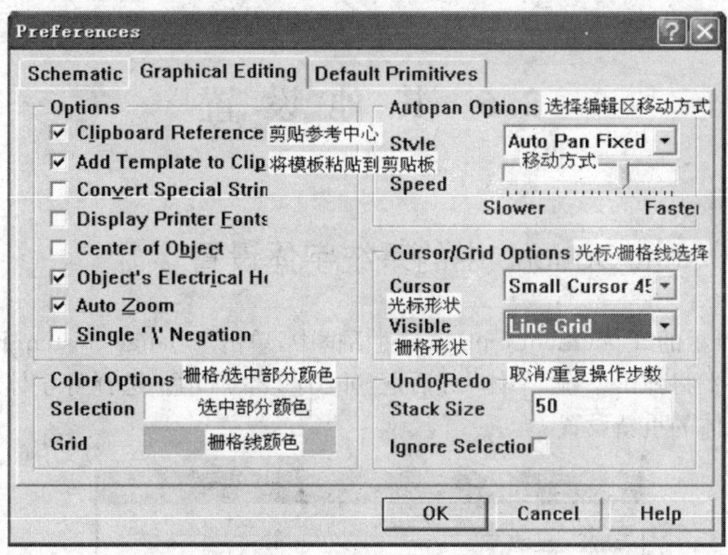

图 2.20　“Preferences”(参数)对话框

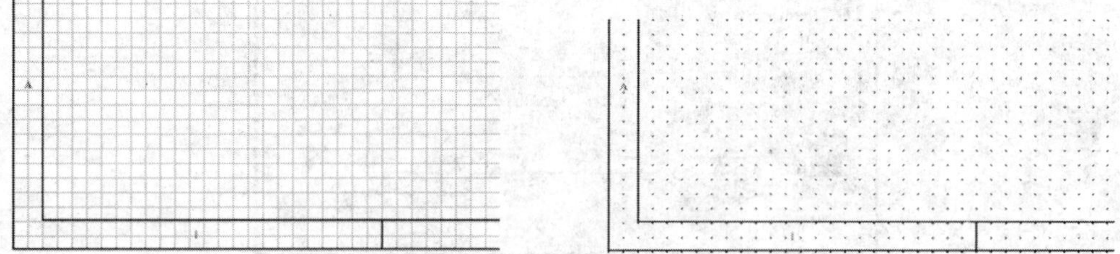

图 2.21　线状网格和点状网格

2.4.2　光标设置

在“Graphical Editing”(绘画编辑)选项卡中,单击“Cursor\Grid Options”操作框的“Cursor Type”(光标控制键)选项的下拉按钮,选择系统提供的大光标(Large Cursor 90)、小光标(Small Cursor 90)、交叉 45°光标(Small Cursor 45),如图 2.22 所示。

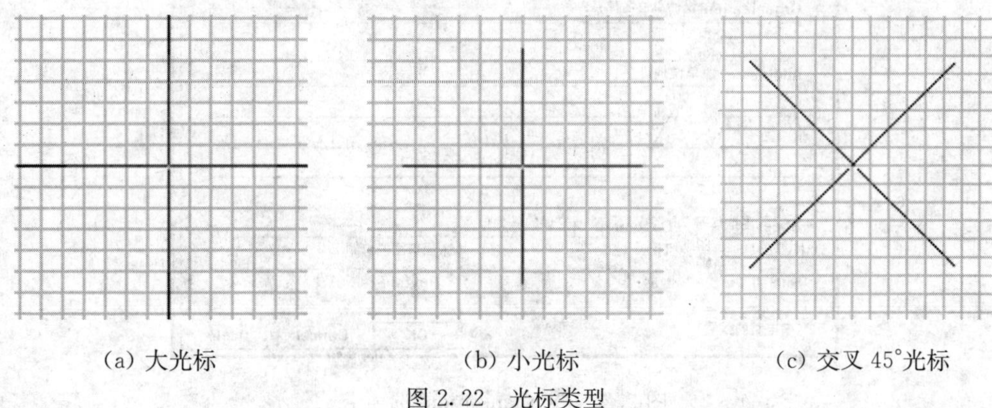

(a) 大光标　(b) 小光标　(c) 交叉 45°光标

图 2.22　光标类型

2.5 其他设置

2.5.1 Document Options 中的系统字体设置

在图 2.14 所示的“Document Options”对话框中，单击“Change System Font”(更改系统字体)按钮，屏幕上将弹出系统“字体”对话框，如图 2.23 所示。选择好字体后，单击“确定”按钮即可完成字体的重新设置。

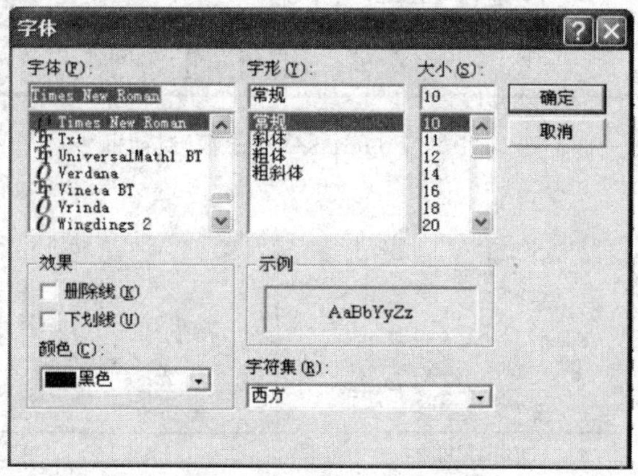

图 2.23 “字体”对话框

2.5.2 文档组织

在图 2.14 所示的“Document Options”对话框中选择“Organization”选项卡，如图 2.24

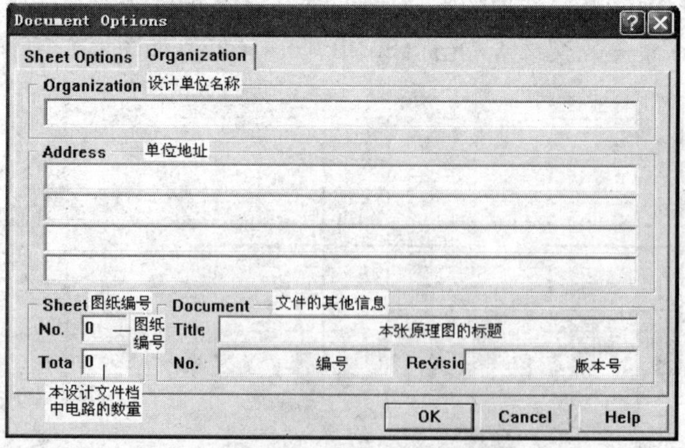

图 2.24 “Organization”选项卡

所示。在该选项卡中,可以分别填写设计单位名称、单位地址、图纸编号及图纸的总数、文件的标题名称以及版本号、日期等内容。

2.5.3　屏幕分辨率设置

在 Windows 桌面上的任何空白地方单击鼠标右键,从弹出的快捷菜单中选择"属性"命令即可打开"显示 属性"对话框,如图 2.25 所示。在此对话框中,单击"设置"选项卡,屏幕上便会出现"显示 属性"设置界面。"屏幕区域"栏提供了当前硬件设备所能接受的屏幕分辨率设置值。

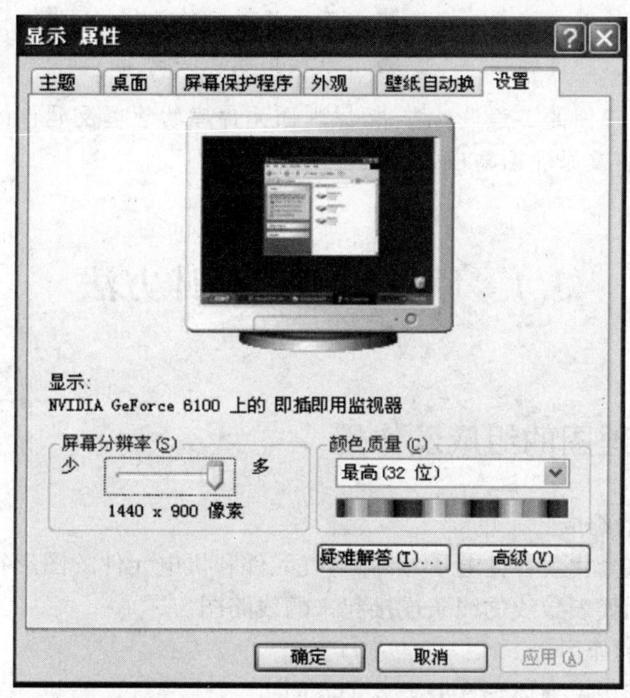

图 2.25　设置显示属性

在原理图设计环境中,如果屏幕分辨率没有达到 1024×768,则某些控制面板就会被切掉一部分,此时用户将无法使用被遮挡的那些部分。在这种情形下编辑工作很不方便,所以建议用户尽量将屏幕分辨率调到 1024×768 以上。

思考与练习

1. Protel 99 SE 原理图编辑器中的常用工具栏有哪些?各种工具栏的主要用途是什么?
2. 如何根据具体设计任务选择图纸?
3. 如何设置网格类型和光标形状?
4. 为什么说 EDA 程序对屏幕分辨率的要求较高?
5. 试说明在设计一张原理图之前,应确认或完成的设置内容有哪些?

第 3 章　原理图设计

【内容提要】

- 原理图设计的基本流程
- 连线工具栏的使用
- 绘图工具栏的使用
- 报表生成与原理图输出
- 原理图设计实例

本章主要介绍原理图的工程设计方法、原理图元件库的管理及元件的操作，重点介绍绘制电路图的工具、报表及原理图输出等方法。

3.1　原理图工程设计方法

3.1.1　电路原理图的组成及作用

1. 电路原理图的组成

原理图是由一整套代表各种电子元件、电气元件和机电元件的图形符号所组成，并把这些元件的图形符号用代表导线的线条连接起来的线路图。

2. 电路原理图的作用

电路原理图的作用主要体现在以下 3 个方面：

(1) 表达电路的工作原理。

(2) 是制作印制电路板的设计依据。

(3) 是产品使用维护的技术文件。

3.1.2　原理图绘图设计原则

原理图设计时应遵循以下原则：

(1) 无源元件(如电阻、电容、电感)按其功能围绕有源元件(如晶体管、集成电路)绘制。

(2) 输入端在左，输出端在右。

(3) 电源的高电位在上方，低电位在下方。

(4) 信号流通从左至右，从上至下。

(5) 电路的整体位置应在整个图纸的中间部位，电路周围与图纸边界应保持一定距离，并注意留出书写说明文字的位置。

3.1.3　原理图设计基本流程步骤

电路原理图设计是整个电路设计的第一步，也是 PCB 图设计过程的根基，因此电路原理图的设计好坏直接影响到以后每一步的设计工作，电路原理图设计流程的基本步骤如图 3.1 所示。

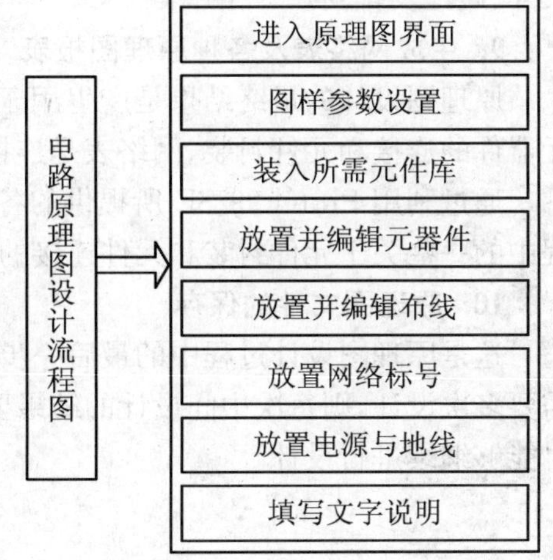

图 3.1　电路原理图设计流程

1. 启动 Protel 99 SE 电路原理图编辑器

首先建立一个新的 Protel 99 SE 设计数据库文件，然后通过点击原理图图标建立一个新的原理图文件，确定原理图文件名，进入原理图编辑器，进入绘图设计状态。

2. 图样参数设置

进入电路原理图编辑器后，首先要根据电路设计的复杂程度选择电路图纸大小，设置图纸的过程实际上是一个建立工作平面的过程。

参数的设置包括格点大小和类型，鼠标指针类型等。大多数参数采用系统默认设置，也可以根据个人喜好自行设计环境参数。合理的环境参数可以大大提高系统的工作效率。

3. 装入所需元件库

如果没有所需元件库，则应装入所需元件库文件。所装入的元件库，在下次启动原理图编辑器时仍将保留，不需再次装入。

4. 放置并编辑元器件

根据电路图设计的需要，将元件从元件库中取出放到设计图纸上，然后再根据前面介绍的原理绘图设计原则及元件之间布线要求对元件在图纸上的位置进行调整、修改，并对元件的编号、封装进行定义和设定等，为下一步工作打好基础。

5. 放置并编辑布线

根据前面介绍的原理图绘图设计原则对所放置的元器件进行布局布线，该过程实际上就是一个画图设计过程。利用 Protel 99 SE 提供的各种工具、指令进行布线，将工作平面上的器件用具有电气意义的导线、符号连接起来，构成一个完整的电路原理图。

6. 放置网络标号

网络标号对应的物理意义是电气连接点。在电路原理图上具有相同的网络标号的电气连线是连在一起的。

7. 放置电源与地线

在原理图中相同电压的电源和等电位点可以不用导线相连，零电位和接地点也可不连接，但均应以相同的符号和数据标明，而在印制板上则必须连接在一起，这一点必须注意。Protel 99 SE 提供了专门的放置电源与地线工具栏，执行并编辑就可以完成电源与地线的放置。

8. 原理图调整及填写文字说明

对布局布线后的元器件进行调整。在这一阶段，利用Protel 99 SE所提供的各种强大功能对所绘制的原理图进行进一步的调整和修改，以保证原理图的美观和正确，符合工程设计需求。这就需要对元器件的位置重新调整，删除、移动导线位置，修改导线宽度，更改图形尺寸、属性及排列。

9. 生成网络表及各种原理图报表

原理图设计的最终结果是产生用于PCB图设计的网络表，在网络表中，主要指定各个元器件的连接和元件封装，网络表是连接原理图设计和PCB设计的纽带。

通过利用Protel 99 SE所提供的各种报表生成工具得到各种报表输出，原理图设计过程中的一些关于元件封装和元件连接的错误可以在引入网络表的过程中检验出来。

10. 原理图文件的保存

这是原理图设计过程中的最后一步，至此，整个原理图设计过程完成。如果一张原理图需要多次设计，则每次中间设计的结果要很好地保存在指定位置，以确保再次打开设计图纸时能够继续进行设计。

3.2 元件库的管理

电路设计的主要任务是对元件进行电气连接和合理布局，Protel 99 SE系统将常用的元件都做成元件库存储在系统中，设计时只需要添加元件库即可合理、方便地使用元件。

3.2.1 装入元件库

在放置元件之前必须装入该元件所在的元件库。针对一个具体的电路或某些具体的元件，如何选择装入正确的元件库，依赖于相关专业知识的不断丰富和对元件库的不断熟悉了解。表3.1列出了一些常用元件库，更多原理图元件库参见附录1。

表3.1 原理图常用元件库

元件库文件名	元件库内容
Protel DOS Schematic Libraries	原DOS版元件数据库，内含十几种常用元件库
Miscellaneous Devices	分立元件库，含各种分立元件
Intel Databooks	Intel公司元件库，主要为各种微处理器
TI Databooks	得克萨斯仪器公司元件库

装入元件库的步骤如下：

步骤1 Protel 99 SE原理图编辑器界面如图3.2所示，单击元件管理器顶部的"Browse Sch"元件筛选标签，在此标签下的对象浏览框中选择"Libraries"选项，单击"Add/Remove"按钮，屏幕会出现如图3.3所示的添加/删除元件库对话框。也可以选择"Design\

Add/Remove”命令来打开此对话框。该对话框用来装入所需的元件库或移出不需要的元件库。

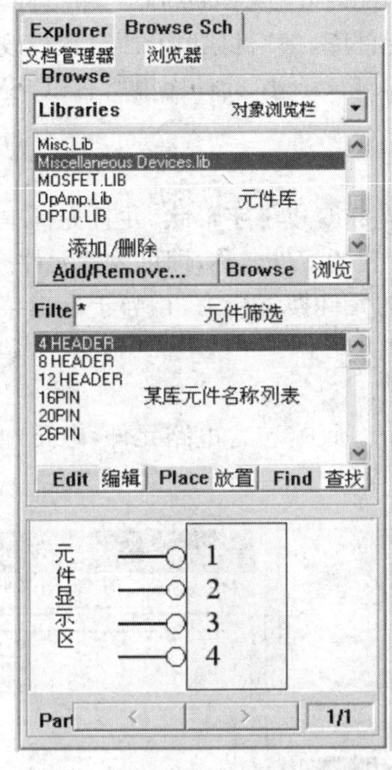

图 3.2　装入元件库的元件管理器

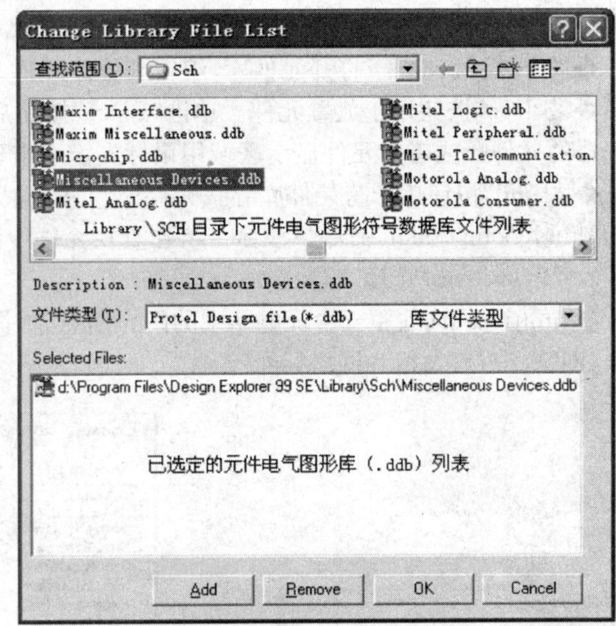

图 3.3　添加/删除元件库对话框

步骤 2　在“Design Explorer 99\Library\Sch”目录及其子目录下，选取需要装入的元件库文件，单击“Add”按钮，或直接双击需要装入的元件库文件，文件名将在“Selected Files”区域罗列出来。

步骤 3　单击“OK”按钮即可将该元件库装入原理图管理器。此时被装入的元件库(*.ddb)以及该元件库所包含的所有元件就会出现在原理图管理器中，如图 3.2 所示。

步骤 4　如果想卸载某个已装入的元件库文件，可以在“Selected Files”区域中选择要卸载的元件库文件，单击“Remove”按钮，文件名将在“Selected Files”区域中消失，元件库被卸载。双击该文件，也可实现元件库的卸载。

3.2.2　管理元件库

在图 3.2 所示元件管理器中，单击对象浏览框右侧的下拉按钮，会弹出“Libraries”和“Primitives”两个选项。其中，“Libraries”为元件管理器，用来管理元件库，如装入、卸载、浏览元件库，过滤元件，编辑、放置和查找元件等，如图 3.2 所示。“Primitives”为对象浏览器，用来管理原理图中的图元。

1. “Libraries”选项

◆“Add/Remove”按钮可添加/删除元件库，“Browse”按钮可浏览元件库。

◆“Filter”设置栏的功能是筛选元件,“Filter”设置栏支持通配符“ * ”。

在系统默认情况下,“Filter”设置栏里是一个“ * ”号,表示罗列选定元件库里的所有元件,如图3.4,如果想选择一个开关元件,首先加载“Miscellaneous Devices. ddb”库文件,然后在元件库显示区域中选择“Miscellaneous Devices. lib”元件库,最后将“Filter”设置栏改为“ * SW”,按回车键,元件显示区显示的是“Miscellaneous Devices. lib”元件库里所有以“SW”开头的元件,这些元件都是开关元件,如图3.4所示。

◆“Edit” 按钮用于打开元件库,编辑和修改元件。

◆“Place”按钮用于放置元件。单击“Place”按钮后,光标变成十字形状,并且光标上带着选择的元件。或者在元件显示区域用鼠标左键双击要放置的元件名称,即可放置元件。

◆“Find”按钮用于跨元件库寻找元件。它具有很强的元件搜索能力,相当于右键菜单里的“Find Component”命令。该命令将在查找元件中详细介绍。

2. “Primitives”选项

“Primitives”选项用于管理电路中的图元信息,如图3.5所示,包含电路元件,电路中的导线、网络、节点、总线和网络标号等。

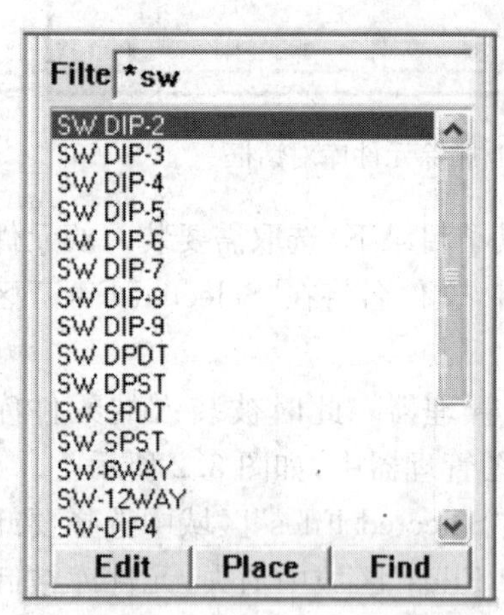

图3.4 过滤“SW”开头的元件

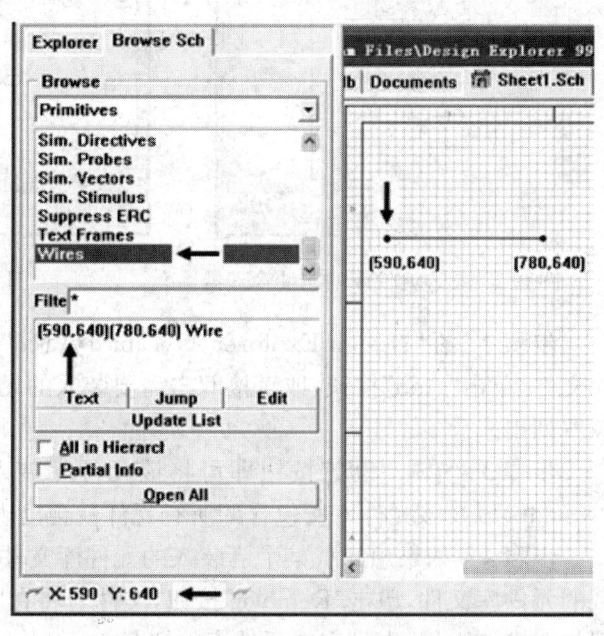

图3.5 对象浏览器(Primitives)选项

◆“Filter”设置栏的功能是筛选元件。

◆“Text”按钮用于编辑信息文本框中选定对象文字内容。

◆“Jump”按钮用于将光标快速跳转到当前选定的元件对象上,此时对象出现被选中的现象。

◆“Edit”按钮用于编辑选定的对象属性。

◆“Update List”按钮用于更新信息显示区的内容。

3.2.3　查找元件

若不熟悉元件所在的元件库，可以用 Protel 99 SE 系统提供的查找元件的方式找到该元件所在的元件库，从而完成添加工作。具体步骤如下：选择“Tools\Find Component”命令，或使用鼠标右键菜单里的“Find Component”命令，或单击元件管理器中的“Browse Sch”标签下的“Find”按钮，屏幕即出现如图 3.6 所示的搜索元件对话框。

图 3.6　搜索元件对话框

搜索元件对话框主要由“Find Component”区域、“Search”区域、“Found Libraries”区域和“Components”区域组成。

1. “Find Component”区域

用于设置搜索元件的方式，其中有两个选择设置项：

(1) “By Library Reference”：是按元件名称来搜索元件，在其右边可以指定所要搜索的元件名称。

(2) “By Description”：是按元件描述方式来搜索元件，在其右边可以指定所要搜索的元件描述。

在这两个设置栏里，可以使用通配符。例如，若要查. Sch 中提供的所有开关元件，可选择“By Library Reference”，并在其设置栏中指定“ * SW”。

2. “Search”区域

用于指定搜索元件的范围，其中包括“Scope”选择项、“Sub directories” 选择项“Find All Instances” 选择项、“Path” 设置项和“File” 设置项。

(1) “Scope” 选择项。用于指定搜索的范围，单击选项右边的下拉按钮，打开下拉式列表，如图 3.7 所示，它包括 3 个选项，即“All Drives”、“Listed Libraries”和“Specified Path”。

◆“All Drives”选项。指定系统搜索元件的范围为计算机上所有的驱动器。

◆“Listed Libraries”选项。指定系统在已加载的元件库里搜索元件。

◆“Specified Path”选项。指定在设定的路径下搜索元件,如果选中此项,应该在“Path”设置栏里不指定任何路径,系统就搜索计算机上所有的驱动器,等同于在“Scope”选择项里选择“All Drives”选项。

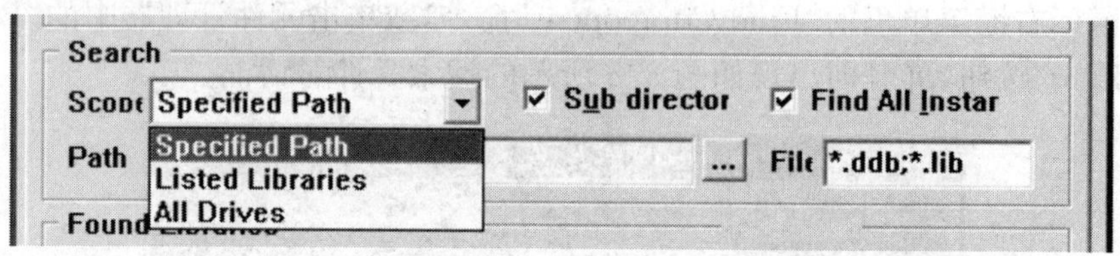

图 3.7 Scope 选项

(2)“Path”文本框。设置查找元件指定的路径,单击[...]按钮,可以改变元件查找路径。

3. “Found Library”区域

显示搜索到的元件所在的元件库。

4. “Components”区域

用于显示系统搜索到的元件。

在图 3.6 所示的搜索元件设置对话框中还有两个按钮,即“Find Now”和“Stop”按钮。单击“Find Now”按钮,系统启动搜索程序开始搜索,在搜索过程中,单击“Stop”按钮,系统将停止搜索。

以搜索元件“8031 * ”为例,其搜索结果如图 3.6 所示。

说明: ◆ 单击“Add To Library List”按钮,系统将加载“Found Libraries”里选择的元件库。

◆ 单击“Place”按钮,将在图纸上放置“Components”里选定的元件。

◆ 单击“Edit”按钮,系统将启动“ScnLib”编辑器来编辑“Components”里选定的元件。

3.3 元件操作

3.3.1 放置元件

元件(Part)是原理图中最重要的电气元件,元件来自于相应的元件库,取用元件时应该添加元件所在的元件库名,否则就会找不到元件的警告对话框。

1. 放置元件

放置元件的方法有以下 4 种:

◆ 单击鼠标右键菜单内的“Place Part”命令。

◆ 单击画电路图工具栏内的 [图标] 图标。

◆ 执行菜单命令“Place Part”。

◆ 单击元件管理器中的“Place”按钮或在元件管理器中双击所要放置的元件。

2. 放置元件的步骤

步骤 1　启动放置元件命令后，屏幕上出现如图 3.8 所示的对话框，要求输入取用的元件样本名称。例如，若要用电阻，则在“Lib Ref”选项中输入“RES2”。

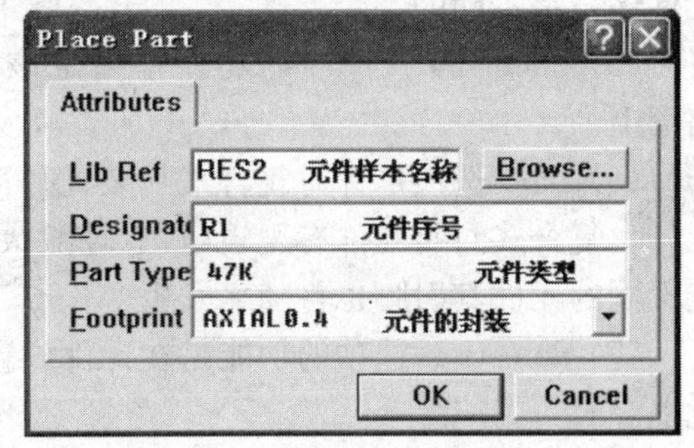

图 3.8　设置放置元件对话框

一般来说，我们还应该同时输入元件序号“Designator”、元件类型“Part Type”、元件的封装方式“Footprint”。

步骤 2　完成输入后，单击“OK”按钮，屏幕上出现一个十字光标表示系统处于放置元件状态，将光标移动到合适的位置单击鼠标左键，将该元件定位。

步骤 3　屏幕上又会出现如图 3.8 所示的对话框，其中默认的元件样本名是上次取用的元件样本名，默认的元件序号自动加 1。指定取用的元件样本名后，单击“OK”按钮。

注意：在绘制电路图的过程中，在输入状态为英文状态下，按空格键可使所放置元件的方向逆时针旋转 90°；按“X”键可使元件左右翻转；按“Y”键可使元件上下翻转。

元件的放置说明：

(1) 元件在原理图上的位置可任意放置，并不表示元件在印制板上的实际位置，也不表示实际大小。

(2) 元件在原理图上的位置不论是垂直、平行、倾斜都不影响其功能，也不影响在印制电路板上如何排列。

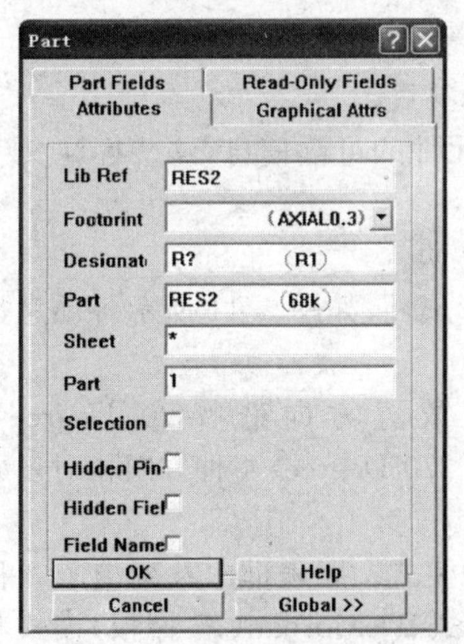

图 3.9　元件编辑对话框

步骤 4　元件放置完毕后，单击鼠标右键，系统退出放置元件状态。

3.3.2 编辑元件属性

在已放置的元件上双击鼠标或在元件放置状态下单击“Tab”键，即可打开如图 3.9 所示的元件编辑对话框。元件编辑对话框中有 4 个标签页。

1. Attributes 标签页

该标签页的功能是设置元件的电气属性，包括如下选项：

(1) Lib Ref 选项的功能是选择元件样本，修改此项可以直接替换原有的元件，元件样本名不会显示在元件图上。

(2) Footprint 选项的功能是选择元件封装方式。对于同一种元件，可以有不同的元件封装方式，如 74LS00，最普遍采用的是 DIP14(双列直插)封装方式，也可以采用 SMD14A(表面黏着式)封装方式。元件的封装方式不会在电路图上显示出来。

（3）Designator 选项的功能是设置元件序号。

（4）Part Type 选项的功能是设置元件在电路图上显示的元件名称，它与元件样本名、元件序号是不同的。

（5）Sheet Path 选项的功能是指定该元件内部电路图所在的文件，它不会显示在电路图上。

（6）Part 选项是针对复合式封装元件而设定的，它的功能是指定复合式封装元件中的元件。复合式封装元件有逻辑门、运算放大器等，例如，74LS00 是由几个与非门组成的，指定不同的元件其引脚也将随之发生变化。

（7）Selection 选项的功能是在元件放置后，将该元件置于被选状态，元件四周会出现黄色框。

（8）Hidden Pins 选项的功能是设置是否显示隐藏的引脚，通常隐藏的引脚是不会显示在电路图上的，如果选中本项，隐藏的引脚将在电路图上显示出来。

（9）Hidden Fields 选项的功能是设置是否显示元件标注（共 16 个标注项），如果元件标注栏没有文字，将显示“ * ”号。

（10）Field Names 选项的功能是设置是否显示元件标注栏的名称。

前面已经提到，在输入元件时，应将几个主要参数同时输入，如图 3.8 所示。若当时未能输入其余参数，也可通过元件编辑对话框进行设置，如图 3.10 所示。

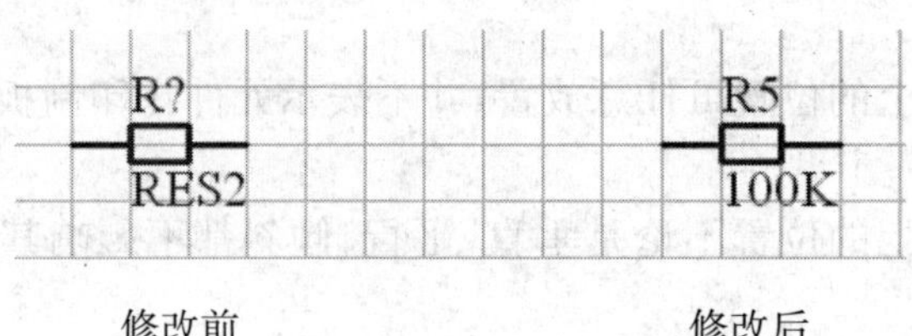

修改前　　　　修改后

图 3.10　元件属性的修改

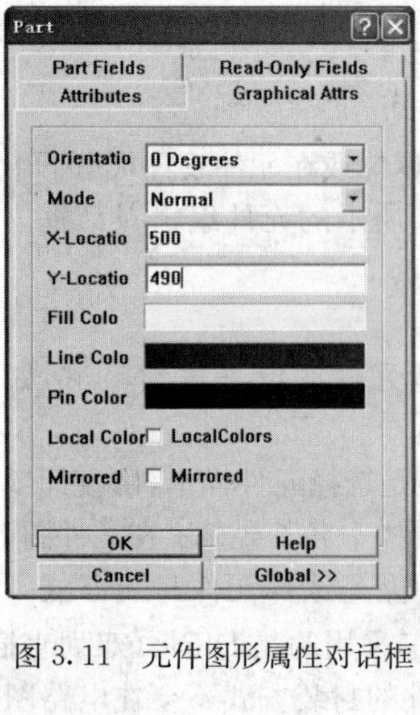

图 3.11　元件图形属性对话框

2. Read-Only Fields 标签页

该选项卡描述了有关元件的可读信息，这些标注文字不能直接在电路图中修改。

3. Graphical Attrs 标签页

该标签页设置元件图形属性，如图 3.11 所示各项意义如下：

（1）Orientation：元件放置方向选择，0 Degrees、90 Degrees、180 Degrees 和 270 Degrees 4 种方向相对于元件水平放置的方位。

（2）Mode：设定元件的模式。列表框中共列出了 3 种元件模式：Normal（正常）模式、DeMorgan（德-摩根）模式和 IEEE（国际电气与电子工程师协会）模式，一般默认为 Normal（正常）模式。

（3）X-Location、Y-Location：元件在原理图中的位置，用 X 轴坐标和 Y 轴坐标表示。

(4) Fill Color:设置元件内部所要填充的颜色。

(5) Line Color:设置元件外框的线条颜色。

(6) Pin Color:设置元件引脚的颜色。

(7) Local Color:选中该项,表示上面所有的颜色设置应用于该元件。

(8) Mirrored:选中该项,表示使元件做水平的镜像翻转,相当于"X"键。图形属性设置完成后,单击"Global"按钮,进入元件图形设置的详细属性窗口,如图 3.12 所示。

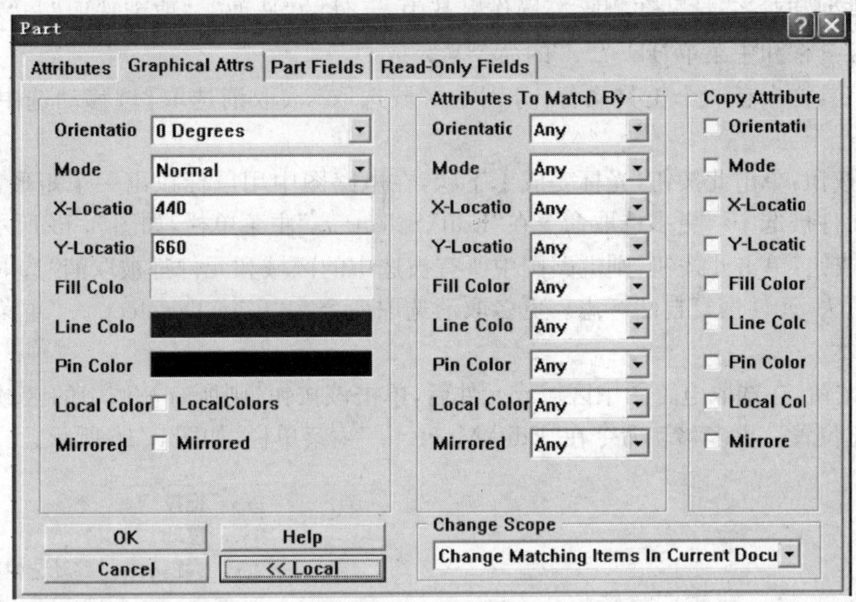

图 3.12　元件图形设置的详细属性对话框

4. Part Fields 标签页

该标签页用于设置电路仿真模型的参数,如设置仿真元件的类型、元件模型、引脚列表、路径和仿真网络表等内容。

3.3.3　元件点取

元件被点取是指单个元件被单击选中的状态。操作过程如下:鼠标指向某一元件,单击鼠标,则该元件被单击点取,此时元件周围出现蓝色的虚线边框,如果是导线等图件,点取后出现几个灰色的控点,移动控点的位置可以改变导线长度,如图 3.13 所示。

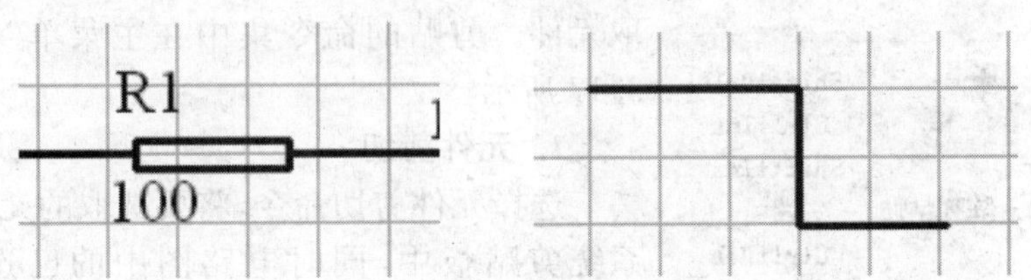

图 3.13　元件点取

元件处于被点取的状态时,按"Delete"键可以直接删除,鼠标指向点取的元件,按"Tab"

键，可以打开元件属性设置对话框，更改元件属性。在电路图中任意空白位置点击鼠标，则该图件的点取状态被取消。

3.3.4 元件的选取、取消选取与移动

在原理图设计的过程中，进行元件布局首先要选取元件。选取元件后，再对元件进行移动、剪切、排列和对齐、粘贴和删除等操作。其中，元件的"选取"、"取消选取"与"移动"命令由执行主工具栏和主菜单"Edit..."的命令来完成。

在主工具栏中有 3 个工具图标，分别是区域选取、取消选取、移动选中等区域功能。

◆ 按钮：单击此按钮，光标变成十字状，在电路图中用鼠标拉出一个矩形区域，则该区域中的元件被选中。更多选取命令在"Edit\Select..."主菜单栏，如图 3.14 所示。

◆ 按钮：单击此按钮，则电路图中所有被选中的区域和元件都被取消"选取"的状态，黄色边框消失，元件恢复自然标志。更多取消选取命令在"Edit\Deselect..."主菜单栏。如图 3.15 所示。

◆ 按钮：在选取电路图中区域或元件后，单击该按钮，则所有被选中的区域随着光标的移动变化位置。更多移动命令在"Edit\Move..."主菜单栏，如图 3.16 所示。

Inside Area 区域内
Outside Area 区域外
All 全部
Net 网络
Connection 连接

图 3.14 主菜单选取命令

Inside Area 区域内
Outside Area 区域外
All 全部

图 3.15 取消"元件选取"菜单

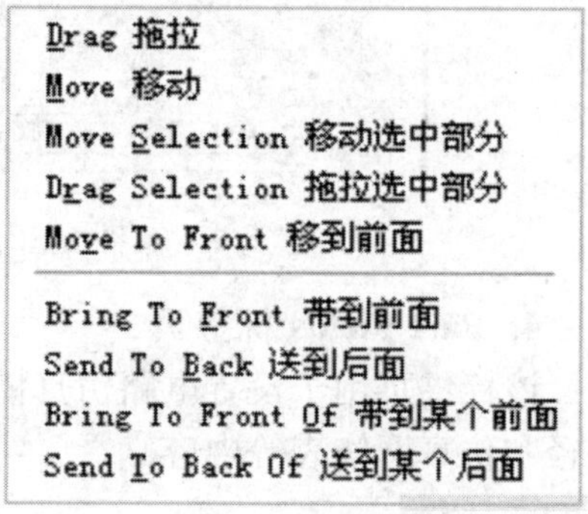

Drag 拖拉
Move 移动
Move Selection 移动选中部分
Drag Selection 拖拉选中部分
Move To Front 移到前面
Bring To Front 带到前面
Send To Back 送到后面
Bring To Front Of 带到某个前面
Send To Back Of 送到某个后面

图 3.16 移动"被选取的元件"的菜单

3.3.5 元件的复制、剪切与粘贴

元件的剪贴功能包括元件的复制、剪切和粘贴的操作。在对元件进行剪贴前，必须先选取元件。剪贴的命令集中在主菜单"Edit"中，如图 3.17 所示。

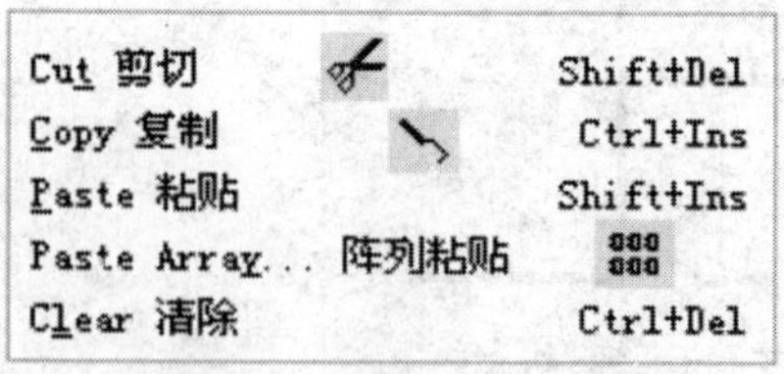

Cut 剪切	Shift+Del
Copy 复制	Ctrl+Ins
Paste 粘贴	Shift+Ins
Paste Array... 阵列粘贴	
Clear 清除	Ctrl+Del

图 3.17 Edit 菜单的剪贴命令

1. 元件剪切

选择元件剪切命令，将要选取的元件直接放入到系统剪贴板中，同时电路图中的已选取的元件被删除。

剪切元件的方法有以下 3 种：

◆ 单击鼠标右键菜单内的“Edit\Cut”命令。

◆ 单击工具栏内的✂图标。

◆ 按动热键按钮“Shift+Del”。

2. 元件复制

选择元件复制命令，将要选取的元件作为副本，放入到系统剪贴板中。

复制元件的方法有以下 3 种：

◆ 单击鼠标右键菜单内的“Edit\Copy”命令。

◆ 单击主工具栏内的图标。

◆ 按动热键按钮“Ctrl+Ins”。

3. 元件粘贴

选择元件粘贴命令，将系统剪贴板中的内容作为副本，复制到电路图纸中。从剪贴板复制出来的元件随鼠标指针移动，移动鼠标指针到目标位置，单击鼠标左键，即可将元件定位，完成元件的复制与移动。

粘贴元件的方法有以下 2 种：

◆ 单击鼠标右键菜单内的“Edit\Paste”命令。

◆ 按动热键按钮“Shift+Ins”。

4. 阵列式粘贴

阵列式粘贴是一种特殊的粘贴方式，阵列式粘贴一次可以按照指定间距将同一个元件重复地粘贴到电路图纸上。阵列式粘贴的菜单命令在“Edit/Paste Array”中，也可使用画图工具栏中的图标。

启动阵列式粘贴命令后，系统出现如图 3.18 所示的阵列式粘贴设置对话框，其中各项设置介绍如下：

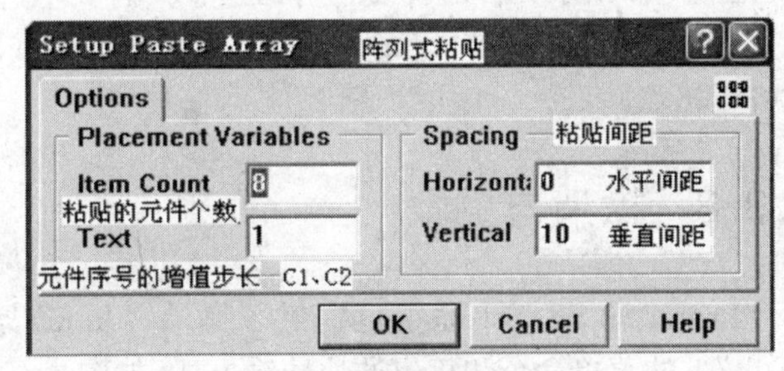

图 3.18　阵列式粘贴设置对话框

◆ Item Count：用于设置所有粘贴的元件个数，系统默认为 8。

◆ Text：用于设置所要粘贴的元件的序号的增值步长。如果该设置为 1，若首次放置的元件为 C1，重复放置的元件中，序号依次为 C2，C3，…，系统默认设置为 1。

◆ Horizontal：设置所要粘贴的元件的水平间距。

◆ Vertical：设置所要粘贴的元件的垂直间距。

3.3.6　元件的清除与删除

当图形中的某个元件不需要时，可以把它删除。删除元件使用“Edit”菜单中的两个菜单命令，即清除（Clear）和删除（Delete）命令。

清除元件的方法有以下 3 种：

◆ 单击鼠标右键菜单内的“Edit/Clear”命令。

◆ 按动热键按钮“Ctrl+Del”。

◆ 单击“Edit/Delete”命令。

3.3.7 元件的排列与对齐

Protel 99 SE/Sch 提供了一系列用于元件排列和对齐的命令，集中在“Edit\Align”的下级菜单，如图 3.19 所示。在此菜单中点击“Align...”则打开元件对齐设置对话框，如图 3.20 所示。

	命令		快捷键	说明
	Align...			元件对齐设置对话框
水平对齐设置区域	Align Left		Ctrl+L	左对齐
	Align Right		Ctrl+R	右对齐
	Center Horizontal		Ctrl+H	中间位置
	Distribute Horizontally		Ctrl+Shift+H	等间距放置
垂直对齐设置区域	Align Top		Ctrl+T	上对齐
	Align Bottom		Ctrl+B	下对齐
	Center Vertical	中间位置	Ctrl+V	中间位置
	Distribute Vertically		Ctrl+Shift+V	等间距放置

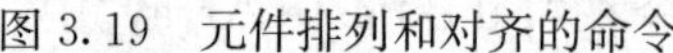

图 3.19 元件排列和对齐的命令

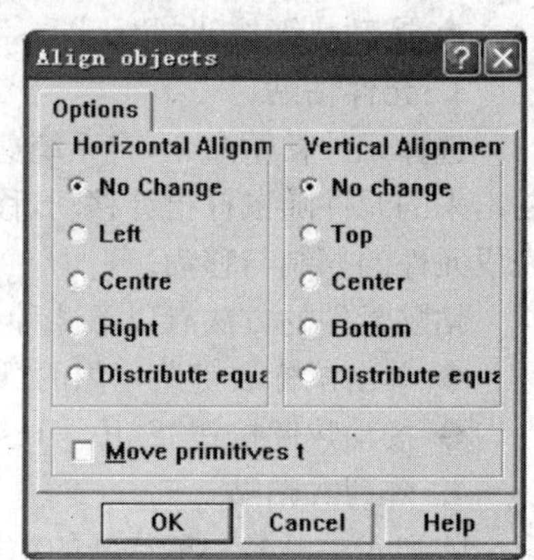

图 3.20 元件对齐设置对话框

图 3.20 所示元件对齐设置对话框中共有 3 个选项组：Horizontal Alignment (水平对齐设置区域)、Vertical Alignment (垂直对齐设置区域)和 Move primitives to Grid (设定元件对齐于格点)。

3.3.8 撤消与重做

Protel 99 SE/Sch 系统也提供了撤消(Undo)与重做(Redo)操作，分别对应于主菜单“Edit”下的菜单命令和相应的快捷键方式，如图 3.21 所示。

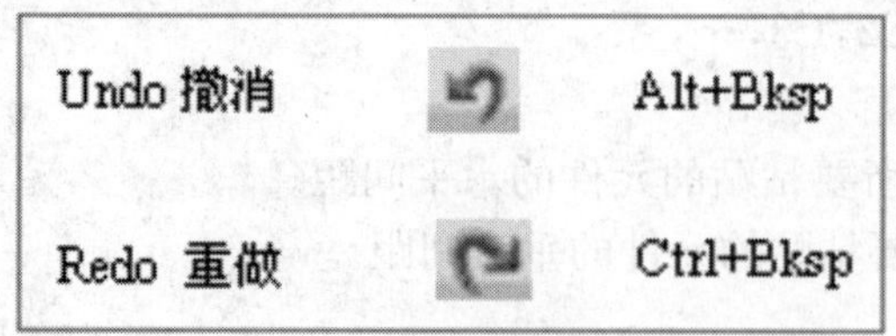

图 3.21 元件对齐设置对话框

Undo (撤消)：取消刚才所做的操作，系统返回刚才操作之前的状态。

Redo (重做)：取消刚才所做的复原操作，系统返回刚才操作之前的状态。

说明：Protel 99 SE/Sch 系统默认可以撤消和重做的次数为 50，还可以手工改变撤消和重做的次数，在 Preferences 参数的 Graphical Editing 选项组的 Undo/Redo 文本框中，可以设置撤消和重做的次数。

3.4　绘制电路原理图的工具

Protel 99 SE 的原理图编辑器将画电路图工具集合成画电路图工具栏，如图 3.22 所示。其中包括画总线、画总线进出点、放置元件、放置节点、放置电源、画导线、放置网络标号、放置输入/输出点、放置电路方块图，放置电路方块进出点、放置忽略 ERC 测试点等，如图 3.23 所示。

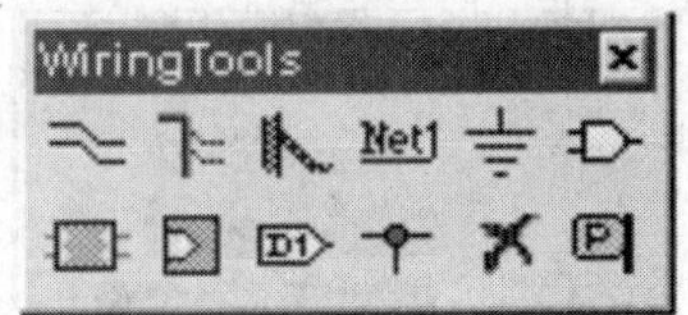

图 3.22　画电路图工具栏

画电路图工具栏中的工具大多可以在“Place”下拉式菜单中找到相应的命令，如图 3.24 所示。

—— 画导线（Wire）
—— 画总线（Bus）
—— 画总线进出点（Bus Entry）
—— 放置网络标号（Net Label）
—— 放置电源（ Power Port）
—— 放置元件（Part）
—— 放置电路方块图（Sheet Symbol）
—— 放置电路方块进出点（Add Sheet Entry）
—— 放置输入/输出点（Port）
—— 放置节点（Junction）
—— 放置忽略ERC测试点（Directives\NO ERC）
—— 放置忽略PCB布线指示(Directives\PCB Layout)

图 3.23　各个图标对应的工具栏

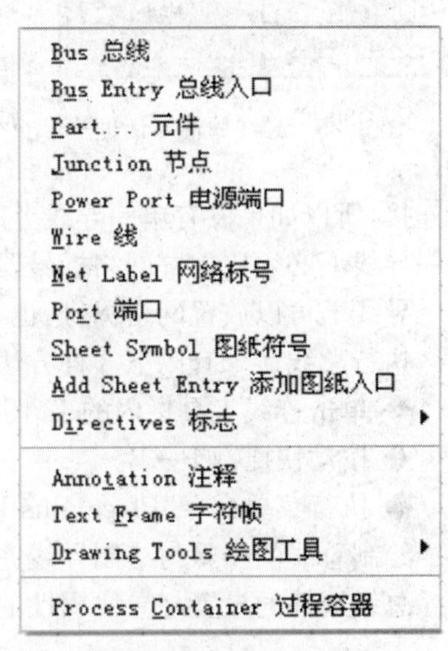

图 3.24　“Place”菜单中布线命令

3.4.1　导线(Wire)

执行导线命令有以下 3 种方法：

◆ 单击布线工具栏内的≈图标。

◆ 执行菜单命令“Place\Wire”。

◆ 单击鼠标右键菜单内的“Place Wire”选项。

启动画导线命令后，光标变成十字形，系统处于画导线状态。画导线的操作步骤如下：

步骤 1　将光标移到所画导线的起点，单击鼠标左键，即可绘制出第一条导线。以该点为新的起点，继续移动光标，绘制第二条导线。

步骤 2　如果要绘制不连续的导线，可以在完成前一条导线穿管敷设后，单击鼠标右键，然后将光标移动到新导线的起点，单击鼠标左键，再按前面的步骤绘制另一条导线。

步骤 3 画完所有导线后，连续单击鼠标右键两次，即可结束导线状态，光标由十字形变成箭头形。

在绘制电路图的过程中，按空格键可以切换导线绘制模式。原理图编辑器提供 3 种导线绘制方式，分别是直角走线、45°走线、任意角度走线。

注意：在导线绘制状态下，当光标靠近元件引脚时，在引脚端点处出现一个圆点，它代表电气连接，也就是说，任何一次在元件引脚之间的连线操作，都必须以圆点为起点或终点。

图 3.25 导线属性对话框

用户还可对导线属性进行设置，以改变其宽度及颜色等属性。方法为用鼠标双击某一导线，在随后出现的导线属性对话框中对相关项目进行设置，如图 3.25 所示。

3.4.2 总线(Bus)

总线是由数条性质相同导线组成的线束，如常说的数据总线、地址总线等。总线比导线粗一点，并不与导线有本质上的区别。总线本身没有实质的意义，必须由总线接出各个单一导线上网络标号(Net Label)来完成电气意义上的连接，所以如果没有单一导线上的网络标号，总线就没有电气意义。而由总线接出的各个单一导线上必须要放置网络标号，具有相同网络标号的导线表示实际电气意义上的连接。

导线上可以放置网络标号，也可以不放。普通导线上一般不放网络标号。

执行总线命令有以下 3 种方法：

◆ 单击连线工具栏内的 ⺃ 图标。

◆ 按动快捷键 P→B。

◆ 执行菜单命令“Place\Bus Entry”。

绘制总线的步骤与绘制导线完全一样，这里不再介绍，请参考导线绘制部分。

总线属性的设置与导线属性的设置完全一样。

3.4.3 总线进出点(Bus Entry)

总线绘制完成后，需要用总线进出点将它与导线连接起来。总线进出点(Bus Entry)是单一导线进出总线的端点，总线进出点没有任何电气连接意义，只是让电路图看上去更专业而已。

执行总线分支命令有以下 3 种方法：

◆ 单击连线工具栏内的 ⬉ 图标。

◆ 按动快捷键 P→U。

◆ 执行菜单命令“Place\Bus Entry”。

执行总线进出点命令，光标变成十字形，并且上面有一段 45°或 135°的线，表示系统处于画总线进出点状态。画总线进出点的操作如下：

步骤 1 将光标移动到放置总线进出点的位置，光标上出现一个圆点，表示移动到了合适的放置位置，单击鼠标左键即可完成一个总线进出点的放置。

步骤 2　画完所有总线进出点后，单击鼠标右键，即可结束画总线进出点状态，光标由十字形变为箭头形。

在绘制电路图的过程中，按空格键可使总线进出点的方向逆时针旋转 90°；按“X”键可使总线进出点左右翻转；按“Y”键可使总线进出点上下翻转。

如图 3.26 所示为总线和总线进出点示意图。

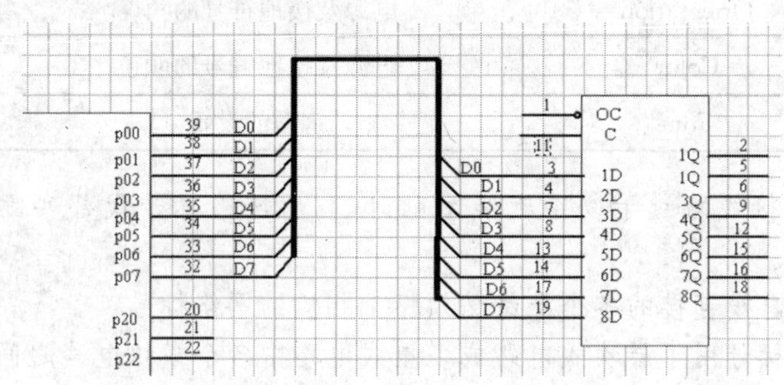

图 3.26　总线和总线进出点

3.4.4　网络标号(Net Label)

网络标号具有实际的电气连接意义，具有相同网络标号的导线不管图上是否连接在一起，都被视为同一条导线。

放置网络标号的方法有 3 种：

◆ 单击连线工具栏内的 Net 图标。

◆ 按动快捷键 P→N。

◆ 执行菜单命令“Place\Net Label”。

放置网络标号的操作步骤如下：

步骤 1　选择放置网络标号命令后，将光标移到放置网络标号的导线或总线上，光标上产生一个小圆点，表示光标已捕捉到该导线，单击鼠标即可放置一个网络标号。

步骤 2　将光标移到其他需要放置网络标号的地方，继续放置网络标号。单击右键结束放置网络标号状态。

在放置过程中，如果网络标号的头和尾为数字，则这些数字会自动增加。若当前放置的网络标号为 D0，则下一个网络标号自动变为 D1；同样，如果当前放置的网络标号为 1A，则下一个网络标号自动变为 2A。

用户可通过双击某一网络标号来设置网络标号属性对话框，如图 3.27 所示。各对话框的意义如表 3.2 所示。

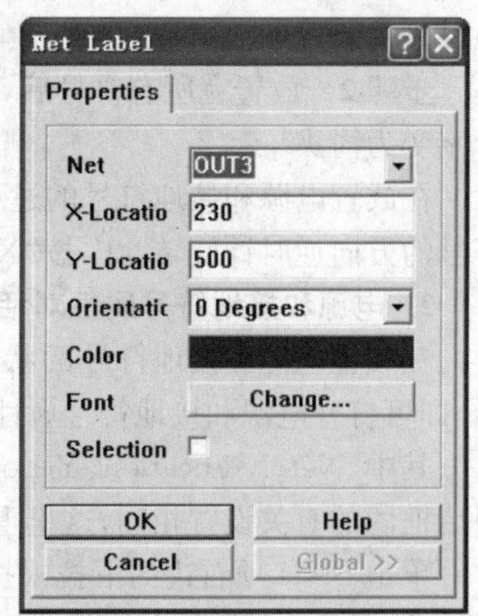

图 3.27　设置网络标号属性对话框

表3.2 Net Label 对话框

栏名称	意 义
Net	网络标号定义
X-Location	插入点的横坐标
Y-Location	插入点的纵坐标
Orientation	电源及接地符号的角度
Color	电源及接地符号的颜色
Font	字型的设置

说明：◆ 在连接线路过于复杂走线困难时，利用网络标号代替实际走线可使电路图简化。

◆ 通过总线连接的各个导线必须标上相应的网络标号。

◆ 网络标号用于层次式电路或多重式电路中各个模块电路之间的电气连接。

3.4.5 电源与地线(Power Port)

1. 电源与地线的放置

放置电源和接地符号有4种方法：

◆ 单击连线工具栏内的⏚图标。

◆ 按动快捷键P→O。

◆ 执行菜单命令“Place\Power Port”。

◆ 单击电源和接地符号工具栏“Power Objects”上的按钮。

放置电源和接地符号的操作步骤如下：

步骤1 将光标移到所要放置电源和接地符号的位置，单击鼠标即可完成一个电源和接地符号的放置。

步骤2 放置完所有符号后，单击鼠标右键，即可结束放置电源和接地符号状态，光标由十字变为箭头。

在放置电源和接地符号的过程中，在输入状态为英文状态下，按空格键可使电源或接地符号的方向逆时针旋转90°，按“X”键左右翻转，按“Y”键上下翻转。

2. 电源和接地符号属性对话框的设置

在放置电源和接地符号的状态下，如果要编辑所要放置的电源和接地符号，双击该符号，即可打开电源和接地符号属性对话框，如图3.28所示。

其中，Net、X-Location、Y-Location、Orientation、Color 和 Selection 项与网络标号属性对话框内的有关设置相同，这里重点讨论 Style 项。

单击 Style 项右边的下拉式按钮，屏幕上会出现如图3.29所示的下拉式列表，其中有7个选项，对应7种不同的电源类型。

可以在 Style 项中选择合适的电源类型，也可以单击电源(Power Objects)工具栏的相应图标来选择合适的电源类型，如图3.30所示。电源(Power Objects)工具栏可以通过单击菜单命令“View\Toolbars\Objects”来启动。图 3.31 是“Style”项中电源类型和电源(Power Objects)工具栏中图标的对应关系。

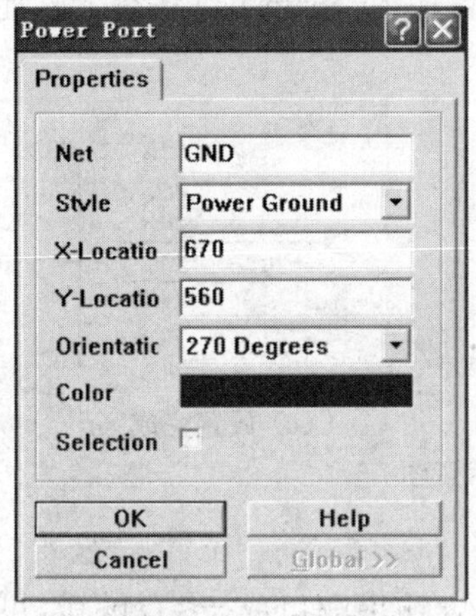

图 3.28　电源和接地符号属性对话框

图 3.29　Style 选项

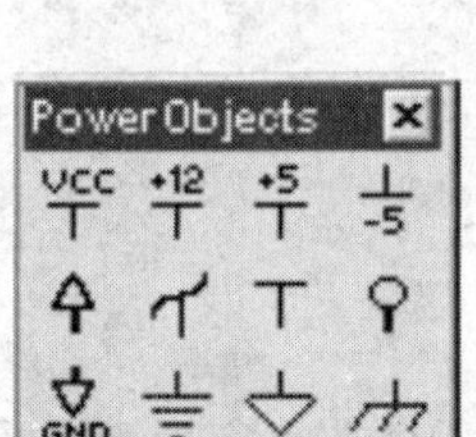

图 3.30　电源和接地符号工具栏

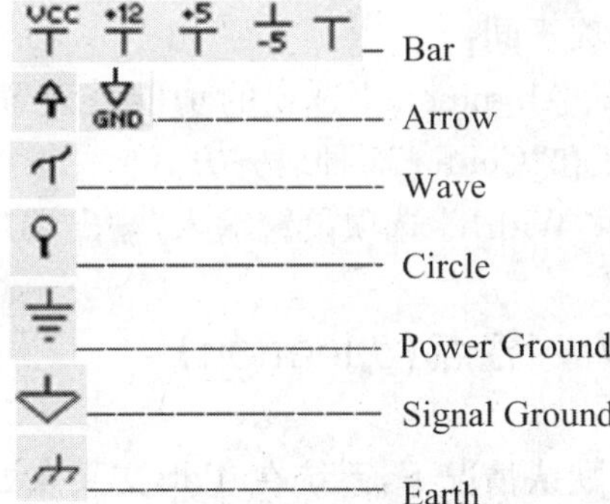

图 3.31　电源工具栏中图标对应关系

3.4.6　输入/输出端口(Port)

在设计电路图时，一个网络与另一个网络的连接可以通过实际导线连接，也可以通过放置网络名称(标号)使两个网络具有相互连接的电气意义。放置输入/输出点，同样可实现两个网络的连接，相同名称的输入/输出点可以认为在电气意义上是连接的。输入/输出点也是层次图设计不可缺少的组件。

放置输入/输出端口的命令有以下 3 种方法：

◆ 单击连线工具栏内的图标。

◆ 按动快捷键 P→R。

◆ 执行菜单命令“Place\Port”。

1. 放置输入/输出端口

在启动输入/输出端口的命令后，光标变成十字形，并且在它上面出现一个输入/输出端口图，在合适的位置，光标上会出现一个圆点，即表示此处有电气连接点，单击鼠标左键即可定位输入/输出端口的一端，移动鼠标使输入/输出端口的大小合适，单击鼠标，即可完成一个输入/输出端口的位置。单击鼠标右键，即可结束放置输入/输出端口状态。放置步骤如图 3.32 所示。

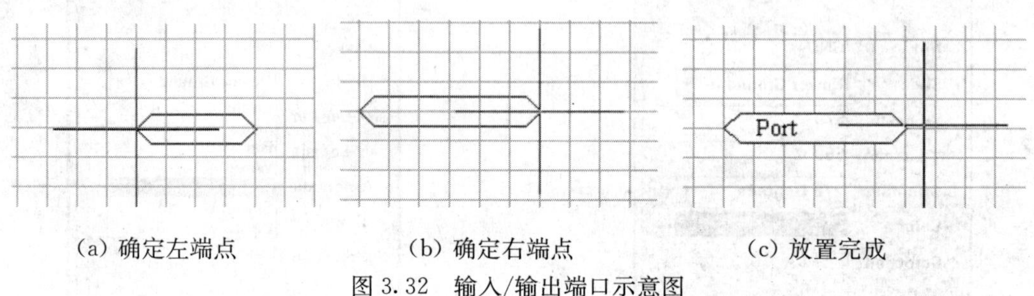

(a) 确定左端点 (b) 确定右端点 (c) 放置完成

图 3.32 输入/输出端口示意图

2. 设置输入/输出端口

在放置输入/输出端口状态下，用鼠标左键双击输入/输出端口或按"Tab"键，可打开方块电路输入/输出端口对话框。

对话框共有 11 个设置项，其中多数与方块电路进出点编辑对话框一样，这里不再重复。仅有两项不同：

◆ "Alignment" 选项的功能是设置输入/输出端口名称在端口的对齐方式有"Left"、"Right"和"Center"3 种对齐方式。

◆ "Width" 选项设置输入/输出端口宽度。

3.4.7 节点(Junction)

在默认情况下，系统在 T 形交叉点处自动放置节点，但不会在十字形交叉点处自动放置节点，必须手工放置。

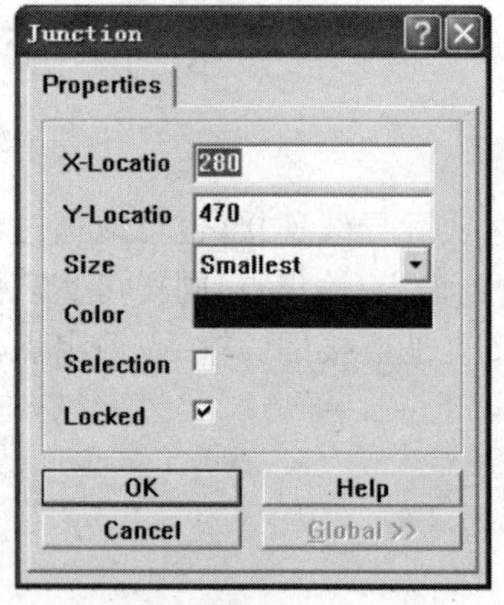

图 3.33 节点属性对话框

1. 放置节点

放置节点符号的命令有以下 3 种方法：

◆ 单击连线工具栏内的 图标。

◆ 按动快捷键 P→J。

◆ 执行菜单命令"Place\Junction"。

放置节点的方法很简单，启动放置节点命令后，光标变成十字形，并且在光标上有圆点，移动光标，在合适的位置单击鼠标即可完成一个节点的放置。

2. 设置节点属性对话框

在放置节点状态下，按"Tab"键或双击节点，即可打开节点属性对话框，如图 3.33 所示。

这里仅介绍两个选项，其他选项在前面介绍过，此处不再赘述。

◆ Size 选项的功能是选择节点大小。节点大小有 4 种，即 Smallest、Small、Medium、

Large。

◆ Locked 选择项的功能是锁定节点。选中该项后，即使导线被移走，节点仍然留在原处；不选此项，导线被移走后，节点同时消失。

3.5　绘图工具栏

在电路图中加上一些说明性的文字或图形可以让整个绘图页显得生动活泼，还可使电路更具可读性和说服力。由于图形对象并不具备电气特性，所以在作电气规则检查 ERC 和转换成网络表时，它们并不产生任何影响，也不会附加在网络表数据中。

用户可以通过菜单命令"View\Toolbars\Drawing Tools"打开和显示绘图工具栏。利用一般绘图工具栏上的各个按钮进行绘图是十分方便的，绘图工具栏如图 3.34 所示，绘图工具栏各个按钮的功能如图 3.35 所示。

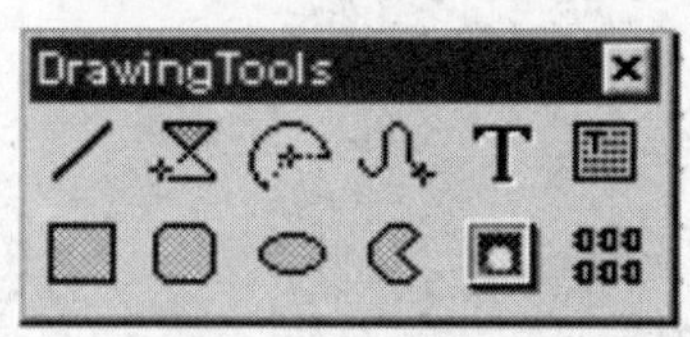

图 3.34　绘图工具栏

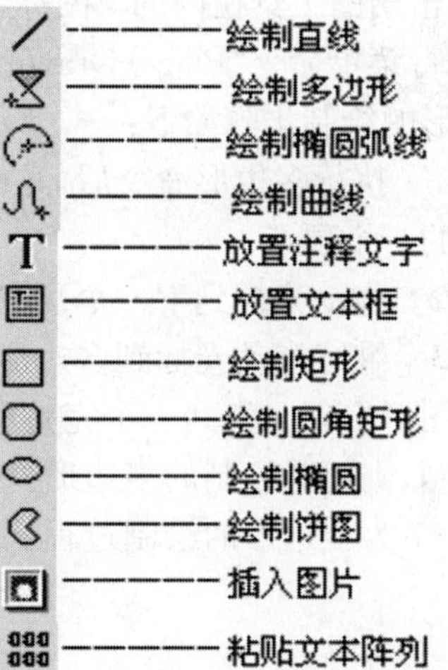

图3.35　绘图工具栏上各按钮的功能

3.5.1　绘制直线

直线不具有任何电气连接特性，在电路原理图中仅用来表示说明性图形或文字。

1. 绘制直线

绘制直线有以下 2 种方法：

◆ 单击绘图工具栏内的╱图标。

◆ 执行菜单命令"Place\Drawing Tools\Lines"。

直线绘制步骤如下：

步骤 1　执行直线命令后，光标变成十字形。

步骤 2　移动光标到合适的位置，单击鼠标左键对直线的起始点加以确认。

步骤 3 移动鼠标拖曳直线的线头，在每个转折点处单击光标左键加以确认。

图 3.36 直线属性对话框

步骤 4 重复上述操作，直到折线的终点，单击鼠标左键确认折线的终点，然后单击鼠标右键完成此折线的绘制。

步骤 5 此时系统仍处于“绘制直线”命令状态，光标呈十字形，可以接着绘制下一条直线，也可单击鼠标右键或按“Esc”键退出。

2. 直线属性对话框设置

在绘制直线状态下，按“Tab”键或双击直线，即可打开直线属性对话框，如图 3.36 所示。

3.5.2 绘制多边形

绘制多边形有以下 2 种方法：

◆ 单击绘图工具栏内的图标。

◆ 执行菜单命令“Place\Drawing Tools\Polygons”。

多边形的绘制步骤如下：

步骤 1 执行多边形命令后，光标变成十字形。拖动光标到合适位置，单击鼠标左键，确定多边形的一个顶点。

步骤 2 拖动光标到下一个顶点处，单击鼠标左键确定。

步骤 3 继续拖动光标到多边形的第三个顶点处并重复以上步骤，此时屏幕上将有浅灰色的示意图形出现。直到一个完整的多边形绘制完毕，用户可单击鼠标右键表示退出此多边形的绘制，则此时绘制的多边形变为实心的灰色图形。

图 3.37 为多边形的绘制过程。

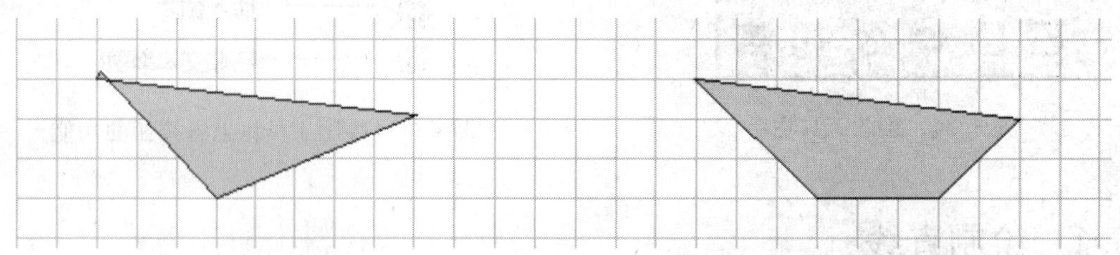

(a) 确定第三个顶点　　(b) 确定第四个顶点并完成绘制

图 3.37 多边形的绘制过程

此时系统仍处于“绘制多边形”的命令状态，当结束此命令时，可以单击鼠标右键或按“Esc”键退出。

3.5.3 绘制圆弧与椭圆弧

绘制圆弧与椭圆弧有以下 3 种方法：

◆ 单击绘图工具栏内的图标。

◆ 执行菜单命令"Place\Drawing Tools\Arcs"。

◆ 执行菜单命令"Place\Drawing Tools\Elliptical Arcs"。

圆弧与椭圆弧线绘制分为以下 3 个步骤：确定椭圆弧圆心位置；确定横向和纵向的半径；确定弧线的两个端点的位置。具体操作方法如下：

步骤 1　执行圆弧与椭圆弧命令后，光标变成十字形，拖动一个椭圆弧线状的图形在工作平面上移动，此椭圆弧线的形状与前一次画的椭圆弧线形状相同。移动光标到合适的位置，单击鼠标左键，确定椭圆的圆心。

步骤 2　此时光标自动跳到椭圆横向的圆周顶点，在工作平面上移动光标，选择合适的椭圆半径长度，单击鼠标左键确认。然后光标将再次逆时针方向跳到纵向的圆周顶点，选择适当的半径长度，单击鼠标左键确认。

步骤 3　此后光标会跳到椭圆弧线的一端，可拖动这一端到适当的位置，单击鼠标左键确认。然后光标跳到弧线的另一端，用户可在确认其位置后单击鼠标左键。此时椭圆弧线的绘制完成。

此时系统仍然处于"绘制椭圆弧线"的命令状态，可继续重复以上操作，也可单击鼠标右键或按"Esc"键退出，如图 3.38 所示为绘制椭圆曲线的过程。

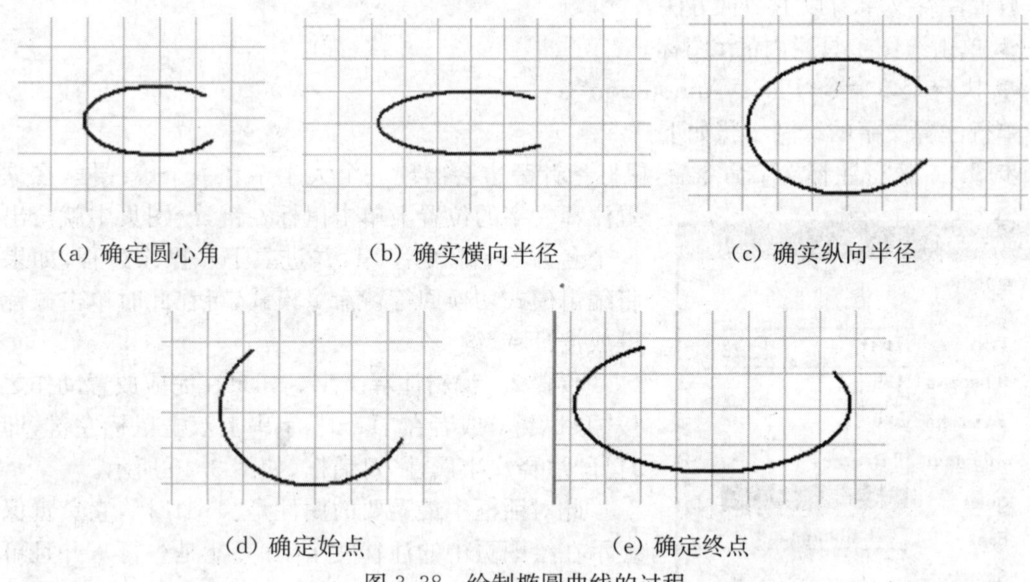

(a) 确定圆心角　(b) 确实横向半径　(c) 确实纵向半径

(d) 确定始点　(e) 确定终点

图 3.38　绘制椭圆曲线的过程

3.5.4　绘制曲线

绘制曲线有以下 2 种方法：

◆ 单击绘图工具栏内的图标。

◆ 执行菜单命令"Place\Drawing Tools\Beziers"。

曲线的绘制步骤如下：

步骤 1　执行绘制曲线命令后，光标变成十字形，进入"绘制曲线"工作状态。

步骤 2　将十字光标移动到曲线的起点位置，单击鼠标左键确定曲线起点。

步骤 3 将光标移动到与波形相切的两条切线的交点位置，单击鼠标左键固定该点。

步骤 4 再次移动光标，此时已生成一弧线，拖动光标到合适位置并单击鼠标左键。重复上述操作，直到完成整个曲线的绘制，单击鼠标右键确定曲线的终点。

此时系统仍然处于“绘制曲线”命令状态，可继续重复以上操作，也可单击鼠标右键或按“Esc”键退出，图 3.39 为曲线的绘制过程。

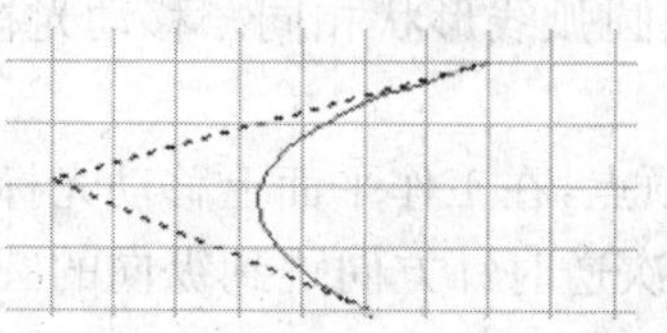

(a) 用两条切线确定曲线形状

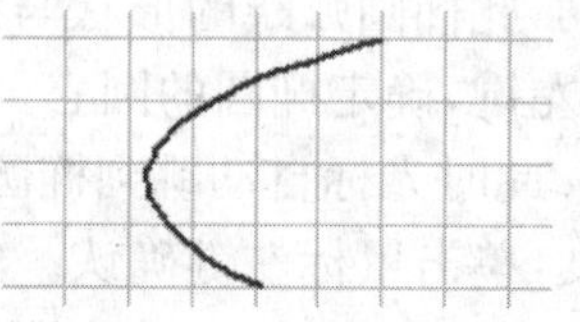

(b) 绘制完成的曲线

图 3.39 曲线的绘制过程

3.5.5 放置单行注释文字

放置注释文字有以下 2 种方法：

◆ 单击绘图工具栏内的**T**图标。

◆ 执行菜单命令“Place\Annotation”。

单行注释文字的绘制步骤如下：

步骤 1 执行注释文字命令后，鼠标指针旁边会出现一个大十字和一个虚线框，在欲放置注释文字的位置上单击鼠标左键，绘图页中就会出现一个名为“Text”的字串，并进入下一操作过程，如果要将编辑模式切换回等待命令模式，可在此时单击鼠标右键或按“Esc”键。

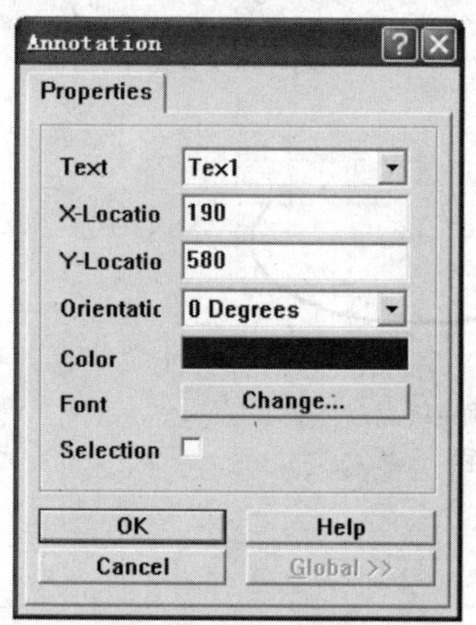

图 3.40 注释文字属性对话框

步骤 2 编辑注释文字。如果在完成放置动作之前按“Tab”键，或者在“Text” 字串上双击鼠标左键，即可打开“注释文字属性”对话框，如图 3.40 所示。

此对话框中最重要的属性是“Text”栏，它负责保存显示在绘图页中的注释文字串(只能是一行)，并且可以修改文字。此外还有其他几项属性：X-Location、Y-Location(注释文字的坐标)、Orientation (字串的放置角度)、Color(字串的颜色)、Font(字体)、Selection(切换选取状态)。

如果想修改注释文字的字体，可以单击“Change”按钮，系统将弹出如图 3.41 所示的字体设置对话框，此时可以设置字体的属性。

如果直接在注释文字上单击鼠标左键，可使其进入选中状态(出现虚线边框)，用户可以通过移动矩形本身来调整注释文字的放置位置。

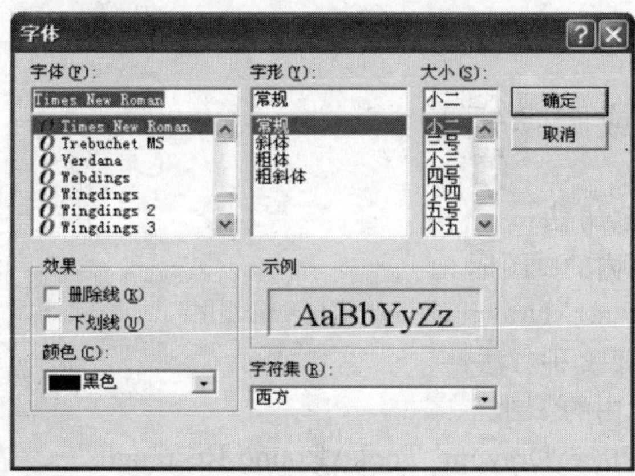

图 3.41 字体设置对话框

3.5.6 放置文本框

放置文本框有以下 2 种方法：

◆ 单击绘图工具栏内的▣图标。

◆ 执行菜单命令“Place\Text Frame”。

步骤 1 执行放置文本框命令后，光标变成十字形。

步骤 2 按键盘上的“Tab”键，系统将弹出如图 3.42 所示的“Text Frame”对话框。用户可以在此窗口中完成文本框内容的编辑。

步骤 3 在“Properties”中用户可以设置文本位置、颜色、边界线型、文字排列方式等项目。

单击“Text”选项的“Change”按钮可以进入“Edit Text Frame Text”窗口，即可开始编辑，如图 3.43 所示，编辑过程与 Word 相同，单击“OK”按钮完成文本框编辑。

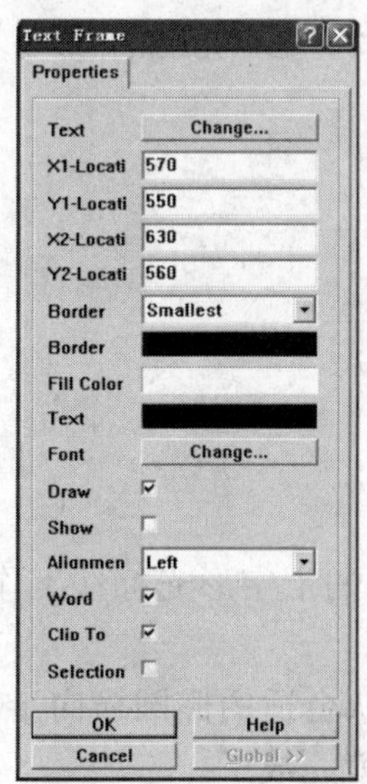

图 3.42 “Text Frame”对话框

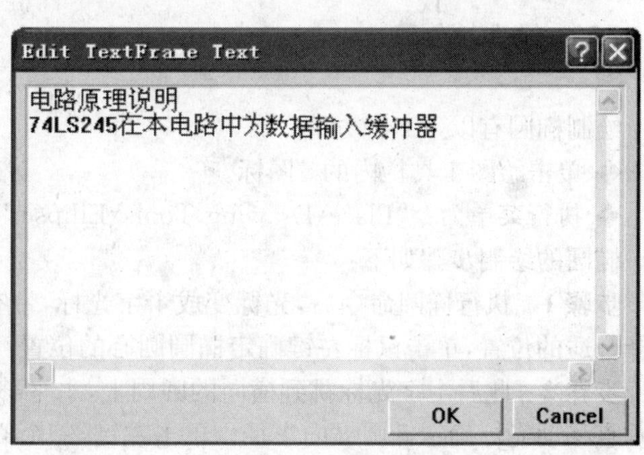

图 3.43 “Edit Text Frame Text”窗口

步骤 4 编辑完成后，可用光标将文本框拖动到合适的位置。

3.5.7 绘制矩形或圆角矩形

绘制矩形有以下 2 种方法：

◆ 单击绘图工具栏内的□图标。

◆ 执行菜单命令“Place\Drawing Tools\Rectangle”。

绘制圆角矩形有以下 2 种方法：

◆ 单击绘图工具栏内的▢图标。

◆ 执行菜单命令“Place\Drawing Tools\Round Rectangle”。

矩形或圆角矩形（以下均称矩形）的绘制步骤如下：

步骤 1 执行矩形命令后，光标变成十字光标。

步骤 2 移动光标到合适位置，单击鼠标左键，确定矩形的左上角位置。

步骤 3 然后光标跳到矩形的右下角，此时可拖动光标上下移动，以选择合适的矩形大小，并单击鼠标左键确定。此时矩形绘制结束。

步骤 4 用鼠标左键双击绘制完成的矩形时，将弹出矩形属性对话框，用户可进行相关参数的设置或修改。

图 3.44 为矩形的绘制过程。

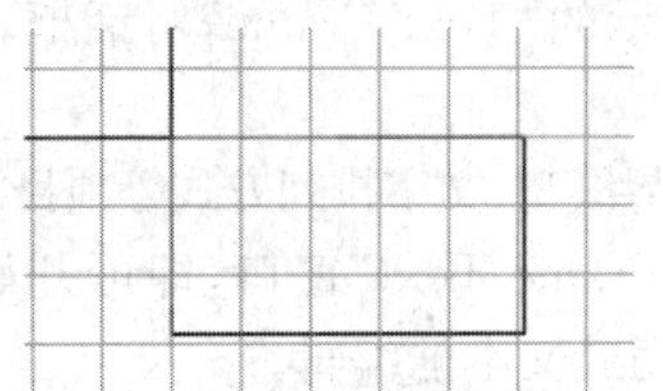

(a) 确定左上角

(b) 确定右下角

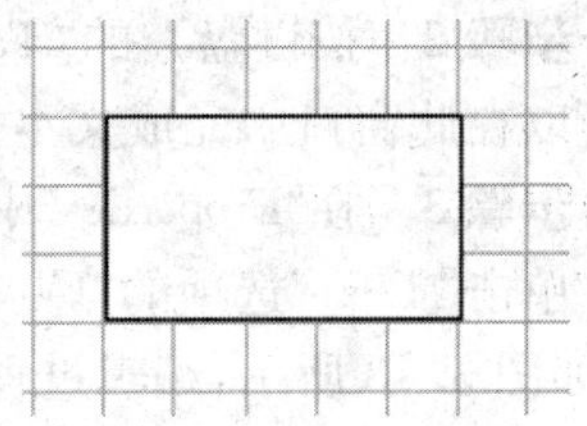

(c) 绘制完成的矩形

图 3.44 矩形的绘制过程

3.5.8 绘制椭圆

绘制椭圆有以下 2 种方法：

◆ 单击绘图工具栏内的⬭图标。

◆ 执行菜单命令“Place\Drawing Tools\Ellipses”。

椭圆的绘制步骤如下：

步骤 1 执行椭圆命令后，光标变成十字光标，带有椭圆图形的十字形光标在工作面上选择合适的位置，单击鼠标左键确定椭圆圆心的位置。

步骤 2 此后十字光标跳到横向的圆周上，水平移动光标确认合适的椭圆横向半径，接着垂直移动光标确定椭圆纵向半径。单击左键，一个椭圆的绘制就完成了。

图 3.45 所示为椭圆的绘制过程。

此时系统仍处于画椭圆状态，重复上面操作，完成其他椭圆的绘制，也可单击鼠标右键或按“Esc”键退出“绘制椭圆”的工作状态。

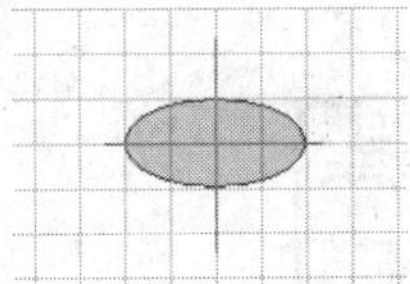
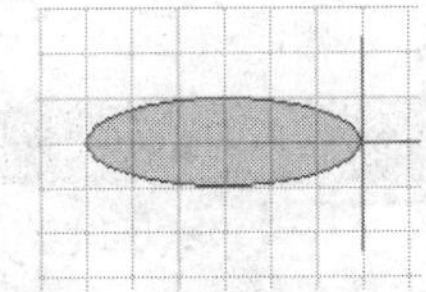
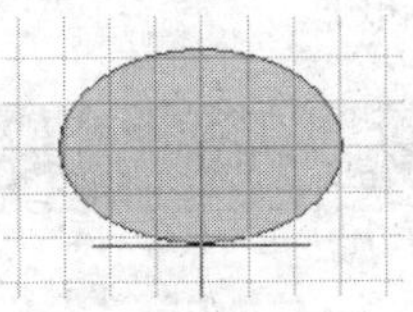
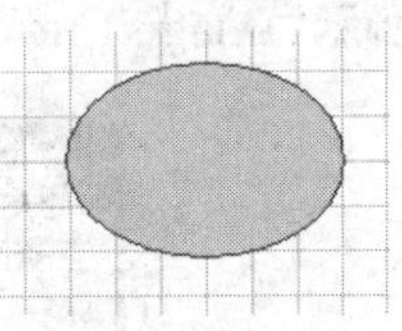

(a) 确定圆心　(b) 确定椭圆横向半径　(c) 确定椭圆纵向半径　(d) 椭圆绘制完成

图 3.45　椭圆的绘制过程

3.5.9　绘制饼图

绘制饼图有以下 2 种方法：

◆ 单击绘图工具栏内的图标。

◆ 执行菜单命令“Place\Drawing Tools\Pie Charts”。

饼图的绘制步骤如下：

步骤 1　执行饼图命令后，十字形光标上挂一个上次画的饼图。

步骤 2　在合适的位置，单击鼠标左键确定饼图圆心的位置。

步骤 3　然后将十字光标移到圆周上一点，再单击鼠标左键确认合理的饼图半径。

步骤 4　接着将光标移到饼图的一个端点位置，移动光标可调整饼图一边的位置，单击鼠标左键确定。

步骤 5　光标接着移到饼图的另一端点，移动光标可以调整饼图另一边的位置。单击鼠标左键，确定饼图另一个边的位置。

如图 3.46 所示为饼图的绘制过程。

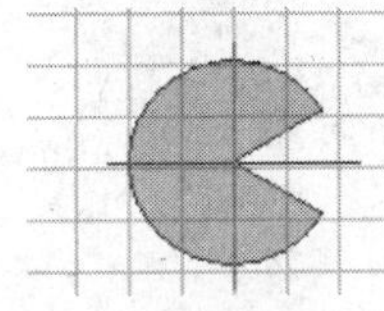
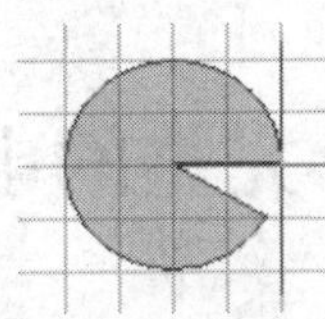
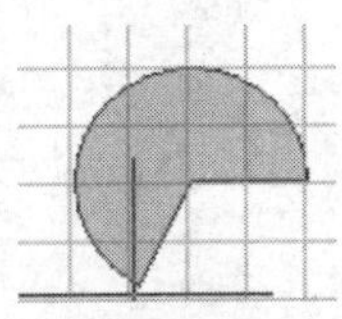
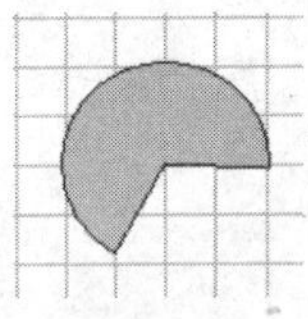

(a) 确定圆心　(b) 确定半径　(c) 确定饼图起点　(d) 确定饼图终点　(e) 饼图绘制完成

图 3.46　饼图的绘制过程

此时系统仍处于画饼图状态，重复上面操作，完成其他饼图的绘制，也可单击鼠标右键或按“Esc”键退出“绘制饼图”的工作状态。

3.5.10　插入图片

在电路中插入某些图片，可使电路更具有说服力，更有利于对电路的理解。

插入图片有以下 2 种方法：

◆ 单击绘图工具栏内的图标。

◆ 执行菜单命令“Place\Drawing Tools\Graphic...”。

插入图片的步骤如下：

步骤 1 用鼠标左键单击“Drawing Tools”工具栏中的▣按钮，工作平面上将弹出如图 3.47 所示“Image File”对话框。

图 3.47 “Image File”对话框

步骤 2 用户可在适当的路径下找到希望插入的图片文件，选中后单击“打开”按钮确认。

步骤 3 在编辑区中确定相应的位置，单击鼠标左键确定图片的左上角。

步骤 4 当光标移到右下角后，再次单击鼠标左键，确定需要放置的图片的大小，所选择的图片便插入到了相应的位置。

此时系统仍然处于“插入图片”工作状态，一张图片完成后，系统会再次弹出“Image File”对话框，用户可以重复以上步骤完成其他图片的插入。如果用户希望退出此工作状态，可以用鼠标单击“取消”按钮。

3.6 一个完整的电路实例

到目前为止，我们已经具体讨论了原理图设计工具的使用方法、原理图元件及元件库的使用、实体放置与编辑，下面以一个实用电路为例，完整地介绍电路的绘制及生成过程。

图 3.48 所示的电路为一闪光控制器。该电路为分立元件电路，其绘制方法及步骤如下：

步骤 1 启动 Protel 99 SE，新建文件“闪光控制器.sch”进入原理图编辑界面。

步骤 2 添加绘制本电路图所需的元件库。由于本电路为分立元件电路，所有元件均可在分立元件库“Miscellaneous Devices .ddb”中找到，故本例仅需添加该分立元件库即可。当然，对于较复杂的电路，如果其元件种类较多，分属不同元件库时，应同时添加该电路所属的所有元件库。

步骤 3 设置图纸。由于我们将要绘制的电路较小，故将图号设置为 A 即可。

步骤 4 放置元件。根据闪光控制器电路的组成情况，在屏幕左方的元件管理器中选取相应元件，并放置在屏幕编辑区中。表 3.3 给出了该电路每个元件样本、元件标号、元件名称(型号规格)、所在元件库等数据。

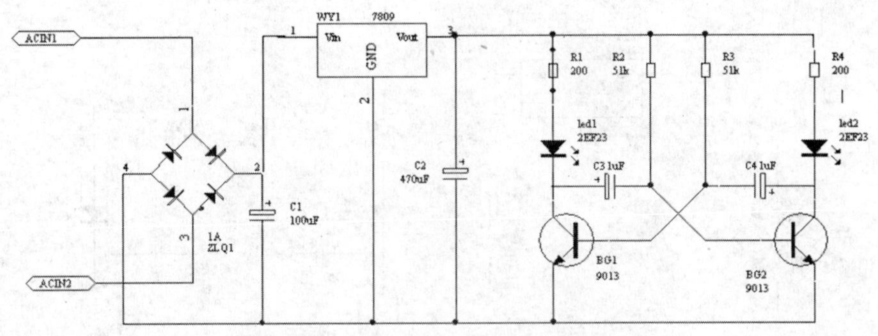

图 3.48　闪光控制器电路原理图

表 3.3　闪光控制器元件数据

元件样本	元件标号	元件名称	所属元件库
BRICGE1	ZLQ1	1A	Miscellaneous Devices. lib
VOLTREG	WY1	7809	Miscellaneous Devices. lib
ELECTRO1	C1	1000μF	Miscellaneous Devices. lib
ELECTRO1	C2	470μF	Miscellaneous Devices. lib
ELECTRO1	C3	1μF	Miscellaneous Devices. lib
ELECTRO1	C4	1μF	Miscellaneous Devices. lib
RES2	R1	200	Miscellaneous Devices. lib
RES2	R2	51K	Miscellaneous Devices. lib
RES2	R3	51K	Miscellaneous Devices. lib
RES2	R4	200	Miscellaneous Devices. lib
LED	LED1	2FE23	Miscellaneous Devices. lib
LED	LED2	2FE23	Miscellaneous Devices. lib
NPN	BG1	9013	Miscellaneous Devices. lib
NPN	BG2	9013	Miscellaneous Devices. lib

在元件放置后,该元件的标号及名称(型号规格)是系统自动命名的,往往需要进行修改和设置。

步骤 5　设置元件属性。根据图 3.48 及表 3.3 为每个元件设置相关属性。

步骤 6　调整元件位置。虽然我们在第 4 步已将元件放置到编辑区中,但往往摆放位置不够理想,需要进行调整,调整的主要依据是事先绘制的草图。调整元件位置完成后的画面如图 3.49 所示。

步骤 7　连线。根据电路草图在元件引脚之间连线。

步骤 8　放置节点。连线完成后,在需要的地方放置节点。一般情况下,"T"字连线处的节点是在连线时由系统自动放置的(相关设置应有效),而所有"十"字连线处的节点必须手动设置。

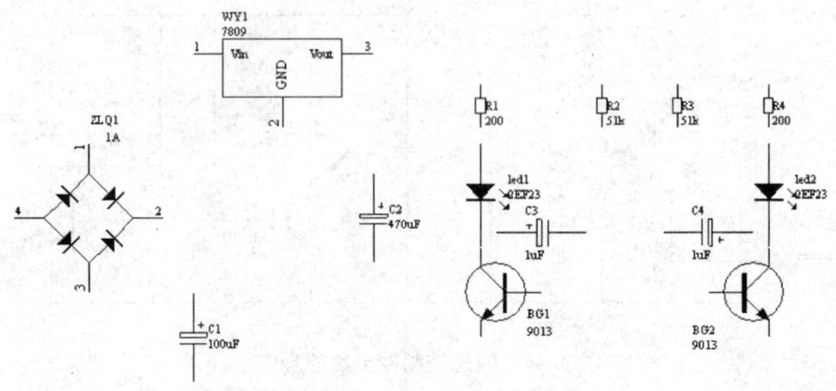

图3.49 元件位置调整后的闪光控制器电路

需要指出的是,对于较复杂的电路而言,放置元件、调整位置及连线等步骤经常是反复交叉进行的,不一定有非常明确的步骤。为了使电路更加简洁、直观,更有可读性,我们有可能在连线时根据具体情况动态调整元件位置,或将线路连线到某地点时才可能决定下一个元件应该摆放在什么位置。

步骤9 放置输入/输出点。放置图中的"ACIN1"和"ACIN2"两个输入/输出点。

步骤10 放置注释文字。放置图中注释文字"12 V～"。

步骤11 电路的修饰及整理。在电路图绘制基本完成后,还需进行相关整理。比如,应移动整个电路在图纸中的位置,使其居中;应调整每个元件的标号及名称两个字串位置,使其更加规范整洁。

步骤12 保存文件。

最终绘制完成的电路原理图如图3.48所示。

3.7 报 表

3.7.1 网络表

网络表是电路原理图或印制电路板图元件连接关系所对应的文本文件。当原理图设计绘制完成后,可方便生成网络表文件,当进行印制电路板设计的自动布局、自动布线时,必须通过网络表文件才能完成,装入网络表文件的方法在以后的章节中将做详细介绍。

网络表有很多种格式,通常为ASCII码文本文件。网络表的内容主要是电路图中各元件的数据(流水序号、元件类型与包装信息)以及元件间网络连接的数据。

1. 产生网络表的各种选项

产生网络表可执行菜单命令:"Design\Create Netlist",执行该该项命令后将打开

“Netlist Creation”对话框，该对话框包括“Preferences”和“Trace Options”两个选项卡，分别如图 3.50 和图 3.51 所示。

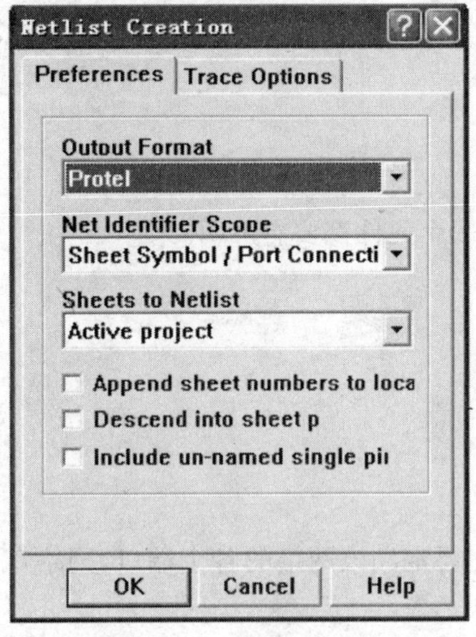

图 3.50　“Preferences” 选项卡

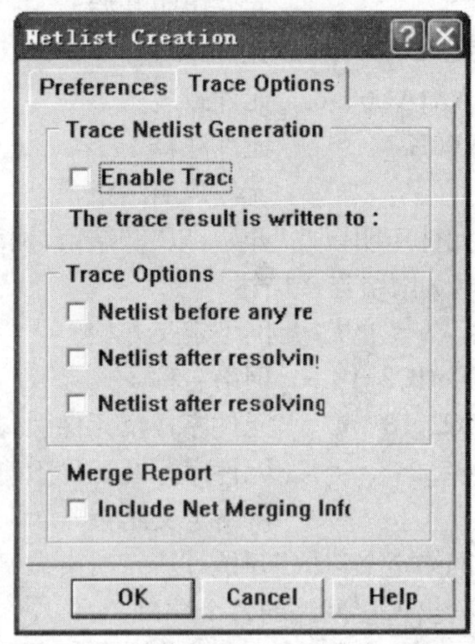

图 3.51　“Trace Options” 选项卡

(1) “Preferences” 选项卡

“Preferences” 选项卡中部分选项的含义：

① Output Format：选择网络表输出格式。

② Net Identifier Scope：设置网络标志符的工作范围。

③ Append sheet numbers to local net names：设置产生网络表时，为每个网络编号附加绘图页号码数据。设置此项，可帮助用户跟踪网络所处的位置。

④ Descend into sheet parts：当使用绘图页元件时，应该激活这个选项，从而使产生的网络表将绘图元件层次下的绘图页也包含在内。绘图页元件必须在其“Part”对话框的 Sheet Path 数据栏中标示出其对应的子绘图页文件路径与名称。

⑤ Include un-named single pins net：设置产生网络表时，也将所有未命名的单边连线都包含在内。所谓单边连线指的是只有一端连接电气对象，而另一端空接(Floating)的连线。

(2) “Trace Options” 选项卡

“Trace Options”选项卡中各选项的含义：

① Enable Trace：设置将产生网络表的过程记录下来，并存入. tng 跟踪记录文件中。

② Netlist before any resolving：设置在分解电路之前就产生网络表。

③ Netlist after resolving sheets：设置在分解打开绘图页后产生网络表。

④ Netlist after resolving project：设置在分解整个项目后才产生网络表。

⑤ Include Net Merging Information：设置将合并网络的数据加入到跟踪记录文件中。

2. 网络表格式

标准的 Protel 网络表文件是一个简单的 ASCII 码文本文件，在结构上大致可分为元件描述和网络连接描述两部分。

(1) 元件描述

[	元件声明开始
R1	元件序号
AXIAL00.5	元件封装
100K	元件注释
]	元件声明结束

元件声明以“[”开始，以“]”结束，网络经过的每一个元件都要有声明。

(2) 网络连接描述

(	网络定义开始
NetIC2_18	网络名称
IC2_18	元件序号及元件引脚号
R7_2	元件序号及元件引脚号
)	网络定义结束

网络定义以“(”开始，以“)”结束。网络定义首先要定义该网络的各个端口，网络定义中必须列出连接网络的各个端口。

3. 网络表(扩展名为.net)

生成网络表的一般步骤为：

(1) 执行菜单命令“Design\Create Netlist”。

(2) 执行完该命令后，会出现如图 3.50、图 3.51 所示的对话框，用户可以在对话框中进行设置。

(3) 设置完对话框后，进入 Protel 99 SE 记事本程序，并将结果保存为.net 文件，产生如图 3.52 所示的网络表。

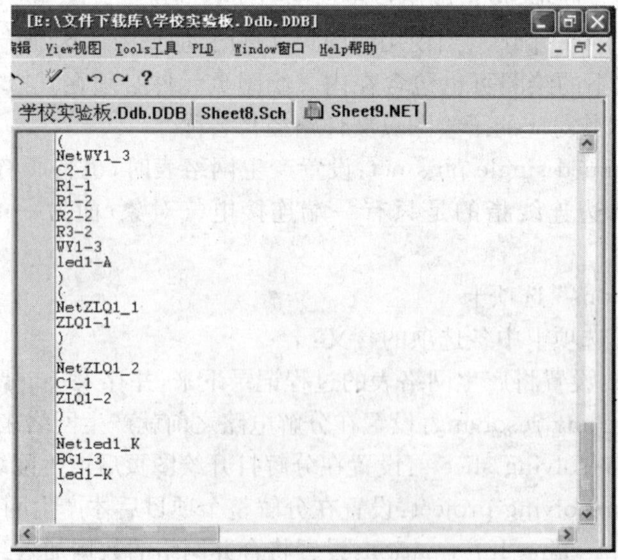

图 3.52 网络表文件

3.7.2　元件列表(扩展名为.xls)

元件列表主要用于整理一个电路或一个项目文件中的所有元件，它主要包括元件的名称、标注、封装等内容。生成原理图元件列表的基本步骤为：

(1) 打开原理图文件，执行菜单命令“Report\Bill of Material”。

(2) 执行完菜单命令后，会出现如图 3.53 所示的对话框。用鼠标左键单击图中的“Next”按钮，系统又将弹出如图 3.54 所示的对话框，此对话框主要用于设置元件报表所包含的内容。

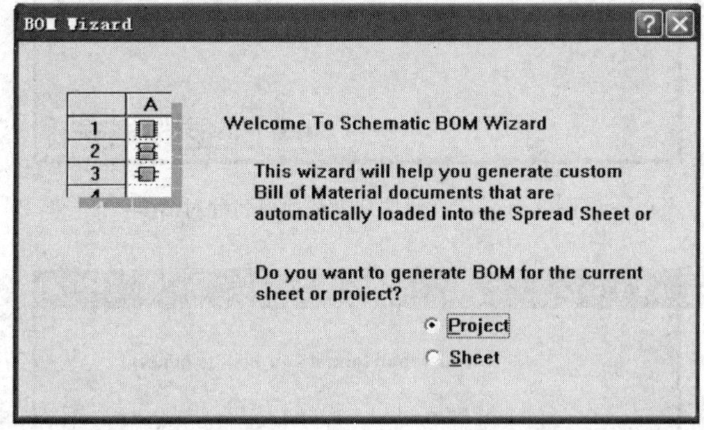

图 3.53　BOM Wizard 窗口

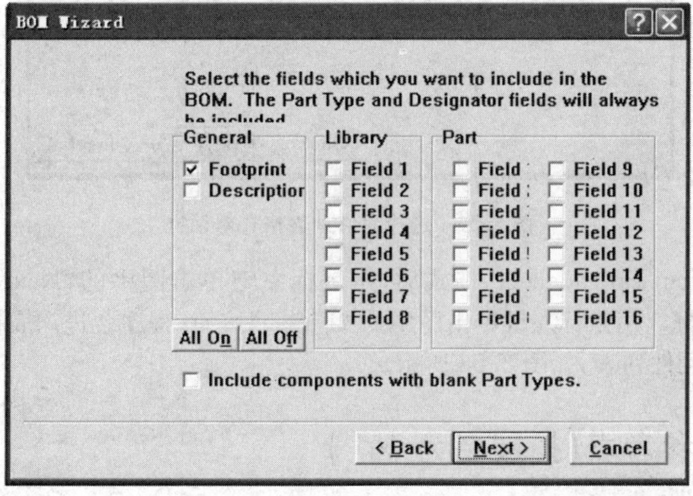

图 3.54　设置元件报表内容对话框

(3) 设置完毕后，单击图 3.54 中的“Next”按钮，进入如图 3.55 所示的对话框，要求用户选择需要加入表中的文字栏，定义结束后，单击“Next”按钮，退出该对话框，进入如图 3.56 所示的对话框。在这里选择最终的元件列表以何种格式产生，系统共提供了“Protel

Format"、"CSV Format"和"Client Spreadsheet"3种格式。此处选择"Client Spreadsheet"选项(即电子表格格式)。

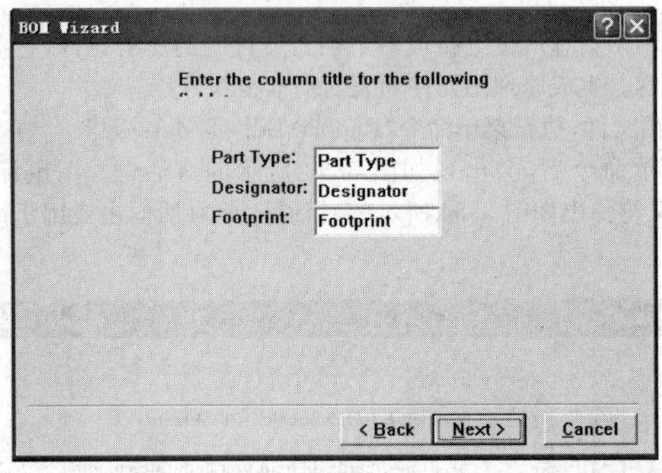

图3.55 定义元件列表和项目名称对话框

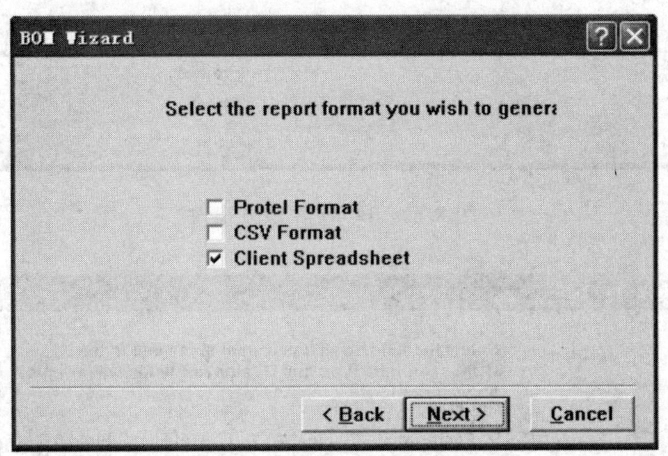

图3.56 选择元件列表格式对话框

(4) 选择"Client Spreadsheet"格式后,用鼠标左键单击图中的"Next"按钮,进入如图3.57所示的对话框。用鼠标左键单击图中的"Finish"按钮,程序会进入表格编辑器,并形成扩展名为.xls的元件列表,如图3.58所示。

3.7.3 交叉参考表(扩展名为.xrf)

交叉参考表可为多张图纸中的每个元件列出其类型、流水序号和所属的绘图页文件名称。这是一个ASCII码文件,扩展名为.xrf。建立交叉参考表的步骤为:

(1) 执行菜单命令"Reports\Cross Reference"。

(2) 执行该命令后,程序就会进入Protel 99 SE的Text Edit文本编辑器,并产生相应的报表文件,如图3.59所示。

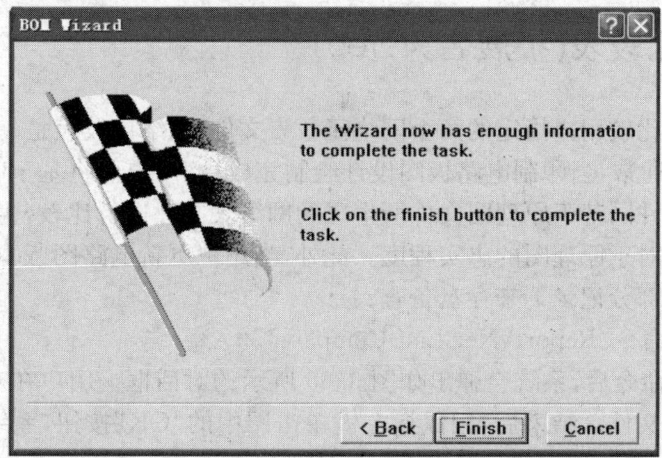

图 3.57　“Finish”对话框

	A	B	C	D	E	F	G	H	I	J	K
1	Part Type	Designator	Footprint								
2											
3											
4											
5											
6											
7											
8											
9											
10											
11											
12											

图 3.58　元件列表表格文件

Part Cross Reference Report For : Mixed- mode Binary Ripple 555.xrf　　2-May-2010　　09:49:13

Designator	Component	Library Reference Sheet
C1	0.01uF	Mixed- mode Binary Ripple 555.sch
C2	0.01uF	Mixed- mode Binary Ripple 555.sch
IC1	0V	Mixed- mode Binary Ripple 555.sch
Q1	NPN	Mixed- mode Binary Ripple 555.sch
Q2	NPN	Mixed- mode Binary Ripple 555.sch
Q3	NPN	Mixed- mode Binary Ripple 555.sch
Q4	NPN	Mixed- mode Binary Ripple 555.sch
R1	100	Mixed- mode Binary Ripple 555.sch
R2	500	Mixed- mode Binary Ripple 555.sch
R3	1k	Mixed- mode Binary Ripple 555.sch
R4	1k	Mixed- mode Binary Ripple 555.sch
R5	1k	Mixed- mode Binary Ripple 555.sch
R6	1k	Mixed- mode Binary Ripple 555.sch
U1	555	Mixed- mode Binary Ripple 555.sch
U3A	74LS112	Mixed- mode Binary Ripple 555.sch
U3B	74LS112	Mixed- mode Binary Ripple 555.sch
U4B	74LS112	Mixed- mode Binary Ripple 555.sch
U4A	74LS112	Mixed- mode Binary Ripple 555.sch
U7A	74LS04	Mixed- mode Binary Ripple 555.sch
U8A	74LS04	Mixed- mode Binary Ripple 555.sch
U9A	74LS04	Mixed- mode Binary Ripple 555.sch
U10A	74LS04	Mixed- mode Binary Ripple 555.sch
V1	5V	Mixed- mode Binary Ripple 555.sch
V2	15V	Mixed- mode Binary Ripple 555.sch

图 3.59　交叉参考表文件

3.7.4 网络比较表(扩展名为.rep)

网络比较表可比较用户指定的两个网络函数表文件，网络比较表是一个 ASCII 码文件，其扩展名为.rep。通常，当印制电路板图设计绘制完成后，用户可将基于印制电路板图文件所生成的网络表文件同基于原理图文件所生成的网络表文件进行比较，生成网络比较表，以判断印制电路板图对于原理图的忠实程度。此外，当用户更新电路图版本时，可利用该功能将新版电路的修正部分记录下来存盘备查。

(1) 执行菜单命令“Report\Net List Compare”。

(2) 执行菜单命令后，系统会弹出如图 3.60 所示的对话框。用户在对话框中输入参与比较的第一个网络文件。结束后，用鼠标左键单击图中的“OK”按钮，系统会再次弹出选择网络表文件对话框，提示用户输入第二个网络文件。

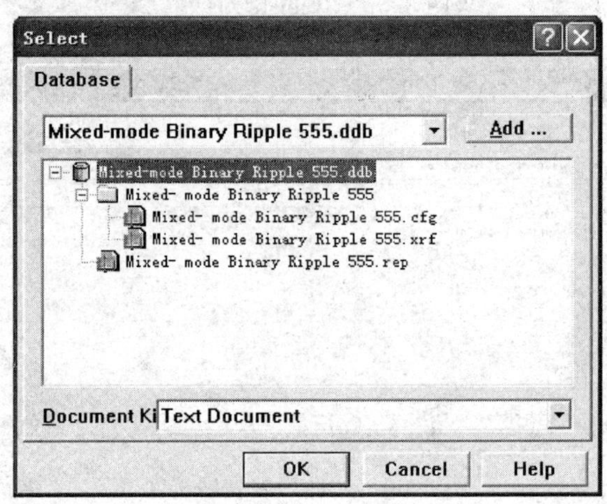

图 3.60 选择网络表文件

(3) 比较后，程序自动进入文本编辑框，并产生如图 3.61 所示的报表文件(因报表文件太长，图中仅显示最后部分)。

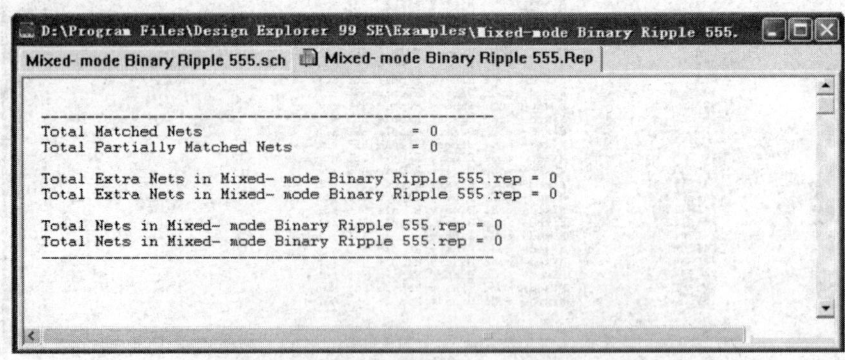

图 3.61 网络报表文件

3.7.5　ERC 表(扩展名为.ERC)

ERC 表也就是电气规则检查表,用于检查电路图是否有问题。

当进行 ERC 检查时,执行菜单命令"Tools\ERC",屏幕上出现如图 3.62 所示的电气规则检查设置对话框,其中包括"Setup"标签页和"Rule Matrix" 标签页。下面分别进行介绍。

图 3.62　电气规则检查设置对话框

1. "Setup" 标签页

"Setup"标签页中包括"ERC Options" 区域、"Options" 区域、"Sheets to Netlist" 选项和"Net Identifier Scope" 选项。

(1) "ERC Options" 区域

"ERC Options" 区域用于设置检查错误的类型,各项含义如下:

① Multiple net names on net:设定检查电路图时,如果在同一条网络上放置了多个不同的网络名称,系统将出现错误信息。

② Unconnected net labels:设定检查电路图时,如果没有实际连接的网络名称,即悬空状态,系统将出现警告信息。

③ Unconnected power objects:设定检查电路图时,如果没有实际连接的电源符号,系统将出现警告信息。

④ Duplicate sheet numbers:设定检查层次电路图时,如有同名的图号,系统将出现错误信息。

⑤ Duplicate component designators:设定检查电路图时,如有同名的元件序号,系统将出现错误信息。

⑥ Bus label format errors:设定检查电路图时,如总线名称的书写格式有错误,系统将出现警告信息。

⑦ Floating input pins:设定检查电路图时,如有输入信号悬空,系统将出现警告信息。

⑧ Suppress warnings:设定是否将警告信息记录到 ERC 文件中。

(2) "Options"区域

① Create report file:设定检查电路图后,是否将检查结果保存为电气规则检查文件(*.ERC)。

② Add error markers:设定检查电路图后,是否在有问题的地方放置带圈的红色叉号。

③ Descend into sheet parts:设定检查的范围是否深入到元件的内部电路图中。

(3) "Sheets to Netlist"选项

“Sheets to Netlist”选项用于指定产生网络表的电路图范围。单击右边的下拉式按钮，弹出一个下拉式列表，如图3.63所示，其中有3个选项，各选项含义如下：

① Active sheet：用于指定生成当前激活的原理图的网络表。

② Active project：用于指定生成当前激活的项目的网络表。

③ Active sheet plus sub sheets：用于指定生成当前激活的原理图的网络表，包括其中的子图。

(4) “Net Identifier Scope”选项

“Net Identifier Scope”选项主要针对层次电路图，用于选择网络函数名称认定的范围，系统默认值为“Sheet Symbol/Port Connections”。单击右边的下拉式按钮，弹出一个下拉列表，如图3.64所示，其中有3个选项，各选项含义如下：

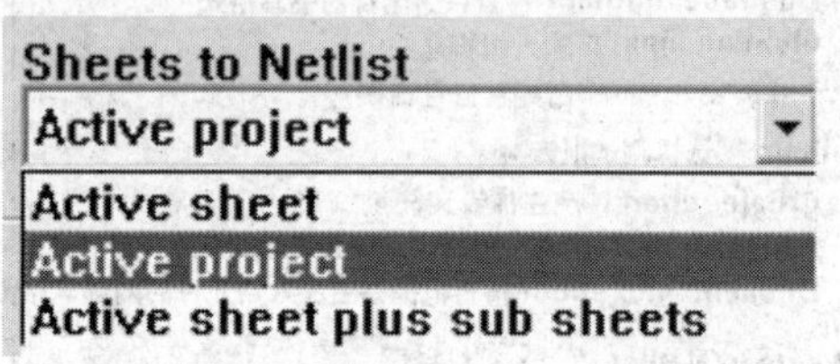

图3.63　“Sheets to Netlist”选项

图3.64　“Net Identifier Scope”选项

① Net Labels and Ports Global：指定网络名称及电路图输入/输出点适用于整个项目。

② Only Ports Global：指定电路图输入/输出点适用于整个项目，在整个项目的所有电路图中，若在两张同样上的I/O端口具有相同的网络名称，则被认为两个电路是连接在一起的。

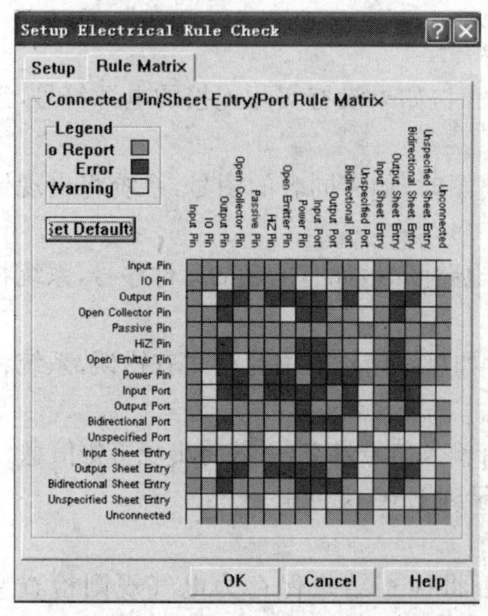

图3.65　Setup Electrical Rule Check

③ Sheet Symbol/Port Connections：指定方块图的进出点和电路图中电路的输入/输出点适用于整个项目。

2. “Rule Matrix” 标签页

“Rule Matrix”标签页如图3.65所示，主要用于设置检测规则，其中红色表示错误，黄色表示警告，绿色表示没有反应即没有错误。

如果横坐标和纵坐标交叉点的颜色为黄色，则当横坐标代表的引脚和纵坐标代表的引脚相连接时，会出现警告信息。

如果横坐标和纵坐标交叉点的颜色为绿色，则当横坐标代表的引脚和纵坐标代表的引脚相连接时，不会出现错误或警告信息。

设置完毕后，单击“OK”按钮，系统自动进行电气规则检查，并根据设置生成ERC报表文件。

3.8　原理图输出

原理图输出包括输出到打印机和输出到绘图仪两种方式。打印机是常用的办公设备，使用方便，功能较多，用打印机输出原理图较为普遍，尤其对幅面比较小的图样十分适用。

3.8.1　输出到打印机

要使用打印机，首先应为系统设置打印机。设置的具体内容包括打印机类型、纸张大小、原理图样等。

执行菜单命令“File\Setup Printer”，系统将弹出如图 3.66 所示的对话框。在这个对话框中可以完成对打印机的设置。

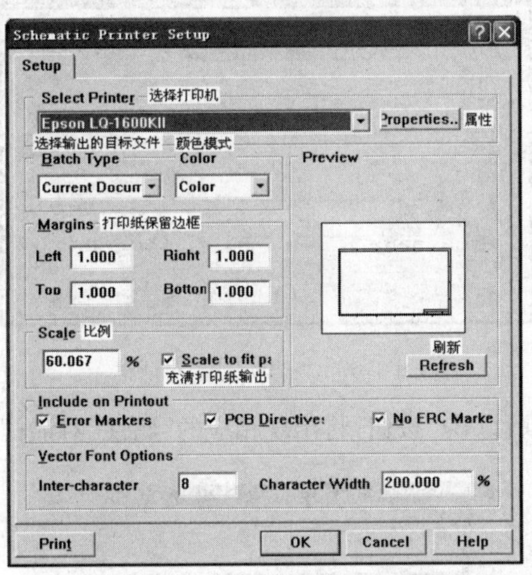

图 3.66　打印机设置对话框

(1) “Select Printer”(选择打印机)

如果用户在操作系统里设置了两种以上的打印机，则鼠标单击下拉按钮，会出现所有已配置的打印机类型。用户可以根据实际的硬件配置情况来选择适当的打印机类型和输出接口。在打印机设置中，输出端口的定义为“LPT1”代表并行接口 1，“LPT2” 代表并行接口 2，“COM1”代表串行接口 1 等。

(2) “Batch Type”(选择输出的目标文件)

打印输出的目标图形文件有两种方式：只打印当前正在编辑的图形文件(Current Document)和打印整个项目中的全部图形文件(All Document)。

(3) “Color”(设置输出颜色)

输出颜色的设置有两种方式：彩色输出(Color)和单色输出“Monochrome”。单色输出即按照色彩的明暗度将原来的色彩输出,打印的结果只有黑白两种颜色。

(4) “Margins”(设置页边空白宽度)

页边空白指的是从页面边缘到图框的距离,单位为英寸。页边空白的宽度分为左边(Left)、右边(Right)、上边(Top)和下边(Bottom)4 种,用户可以分别设定。

(5) “Scale”(设置缩放比例)

Protel 99 SE 提供了 0.001%~400%之间任意值的缩放比例,用户可根据具体情况选择。此外,如果设置了“Scale to fit page”(自动充满页面)选项,则无论原理图的图样种类是什么,系统都会计算出其精确的比例,使原理图的输出自动充满整个页面。缩放比例设置完成后,用鼠标左键单击“Refresh”按钮,右边的预览窗口将显示画面的设置情况。在具体设置时,缩放比例应适中。

(6) “Properties”(设置其他属性)

用鼠标左键单击图 3.66 对话框中的“Properties”按钮,系统会弹出“打印设置”对话框,如图 3.67 所示。在此对话框内,用户可对打印机类型、纸张大小和方向进行定义。

图 3.67 “打印设置”对话框

单击图 3.67 中的“属性(P)”按钮,将出现相应的“属性”对话框,如图 3.68 所示。

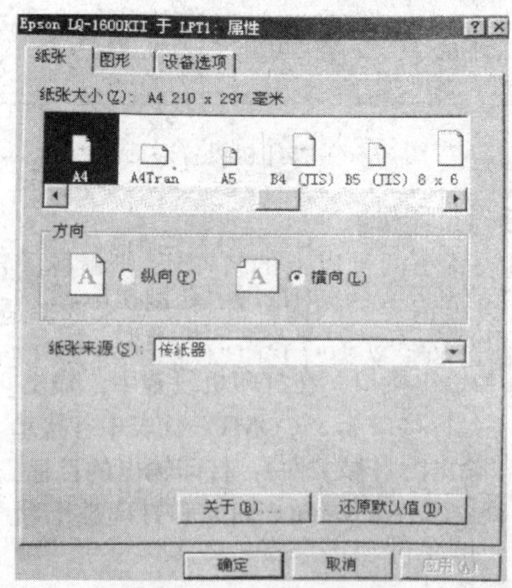

图 3.68 “属性”对话框

① 在“纸张”选项卡里，可以设置纸张的大小、方向、来源、介质选择等。常用纸张的大小有 A3、A4、B4、B5 等几种。纸张的方向一般有“横向”和“纵向”两种。纸张的来源有“上层纸盒”和“手动送纸”两种，一般默认值设置为“上层纸盒”。

② 在“图形”选项卡里，可以设置输出图形的分辨率、抖动、浓度等参数，如图 3.69 所示。

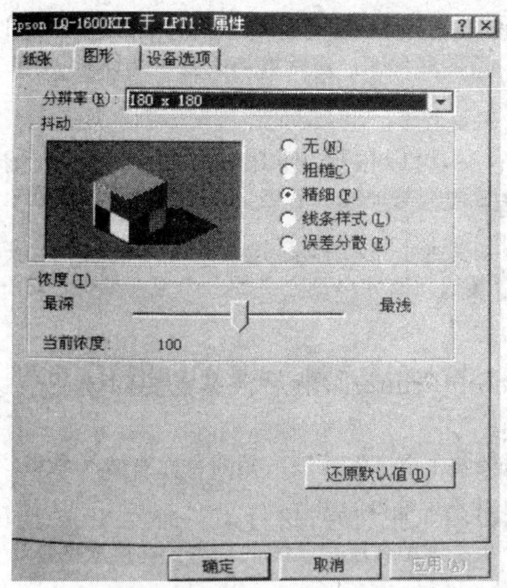

图 3.69　“图形”选项卡

③ 在“设备选项”选项卡里，可以设置打印质量和打印机内存记录，如图 3.70 所示。打印质量有打印机默认值、明、暗和适中等多种选择。一般选择打印机默认值即可。

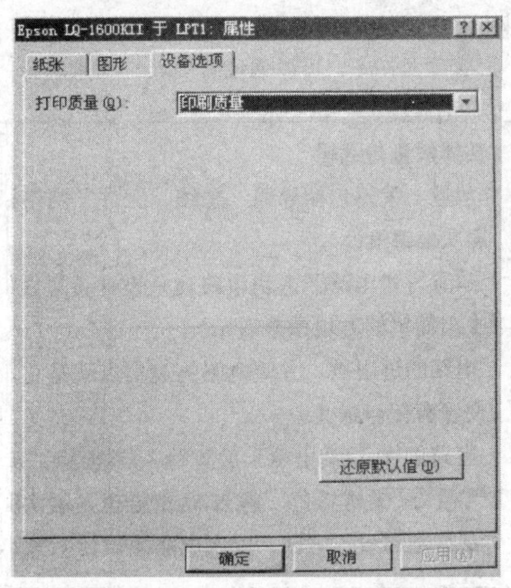

图 3.70　“设备选项”选项卡

注意：改动打印机内存记录可能影响驱动程序记录打印机内存用量方式。

当所有设置完成后，执行菜单命令“File\Print”，系统便会根据上述设置开始打印工作。

3.8.2 输出到绘图仪

一般而言，绘图仪的输出主要是针对图幅比较大的图样，如A1以上的电路原理图。

常见的绘图仪有静电式、喷墨式、握笔式和激光式等。

用绘图仪输出电路原理图的过程与用打印机输出的过程类似，但是仍有区别。下面简要介绍握笔式绘图仪的输出。

(1) 选择绘图笔

握笔式绘图仪有多种笔头，可以根据出图的质量、笔速的快慢来选择。

(2) 安装绘图仪驱动程序

同打印机的安装类似，购买绘图仪后，首先要对绘图仪进行安装，除了硬件的连接外，还要安装绘图仪驱动程序。

(3) 设置绘图仪

执行菜单命令"File\Setup Printer"，然后根据需要对绘图仪进行设置，其过程与设置打印机类似。

(4) 用绘图仪输出原理图

各种参数设置完成后，可将纸张装好，执行菜单命令"File\Print"，即可开始绘图输出。

3.9 两级耦合放大电路实例演示

两级耦合放大电路如图3.71所示。

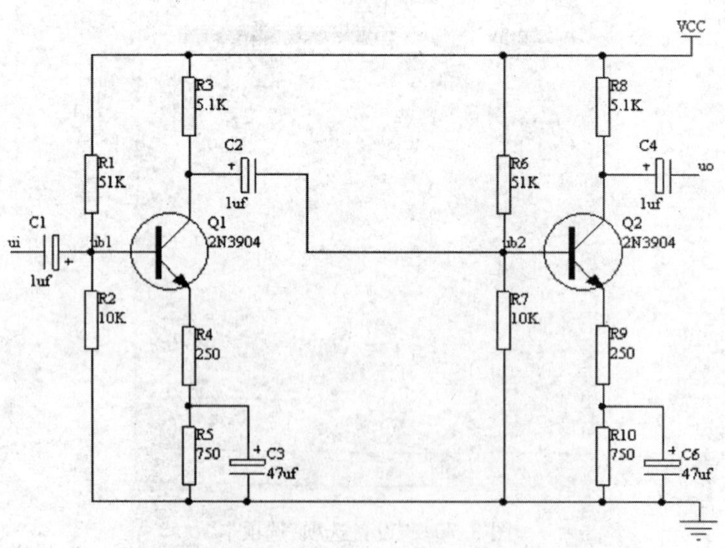

图3.71 两级耦合放大电路

元件属性列表如表 3.4 所示。

表 3.4　元件属性

元件样本	元件标号	所属元件库	元件封装
ELECTRO1	C1～C5	Miscellaneous Devices. lib	RB. 2/. 4
RES2	R1～R10	Miscellaneous Devices. lib	AXIAL0. 4
NPN	BG1～BG2	Miscellaneous Devices. lib	TO-126

设计基本流程步骤：

步骤 1　启动 Protel 99 SE 电路原理图编辑器并装入所需元件库(图 3.72～3.77)。

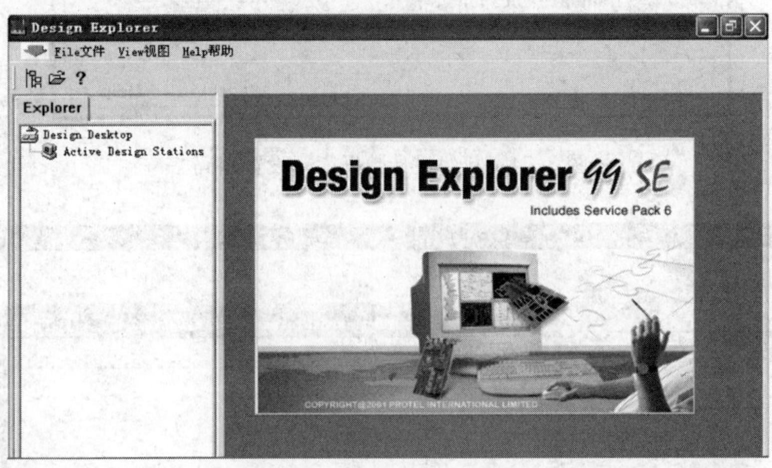

图 3.72　启动 Protel 99 SE

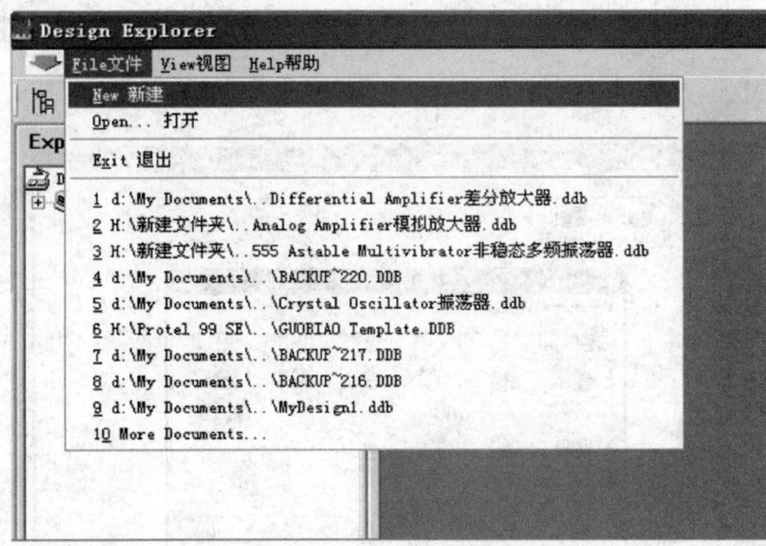

图 3.73　新建设计数据库

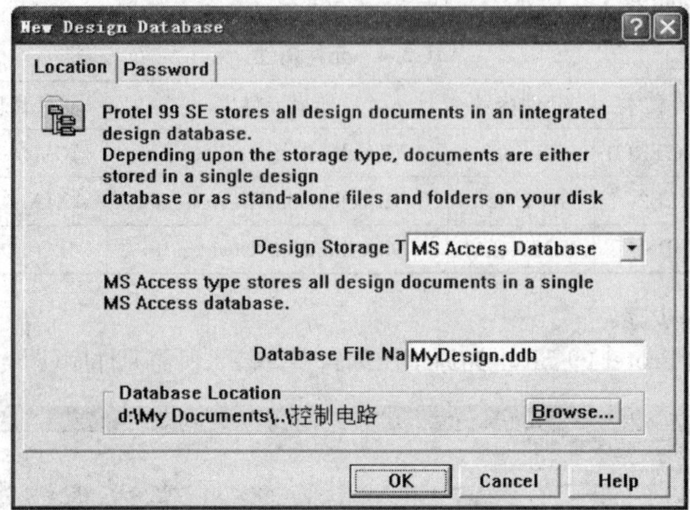

图 3.74　新建设计数据库及设置密码

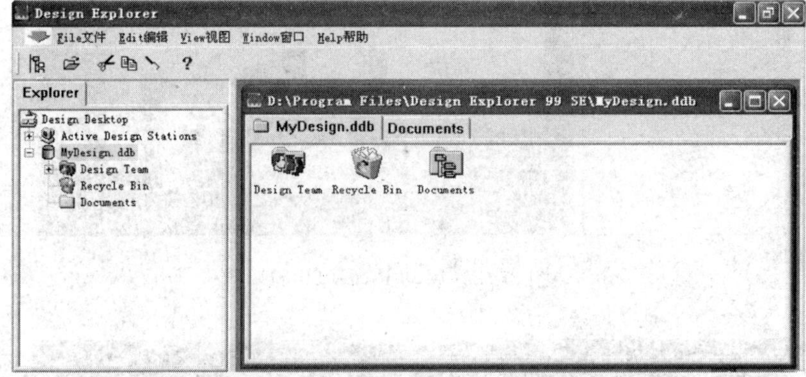

图 3.75　Protel 99 SE 工作界面

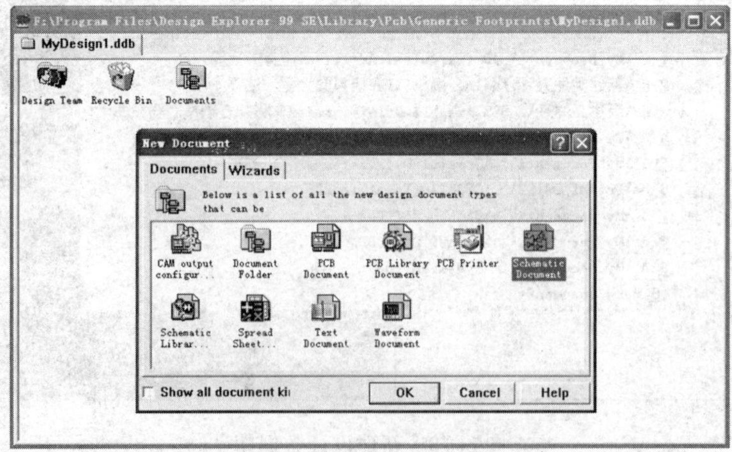

图 3.76　新建原理图

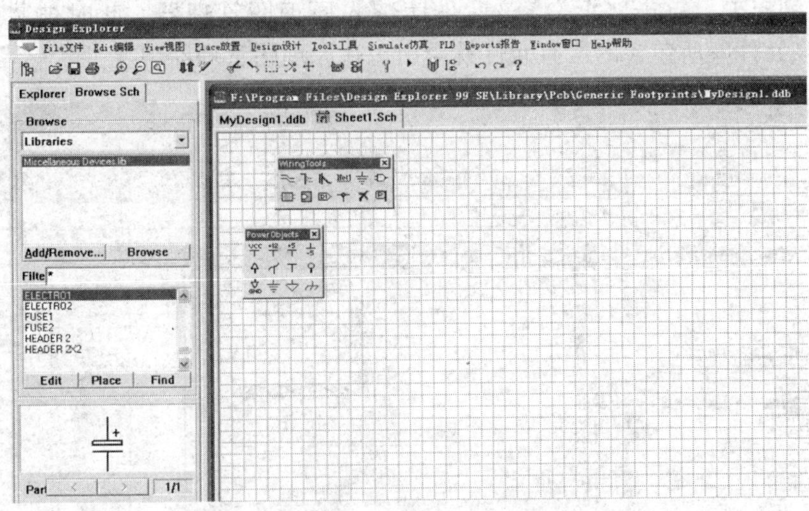

图 3.77　原理图(.Sch)界面

首先建立一个新的 Protel 99 SE 设计数据库文件,然后通过点击原理图图标建立一个新的原理图文件,确定原理图文件名,进入原理图编辑器,进入绘图设计状态。

如果没有所需元件库,则应装入所需元件库文件。所装入的元件库,在下次启动原理图编辑器时仍将保留,不需再次装入。

步骤 2　设置图纸大小参数(图 3.78)。

Document Options
Sheet Options　Organization
Template　File NameNo Template File
Standard Style　Standard　B
Options　Orientation　Landscape
Title Blc　Standard
Show Reference Z
Show Bor
Show Template Gr:
Border
Sheet
Grids　Snap(　10　Visib　10
Electrical Grid　Enabl　Grid　8
ıange System Fo
Custom Style　Use Custom
Custom Width　1000
Custom Height　800
X Ref Region　4
Y Ref Region　4
Margin Width　20
OK　Cancel　Help

图 3.78　图纸设置对话框

进入电路原理图编辑器后,首先要根据电路设计的复杂程度选择电路图纸大小,设置图纸的过程实际上是一个建立工作平面的过程。

参数的设置包括格点大小和类型,鼠标指针类型等。大多数参数采用系统默认设置,也可以根据个人喜好自行设计环境参数。合理的环境参数可以大大提高系统的工作效率。

步骤 3　添加元件库。

在原理图编辑器界面(图 3.79),单击"Add/Remove"按钮——屏幕会出现添加/删除元件库对话框——在"Design Explorer 99\Library\Sch"目录及其子目录下,选取需要装入的元件库文件——单击"Add"按钮,或直接双击需要装入的元件库文件,文件名将在"Selected

Files”区域罗列出来。点击“OK”将该元件库装入原理图管理器。此时被装入的元件库(.ddb)以及该元件库所包含的所有元件就会出现在原理图管理器中。

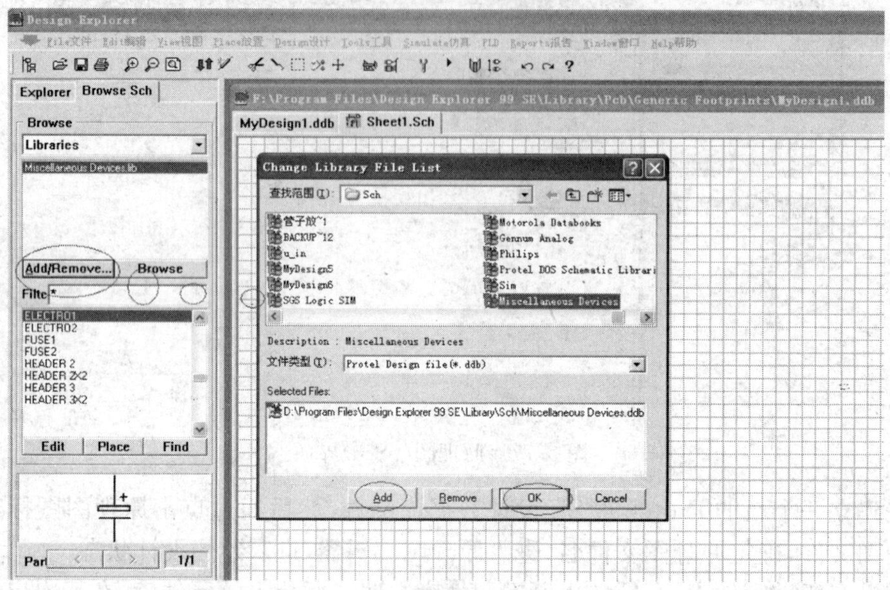

图 3.79 添加元件库

步骤 4 放置原理图元器件(图 3.80～3.82)。

根据电路图设计的需要,将元件从元件库中取出放到设计图纸上,然后再根据前面介绍的原理绘图设计原则及元件之间布线要求对元件在图纸上的位置进行调整、修改,并对元件的编号、封装进行定义和设定等,为下一步工作打好基础。

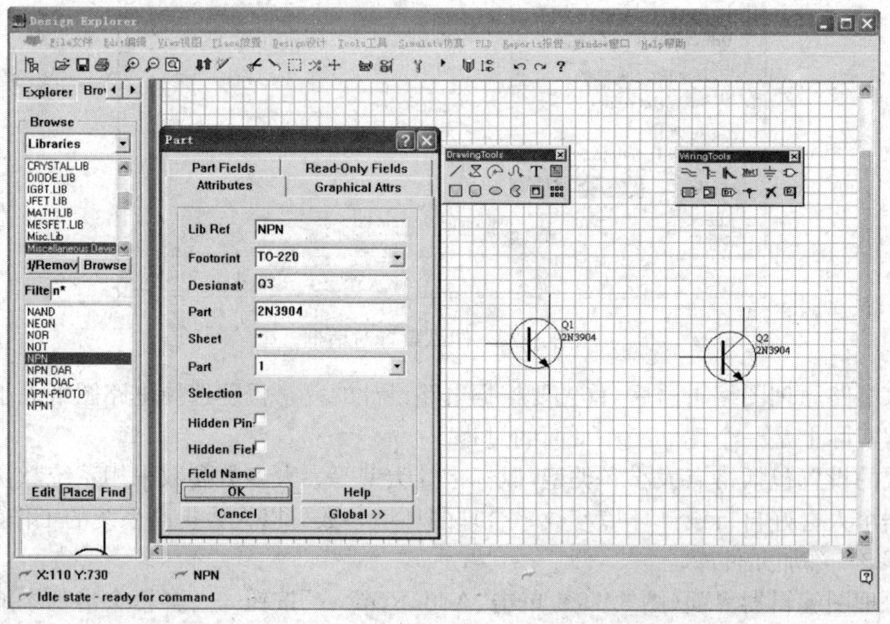

图 3.80 放置原理图元器件 1

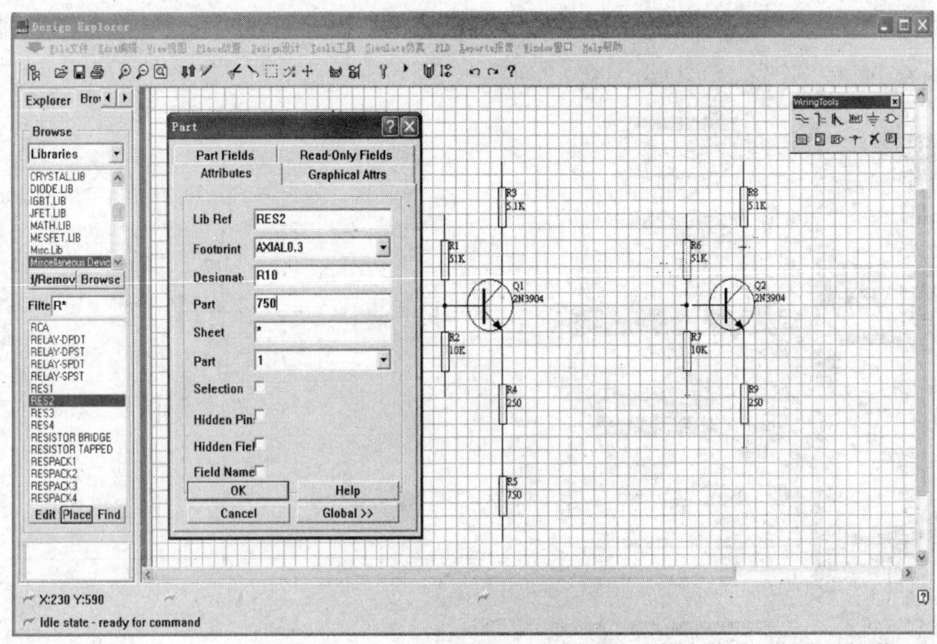

图 3.81　放置原理图元器件 2

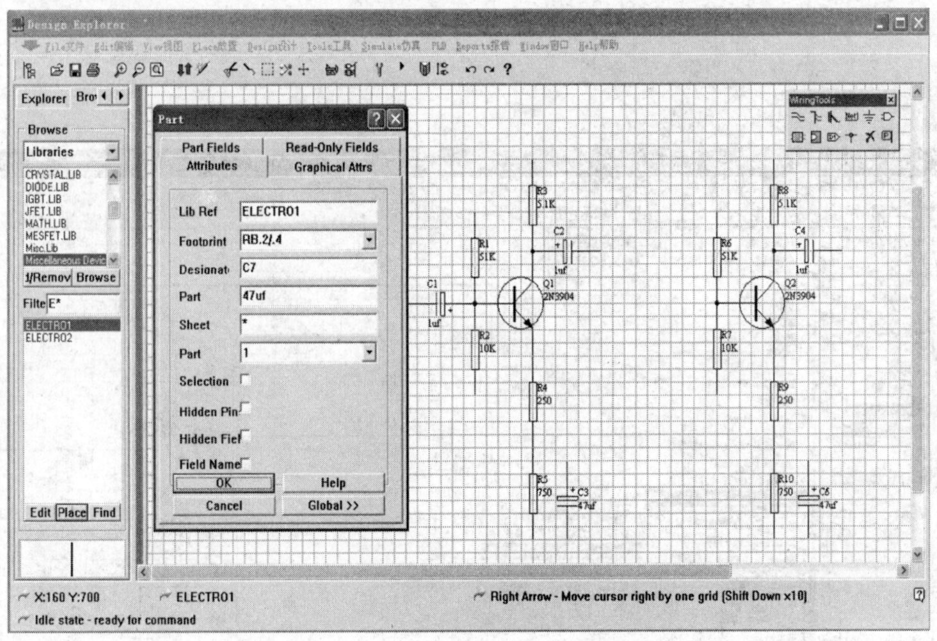

图 3.82　放置原理图元器件 3

步骤 5　原理图布局布线(图 3.83～3.85)。

根据前面介绍的原理图绘图设计原则对所放置的元器件进行布局布线，该过程实际上就是一个画图设计过程。利用 Protel 99 SE 提供的各种工具、指令进行布线，将工作平面上的器件用具有电气意义的导线、符号连接起来，构成一个完整的电路原理图。

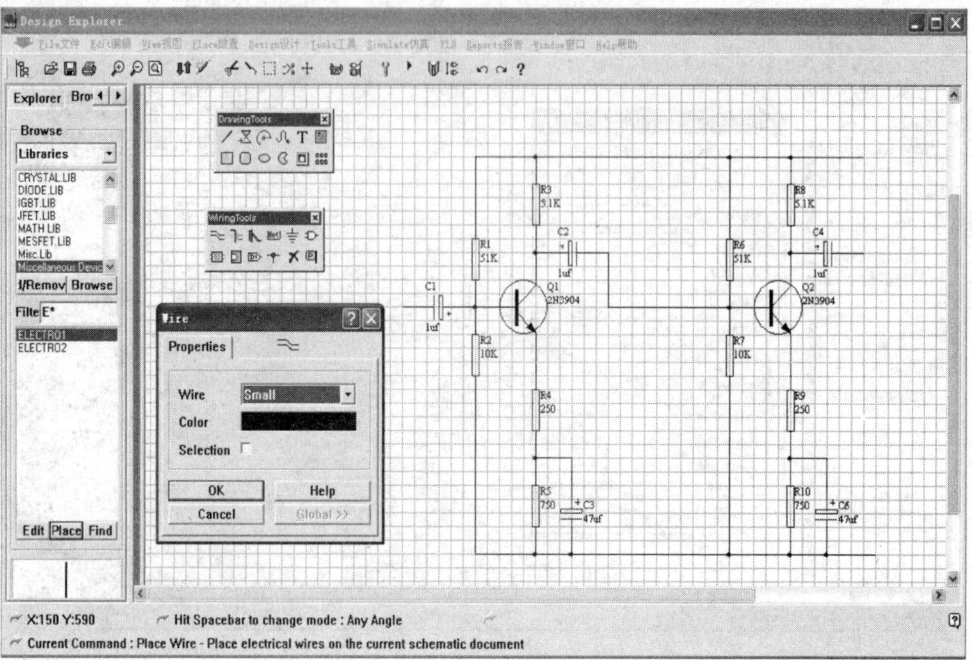

图 3.83 编辑导线宽度

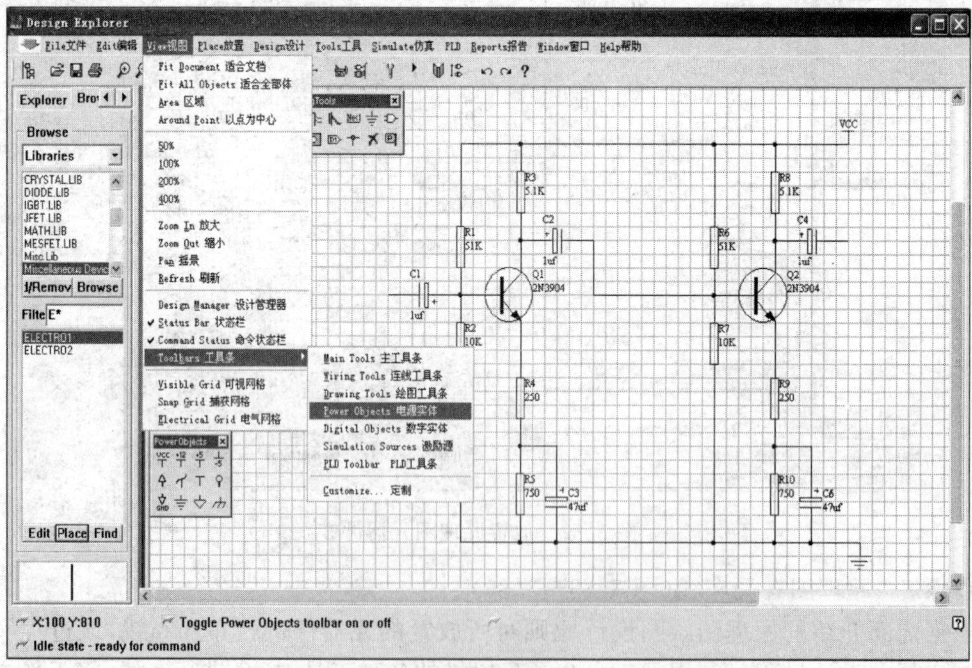

图 3.84 编辑电源与接地及效果图

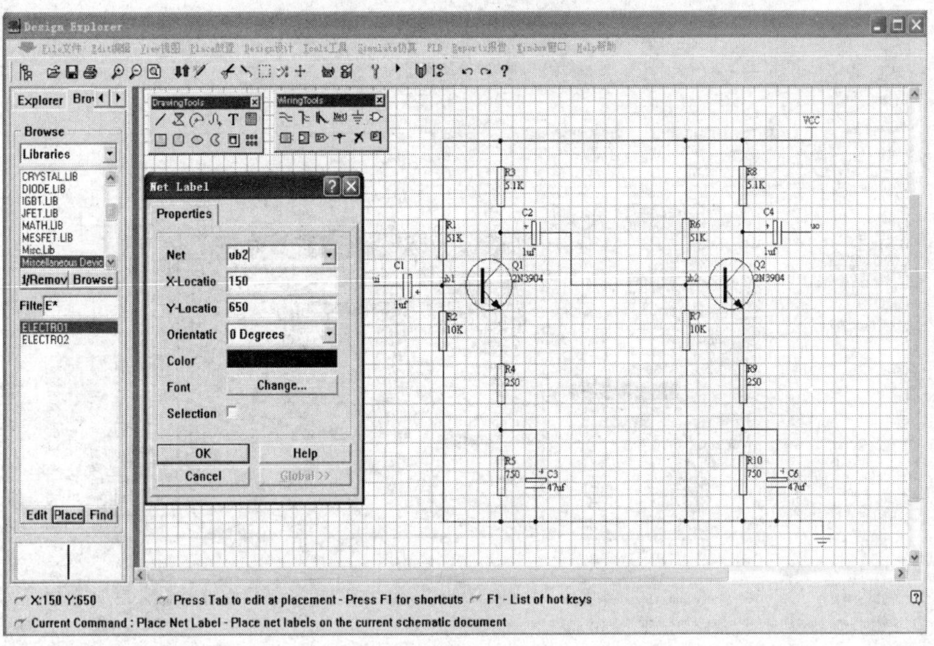

图 3.85　放置网络标记及效果图

步骤 6　原理图调整及填写文字说明(图 3.86,图 3.87)。

对布局布线后的元器件进行调整。在这一阶段,利用 Protel 99 SE 所提供的各种强大功能对所绘制的原理图进行进一步的调整和修改,以保证原理图的美观和正确,符合工程设计需求。这就需要对元器件的位置重新调整,删除、移动导线位置,修改导线宽度,更改图形尺寸、属性及排列。

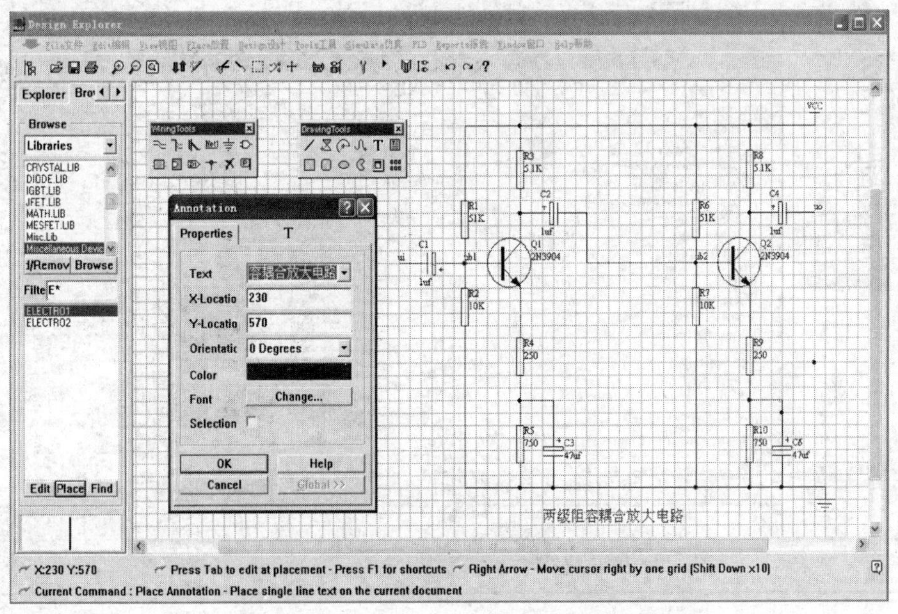

图 3.86　编辑文字颜色及文字颜色效果图

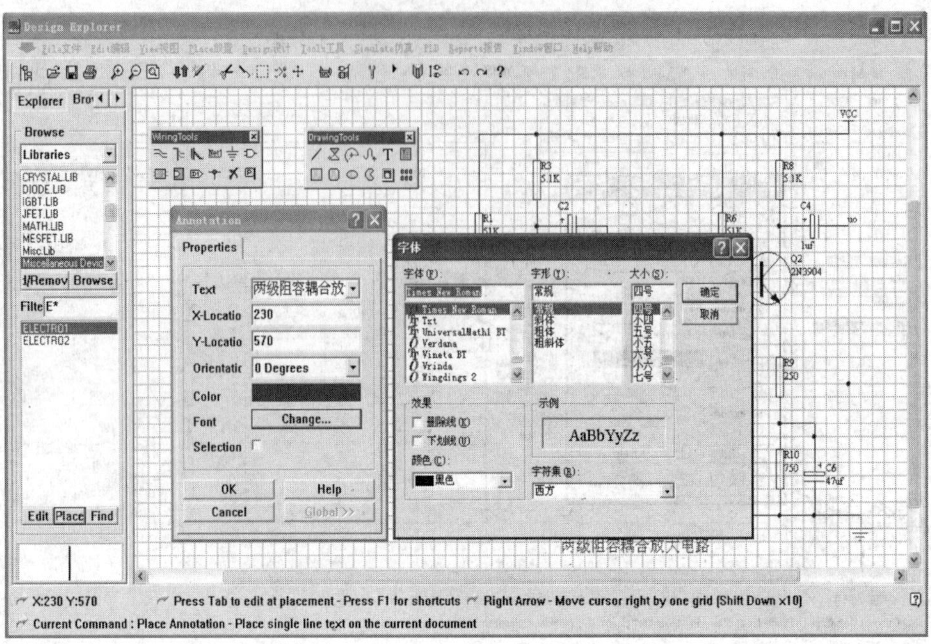

图 3.87　编辑文字及显示文字效果图

步骤 7　ERC 电气检测报表(图 3.88,图 3.89)。

ERC 表也就是电气规则检查表,用于检查电路图是否有问题。

当进行 ERC 检查时,执行菜单命令"Tools\ERC",屏幕上出现如图 3.88 所示的电气规则检查设置对话框,其中包括"Setup"标签页和"Rule Matrix" 标签页。

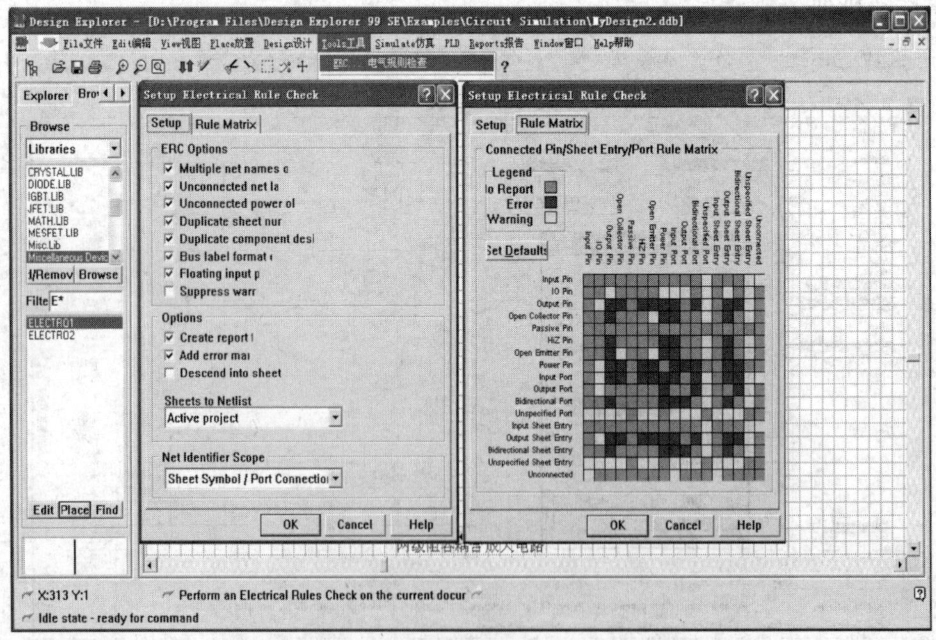

图 3.88　"Setup"标签页和"Rule Matrix" 标签页

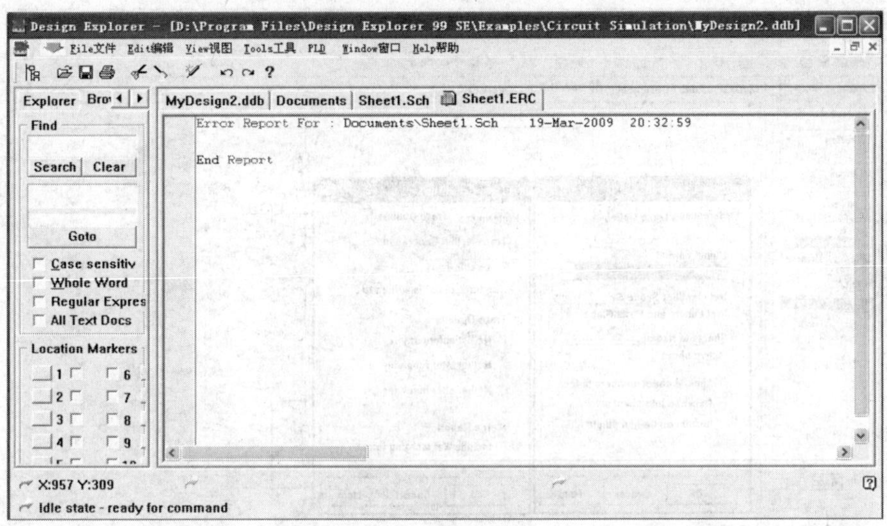

图 3.89　ERC 报告检测报告(本图显示无错误)

步骤 8　生成网络表(图 3.90～3.92)。

原理图设计的最终结果是产生用于 PCB 图设计的网络表,在网络表中,主要指定各个元器件的连接和元件封装,网络表是连接原理图设计和 PCB 设计的纽带。

产生网络表可执行菜单命令:"Design\Create Netlist"(图 3.90),执行该项命令后将打开"Netlist Creation"对话框,该对话框包括"Preferences"和"Trace Options"两个选项卡,如图 3.91 所示。

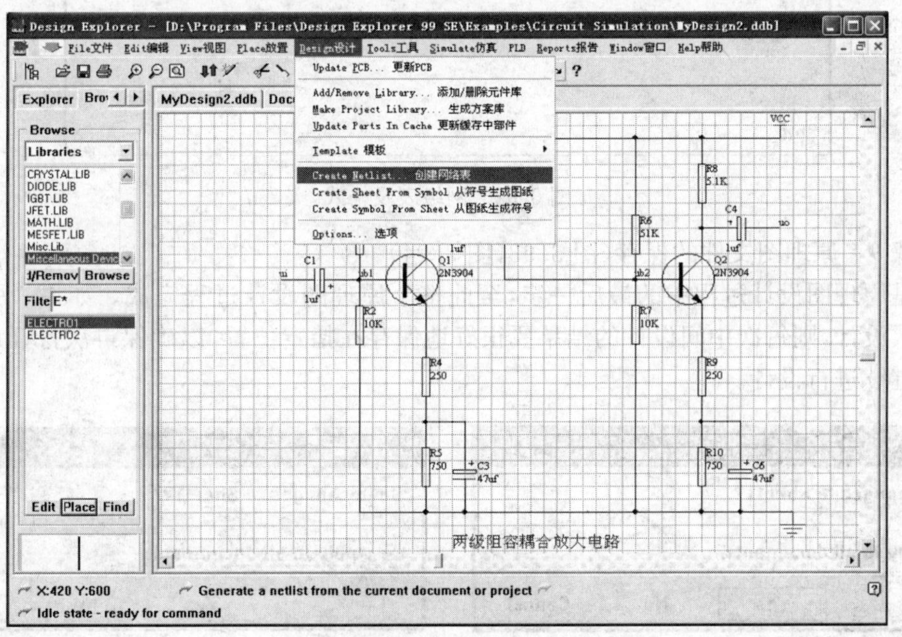

图 3.90　执行菜单命令:"Design\Create Netlist"

单击"OK",建立网络表,如图 3.92 所示。

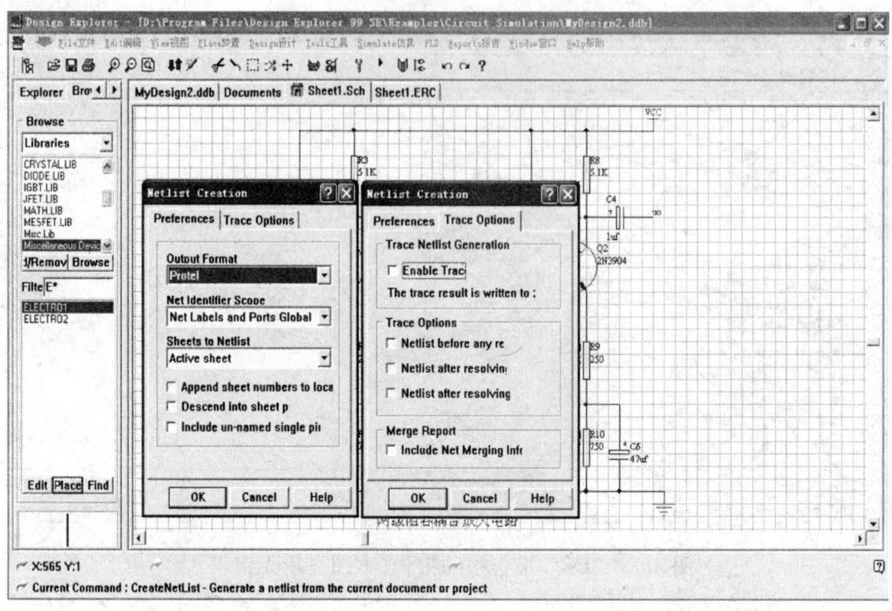

图 3.91 “Netlist Creation”对话框

```
D:\Program Files\Design Explorer 99 SE\Examples\Circuit Simulation\MyDesign2.ddb
MyDesign2.ddb | Documents | Sheet1.Sch | Sheet1.ERC | Sheet1.NET
[
C1
RB.2/.4
1uf

]
[
C2
RB.2/.4
1uf

]
[
C5
```

图 3.92 网络表及格式

步骤 9 原理图文件的保存(图 3.93,图 3.94)。

这是原理图设计过程中的最后一步,至此整个原理图设计过程完成。如果一张原理图需要多次设计,则每次中间设计的结果要很好地保存在指定位置,以确保再次打开设计图纸时能够继续进行设计。

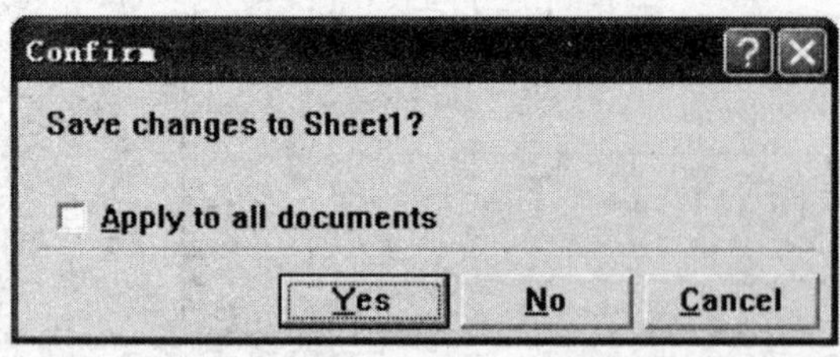

图 3.93 分项保存文件

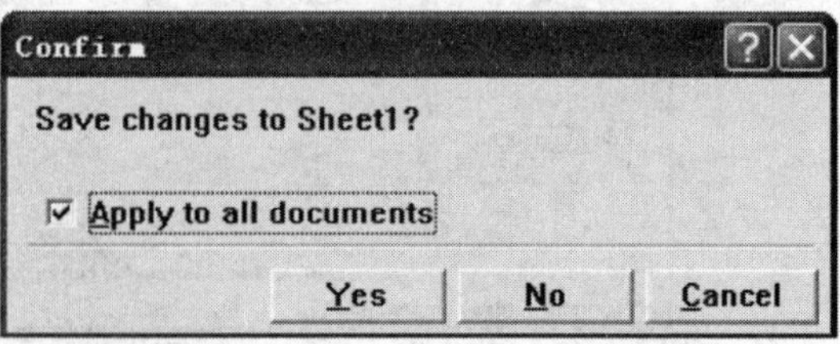

图 3.94 一次保存所有文件

思考与练习

1. 为什么在调用元件前应该先加载相应的元件库?
2. 如何加载一个元件库？如何删除一个元件库？如何浏览一个元件库?
3. 试述导线(Wire)与总线(Bus)的区别。
4. 说明放置元件(Part)有哪几种方法。
5. 在元件属性中，Lib Ref、Footprint、Designator、Part Type分别代表什么含义?
6. 元件引脚之间的连接有哪几种不同的方式?
7. 如何对元件位置进行移动和旋转调整?
8. 绘图工具的主要用途是什么?
9. 分别叙述几种报表文件的内容及用途。
10. 如何将原理图输出到打印机?

第 4 章　层次原理图设计

【内容提要】

■　层次电路设计方法　　　■　层次电路输入/输出端口

本章主要介绍原理图的工程设计方法、原理图元件库的管理及元件的操作、绘制电路图的工具、层次电路的设计和“自上而下”、“自下而上”的控制方法、报表及原理图输出等技能。

4.1　层次电路图设计概念

随着电子技术、计算机技术、自动化技术的飞速发展，所要求绘制的电路原理图越来越复杂，一张图纸往往无法将复杂的电路清楚地表达出来，必须对整个电路进行功能划分，然后把各个功能模块分别画在多张图纸上，使得很复杂的电路图变成相对简单的几个功能模块图。再设计一个系统总图，在总图中用方块图来组成，以展示各个功能单元之间的系统关系。这就是层次电路的思想。

层次电路图设计方法实际上是一种模块化设计方法。用户可以将待设计的系统划分为多个子系统，每个子系统下面又可以划分为若干个功能模块，每个功能模块还可以再细化为若干个基本模块。设计好每个基本模块，定义好每个基本模块之间的连接关系，就可完成整个系统的设计过程。

Protel 99 SE 原理图编辑器支持层次电路设计、编辑功能，可以采用“自上而下”或“自下而上”的层次电路编辑方式。如图 4.1 为“自上而下”层次原理图的方框图。图 4.2 为“自下而上”的层次原理图的方框图。

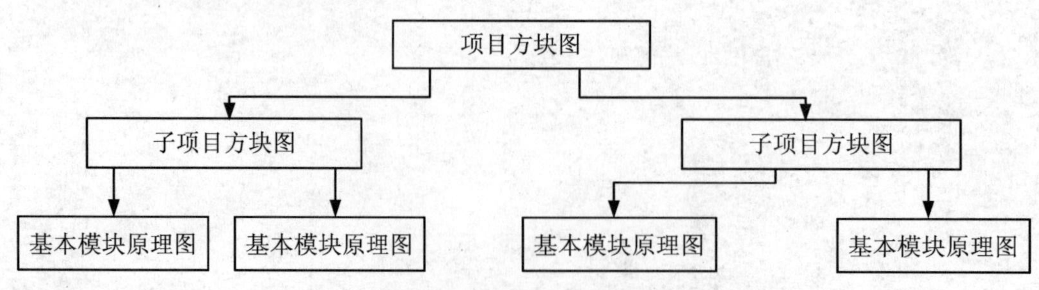

图 4.1　“自上而下”层次原理图的方框图

在层次电路图设计中，把整个电路系统视为一个设计项目，虽然是在原理图界面绘制，却是以. prj 作为项目的文件扩展名，而不是以. sch 作为项目文件的扩展名。

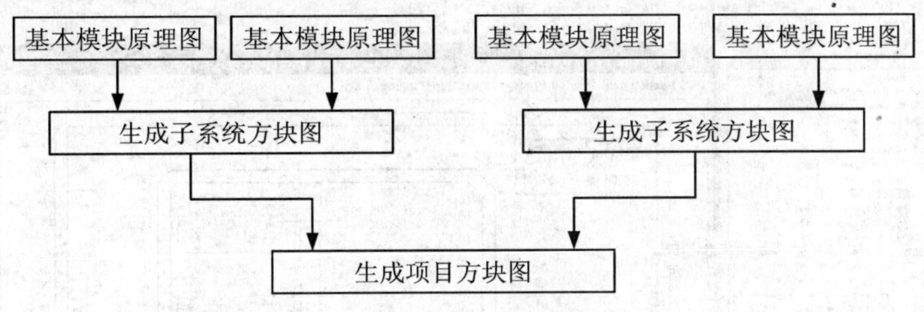

图 4.2　“自下而上”层次原理图的方框图

4.2　层次电路设计

4.2.1　层次电路设计实例

层次电路设计方法通常有自上而下和自下而上两种方法。为了让读者对层次电路设计有一个清晰的概念，我们首先介绍一个电路实例，该实例处在“Design Explorer 99\Examples”目录下，文件名为 Z80 Microprocessor. Ddb，如图 4.3 所示。打开该文件，便可激活如图 4.4～4.10 所示的所有电路图。

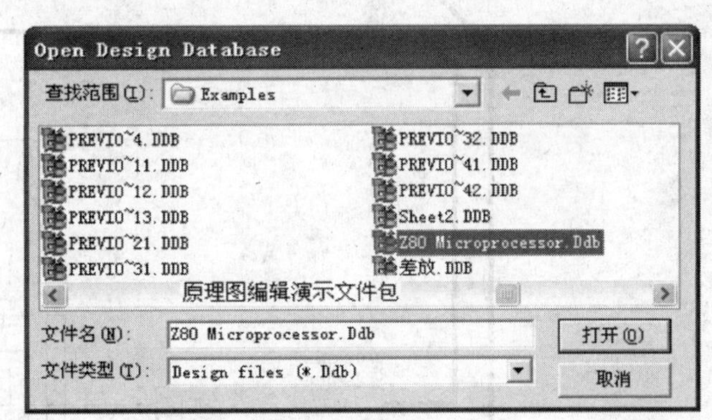

图 4.3　打开设计数据库文件包窗口

打开 Z80 Microprocessor. Ddb 数据库的操作过程如下：

步骤 1　单击主工具栏内的“打开”工具（或执行“File\Open...”命令）。

步骤 2　在打开设计数据文件包窗口内，选择 D:\Design Explorer 99 SE\Examples 目录下的 Z80 Microprocessor. Ddb 文件，并打开；在“文件管理器”窗口内，单击 Z80 Microprocessor. Ddb 设计数据文件包，可以显示设计数据文件包内的文件目录结构；找出并双击文件名为“Z80 Microprocessor. Ddb”的原理图文件，如图 4.4 所示。可见 Z80 Processor. prj 电路系统由存储器电路(Memory. sch)、CPU 时钟电路（CPU Clock. sch)、串行接口电路(Serial Interface. sch)、串行接口时钟电路(Serial Baud Clock. sch)、电源电路(Power Supply. sch)、并口电路（Programmable Peripheral Interface. sch)、CPU 电路(CPU Section. sch)等 7 个模块构成。

图 4.5 所示为放大后的项目文件，可见项目文件本质上还是原理图文件，只是扩展名为. prj 而已。

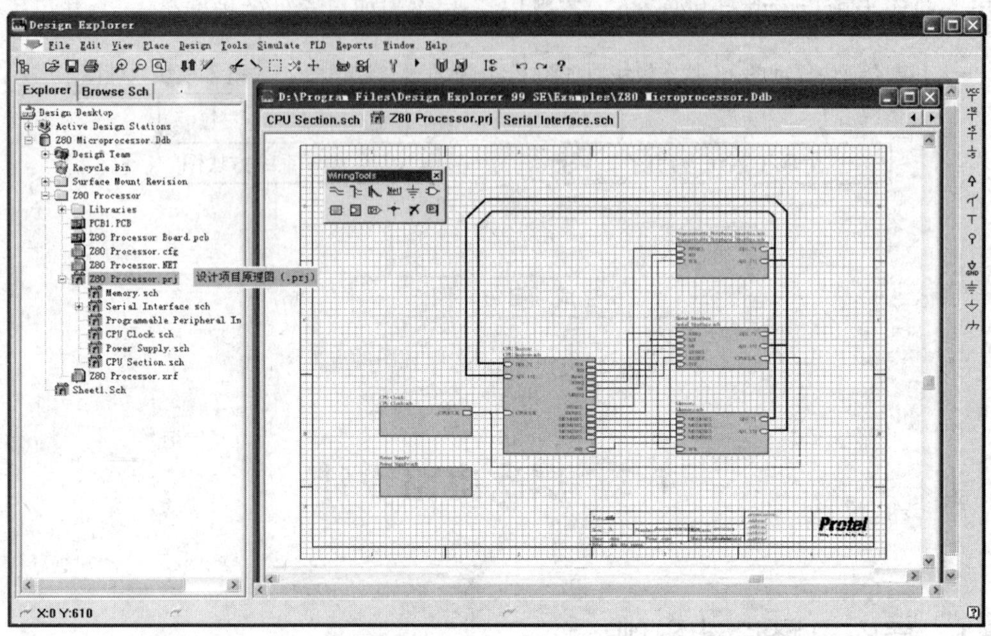

图 4.4　主控模块（电路系统 Z80 Processor. prj）

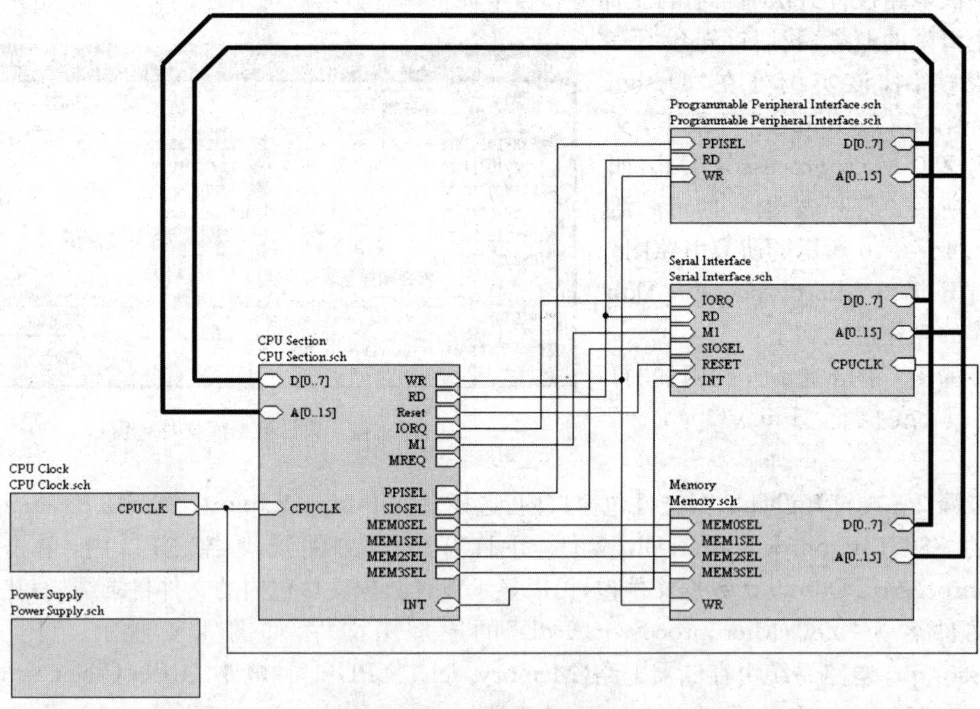

图 4.5　Z80 Processor. prj 设计项目文件内容

步骤 3　单击标签项，Z80 Processor. prj 设计项目文件包含的原理图分别显示在如图 4.6～4.12所示的电路原理图中。

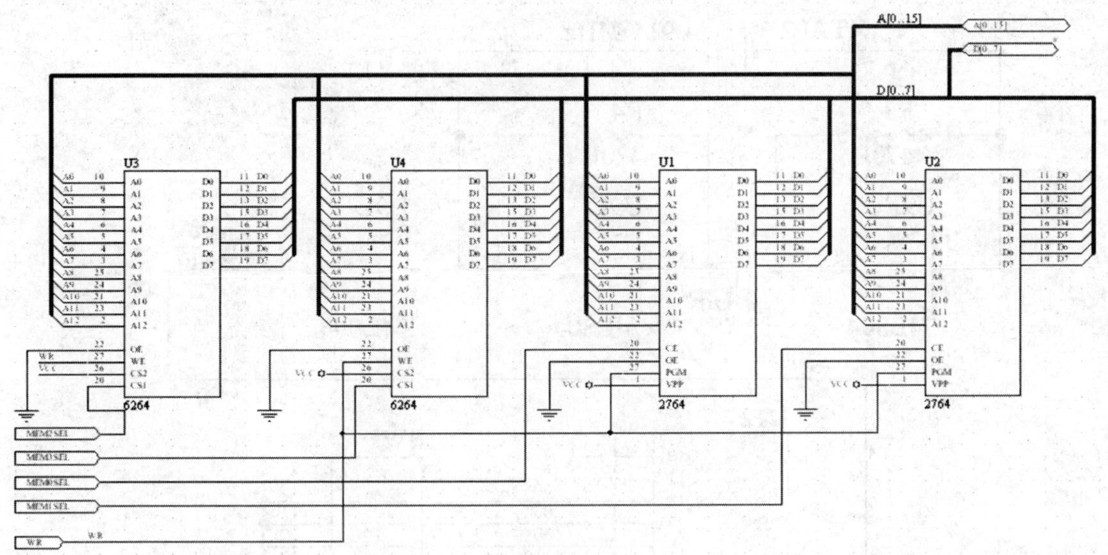

图 4.6　存储器电路(Memory.sch)

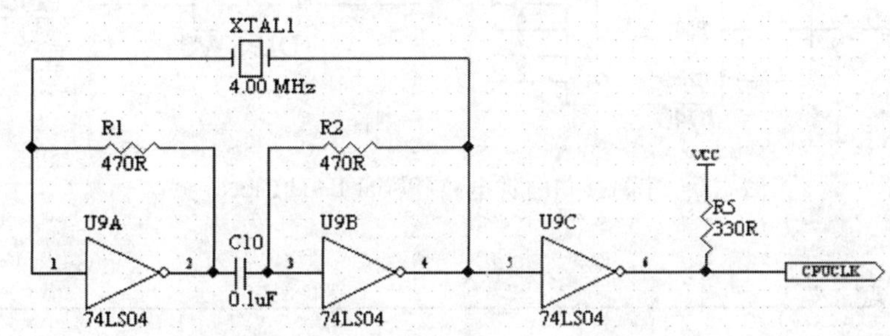

图 4.7　CPU 时钟电路(CPU Clock.sch)

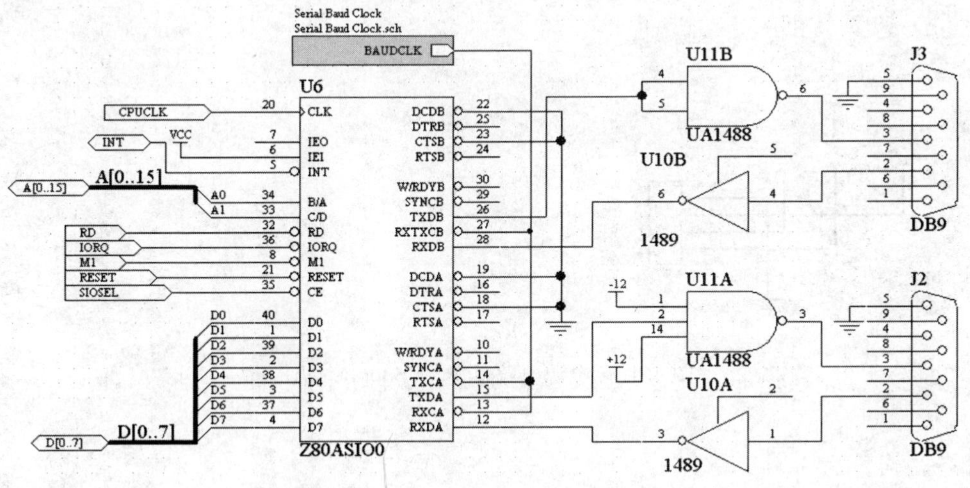

图 4.8　串行接口电路(Serial Interface.sch)

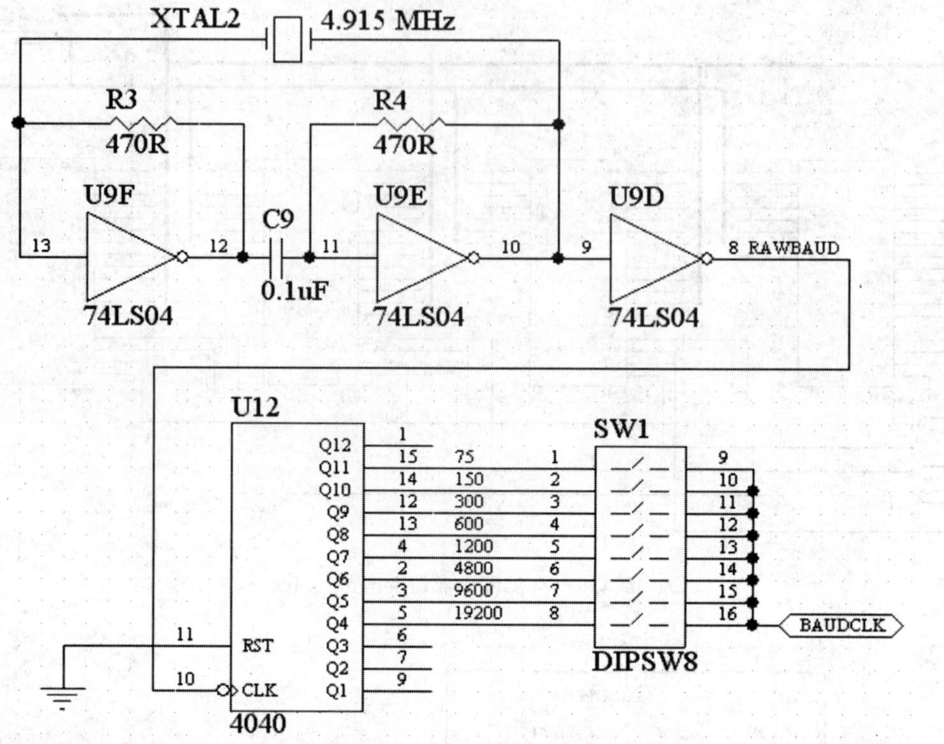

图 4.9　串行接口时钟电路(Serial Baud Clock. sch)

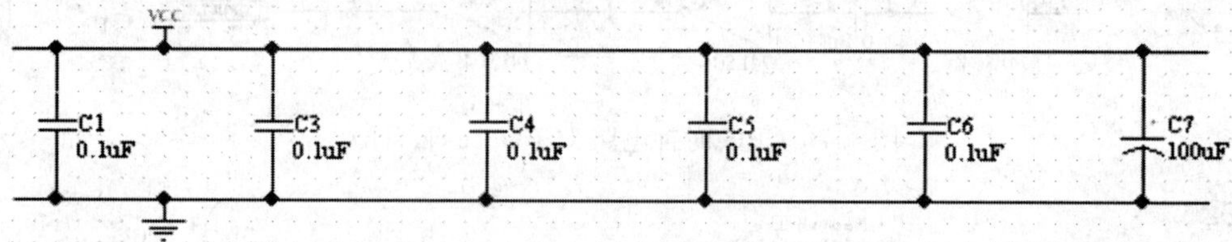

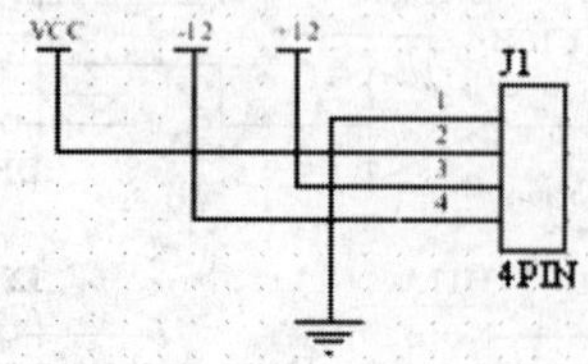

图 4.10　电源电路(Power Supply. sch)

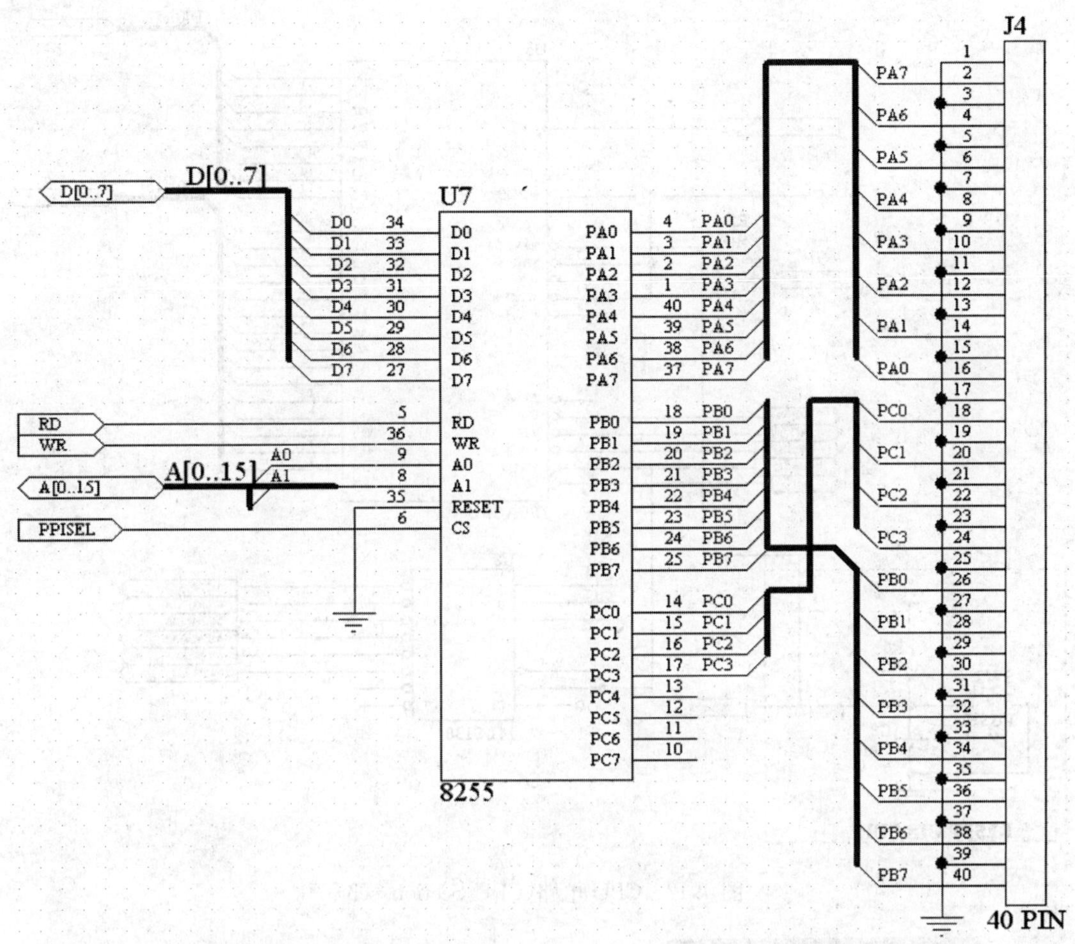

图 4.11　并口电路（Programmable Peripheral Interface. sch）

4.2.2　层次电路设计方法

现在以 Z80 Microprocessor 为例，具体说明图 4.5～4.12 所示层次电路的组成及文件管理、切换方法及操作步骤。

1. 自上而下的层次电路设计方法

此方法指首先产生方块电路图，再由方块电路来产生具体原理图的方法。也就是说，用户应首先设计出如图 4.5 所示的主控模块图（方块电路图），再将该图中的各个模块具体化，如图 4.6～4.12 所示。以 Memory 电路为例，具体操作步骤如下：

步骤 1　执行菜单命令“File\New Design”创建一个新的设计数据库。

步骤 2　执行菜单命令“File\New” 创建一个新的原理图文件，并改名为 Z80. prj。

步骤 3　单击布线工具栏内的“▭”图标，或执行“Place\Sheet Symbol”命令后，移动光标到原理图编辑区内，即可看到一个随光标移动而移动的方框，按“Tab”键编辑方框图，如图 4.13 所示。放置 Memory 方块图效果如图 4.14 所示。

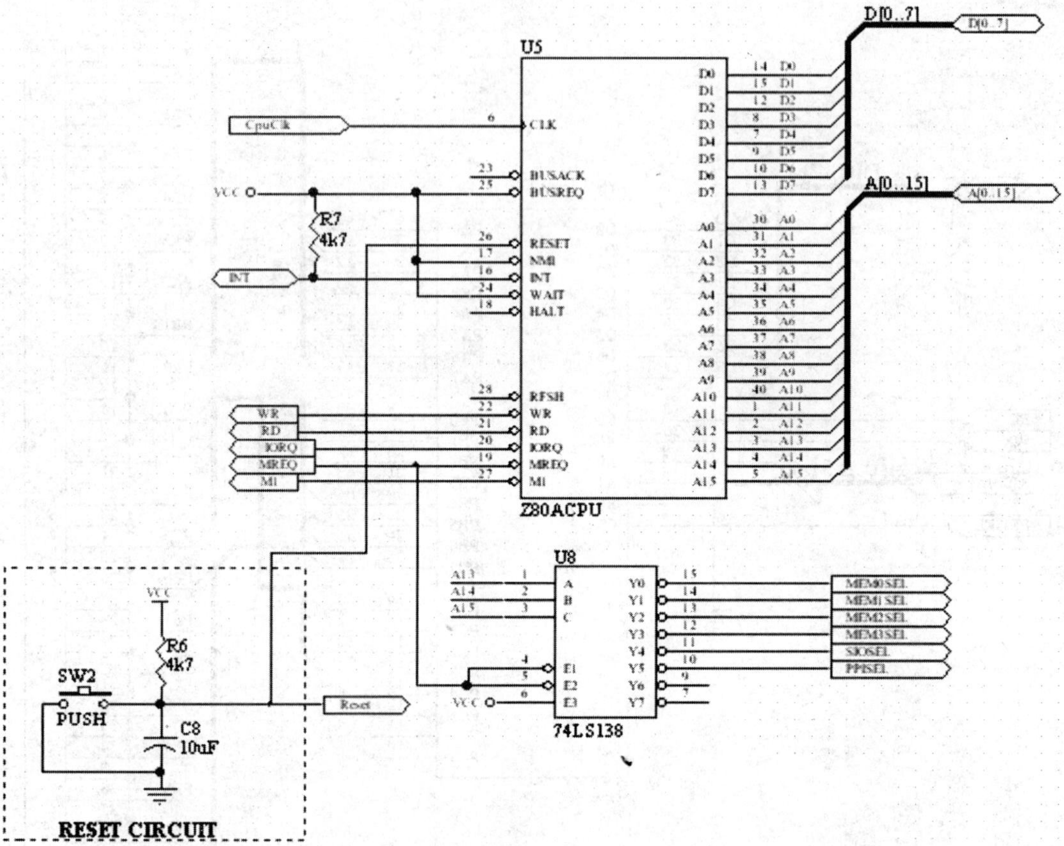

图 4.12　CPU 电路(CPU Section. sch)

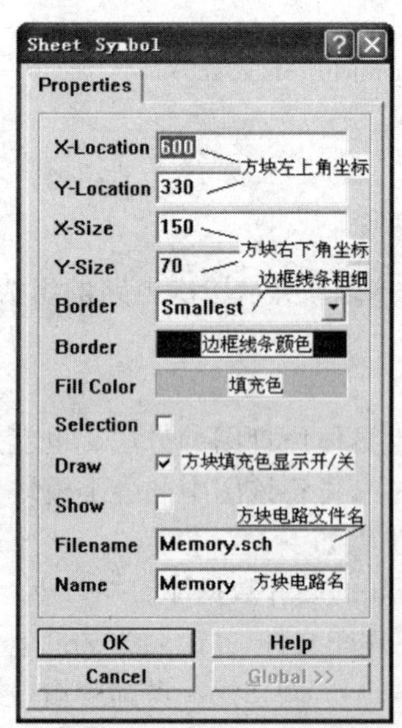

图 4.13　方块电路属性设置

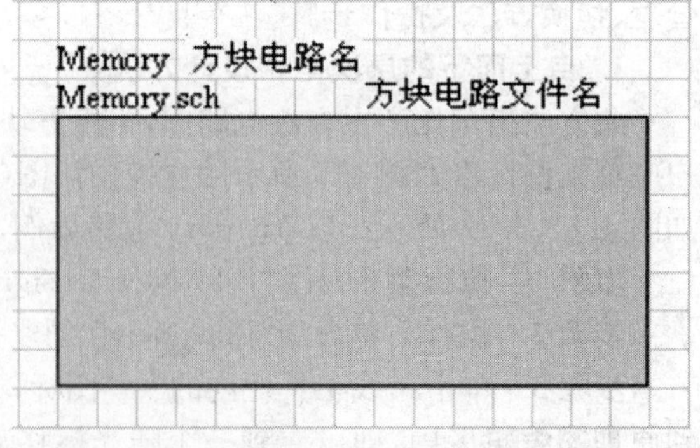

图 4.14　编辑方块电路效果图

重复步骤 3，继续绘制项目文件原理图中其他方块电路，即可获得如图 4.15 所示结果，然后单击鼠标右键，退出命令状态。

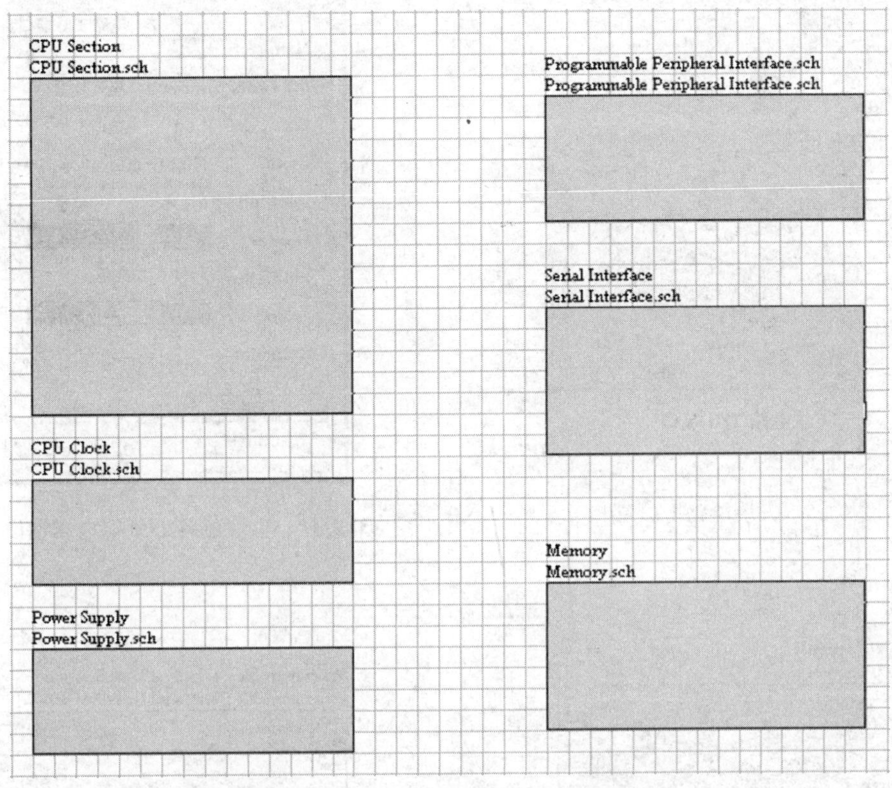

图 4.15　完成方块电路绘制后的电路总图

必要时，可重新调整方块电路名、方块电路文件名的位置或重新设计其字体和大小。

步骤 4　放置方块电路进出点：单击连线工具栏内的“▣”图标，或执行“Place\Add Sheet Entry”命令后，移动光标到方框图内，即可看到一个随光标移动的 I/O 端口图标，如图 4.16 所示。按“Tab”键编辑 I/O 端口，如图 4.17 所示。

步骤 5　用同样的方法依次完成 CPU Clock、Serial Interface、Memory、Power Supply、Programmable Peripheral Interface、CPU Section 6 个方块图的放置及其进出点的放置，如图 4.18 所示。

步骤 6　在各方块图的进出点之间连线，完成后即可得到如图 4.4 所示的主控模块电路图。

步骤 7　生成原理图。执行菜单命令“控制块 Design\Create Sheet From Symbol”，光标变成十字形，将光标移动到 Memory 方块电路模块上（注意不要指到方块图进出点上）单击鼠标左键，屏幕将出现如图 4.19 所示的对话框。

这个对话框询问相对的输入/输出点是否与信号方向反向时，应选择“No”按钮，系统将自动在 Z80.prj 下生成原理图，文件存储器名为“Memory.sch”，如图 4.18 所示。在原理图中，系统自动放置了与对应方块图数量相同（6 个）的输入/输出点。并且这 6 个输入/输出点的名称和方块图进出点的名称是相对应的。

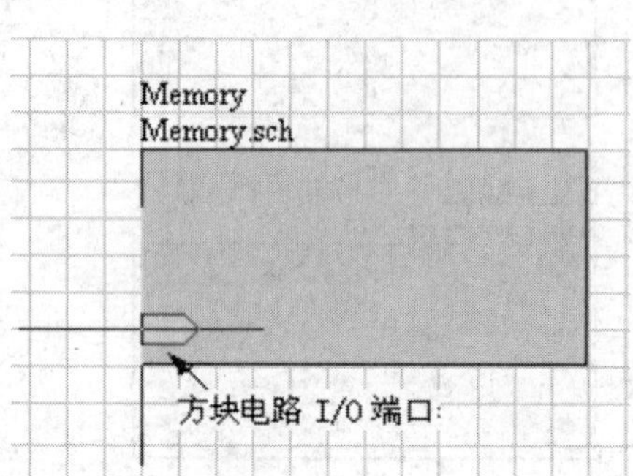

图 4.16　方块电路 I/O 端口

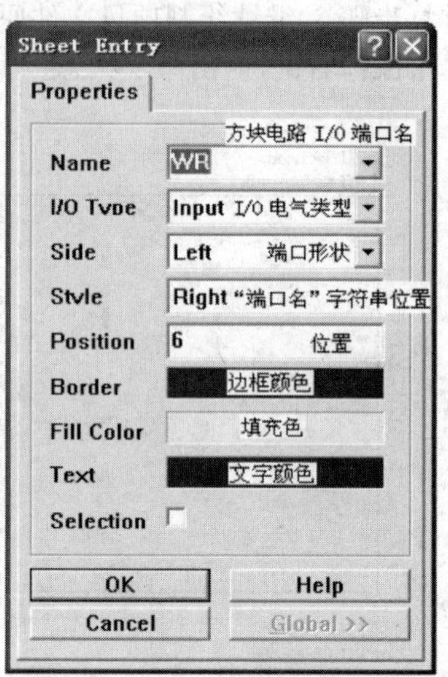

图 4.17　方块电路 I/O 端口属性设置窗

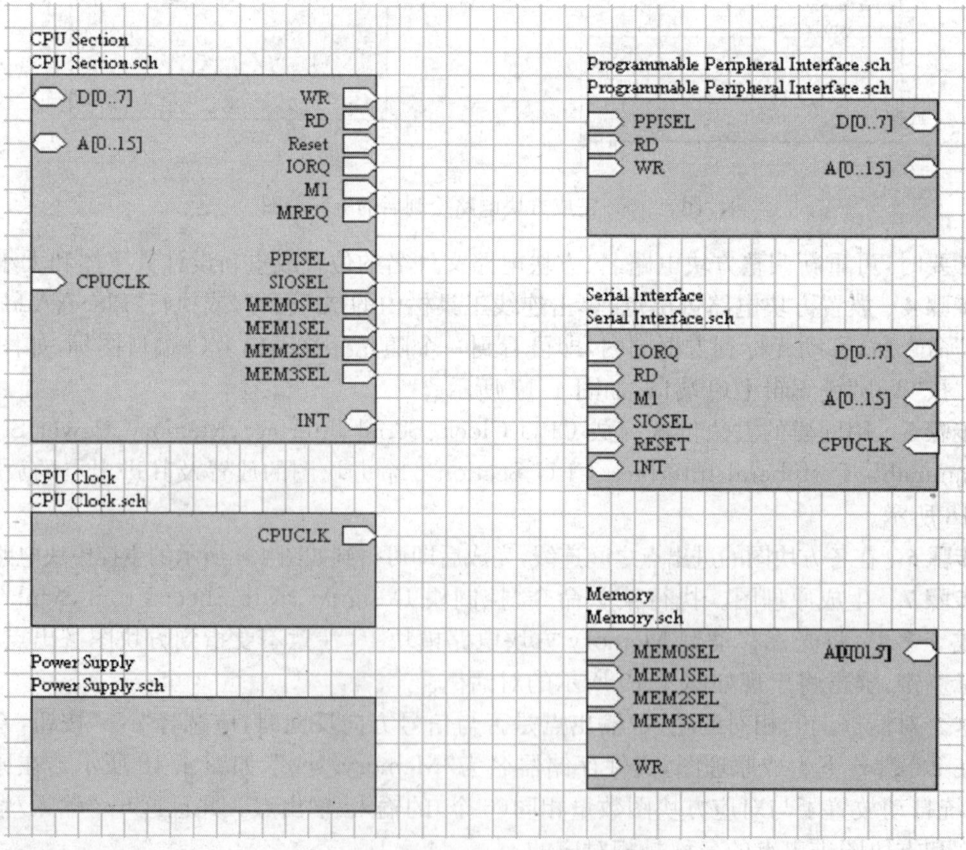

图 4.18　放置多个方块电路 I/O 端口

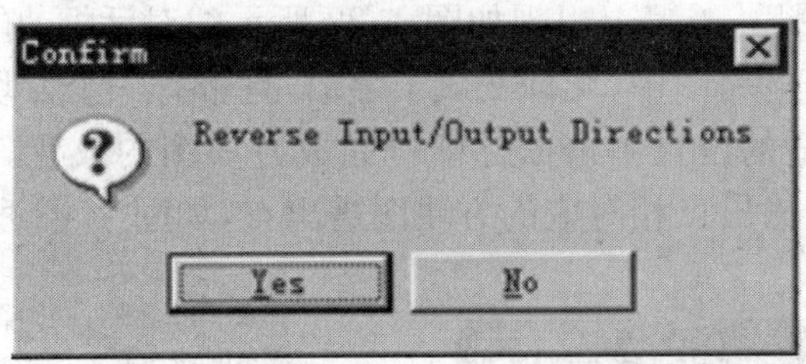

图 4.19　选择对话框

此后我们就可以在这 6 个输入/输出点之间具体完成“Memory. sch”原理图的绘制。完成后的电路图如图 4.20 所示。

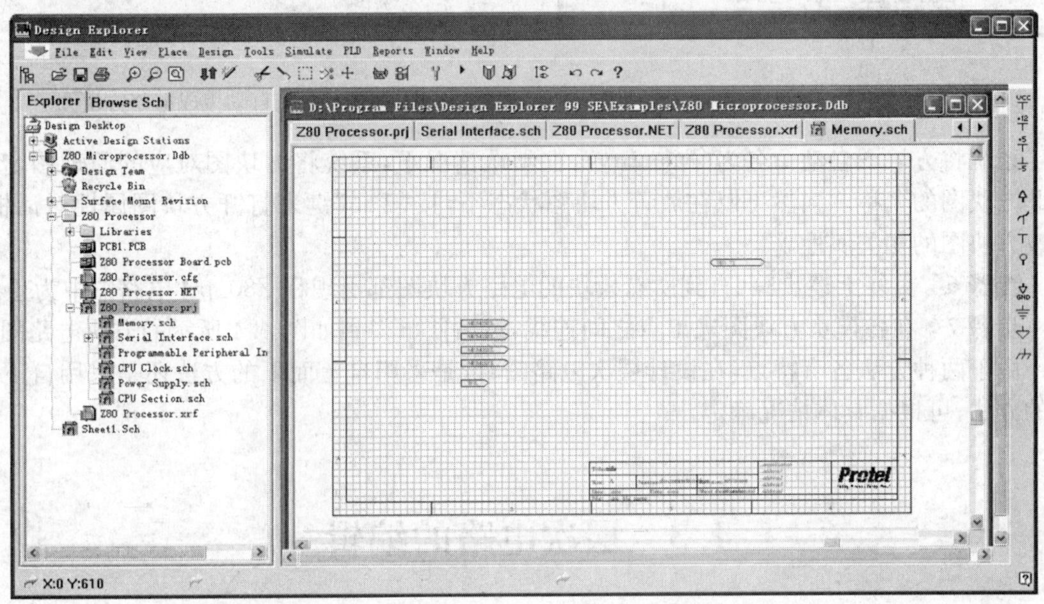

图 4.20　由方块图产生的“Memory. sch”原理图

步骤 8　用同样的方法将 Serial Interface 、Programmable Peripheral Interface、Power Supply、CPU Clock、CPU Section 等方块图的具体电路绘制出来，如图 4.6～4.12 所示。

2. 自下而上的层次电路设计方法

此方法指首先产生原理图，再由原理图来生成方块电路图的方法。以图 4.4 所示的“Memory. sch”电路图为例，说明如何产生对应的“Memory”方块图，具体步骤如下：

步骤 1　按图 4.4 完成存储器电路图的绘制。

步骤 2　激活要放置方块图的原理图(本例中是激活 Z80. prj，如图 4.4 所示)，使它运行于前台。

步骤 3　执行菜单命令“Design\Create Symbol From Sheet”，屏幕上出现如图 4.21 所示的对话框，系统将列出当前打开的所有原理图。选择“Memory . sch”，单击“OK”按钮。

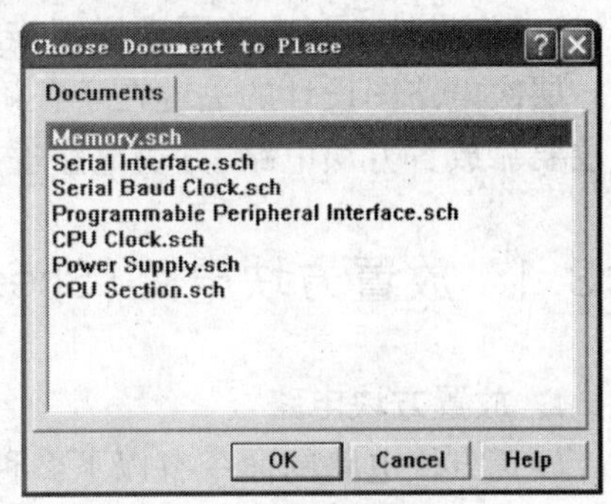

图 4.21　选择电路图对话框

步骤 4　选择原理图后，屏幕上出现如图 4.22 所示的对话框，单击“No”按钮。

步骤 5　在 Z80.prj 电路图中，光标变成十字形，且带有一个方块图，系统进入放置方块图状态，移动鼠标，在合适的位置单击鼠标即可完成方块图的放置。在方块图中，系统将自动产生与原理图中输入/输出点相对应的方块图进出点，如图 4.23 所示。

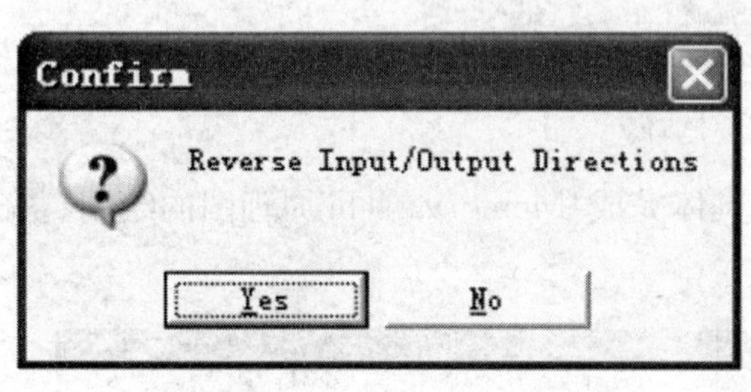

图 4.22　选择对话框

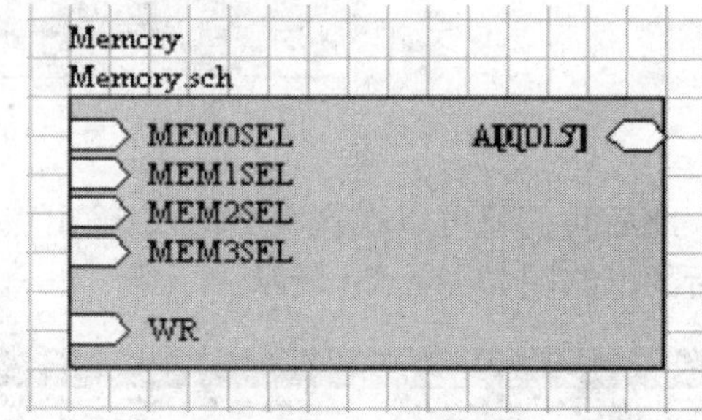

图 4.23　系统自动生成电路方块图

系统将方块图自动命名为“Memory”，在默认情况下，系统将方块图对应的原理图名作为此方块图的名称。当然可以在放置方块图状态下，按“Tab”键来打开方块图属性对话框，修改方块图的相关属性。

步骤 6　重复上述步骤，直到所有模块的电路方块图都出现在 Z80.prj 电路图中为止。

步骤 7　在各模块方块图进出点之间连线，最后便可得到如图 4.4 所示的方块电路图。

由于两种方法各有特点，在设计层次电路图时，是采用自上而下的方法还是采用自下而上的方法，可根据具体情况确定。

4.3　层次电路的编辑

方块电路(Sheet Symbol)是层次式电路设计不可缺少的组件。

简单地说，方块电路就是设计者通过组合其他元器件自己定义的一个复杂器件，这个复杂器件在图纸上用简单的方块图来表示，至于这个复杂器件由哪些元件组成，内部的接线如何，可以由另外一张电路图来详细描述。

层次电路图设计的关键在于正确地传递层次间的信号，在层次电路图设计中，信号的传递主要靠放置方块电路、方块电路进出点和电路输入/输出点来实现。

4.3.1　放置方块电路(Sheet Symbol)

1. 放置方块电路

放置方块电路的命令有以下 2 种方法：

◆ 单击连线工具栏内的▣图标。

◆ 执行菜单命令“Place\Sheet Symbol”。

启动放置方块电路(Sheet Symbol)命令后，光标变成十字形，在方块电路一角单击鼠标左键，再将光标移动到方块图的另一角，即可展开一个区域，再单击鼠标左键，即可完成该方块图的放置。单击鼠标右键，即可退出放置方块电路状态。

2. 设置方块电路编辑对话框

在放置方块电路状态下，用鼠标左键双击方块电路或按"Tab"键，即可打开如图 4.24 所示的方块电路编辑对话框，对话框中共有 12 个设置项，其中 X-Location 、Y-Location、Fill Color 和 Selection 设置项在前面做过介绍，下面介绍剩余的 8 个设置项。

◆ "Border Width" 选项的功能是选择方块电路边框的宽度。单击"Border Width"选择项右侧的下拉式按钮，打开其下拉菜单，其中共有 4 种边线的宽度，即最细(Smallest)、细(Small)、中(Medium)和粗(Large)。

◆ "X-Size"选项的功能是设置方块电路的宽度。

◆ "Y-Size"选项的功能是设置方块电路的高度。

◆ "Border Color" 选项的功能是设置方块电路的边框颜色。

◆ "Draw Solid" 选项的功能是设置方块电路内是否要填入 Fill Color 所设置的颜色。

◆ "Show Hidden" 选项的功能是选择是否显示方块电路。

◆ "Filename" 选项的功能是设置方块电路所对应的文件名称，它和元件编辑对话框内的 Sheet 设置项类似。如图 4.24 所示，此处为 Memory. sch。

◆ "Name" 选项的功能是设置方块电路的名称，如图 4.25 所示，此处为 Memory。

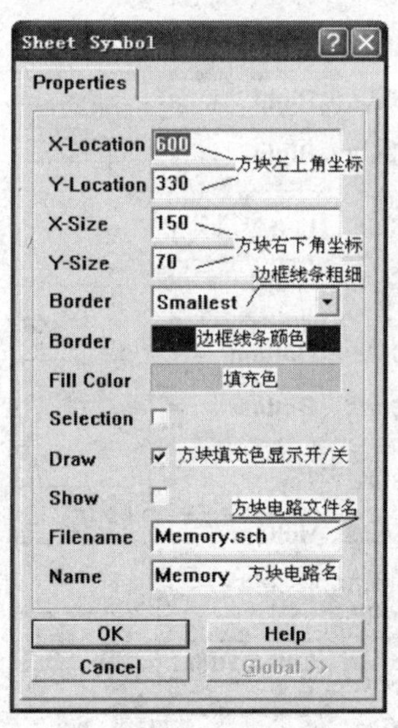

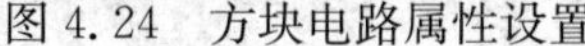

图 4.24　方块电路属性设置

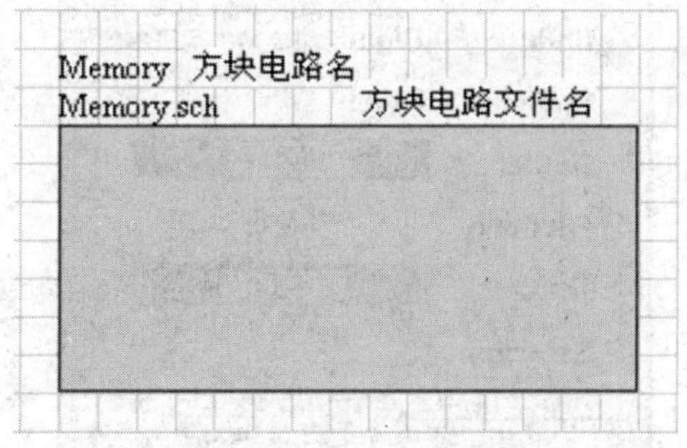

图 4.25　编辑方块电路效果图

4.3.2　放置方块电路的进出点(Sheet Entry)

如果说方块电路是自己定义的一个复杂器件，那么方块电路的进出点就是这个复杂器件的输入/输出引脚。如果方块电路没有进出点的话，那么方块电路便没有任何意义。

1. 放置方块电路进出点

方块电路的进出点命令有以下 2 种方法：

◆ 单击连线工具栏内的图标。

◆ 执行菜单命令“Place\Add Sheet Entry”。

启动放置方块电路进出点命令后，光标变成十字形，将光标移动到方块电路中，单击鼠标左键，光标上面出现一个小圆点，且光标将被限制在方块电路的左右边界内，确定合适的位置后再单击鼠标左键，即可在该处放置一个方块电路进出点，单击鼠标右键结束放置方块电路进出点状态。

2. 设置方块电路进出点编辑对话框

在放置方块电路进出点状态下，用鼠标左键双击方块电路进出点或按“Tab”键，即可出现方块电路进出点编辑对话框，如图 4.26 所示。

在放置方块电路进出点编辑对话框内共有 9 个设置项，现重点说明以下设置项：

◆“Name”选项的功能是设置方块电路进出点的名称。

◆“I/O Type”选项的功能是选择方块电路进出点的形式，其中包括 4 个选择项，即无方向式信号进出点(Unspecified)、输出型进出点(Output)、输入型进出点(Input)和输入/输出双向型进出点(Bidirectional)。

◆“Style”的箭头方式包括 4 种，即无箭头(None)、左箭头(Left)、右箭头(Right)和双向箭头(Left & Right)，如图 4.27 所示。

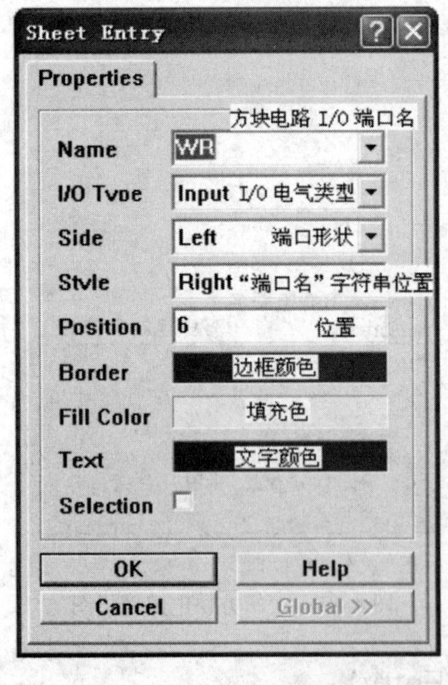

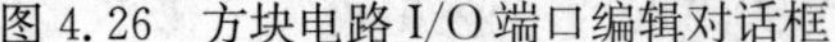
图 4.26 方块电路 I/O 端口编辑对话框

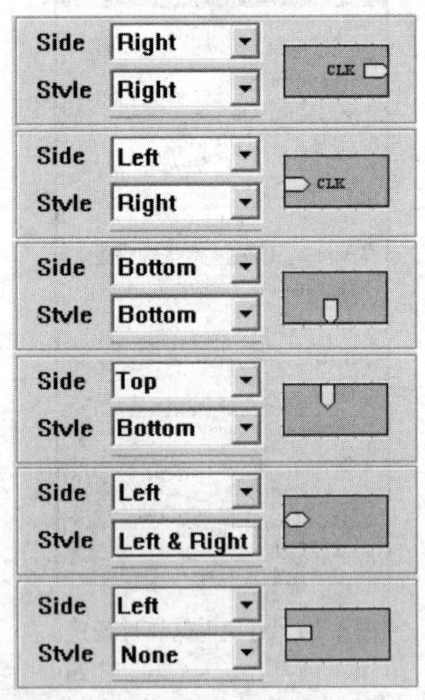

图 4.27 方块电路 I/O 端口的形状与方向

◆“Side”选项的功能是选择方块电路进出点是在方块图的左边还是右边。一般在设计时，不需要设置此项，只需移动鼠标即可，如图 4.27 所示。

◆“Position”选项的功能是设置方块电路进出点的位置，从方块电路的上边界开始计算。

◆ “Text” 选项的功能是设置方块电路进出点名称的颜色，具体设置同 Fill Color 项。

4.3.3　忽略 ERC 测试点(No ERC)

放置忽略 ERC 测试点的主要目的是让系统在进行电气规则检查(ERC)时，忽略对某些点的检查。

例如，系统默认输入型引脚必须要连接，但实际上某些输入型引脚不接也是常事，如果不放置忽略 ERC 测试点，那么在该点处系统会加上一个错误标志。

1. 启动放置忽略 ERC 测试点

启动放置忽略 ERC 测试点命令有以下 2 种方法：

◆ 单击连线工具栏内的×图标。

◆ 执行菜单命令“Place\Directives\No ERC”。

2. 放置忽略 ERC 测试点的步骤

步骤 1　启动放置(No ERC)命令后，光标变成十字形，并且上面有一个红叉，将光标移到放置忽略 ERC 测试点的位置，单击鼠标左键，即可完成一个忽略 ERC 测试点的放置；单击鼠标右键，即可结束放置忽略 ERC 测试点状态。

步骤 2　在放置忽略 ERC 测试点状态时，按“Tab”键可打开忽略 ERC 测试点属性对话框，对话框中所有设置项的设置都和前面介绍过的网络名称、导线等属性对话框中相应的设置类似，这里不再重复。

思考与练习

1. 如何放置方块电路及其进出点？
2. 层次电路设计方法适用于哪些情况？简要说明层次电路的设计步骤。

第5章　原理图元件库编辑

【内容提要】

■ 元件库编辑器概述　　　■ 元件库编辑器界面简介

■ 元件图形符号的创建实例　■ 元件库管理

设计绘制电路原理图时，在放置元件之前，常常需要添加元件所在的元件库，因为元件一般保存在一些元件库中，这样很方便用户设计使用。

但是在原理图编辑过程中，由于下列原因之一，可能需要修改或创建元件的电气图形符号，例如：在 Protel 99 SE 元件电气图形符号库找不到所需元件的电气图形符号、找不到所需要尺寸的元件的电气图形符号、某些元器件的引脚编号与 PCB 封装库元件引脚编号不一致等。在这些情况下，就需要自行建立新的元件库。Protel 99 SE 提供了一个功能强大而完善的建立元件的程序，即元件库编辑程序(Library Editor)。

本章主要介绍原理图元件库的创建、新元器件的绘制、旧元器件的修改、在库中添加新元件、元器件的查找及元件库管理等内容。

5.1　元件库编辑器概述

制作新元件和建立元件库是使用 Protel 99 SE 的元件库编辑器来进行的，在具体介绍元件制作前，应先了解元件库编辑器。

5.1.1　加载元件库编辑

原理图元件库编辑器的启动方法如下：

步骤1　首先在当前设计管理器环境下，执行菜单命令“File\New”，系统将显示新建文件对话框，如图5.1所示。

步骤2　从对话框中选择原理图元件库编辑器图标，如图5.1所示。

步骤3　在文档“Document”标签下单击鼠标左键，在下拉的对话框中选择“New”，出现文件名为“Schlib. Lib”的原理图元件库编辑器图标，如图5.2所示。

步骤4　双击图标或单击“OK”按钮，系统便在当前设计管理器中创建一个新元件库文档，此时用户可以修改文档名。

步骤5　双击设计管理器中的电路原理图元器件设计文档图标，就可以进入原理图元件库编辑器界面，如图 5.3 所示。

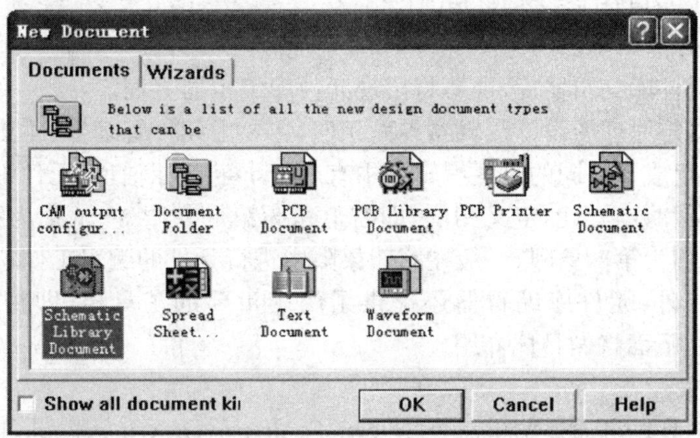

图 5.1　"New Document"对话框

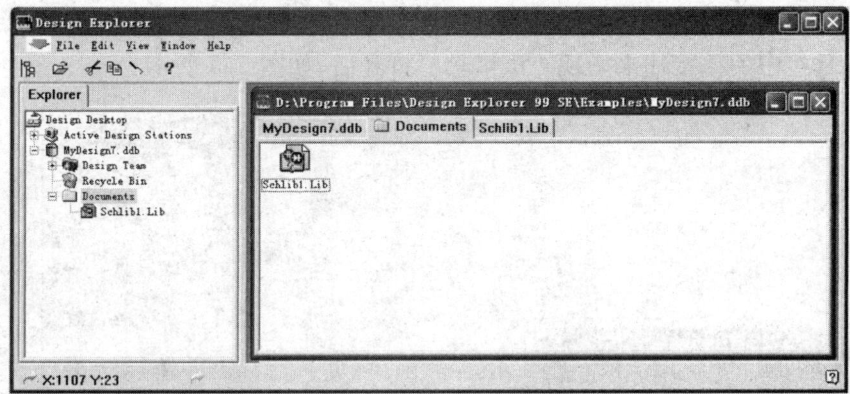

图 5.2　元件库编辑器图标

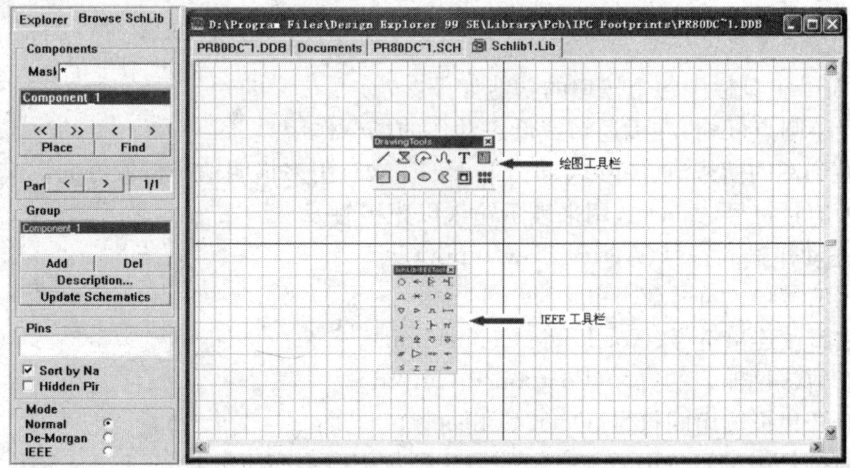

图 5.3　元件库编辑界面

5.1.2 元件库编辑器界面简介

当用户启动元件库编辑器后，屏幕将出现元件库编辑器界面。

元件库编辑器与原理图设计编辑器界面相似，主要由元件管理器、主工具栏、菜单、常用工具栏、编辑区等组成。不同的是在编辑区中有一个十字坐标轴，将元件编辑区划分为4个象限。象限的定义和数学上的定义相同，即右上角为第一象限，左上角为第二象限，左下角为第三象限，右下角为第四象限，一般在第四象限中进行元件的编辑工作。

除了主工具栏外，元件库编辑器还提供了两个重要的工具栏，即图形绘制工具栏和IEEE符号工具栏，下面将做具体介绍。

1. 绘图工具栏

打开或关闭工具栏可通过菜单命令"View\Toolbars\Drawing Tools"，或利用主工具栏中的按钮来实现。该工具栏打开后，如图5.4所示。

2. IEEE符号工具栏

打开或关闭IEEE符号工具栏可通过执行菜单命令"View\Toolbars\IEEE Toolbar"，或利用主工具栏中的按钮来实现。该工具栏打开后，如图5.5所示。

图5.4 原理图元件库绘图工具栏

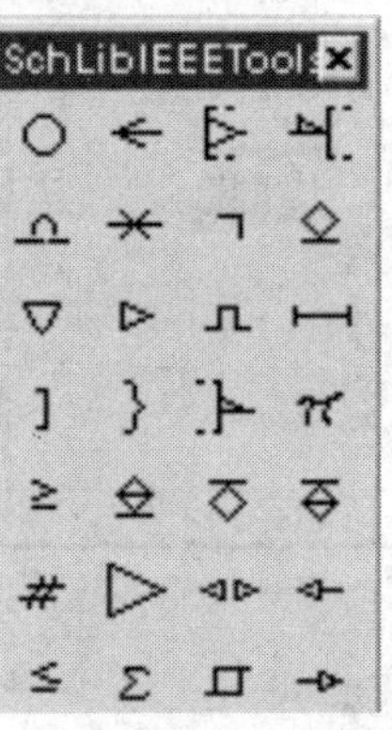

图5.5 IEEE符号工具栏

IEEE符号工具栏中各个按钮的功能如下：

○ 放置小圆点(Dot)在负逻辑或低态动作的场合作用。

← 从右到左的信号流(Right Left Signal Flow)，用来指明信号传输方向。

时钟信号符号(Clock)，用来表示输入以正极触发。

低态动作输入符号(Active Low Input)。

类比信号输入符号(Analog Signal In)。

无逻辑性连接符号(Not Logic Connection)。

¬ 具有暂缓性输入的符号(Postponed Output)。

具有开集极输出的符号(Open Collector)。

▽ 高阻抗状态符号(Hiz)，三态门的第3种状态时为高阻抗状态。

▷ 放置高输出电流的符号(High Current)，用于电流比一般容量大的场合。

脉冲符号(Pulse)，如单晶态元件会使用此符号。

⟼ 延时符号(Delay)。

] 多条 I/O 线组合符号(Group Line),用来表示有多条输入与输出线的符号。

} 二进制组合符号(Group Binary)。

]⊢ 低态动作输出符号(Active Low Output),与一般符号中用小圆点表示低态输出的含义相同。

π π符号(Pi Symbol)。

≥ 大于等于符号(Greater Equal)。

具有提高电阻的开集极输出符号(Open Collector Pull Up)。

开射极输出符号(Open Emitter),这种引脚的输出状态有高阻抗低态及低阻抗高态两种。

具有电阻接地的开射极输出符号(Open Emitter Pull Up)。这种引脚的输出阻抗状态有高阻抗低态及低阻抗高态两种。

数字信号输入(Digital Signal In),通常使用在类比元件中某些脚需要用数组信号做空置的场合。

▷ 反向器符号(Inverter)。

◁▷ 双向信号流符号(Input Output),用来表示该引脚具有输入和输出两种作用。

← 数据向左移动符号(Shift Left),例如,寄存器中数据由右向左移动的情形。

≤ 小于等于符号(Less Equal)。

Σ 加法Σ符号(Sigma)。

施密特触发输入特性的符号(Schmitt)。

→ 数据向右移的符号(Shift Right),例如寄存器中数据由左向右移的情形。

5.2　元件图形符号的创建实例

在元件电气图形符号编辑器 Schlib1. lib 窗口内,通过绘图工具栏、IEEE 符号工具栏,即可绘制出需要的元件电气图形符号,包括创建元件电气图形符号和通过修改获得需要的元件电气图形符号。

5.2.1　创建元件图形符号

现在利用元件库编辑器提供的制作工具绘制(创建)一个元件。绘制的实例为图 5.6 所示的集成电路,并将它保存在"Schlib1. Lib"元件库中,具体操作步骤如下:

步骤 1　单击菜单栏中的"File\New"命令,从编辑器选择框中选中原理图元器件编辑器,然后双击库文件图标,默认名为"Schlib. Lib"就会进入原理图元件库编辑工作界面,如图 5.2 所示。

步骤 2　使用菜单命令"View\Zoom In"或按 Page Up 键,将元件绘图页的 4 个象限相交点处放大到足够的程度,因为一般元件均是放置在第四象限,而象限交点即为元件基准点,如图5.3所示。

步骤3 使用菜单命令“Place\Rectangle”绘制一个直角矩形,或单击绘图工具栏的“□”图标。此时鼠标指针旁边会多出一个大十字符号,将大十字指针中心移动到坐标轴原点处(X:0,Y:0),单击鼠标左键,把它定为直角矩形的左上角;移动鼠标指针到矩形的右下角,再单击鼠标左键,结束这个矩形的绘制过程。直角矩形的大小为8格×9格,如图5.7所示。

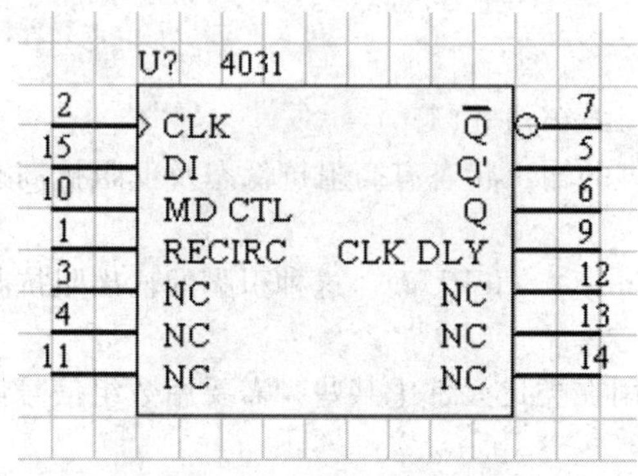

图5.6 集成电路实例

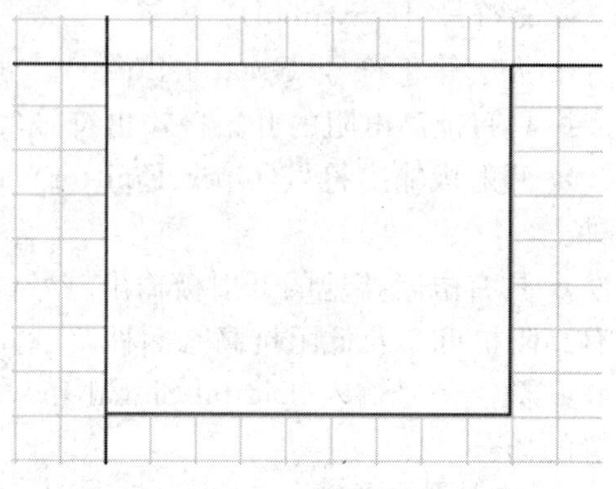

图5.7 绘制矩形

步骤4 接下来绘制元件的引脚。执行菜单命令“Place\Pins”,可将编辑模式切换到放置引脚模式,此时鼠标指针旁边会多出一个大十字符号及一条短线,接着分别绘制14根引脚,如图5.6所示。对于引脚1、2、3、4、10、11、15,在放置时可以先按两次Space键使它旋转180°。

步骤5 接着编辑各管脚,双击需要编辑的引脚,或者先选中引脚,然后单击鼠标右键,从快捷菜单中选取“Properties”命令,进入“引脚属性”对话框,如图5.8所示,在对话框中对引脚属性修改。具体修改方法如下:

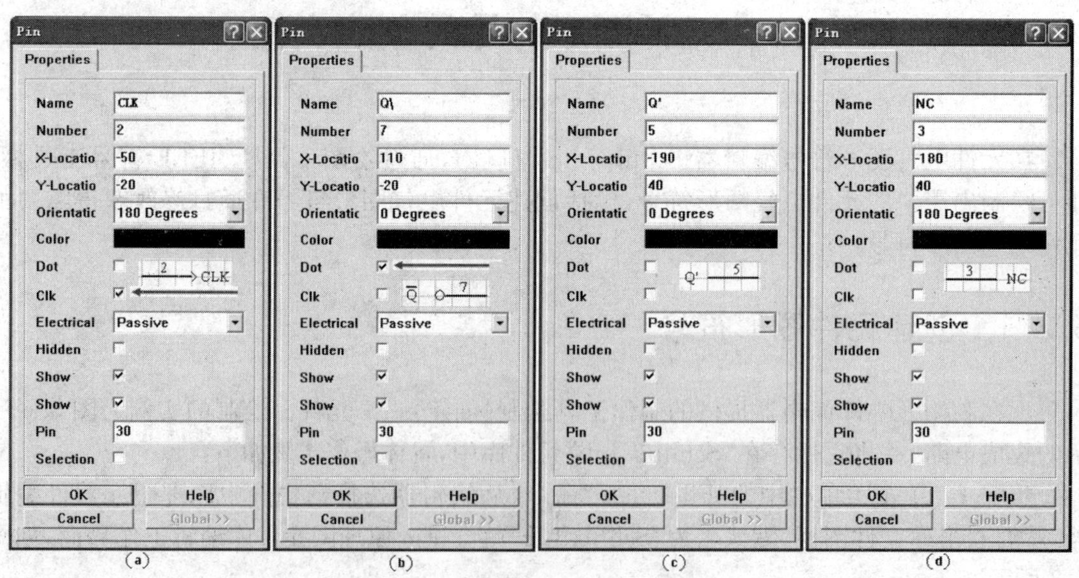

图5.8 引脚属性编辑对话框

◇ 引脚 2:名称 Name 改为 CLK,并选中 CLK 复选框,如图 5.8(a)所示。

◇ 引脚 7:名称 Name 改为 Q,由于 Q 上面有一个“非”号,当用户需要输入字符串上带一横的字符时,可在每个字符的后面加一个“\”符号,本例输入“Q\”。并选中 Dot 复选框,如图 5.8(b)所示。

◇ 引脚 5:名称 Name 改为 Q′,如图 5.8(c)所示。

◇ 引脚 3:Name 改为 NC,如图 5.8(d)所示。

依照步骤 4 的方法,分别编辑 1、4、6、8、9、10、11、12、13、14、15 等引脚。图 5.9 所示为编辑 1 引脚属性对话框。

步骤 6　编辑元件图形符号“U?”、“4031”:单击工具栏中“T”图标,或执行“Place\Text”命令,编辑元件图形符号对话框如图 5.10 所示。

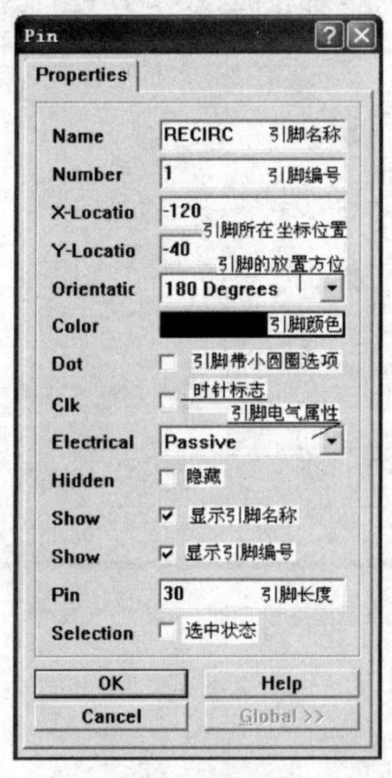

图 5.9　引脚属性对话框

图 5.10　元件图形符号的名称对话框

步骤 7　保存已绘制好的元件,如图 5.11 所示。执行菜单命令“Tools\Rename Component”,打开“New Component”对话框,如图 5.12 所示,将元件名称改为 COMS4031,然后执行菜单命令“File\Save”,将元件保存到当前元件库文件中。

当执行完上述操作后,可以查看一下元件库管理器,如图 5.13 所示,其中已经添加了一个名为 COMS4031 的元件,该元件位于 Schlib1 中,属性 MyDesign.ddb(本实例新建的设计库)数据库文件。

如果用户想在原理图设计时使用此元件,只需将此库文件装载到元件库中,取用即可。另外,用户在现有的元件库中加入新设计的元件,只要进入元件库编辑器,选择现有的元件库文件,再执行菜单命令“Tools\New Component Name”,然后就可以按照上面的步骤设计新元件了。

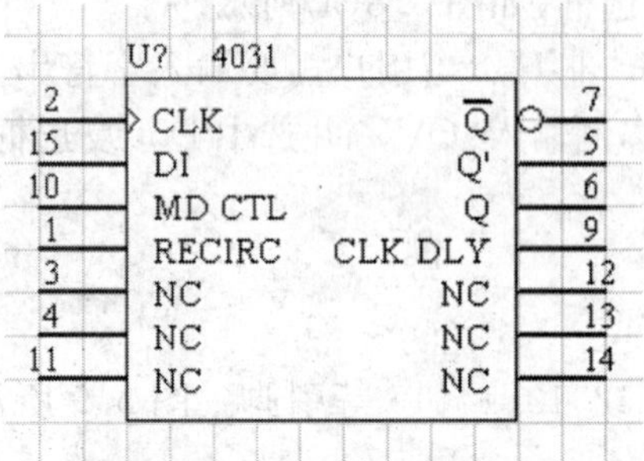

图 5.11 修改后的元件图

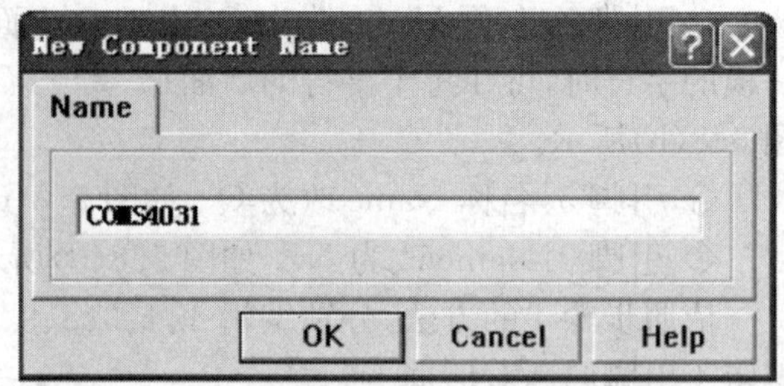

图 5.12 修改元件名称对话框

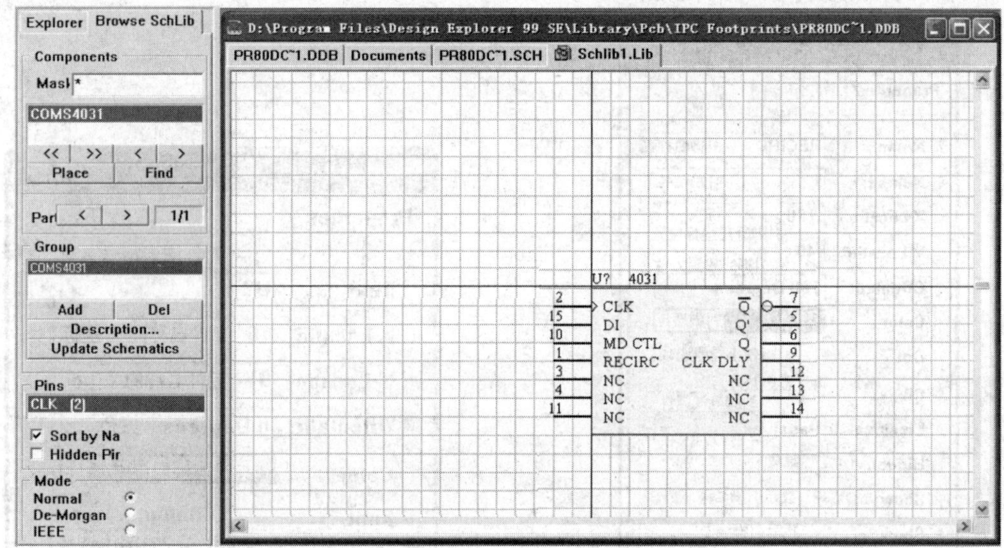

图 5.13 添加了元件 COMS4031 后的元件库管理器

5.2.2 修改元件图形符号

一般情况下，当创建元件引脚较多的元件图形符号时，并不需要从头绘制新元件的电气图形符号，而是从元件电气图形符号库中找一个相近或相似的元件，经选定、复制后，粘贴到新元件编辑区内，然后再适当修改，即可获得新元件的电气图形符号。

启动元件电气图形符号编辑器最常见的方法是：在原理图编辑状态下，选中待修改元件后，直接单击元件列表窗口下的“Edit”按钮，启动元件电气图形符号编辑器，编辑完成后，再单击“Place”，返回到原理图编辑器界面。

下面以生成 1TO101 芯片电气图形符号为例，介绍元件电气图形符号的制作过程。

步骤 1 在原理图(. Sch)界面，单击“Add/Remove...”按钮，添加变压器元件库“Sim. ddb\TRANSFORMER. LIB”，选取型号为“1TO1”的变压器图形符号，如图 5.14 所示。

步骤 2 单击原理图编辑器中的编辑“Edit”，将“1TO1”带入元件编辑器界面“TRANSFORMER. LIB”，如图 5.15 所示。

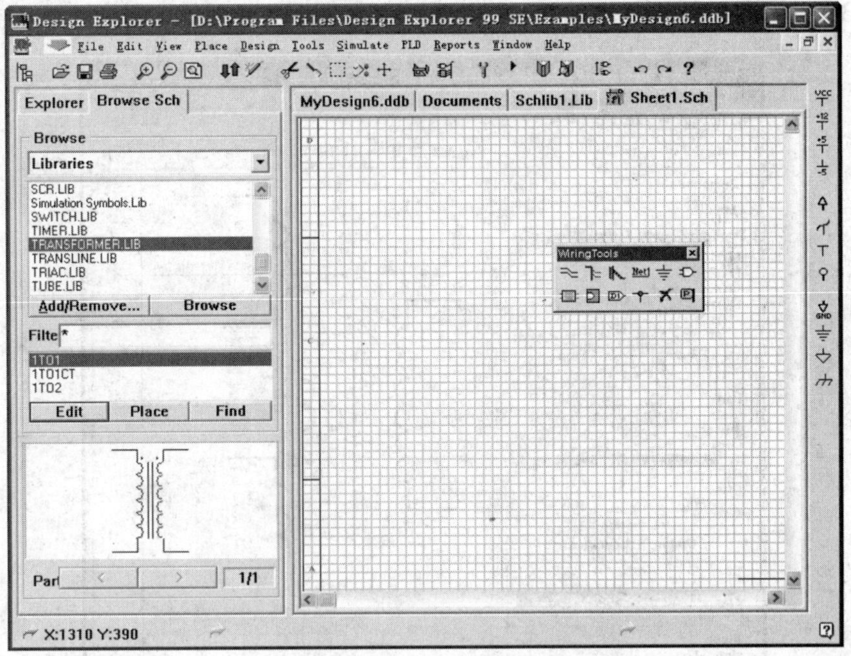

图 5.14　装入变压器元件库

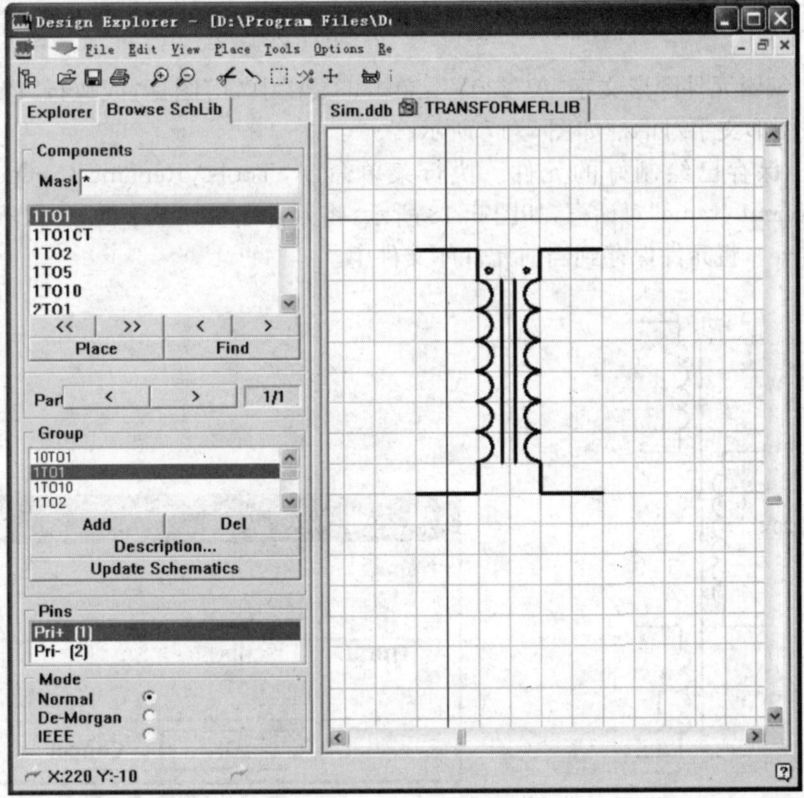

图 5.15　元件编辑器界面

步骤3　在元件编辑器界面对“1TO1”进行移动、删除、复制等编辑，如图5.16所示。

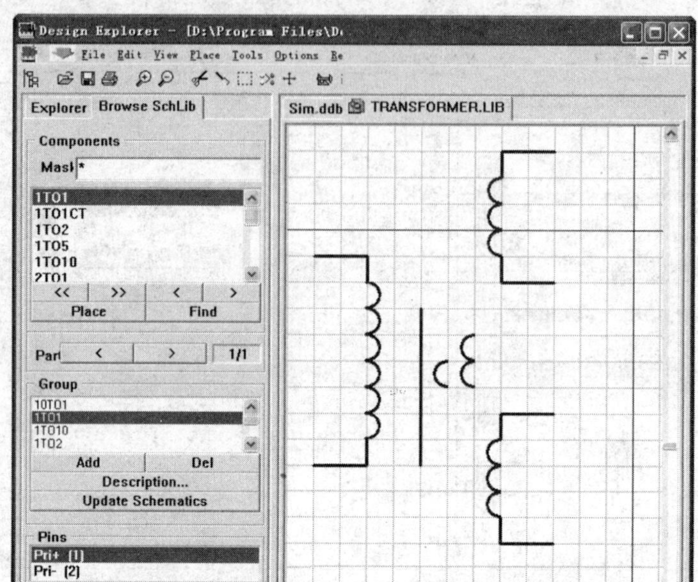

图5.16　编辑“1TO1”元件图形符号

步骤4　编辑元件图形文字“AC220V”：单击工具栏中“T”图标，或执行“Place\Text”命令，编辑元件图形文字对话框如图5.17所示。

步骤5　保存已绘制好的元件。执行菜单命令“Tools\Rename Component”，打开“New Component Name”对话框，如图5.18所示，将元件名称改为1TO101，然后执行菜单命令“File\Save”，将元件保存到当前元件库文件中。

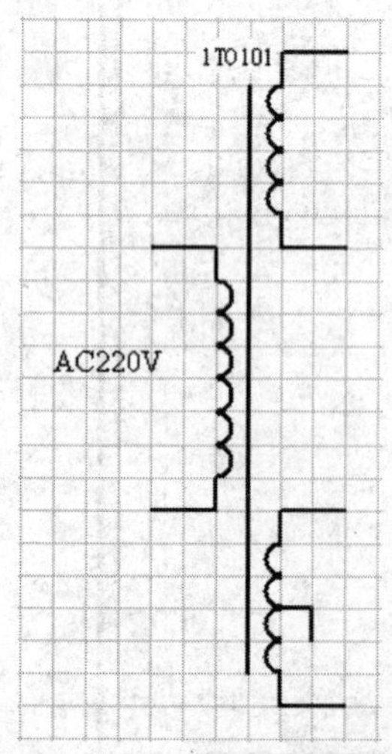

图5.17　修改后的元件图

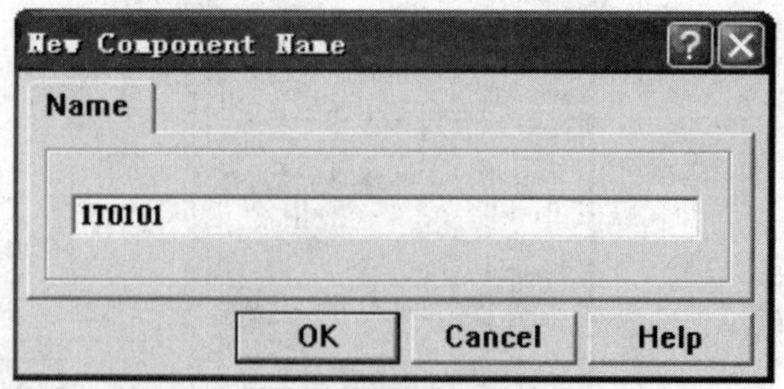

图5.18　修改元件名称对话框

当执行完上述操作后，可以查看一下元件库管理器，如图 5.19 所示，其中已经添加了一个名为 1TO101 的元件。

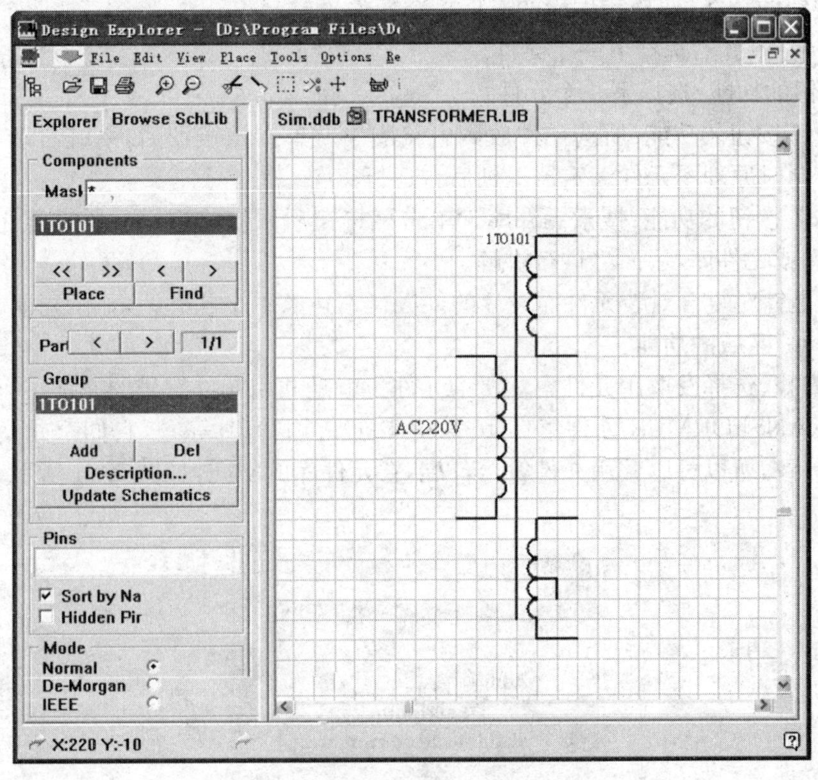

图 5.19　添加了元件“1TO101”后的元件库管理器

5.3　元件库管理

下面主要介绍元件库编辑器左边的元件管理器的组成和使用方法，同时还将介绍其他一些相关命令。

单击图 5.19 左侧的“Browse SchLib”选项卡，可以看到元件管理器，元件管理器有 4 个区域：“Components”（元件）区域、“Group”（组）区域、“Pins”（引脚）区域、“Mode”（元件模式）区域。其功能分述如下：

1. “Components” 区域的功能

主要是查找、选择及取用元件。当用户打开一个元件库时，元件列表就会罗列出本元件库内所有元件的名称。要取用元件，只要将光标移动到该元件名称上，然后单击“Place”按钮即可。直接双击某个元件名称，也可以取出该元件。如图 5.20 所示。

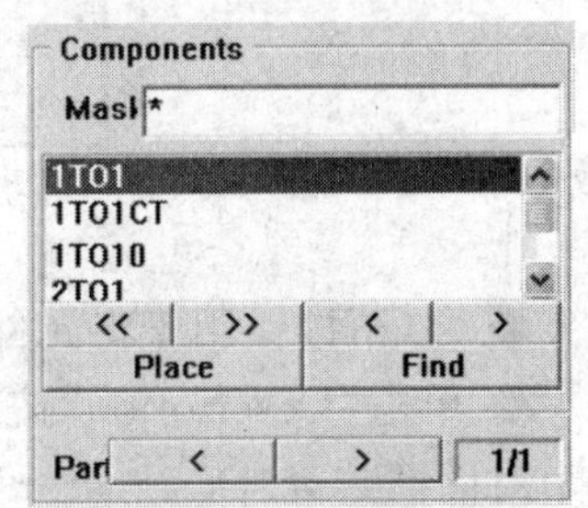

图 5.20　元件列表区域

◆ Mask 设置项：用于筛选元件，元件名显示区位于

Mask 设置项的下方，它的功能是显示元件库里的元件名。

◆ << 按钮的功能：选择元件库的第一个元件。

◆ >> 按钮的功能：选择元件库的最后一个元件。

◆ < 按钮的功能：选择上一个元件。

◆ > 按钮的功能：选择下一个元件。

◆ “Place”按钮的功能：所选元件放到电路图中。单击该按钮后，系统自动切换到原理图设计界面，同时原理图元件编辑器退到后台运行。

◆ “Find” 按钮的功能：搜索元件库。单击该按钮后系统将启动元件搜索工具，搜索已经存在的元件或元件库，后面将进行讲解。

◆ Part 是针对复合封装元件而设计的。Part 右边有一个状态栏，显示当前的器件号。

2. “Group”区域的功能

主要是查找、选择及取用元件集。所谓元件集就是共用元件符号的元件。

例如 TRANSFORMER 元件集有 10TO1、1TO1、1TO10，等等，它们都是变压器，引脚名称与编号一致，所以可以共用元件符号，以节省元件库的空间，如图 5.21 所示。

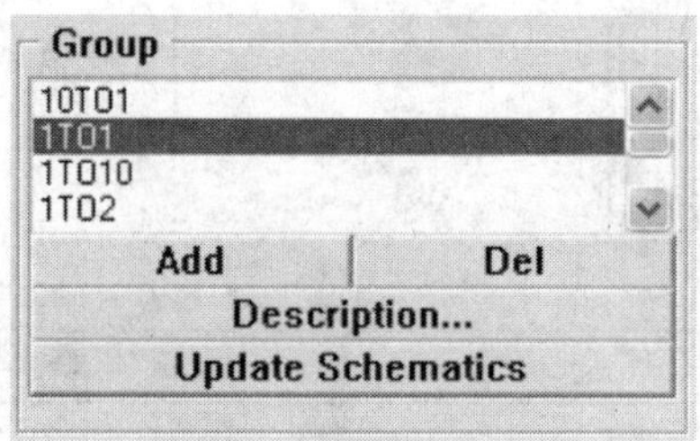

图 5.21 元件集

◆ “Add”按钮的功能：添加元件组，将指定的元件名称归入该元件库。单击该按钮后，会出现如图 5.22 所示的对话框。输入指定的元件名称，单击“OK”按钮即可将指定元件添加进元件组。

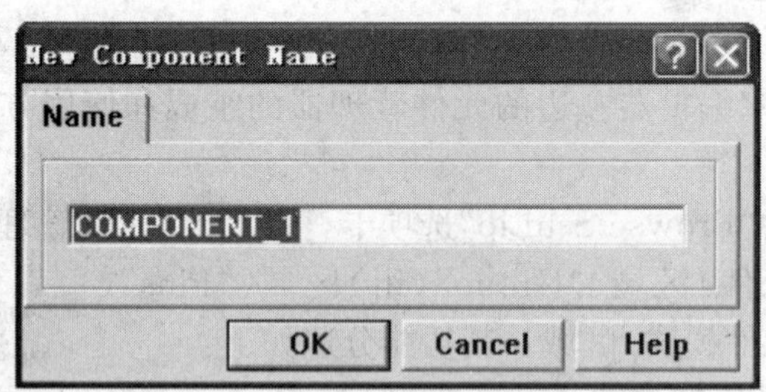

图 5.22 添加元件组对话框

◆ “Del”按钮用于将元件组显示区内指定的元件从该元件组中删除。

◆ 单击“Description”按钮，将显示“Component Text Fields”对话框，如图 5.23 所示。这个对话框共有“Designator”“Library Fields”和“Part Field Names”3 个选项卡。

◇ “Designator” 选项卡包括如下选项：“Default Designator”(默认的流水序号)，“Sheet

Part Filename"（如果该元件是绘图页元件，则要此处设置对应于绘图页的路径及文件名），"Description"（元件描述，通常是关于本元件功能的简要说明），"Footprint"（元件封装形式，共有 4 栏）。

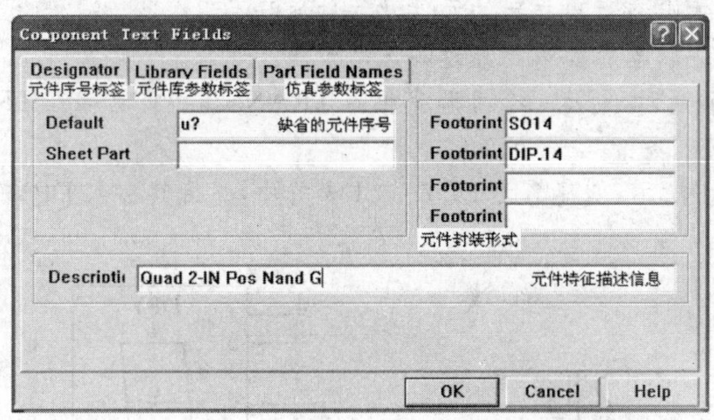

图 5.23　"Component Text Fields"对话框

◇"Component Text Fields"对话框的"Library Fields" 选项卡中共有 8 个"Text Field"栏，用户可根据需要进行设置。每个数据栏最多能够容纳 255 个字符。

◇"Component Text Fields"对话框的"Part Field Names" 选项卡一共有 16 个"Part Field Name"栏，用户根据需要进行设置。每个数据栏最多能够容纳 255 个字符。在绘图页中使用该元件时，可以看到这些数据内容，也能以用户定义的字体、尺寸和颜色来加以编辑。

◆"Update Schematics"按钮的功能是更新电路图中有关该元件的部分。单击该按钮，系统将该元件在元件编辑器所做的修改反映到原理图中。

3. "Pins"区域的功能

该区域功能是列出当前工作中元件的引脚名称及状态，引脚区域用于显示引脚信息（图 5.24）。

◆ Sort by Name：指定按名称排列。

◆ Hidden Pins：设置是否在元件图中显示隐含引脚。

4. "Mode"区域的功能

指定的元件模式有 3 种（图 5.25），其中：正常模式"Normal"、狄摩根模式"De-Morgan"（即负逻辑模式）、国际电工委员会推荐模式"IEEE"。

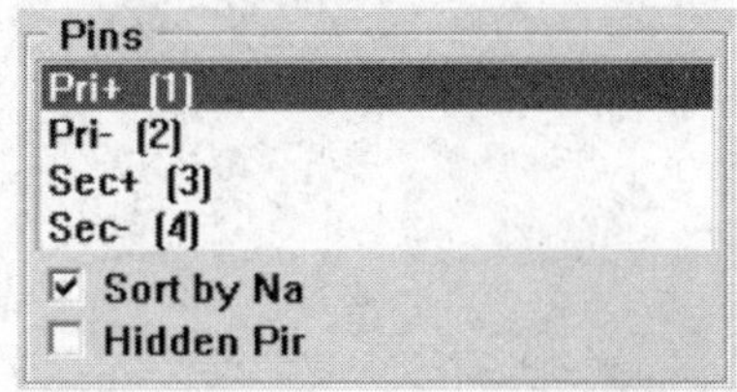

图 5.24　引脚的名称及状态列表

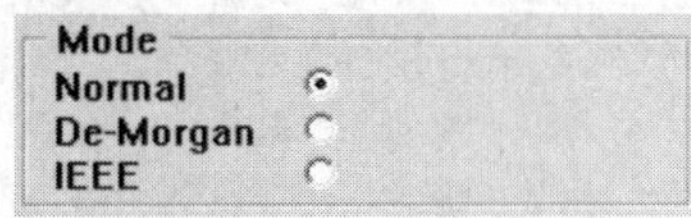

图 5.25　元件模式

上述元件管理器的功能也可以通过"Tools"菜单命令来实现。

思考与练习

1. 哪些情况下需要自行建立新的元件及元件库？

2. 进入元件库编辑器界面需要经过哪几个步骤？

3. 如图5.26(a)所示，创建一个可调变压器TRANS2，并将其存入TRANS2.lib的新元件库中。

4. 如图5.26(b)所示，创建名为DPY-7-SEG芯片，并将其存入DPY-7-SEG.lib的新元件库中。

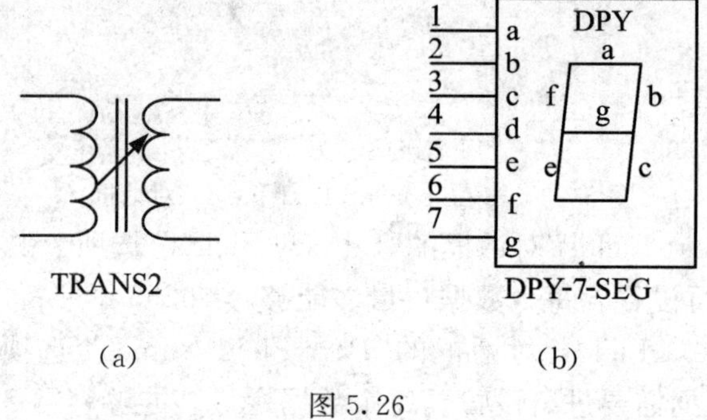

图5.26

第 6 章　印制电路板图的设计环境及设置

【内容提要】

- ■ 印制电路板图的基本元素
- ■ PCB 文件的建立和保存
- ■ PCB 编辑器的视图管理
- ■ PCB 电路参数设置
- ■ 设置电路板工作层
- ■ 装入元件封装

印制电路板的设计主要包括电路原理图设计和 PCB 电路板的设计，网络表是二者之间的桥梁和纽带。本章主要介绍印制电路板的基本知识，工具栏使用、参数设置、工作层的设置、规划电路板及装入元件封装库等内容和方法。

6.1　印制电路板设计基础

电路原理图完成以后，还必须设计印制电路板图，最后由制板厂家依据用户所设计的印制电路图制作出印制电路板。这是电子电路设计人员使用 Protel 99 SE 的主要目的。

印制电路板简称 PCB(Printed Circuit Board)，是电子产品的重要部件之一。

印制板也称为印制线路板或印制电路板，通过印制板上的印制导线、焊盘及金属化过孔实现元器件引脚之间的电气连接。由于印制板上的导电图形(如元件引脚焊盘、印制连线、过孔等)以及说明性文字(如元件轮廓、序号、型号)等均通过印制方法实现，因此称为印制电路板。

6.1.1　印制电路板结构

通过一定的工艺，在绝缘性能很高的基材上覆盖一层导电性能良好的铜薄膜，就构成了生产印制电路板所必需的材料——覆铜板。按电路要求，在覆铜板上刻蚀出导电图形，并钻出元件引脚安装孔、实现电气互连的过孔以及固定整个电路板所需的螺丝孔，就获得了电子产品所需的印制电路板。

印制电路板的制作材料主要是绝缘材料、金属铜及焊锡等。绝缘材料一般用二氧化硅(SiO_2)；金属铜则主要是印制电路板上的电气导线，一般还会在导线表面再附上一层薄的绝缘层。而焊锡则是附着在过孔和焊盘的表面。一般来说，印制电路板分为单面板、双面板和多层板。

1. 单面板

单面板所用的覆铜板只有一面可以布线,并在同一面放置元件,而另一面没有敷铜的电路板。具有不用打过孔、成本低等优点。但因其只能在一面走线,无法完成复杂电路的布局与布线,所以仅适用于简单的电路板,如图6.1所示。

2. 双面板

双面板在两面敷铜,两面均可以布线,分顶层和底层,中间为绝缘层。顶层与底层都可以放置元器件,一般需要由过孔或焊盘连通。双面板可用在比较复杂的电路中,是比较理想的一种印制电路板,如图6.2所示。

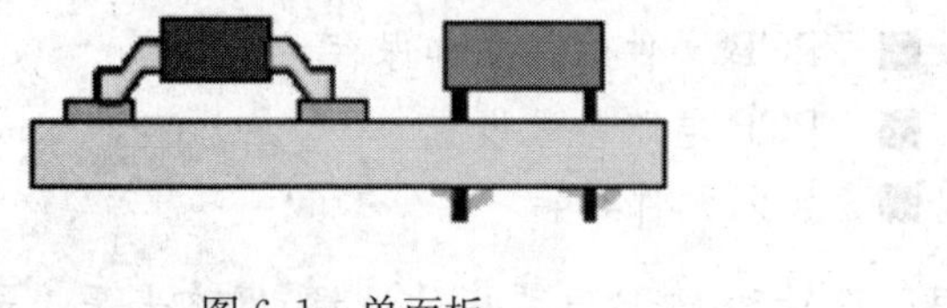

图6.1 单面板

图6.2 双面板

3. 多层板

多层板包含了多个工作层面,一般指3层及以上的电路板。它在双面板的基础上增加了内部电源层、接地层及多个中间信号层。随着电子技术的飞速发展,电子产品越来越小巧精密,电路的集成度越来越高,多层板的应用也越来越广泛,如图6.3所示。

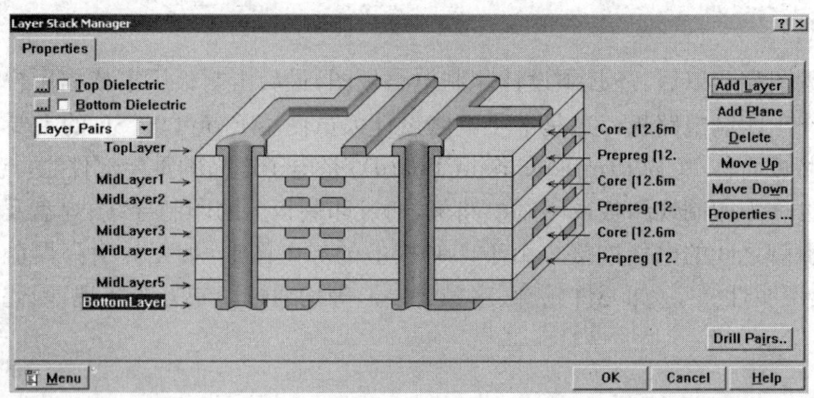

图6.3 多层板

6.1.2 元件封装形式

元器件封装形式是指实际元件焊接到电路板时所指示的外观和焊盘位置,仅仅是空间概念,元器件的封装形式与确定的元器件本身并不是一一对应的关系,也就是说:不同的元件可以共用同一个元件封装,如8031、8255,均是直插双列40引脚器件,封装形式都是DIP40;再如555振荡器、OP07积分器,均有8个引脚,封装形式都是DIP8。同种元件也可以有不同的元件封装,如AXIAL0.3、AXIAL0.4、AXIAL0.6。

1. 元件封装的分类

元件封装形式可分两大类，即针脚式、表面黏着式（SMD）两种。针脚式元件封装如图 6.4 所示，表面黏着式元件封装如图 6.5 所示。

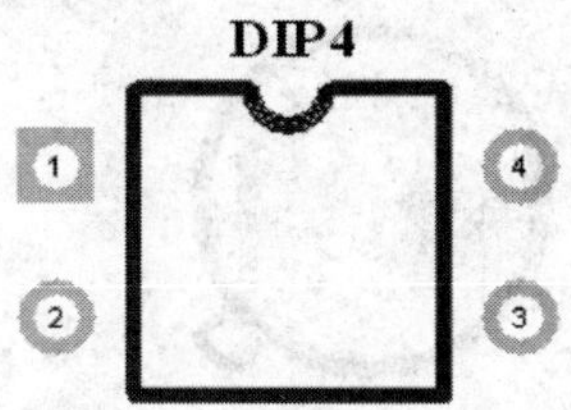

图 6.4　针脚式元件封装

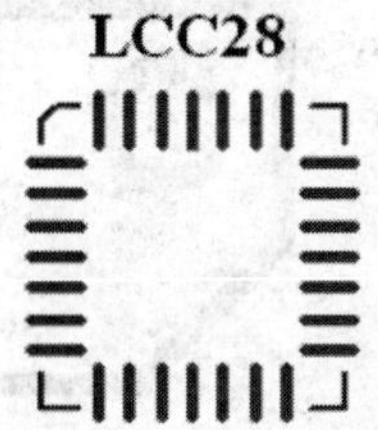

图 6.5　表面黏着式元件封装

2. 元件封装的编号

元件封装的编号一般为："元件类型＋焊盘距离（焊盘数）＋元件外形尺寸"。

6.1.3　印制电路板的基本元素

构成 PCB 的基本元素有 6 种：

1. 元件封装（分立元件的封装有以下 5 种）

(1) 针脚式电阻。封装系列名为"AXIALxxx"，其中"AXIAL"表示轴状的包装方式；后面的"xxx"为数字，表示该元件两个焊盘间的距离，如图 6.6 所示。

(2) 扁平状电容。"RADxxx"为无极性电容元件封装，如图 6.7 所示。

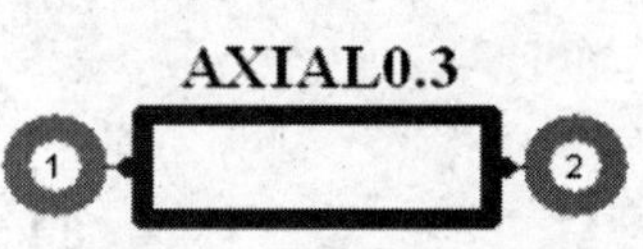

图 6.6　轴状元件封装

图 6.7　扁平元件封装

(3) 二极管类元件。封装系列名为"DIODExxx"，后面的"xxx"表示功率，如图 6.8 所示。

(4) 筒状电容。常用"RBx/x"作为有极性的电解电容器封装，后面的"x/x"分别表示焊盘间的距离和圆筒的直径，单位是英寸，如图 6.9 所示。

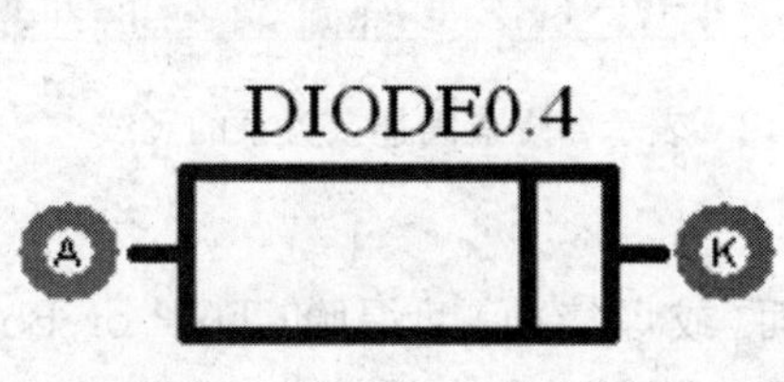

图 6.8　二极管类元件封装

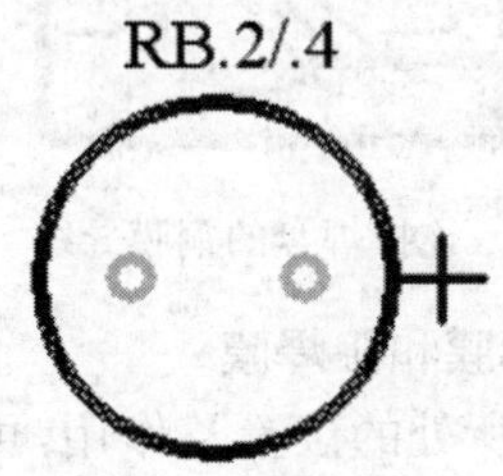

图 6.9　筒状封装

(5) 三极管类元件。常用封装系列名称为“TOxxx”,其中“xxx”表示三极管类型,如图6.10 所示。

图 6.10　三极管类型元件封装

元件封装形式各式各样,Protel 99 SE 按元件的类型进行了区分,放在不同的库文件中,用户可利用浏览方法得知元件封装的形状和尺寸。

2. 铜膜导线

(1) 铜膜导线:铜膜导线就是电路板上的实际走线,简称导线,用于连接各个元器件的各个焊盘,是印制电路板最重要的部分。印制电路板设计都是围绕如何布置导线来进行的,如图 6.11 所示。

(2) 飞线:在印制电路板自动布线的过程中,与铜膜导线有关的另一种线叫做飞线,也叫预拉线,飞线是在引入网络表后,系统根据规则生成的,用来指引布线的一种连线,如图 6.12 所示。飞线与导线有本质上的区别,飞线是一种形式上的连线,它只是在形式上表示出各个焊盘间的连接关系,没有电气的连接意义;导线则是根据飞线指示的焊盘间的连接关系而布置的,是具有电气连接意义的连接线路。

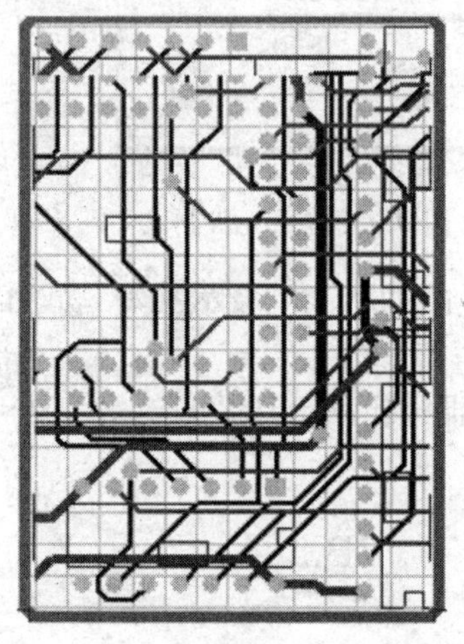

图 6.11　连接焊盘的铜膜导线

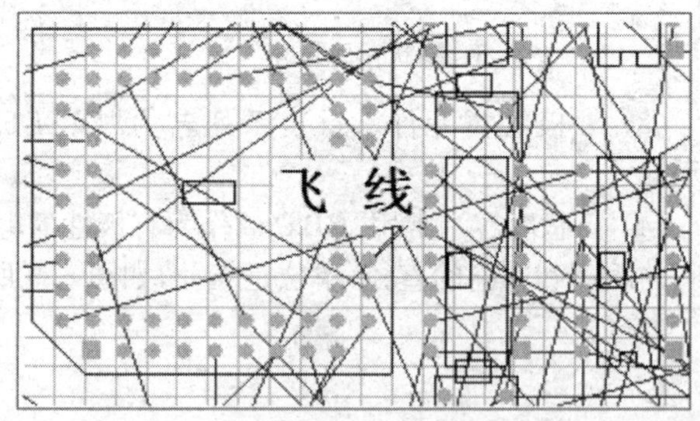

图 6.12　表示各焊盘间连接关系的飞线

3. 助焊膜和阻焊膜

按“膜”所处的位置及作用,可将其分为元器件面(或焊接面)助焊膜(TOP or Bottom Solder) 和元器件面(或焊接面)阻焊膜(TOP or Bottom Paste Mask)两类。

(1) 助焊膜是涂于焊盘上,提高可焊性能的一层膜,即锡膏防护层,主要用于光绘和丝印屏蔽工艺。提供与表面贴装器件的 PCB 板之间的焊接粘贴,无表面贴装器件时不需要使用该层。

(2) 阻焊膜的作用是:为了使制作的电路板满足波峰焊或回流焊等焊接形式,要求电路板上非焊盘处的铜箔不能粘锡,因此在焊盘以外的各部位都要涂覆一层涂料,用于阻止这些部位上锡。可见,助焊膜和阻焊膜是一种互补关系。

4. 层(铜箔层)

由于现在电子线路的元器件安装密集、抗干扰和布线等特殊要求,一些较新的电子产品中所用的印制板不仅顶、底两面可供走线,在电路板的中间还设有能被特殊加工的夹层铜箔。这些夹层铜箔大多设置为内部电源层和内部接地层,用来提高电路板的可靠性。夹层铜箔的走线通过半盲孔(Blind)、盲孔(Buried)与其他层相连。

注意:一旦选定了所用印制板的层数,务必关闭那些未被使用的层,以免布线出现差错。

5. 焊盘和过孔

(1) 焊盘的作用是放置焊锡、连接导线和元件引脚。选择元件的焊盘类型要综合考虑该元件的形状、大小、布置形式、震动和受热情况、受力方向等因素。

(2) 过孔的作用是连接不同板层的导线。过孔有 3 种,即从顶层贯通到底层的穿透式过孔、从顶层通到内层或从内层通到底层的半盲孔以及隐藏于内层的盲孔,如图 6.13 所示。PCB 板上的焊盘与过孔的外观图形如图 6.14 所示。

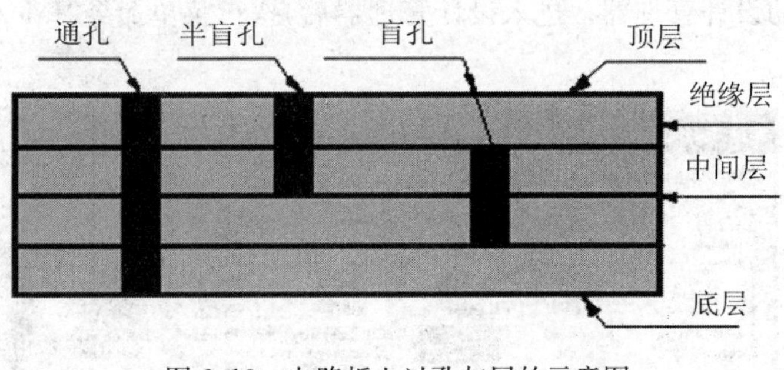

图 6.13　电路板上过孔与层的示意图

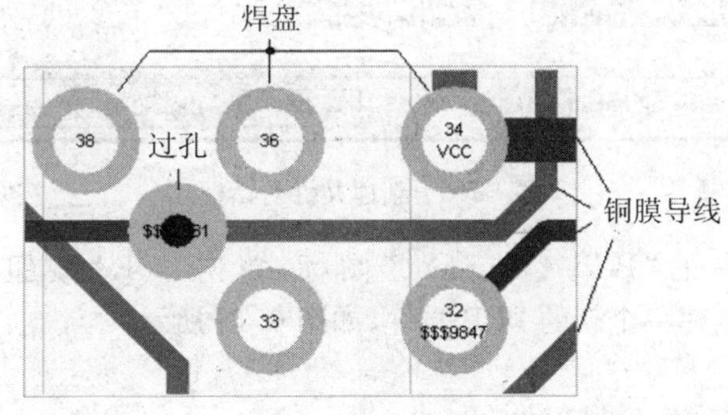

图 6.14　焊盘和过孔

6. 丝印层

丝印层是为了方便电路的安装和调试,在印制板的顶、底两层上印制所需要的标志图案和文字代号等。丝印层包括顶层丝印层(Top Overlay)和底层丝印层(Bottom Overlay)。

注意:制作电路板时,注意丝印层上元器件标注等的位置,要放置在显眼的地方以便于安装和调试,且不能放在过孔或焊盘上。

6.2 PCB 文件的建立和保存

Protel 99 SE 是用一个专题数据库来管理各种设计文件的,PCB 文件也是由专题数据库来管理的。因此,PCB 文件管理的各项操作都是在专题数据库中进行的。这就要求在进行 PCB 文件管理之前,首先要建立或打开一个专题数据库,然后在专题数据库中进行 PCB 的文件管理。

PCB 的文件管理包括以下几种操作:新建 PCB 文件、打开已有的 PCB 文件、保存和关闭 PCB 文件。下面简要介绍这些操作。

6.2.1 新建 PCB 文件

进入 Protel 99 SE 系统后,首先从 File 菜单中打开一个已存在的设计库,或执行"File/New"命令建立新的设计管理器。进入设计管理器后,执行菜单命令"File/New"。如图 6.15 所示。

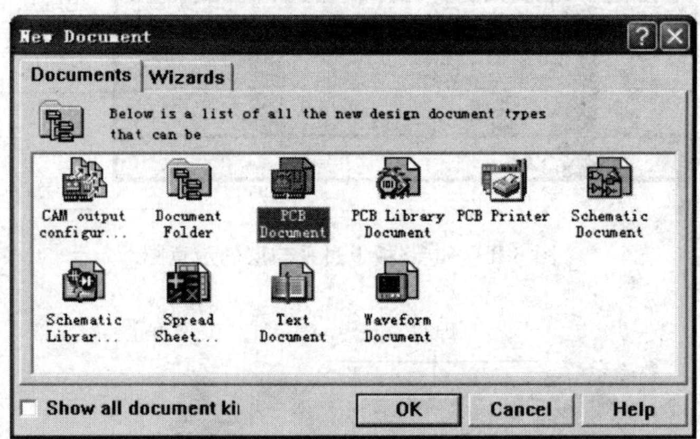

图 6.15 新建文件对话框

选取该对话框中的"PCB Document"图标,单击"OK"按钮,或直接双击"PCB Document"图标即可创建一个新的 PCB 文件,如图 6.16 所示。

6.2.2 打开已有的 PCB 文件

打开已有 PCB 文件的方法有 2 种:

(1) 先打开 PCB 文件所在的设计文件夹窗口,然后在该窗口中双击要打开的 PCB 文件图标。

(2) 在文件管理器(Explorer)中，单击要打开的 PCB 文件的名称。

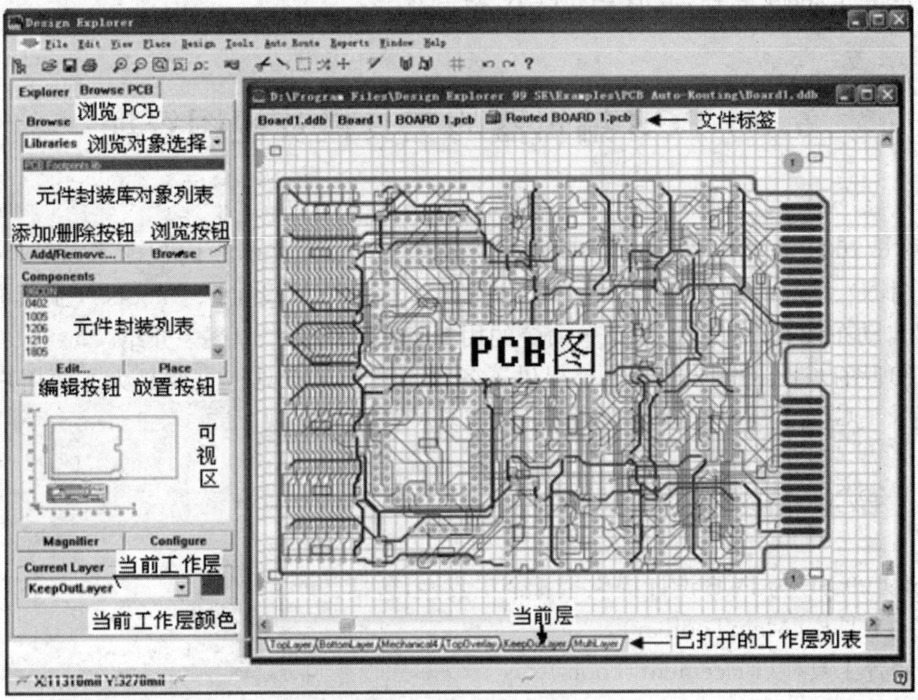

图 6.16　Protel 99 SE 编辑器窗口

6.2.3　保存 PCB 文件

保存 PCB 文件的方法有 3 种：

(1) 执行菜单命令“File\Save”，保存当前正在编辑的 PCB 文件。

(2) 单击工具栏中的保存按钮图标。

(3) 执行菜单命令“File\Save All”，保存所有文件。

6.2.4　关闭 PCB 文件

关闭 PCB 文件的方法有 3 种：

(1) 执行菜单命令“File\Close”。

(2) 单击 PCB 编辑器窗口右上方的图标。

(3) 单击鼠标右键，弹出快捷菜单，再执行其中的“Close”命令。

在关闭 PCB 文件时，若当前的 PCB 图有改动而未被保存，则屏幕上会弹出确认对话框，对话框提示是否保存所做的改动，如图 6.17 所示。

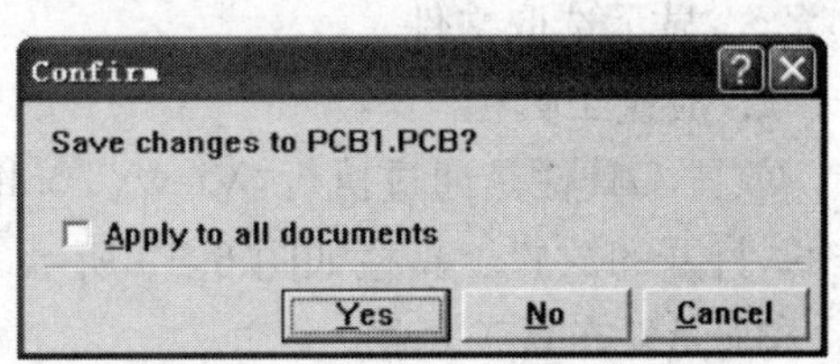

图 6.17　保存确认对话框

◆ 单击“Yes”按钮，保存已做的改动。

◆ 单击“No”按钮，不保存所做的改动。

◆ 单击“Cancel”按钮，取消关闭PCB文件操作。

6.3 PCB编辑器的工具栏及视图管理

如图6.16所示，在Protel 99 SE印制板编辑窗口，主菜单栏内包含了“File”（文件）、“Edit”（编辑）、“View”（浏览）、“Place”（放置）、“Design”（设计）、“Tools”（工具）、“Auto Route”（自动布线）等命令，这些菜单命令的用途将在后续操作中逐一介绍。

与原理图设计系统一样，PCB也提供了各种工具栏。工具栏主要是为方便用户的操作而设计的，一些菜单命令的运行也可以通过工具栏按钮来实现。

6.3.1 PCB编辑器的工具栏

Protel 99 SE为PCB设计提供了4个工具栏，包括：

◆ 主工具栏（MainToolbar）。

◆ 放置工具栏（Placement Tools）。

◆ 元件布置工具栏（Component Placement）。

◆ 查找选取工具栏（Find Selections）。

1. 主工具栏

Protel 99 SE提供了如图6.18所示的主工具栏。PCB编辑器的主工具栏与原理图编辑器的主工具栏按钮大部分相同，这里不再详细介绍。下面介绍几个PCB编辑器主工具栏特有按钮的用途。

图6.18 主工具栏

：库浏览。

：将指定区域放大。

：网络设置。

：3D显示。

：显示选取文件。

2. 放置工具栏

放置工具栏是通过执行“View\Toolbars\Placement Tools”菜单命令进行打开或关闭操作的，打开的放置工具栏如图6.19所示。该工具栏主要提供图形绘制以及布线命令。

3. 元件布置工具栏

元件布置工具栏是通过执行“View\Toolbars\Component Placement”菜单命令进行打开或关闭操作的，打开的元件布置工具栏如图6.20所示。该工具栏为元件的排列和布局提供了方便。

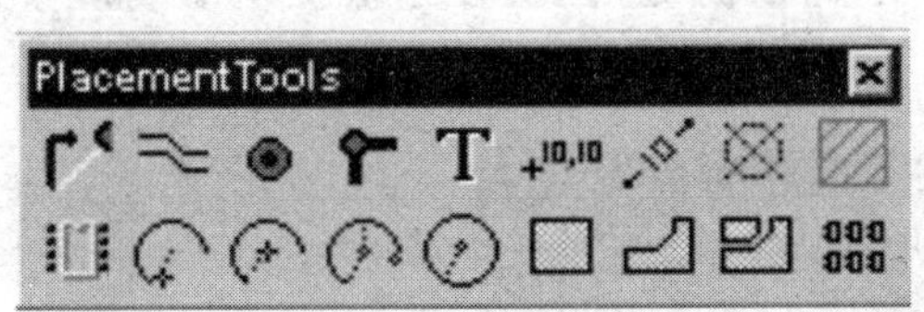

图 6.19　放置工具栏

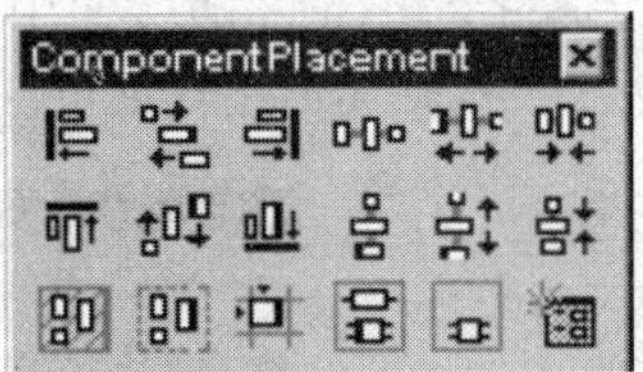

图 6.20　元件布置工具栏

4. 查找选取工具栏

查找选取工具栏是通过执行“View\Toolbars\Find Selections”选项进行打开或关闭操作的，打开的查找选取工具栏如图 6.21 所示。工具栏上的按钮允许从一个选择物体以向前或向后的方向到下一个。这种方式使用户既能在选择的属性中查找，也能在选择的元件中查找。

5. 定制工具栏

工具栏的打开与关闭也还可以通过执行“View\Toolbars\Customize”选项来进行。执行此命令，即可调出如图 6.22 所示的定制工具栏对话框。

图 6.21　查找选取工具栏

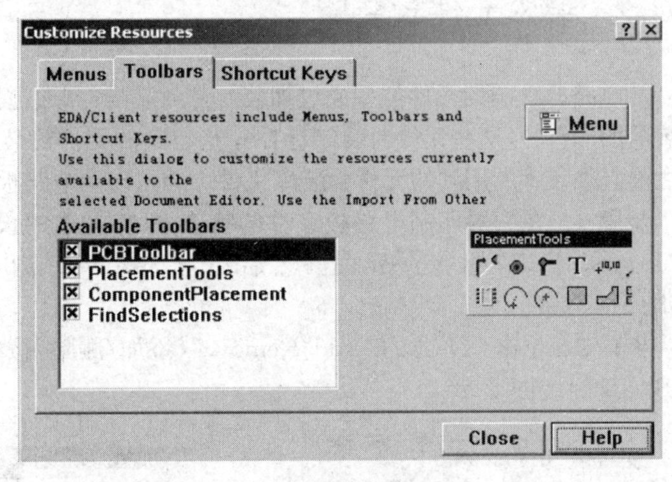

图 6.22　定制工具栏对话框

（1）“Menus”标签页

可选择当前主菜单类型，编辑印制电路板图时为“PCB Menu”，建议不要更改。

（2）“Toolbars”标签页

在图 6.22 左下角列表中列出了工具栏名称，前面带“×”号的表示现在该工具栏处于打开状态，将光标移至某个工具栏名称上，单击鼠标左键，则可改变其打开和关闭的状态。

（3）“Shortcut Keys”标签页

快捷键标签页，如图 6.23 所示。对话框中的“Current Shortcut Table”快捷键列表中有两项内容：“PCB HotKeys”和“PCB-NewHotKey Table”。

◆ 选中“PCB HotKeys”选项，系统提供大量的关于印制电路板设计时的热键（快捷键），如 End 用于重画画面、PgUp 用于放大视图窗口、PgDn 用于缩小视图窗口。

◆ 如果选中“PCB-NewHotKey Table”选项，而又没有在其中添加热键，则 End、PgUp、

PgDn 等快捷键将不能使用，就连用鼠标选取移动图件、双击修改属性等操作都将无法进行。当然，可以通过菜单(Menu)按钮中的“Add”命令添加快捷键，但要在系统提供的功能中添加。完成后单击“Close”按钮即可。

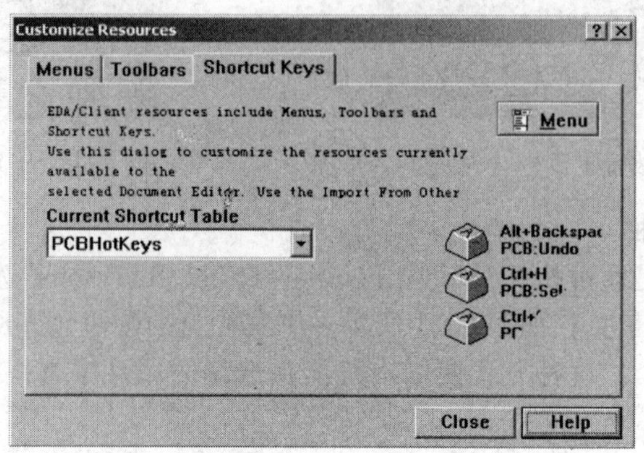

图 6.23 快捷键标签页

6.3.2 装入元件封装库

从电路原理图的元件类型通过加装元件封装号，再通过网络表反映到 PCB 板上的是元件封装的图形符号，这些元件封装储存在一些特定的元件封装库文件中。所以在绘制印制电路板之前必须装入所用到的元件封装库文件。装入印制电路板所需的元件库基本步骤如下：

步骤 1 在编辑印制电路板文件的状态下，将左边的设计管理器切换成如图 6.24 所示的“Browse PCB”标签页界面。然后单击“Browse”浏览栏右下边的下拉按钮，选择“Libraries”(库)。

步骤 2 单击左下方的“Add/Remove”(添加/删除)按钮，系统将弹出如图 6.25 所示的 PCB 元件封装图形库。

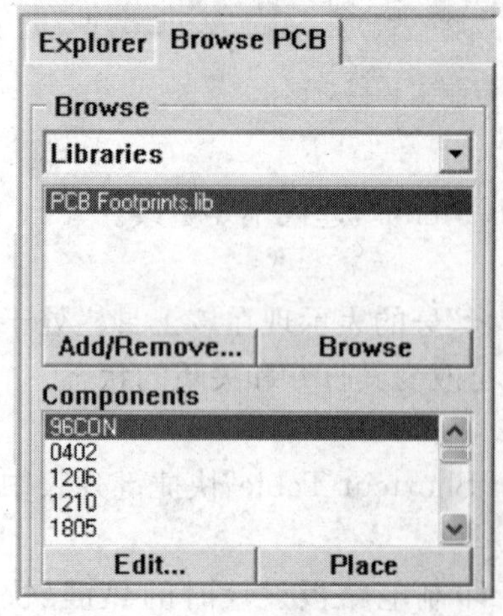

图 6.24 PCB 浏览器窗口

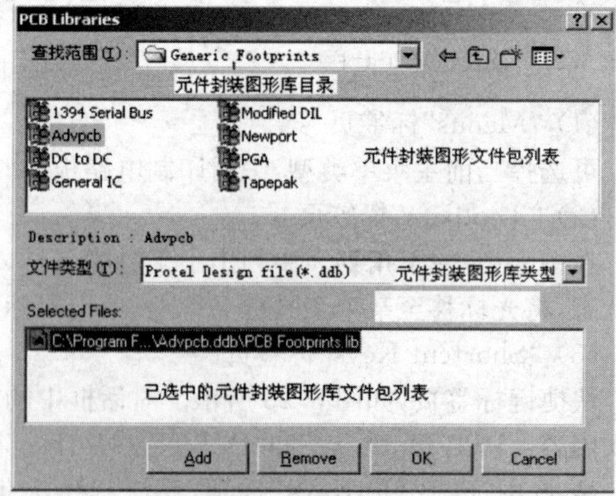

图 6.25 PCB 元件封装图形库

步骤 3　选中目录后，选取所要引入的所有元件封装库文件，选中这些库，单击“Add”按钮，此文件就会出现在选择的文件列表中，在该对话框中，通过上方的搜寻窗口选取库文件的路径为：“C:\Program Files\Advpcb. ddb\PCB Footprints. lib”。

若还要装入元件封装库文件，则重复步骤 3 即可。在制作 PCB 时比较常用的元件封装库有 Advpcb. ddb、DC. ddb、General IC. ddb 等，用户还可以选择一些自己设计所需的元件库。附录 2 列出了 Advpcb. ddb 中所含元件封装库 PCB Footprints. lib 的封装图形。

步骤 4　添加完所有需要的元件封装库后，单击“OK”按钮，关闭对话框，系统即可将所选中的元件库装入。如果想删除某个库文件，只需在图 6.25 下面文件列表中选中该文件，然后单击“Remove”（删除）按钮即可完成库文件的卸载。最后单击“OK”按钮进行确认。

添加完所需要的元件封装库后的元件对话框如图 6.26 所示。

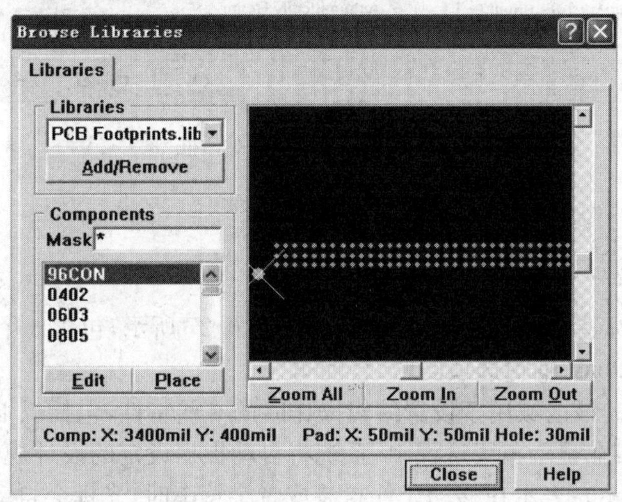

图 6.26　浏览封装库元件对话框

6.3.3　视图拖动方法

在绘制 PCB 图时，若将布局图放置在编辑区的中间，除了拉动绘图区旁边的滚动标签之外，用拖动视图的方法也很方便。

拖动视图的操作方法是：当 PCB 编辑器处于空闲状态时，即不处于布线、放置实体等命令状态时，按住鼠标的右键不放，此时光标指针变成一个手的形状。拖动鼠标（画面一起移动）到编辑区合适的位置，然后松开鼠标右键，即可改变视图中对象在编辑区中的位置。

6.4　PCB 电路参数设置

执行主菜单命令“Tools\Preferences”，弹出如图 6.27 所示的对话框，该对话框包括 6 个标签页，包括光标显示、层颜色、系统默认设置、PCB 设置等。

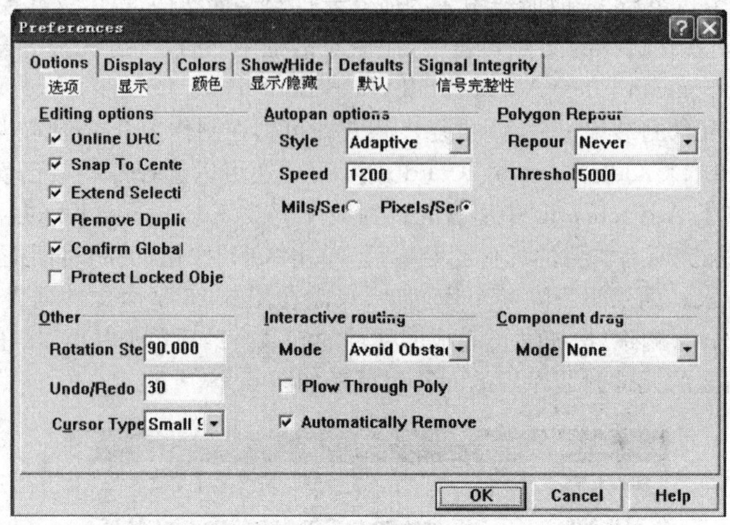

图 6.27 系统参数对话框

6.4.1 "Options"选项标签页

"Options"选项标签页,即系统参数对话框如图 6.27 所示,包含 6 个区域。

1. "Editing Options"编辑选项区域

如图 6.28 所示。该区域用于设置编辑操作时的一些特性,包括以下 6 个选项。

◆ Online DRC:在整个布线过程中,系统将自动根据设定的设计规则进行检查。

◆ Snap To Center:表示在移动元件封装或者字符串时,光标会自动移动到元件封装或者字符串的平移参考点上,否则执行移动命令,光标与元件或字符串连在光标指向处。此选项的系统默认值为选中状态。

◆ Extend Selection:在选取印制电路板图上元件的时候,不取消原来的选取,连同新选取的组件一起处于选取状态,即可以逐次选择用户要选取的元件;如果不选,则只有最后一次选择的元件处于选取状态,以前选取的元件将撤消选取状态。此选项的系统默认值为选中状态。

◆ Remove Duplicates:系统将自动删除重复的元件,以保证电路图上没有元件标号完全相同的元件。此选项的系统默认值为选中状态。

◆ Confirm Global Edit:进行整体编辑操作时,系统将给出提示,让用户确认,以防发生错误的编辑。此选项的系统默认值为选中状态。

◆ Protect Locked Objects:表示在高速自动布线时保护锁定的对象。此选项的系统默认值为不选。

2. "Autopan Options"自动移边选项区域

该区域用于设置自动移动功能,其中 Style 选项用于设置移边方式,如图 6.29 所示。系统共提供了 7 种移动模式。

◆ Adaptive:自适应模式,系统将会根据当前图形的位置自动选择移动方式。

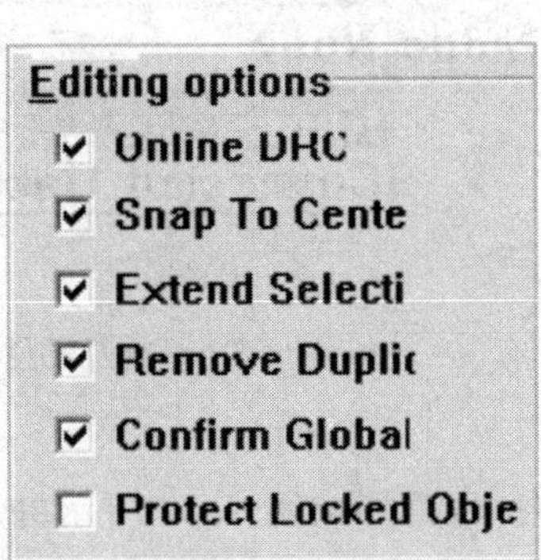

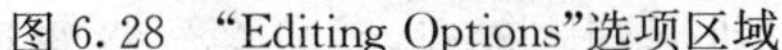

图 6.28　"Editing Options"选项区域

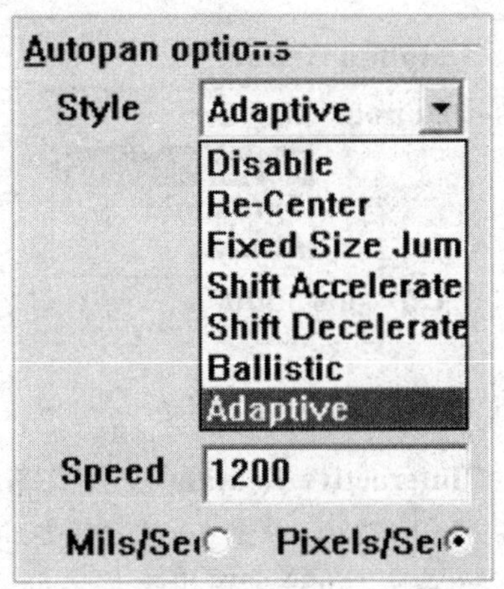

图 6.29　"Autopan Options"选项区域

◆ Disable：当光标移动到工作区的边缘时，系统不会自动向工作区以外的区域移动。

◆ Re-Center：当光标移动到工作区的边缘时，将以光标所在的位置重新定位工作区的中心位置。

◆ Fixed Size Jump：当光标移动到工作区的边缘时，系统以步长(Step Size)设置的值自动向工作区外移动。

◆ Shift Accelerate(Shift 键加速)：当光标移动到工作区的边缘时，如果替代步长(Shift Step)的值比步长的值大，则以设置的步长值自动向工作区外移动；如果按住 Shift 键，则以设置的步长值自动向工作区外移动；如果替代步长的值比步长的值小，则不论是否按住 Shift 键，系统都将以设置的步长值自动向工作区外移动。

◆ Shift Decelerate(Shift 键减速)：当光标移动到工作区的边缘时，如果替代步长的值比步长的值大，则以设置的步长值自动向工作区外移动；如果按住 Shift 键，则以设置的步长值自动向工作区外移动；如果替代步长的值比步长的值小，则不论是否按住 Shift 键，系统都将以设置的步长值自动向工作区外移动。

◆ Ballistic：当光标移到编辑区边缘时，越向边缘移动，其速度越快；系统默认移动模式为 Fixed Size Jump 模式。

3. "Polygon Repour"区域

该区域用于设置交互布线中的避免障碍和推挤布线方式。如果在"Polygon Repour"区域中选择"Always"选项，则可以在已敷铜的 PCB 中修改走线，敷铜会自动重铺。如图 6.30 所示。

4. "Component drag"拖动图件区域

该区域用于设置元件移动方式，用鼠标左健单击 Mode 列表右边的下拉式按钮，其中包括两个选项：None(没有)和 Component Tracks(连接导线)。如果选择 Component Tracks 选项，则使用命令移动元件时，与元件相连接的线将跟随移动，如果选择 None 选项，在使用菜单命令"Edit\Move\Drag" 移动元件时，与元件连接的铜膜导线会和元件断开，如图 6.31 所示。

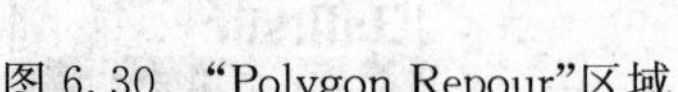
图 6.30 “Polygon Repour”区域

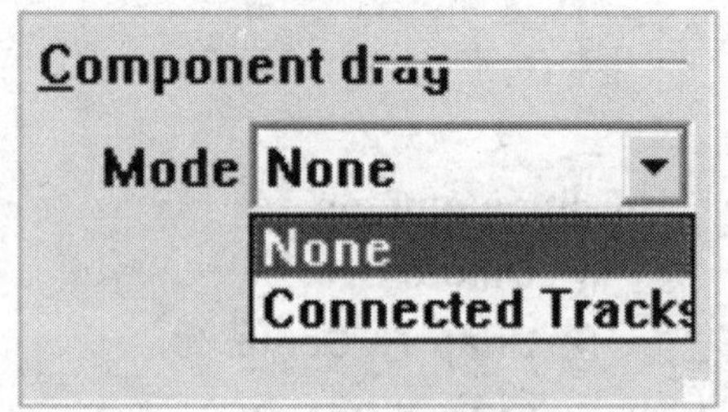

图 6.31 “Component Drag”拖动图件区域

5. “Interactive Routing”交互式布线模式选择区域

◆ Mode 选项：单击 Mode（模式）右边的下拉式按钮，可看到如图 6.32 所示的对话框，其中包括以下 3 个选项可供选择：

◇ Ignore Obstacle（忽略障碍）：若选中，表示在布线遇到障碍时，系统会忽略遇到的障碍，直接布线过去。

◇ Avoid Obstacle（避免障碍）：若选中，表示在布线遇到障碍时，系统会设法绕过遇到的障碍，布线过去。

◇ Push Obstacle（清除障碍）：选中此项表示在系统布线遇到障碍时，系统会先将障碍清除掉，再布线过去。

◆ Plow Through Polygon 选项：选中表示布线时使用多边形来检测布线障碍。该项只有在“Avoid Obstacle”选项选中时才有效。

◆ Automatically Remove Loops 选项：选中该项表示在布线的整个过程中，在绘制一条导线后，如果系统发现还有一条回路可以取代此导线的作用，则会自动删除原来的回路。

6. “Other”其他区域

◆ Rotation Step 选项：用于设置在放置元件时，每次按动空格键使元件旋转的角度。设置单位为度，系统默认值为 90°，即按一次空格键，元件旋转 90°。

◆ Undo/Redo 选项：用于设置最大保留的撤消/重做操作的次数，默认值为 30 次。撤消/重做可以通过按动主工具栏上右边的两个箭头图标“↶ ↷”进行操作。

◆ Cursor Type 选项：用于设置光标的形状。用鼠标左键单击右边的下拉式按钮，下拉菜单中包括 3 种光标形状，Large 90（大的 90°光标）、Small 90（小的 90°光标）、Small 45（小的 45°光标）。所有设置完成后，单击“Options”选项标签页的“OK”按钮即可完成设置，如果单击“Cancel”按钮，则进行的设置无效并退出对话框，如图 6.33 所示。

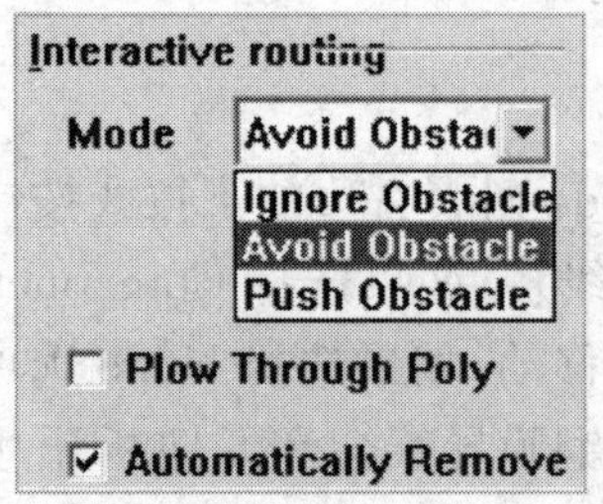

图 6.32 交互式布线模式

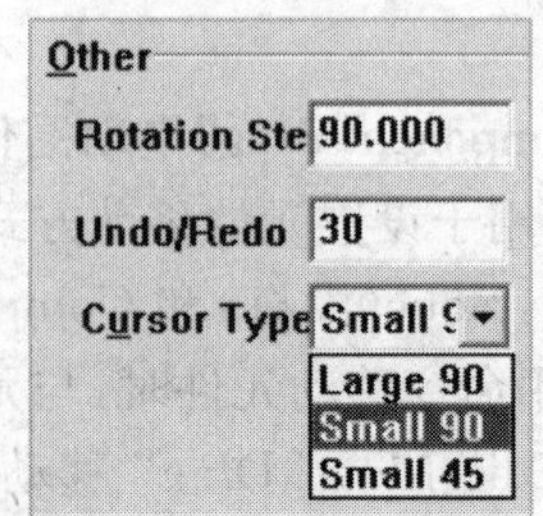

图 6.33 “Other”其他区域

6.4.2 “Display”选项标签页

单击 Display 即可进入“Display”显示标签页，如图 6.34 所示，该标签页共有 4 个区域。Display 用于设置屏幕显示和元件显示模式，主要可以设置以下一些选项：

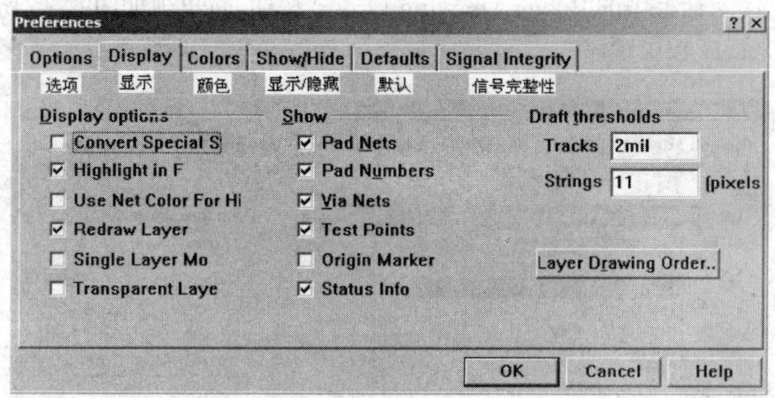

图 6.34　选项标签页

1. “Display options”显示选项区域

◆ Convert Special String 选项：用于设置将特殊字符串转化成它所代表的文字。

◆ Highlight in Full 选项：选中此项，则高亮显示所选网络。否则，只会在其边缘点亮，不太明显。建议大家选中此项。

◆ Use Net Color For Highlight 选项：用于设置高亮显示网络时是使用网络颜色，还是一律采用黄色。

◆ Redraw Layers 选项：用于设置重画电路图时，系统是否逐层刷新重画。当前的板层最后才会重画，所以最清楚。

◆ Single Layer Mode 选项：用于设置只显示当前编辑的板层，其他板层不被显示，在切换工作板层时，也只显示新指定的那一层。若不选将显示全部板层。

◆Transparent Layers 选项：用于将所有板层都设为透明状，选中此项后，所有的导线、焊盘都变成了透明色。

2. “Show”显示区域

此区域用来设置下列各项是否显示，如图 6.34 所示。

◆ Pad Nets 选项：设置是否显示焊盘的网络名称。

◆ Pad Numbers 选项：设置是否将所有编码焊盘的编号都显示出来。

◆ Via Nets 选项：设置是否显示过孔的网络名称。

◆ Test Points 选项：选中该项后，设置的检测点将显示出来。

◆ Origin Marker 选项：设置是否显示绝对原点的标志(带叉圆圈)。

◆ Status Info 选项：选中该项后，系统会显示出当前工作的状态信息。

3. “Draft thresholds”显示模式切换区域

此区域用于设置图形的显示极限，共两项内容，如图 6.34 右上方所示。

◆ Tracks 选项：设置的数目为导线显示极限，对于大于该值的导线，实际轮廓显示，否则只以简单直线显示。

◆Strings 选项：设置的数目为字符显示极限，对于像素大于该值的字符，以文本显示，否则只以框显示。

4. "Layer Drawing Order"板层绘制顺序

单击图 6.34 对话框中的"Layer Drawing Order"按钮，将出现如图 6.35 所示的对话框。此对话框是用来设置板层顺序的。

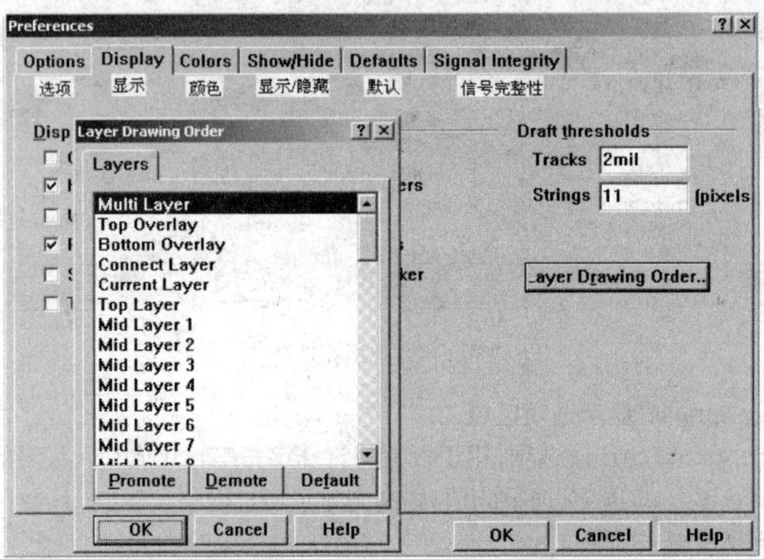

图 6.35 板层绘制顺序对话框

设置方法如下：

步骤 1 点中某层，单击"Promote"（上移）按钮将使此层向上移动，单击"Demote"（下移）按钮将使此层向下移动。

步骤 2 单击"Default"（默认）按钮将恢复到系统默认的方式。

步骤 3 设置完成以后，单击"OK"按钮即可。所有设置完成以后，单击"Display"显示标签页的"OK"按钮即可完成设置。若单击"Cancel"按钮，则进行的设置无效并退出对话框。

6.4.3 "Colors"颜色标签页

单击 Colors 即可进入"Colors"颜色标签页，如图 6.36 所示。Colors 用于设置各种板层、文字、屏幕等的颜色，设置方法如下：

步骤 1 单击需要修改颜色的颜色条，将出现如图 6.37 所示的颜色选择对话框。

步骤 2 在系统提供的 239 种默认颜色中选择一种，或者自定义一种颜色，然后单击"OK"按钮。

步骤 3 最后单击 Colors 标签页对话框中的"OK"按钮即可。在图 6.36 中有两个按钮：

◆ Default Colors 是将所有的颜色设置恢复到系统默认的颜色。

◆ Classic Colors 是将所有的颜色设置指定为传统的设置颜色，即 DOS 中采用的黑底设计界面。

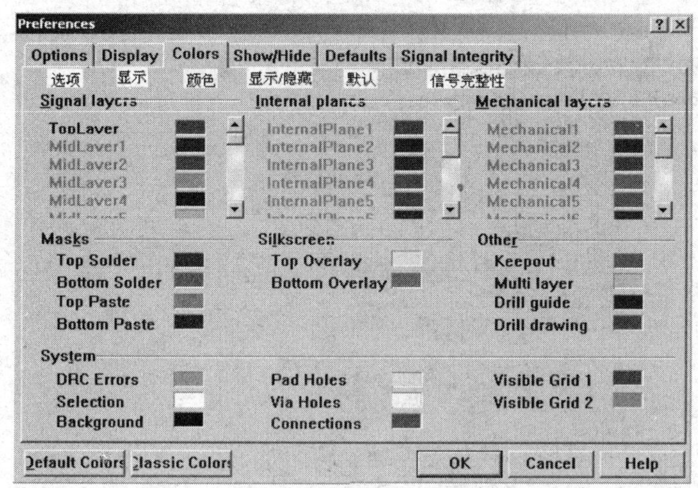

图 6.36　颜色标签页

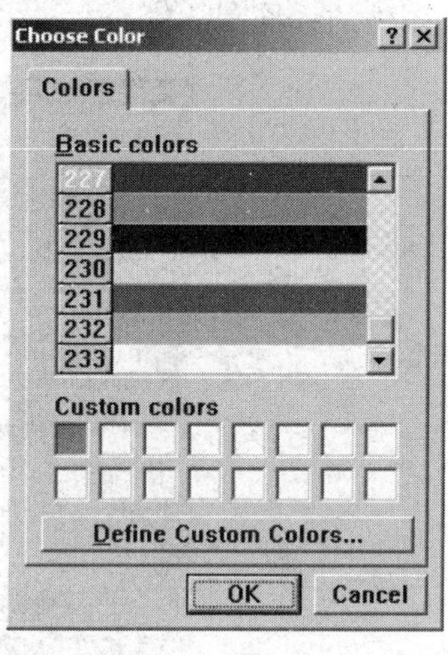

图 6.37　颜色选择对话框

6.4.4 "Show/Hide"显示/隐藏标签页

单击"Show/Hide"即可进入"Show/Hide"显示/隐藏标签页，如图 6.38 所示。

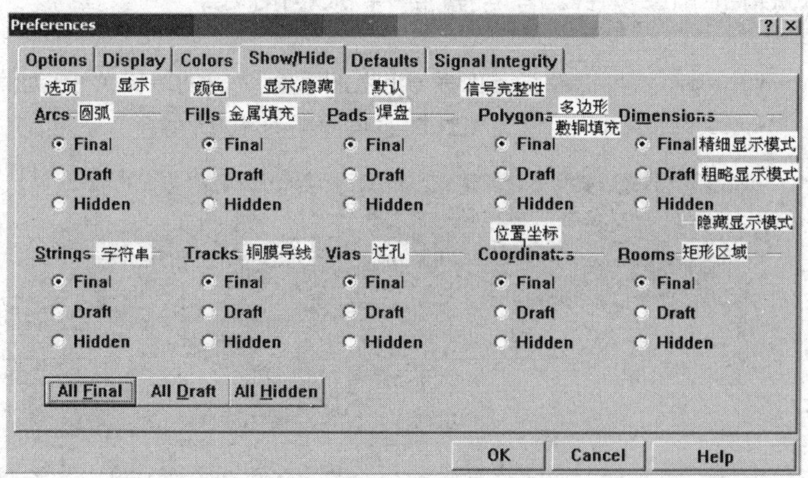

图 6.38　"Show/Hide"显示/隐藏标签页

"Show/Hide"用于设置各种图形的显示模式。标签页中的每一项都有相同的 3 种显示模式，即 Final(精细显示模式)、Draft(粗略显示模式)和 Hidden(隐藏显示模式)。

在标签页左下角有 3 个按钮，分别为"All Final"、"All Draft"、"All Hidden"。选中某项，则上述 10 种图件全部设为该项。当前各种图形显示模式全部设置为精细显示模式。

6.4.5 "Defaults"默认标签页

单击 Defaults 即可进入"Defaults"默认标签页，如图 6.39 所示。Defaults 用于设置各个图件的系统默认值。

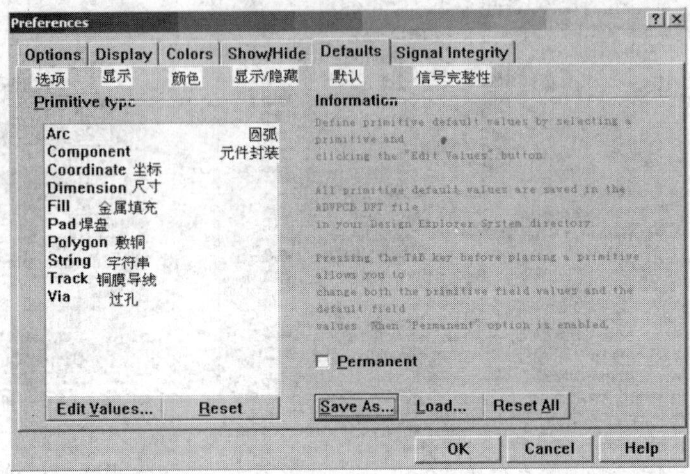

图 6.39 默认标签页

假设选中了元件封装图件，则单击"Edit Values"按钮即可进入元件封装的系统默认值编辑对话框，进行修改或编辑。

6.4.6 "Signal Integrity"信号完整性标签页

通过"Signal Integrity"可以设置元件标号和元件类型之间的对应关系，为信号完整性分析提供信息。"Signal Integrity"信号完整性标签页如图 6.40 所示。

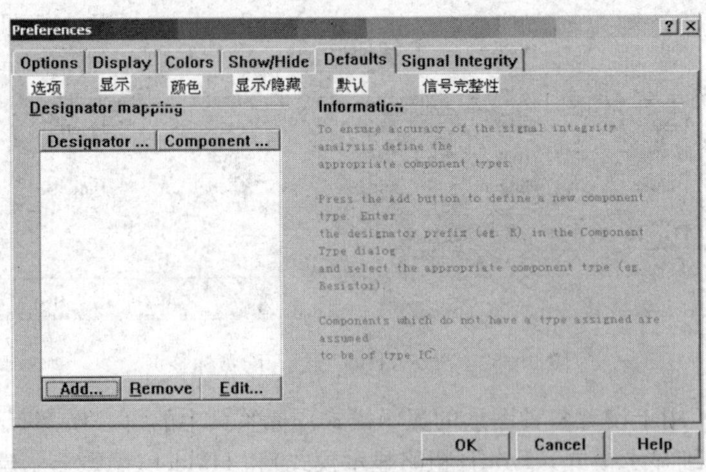

图 6.40 信号完整性标签页

为了保证信号完整性分析的准确性，必须在这个对话框中定义准确的元件类型。单击“Add”按钮，系统将弹出元件标号设置对话框，如图 6.41 所示。

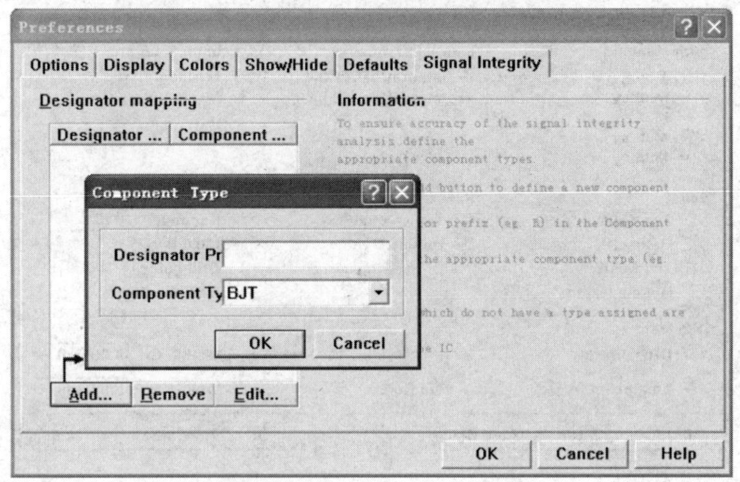

图 6.41　元件标号设置对话框

在该对话框中，可以输入所用的元件标号，然后在 Component Type 下拉列表选择一个元件类型，其中包括 Resistor（电阻）、IC（集成电路）、Diode（二极管）和 Connector（连接插头）等。如果不能确定元件的类型，就全部选择为集成电路。最后单击“OK”按钮即可。

6.5　设置电路板工作层

在进行 PCB 板设计时，首先要确定其工作层是单层、双层还是多层。在 Protel 99 SE 中对于 PCB 的设计，系统提供了 32 个信号层，包括顶层、底层和 30 个中间层，16 个内部板层和 16 个机械板层。在实际的设计过程中，用户根据需要设置工作层数并打开工作层。不需要的工作层应当关闭。

6.5.1　Protel 99 SE 工作层的类型

在 PCB 设计板层缺省时，系统默认的板层是双面板。对于不太复杂的电路，双面板就可以满足设计要求，但对于复杂的电路，双面板无法满足布线的需要。这时就需要在 PCB 内部走信号线，绘图时需要对工作层进行设置。

执行“Design”（设计）\“Options”（选项）命令，就可以看到如图 6.42 所示的工作层设置对话框，此对话框分为“Layers”板层标签页和“Options”选项标签页。

在板层标签页中，如果需要打开某一个信号层，可以用鼠标单击该信号层名称，当其名称左边的复选框出现“√”时表示该信号层处于打开显示状态。再单击时，“√”消失，相应的信号层也会关闭。

“Layers”标签页包括8个区域，用于设置各板层的打开状态。

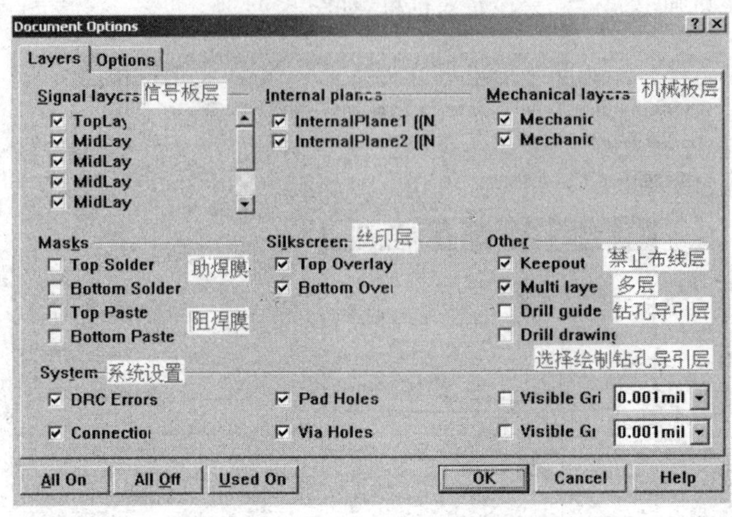

图6.42 工作层设置对话框

1. “Signal layers”信号板层

如图6.43所示，信号板层主要用于放置与信号有关的电气元素。包括：

◆ Top Layer：顶层布线层，用于放置元件和布线。

◆ Bottom Layer：为底层覆铜布线层，用于放置焊锡面，也用以放置元件。

◆ Mid Layer：30层的中间信号层，用于布置信号线。在多层板中用来切换电路走线。

图6.43 信号层、内部板层和机械层对话框

如果当前板是多层板，则在信号层可以全部显示出来，用户可以选择其中的层面；如果用户没有设置Mid层，则这些层不会显示在对话框中，此时可以设置多层板。

2. “Internal planes”内部板层

16层的内部板主要用于布置电源和接地线。使用单独设置的内部电源层/接地层，可以最大限度地减小电源和地之间的连线长度，同时也对电路的高频信号起到良好的屏蔽作用。

3. “Mechanical layers”机械板层

制作PCB时，系统默认的信号层为两层，所以机械层默认时只有一层，不过可以设置更多的机械层，在Protel 99 SE中最多可以设置16个机械层。

4. “Masks”助焊膜及阻焊膜

如图6.44所示，前面已提到，助焊膜与阻焊膜是一种互补关系。

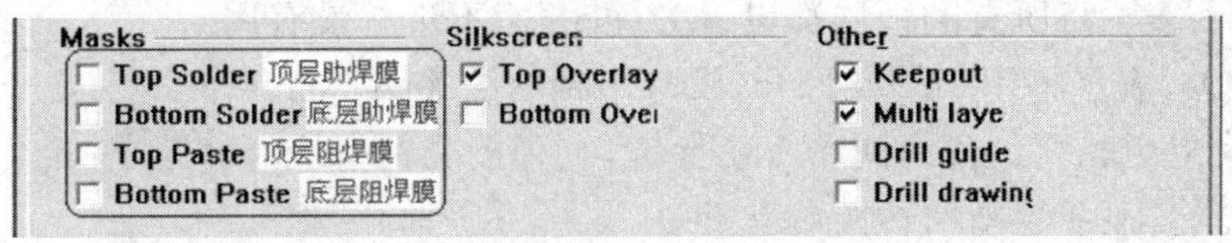

图 6.44　助焊膜及阻焊膜

5. "Silkscreen"丝印层

丝印层主要用于绘制元件外形轮廓以及标志元件标号等，主要包括顶层丝印层(Top)和底层 (Bottom) 丝印层两种，如图 6.45 所示。

图 6.45　丝印层

6. "Other"其他工作层

其他工作层共有 4 个复选框，各复选框的意义如图 6.46 所示。其中：

◆ Keepout：选中表示打开禁止布线层用于设定电气边界，此边界外不会布线。

◆ Multi layer：选中表示打开多层(通孔层)；若不选此项，焊盘、过孔将无法显示出来。

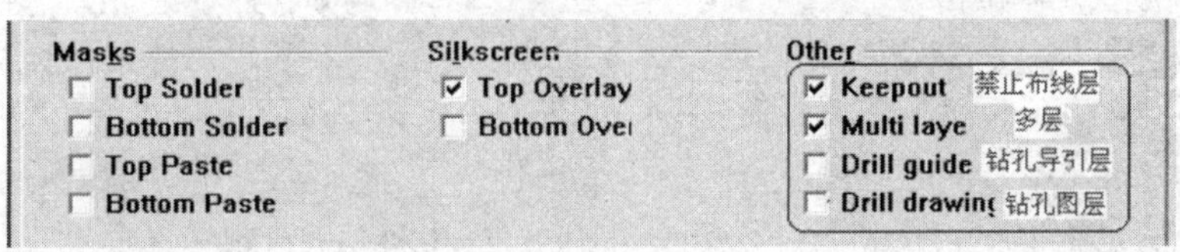

图 6.46　其他工作层

7. "System"系统设置

设计参数的各选项含义如图 6.47 所示。其中"Connections"用于设置是否显示飞线，在绝大多数情况下都要显示飞线。

图 6.47　系统设置

8. 各按钮用途

如图 6.48 所示，还有 3 个按钮，即 All On、All Off 和 Used On。其意义分别为：

图 6.48　3 个按钮用途

◆ All On：表示将所有的板层都设置为打开显示，而不论上面有没有东西。

◆ All Off:表示将所有的板层都设置为关闭,而不论有没有用。

◆ Used On:表示将用到的层打开,没有用到的层关闭。

注意:若在对话框内的任意处单击鼠标键,也将出现一个快捷键菜单,其功能和上面的3个按钮功能相同。不要将所有的层都打开。

6.5.2 Protel 99 SE工作层的管理及设置

Protel 99 SE提供了多个工作层供用户选择,用户可以在不同的工作层上进行不同的操作。

1. 信号板层和内部板层的设置

在设计窗口直接执行"Design\Layer Stack Manager"命令,就可以看到如图6.49所示的层栈管理器对话框,在层栈管理器中可以定义层的结构,看到层栈的立体效果,对电路板的工作层进行管理。

(1) 在图6.49的左上方,如果选中"Top Dielectric"复选框,则在顶层添加绝缘层。

如果选中"Bottom Dielectric"复选框,则在底层添加绝缘层。

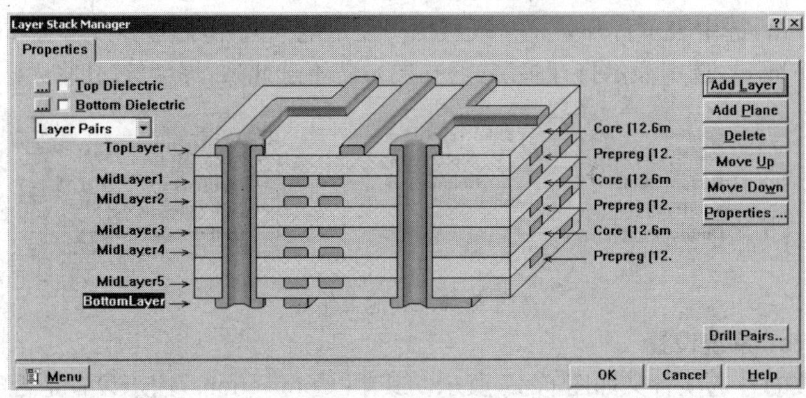

图6.49 层栈管理器对话框

(2) 中间的层示意立体图左边为各工作层指示,可以进行工作层设置。

◆ 添加中间信号层。将光标移至图6.49中层示意图左边的顶层(Top Layer)指示标记上,单击鼠标左键选中该项,然后将光标指针移至对话框右上方"Add Layer"按钮上并单击鼠标左键,执行添加信号层命令,就会在顶层下面增加中间信号1(MidLayer 1)。若再次单击"Add Layer"按钮,则会在MidLayer1下面增加中间信号层2(MidLayer 2)。依次执行该命令,最多可添加30个中间信号层。

完成中间信号层添加任务后,单击"OK"按钮,就会在编辑区下方的工作层标签中看到刚才添加的中间信号层。

◆ 添加内部板层。单击图6.49中需添加内部板层位置的上层指示标记,然后单击对话框右上方的"Add Plane"按钮,执行添加内部板层命令,就会在所选工作层下面增加内部板层1。若再次单击"Add Plane"命令,则会在内部板层1下面增加内部板层2。依次执行该命令,最多可添加16个中间信号层。

完成内部板的层添加后，单击右下方的“OK”按钮，在编辑区下方的工作层标签中就可看到刚才添加的内部板层了。

◆ 删除工作层。将光标移至图 6.49 左边想要删除的某工作层标记上，单击鼠标左键选中该项，然后单击对话框右上方的“Delete”按钮，执行删除命令。这时，系统提示是否确认要移去选中的层，单击“Yes”按钮，即可删除选中工作层。最后单击图 6.49 中的“OK”按钮即可。

◆ 调整工作层的位置。先选中想要调整的某工作层标记，然后单击对话框右上方的“Move Up”(上移)按钮，或单击“Move Down”(下移)按钮，最后单击“OK”按钮即可。

(3) 中间的层示意立体图右边为信号层间距绝缘层尺寸(Core)和层间预浸料坯(黏合剂类)的尺寸(Preperg)。用鼠标双击 Core 或 Preperg，即可看到如图 6.50 所示的对话框。

可以在 Thickness(厚度)和 Dielectric constang(绝缘体常数)中输入新的数值，单击“OK”按钮即可。

(4) 单击图 6.49 中的“Menu”按钮，可弹出命令菜单，此菜单命令功能与对话框右上方的 6 个按钮的功能一样，如图 6.51 所示。

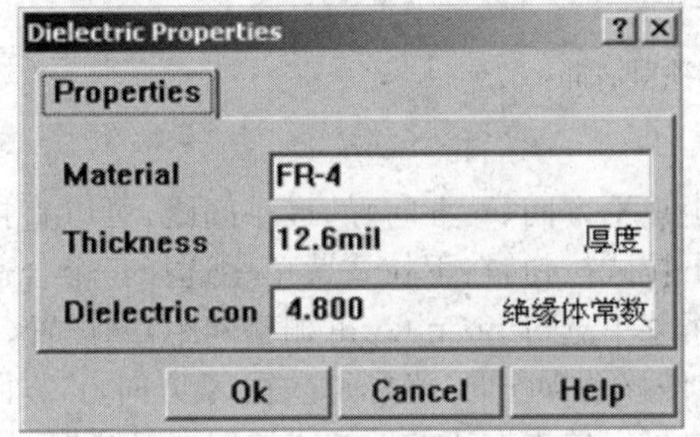

图 6.50　Core 或 Preperg 对话框

图 6.51　按钮的功能

2. 机械板层的设置

执行“Design\Mechanical Layers”菜单命令，可得如图 6.52 所示的设置机械层对话框。

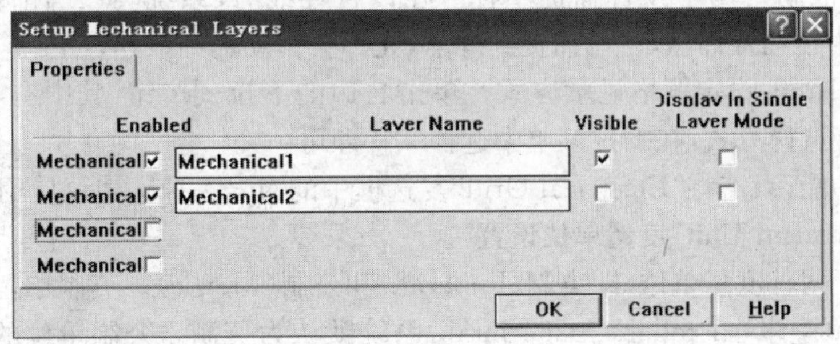

图 6.52　设置机械层对话框

将光标指针移至所需打开的机械板层上，单击鼠标左键即可设置。再次单击将取消选中设置。另外：

◆ “Visible”复选框用来确定可见方式。

◆ “Display In Single Layer Mode”复选框用来授权是否可以在单层显示时放到各个层

上。完成设置后,单击“OK”按钮即可。

6.5.3 工作层参数的设置

在设计窗口中单击鼠标右键,选择菜单“Options”下的“Board Options”命令,可以看到如图6.53所示的文档选项对话框,在该对话框中可以进行相关参数的设置。

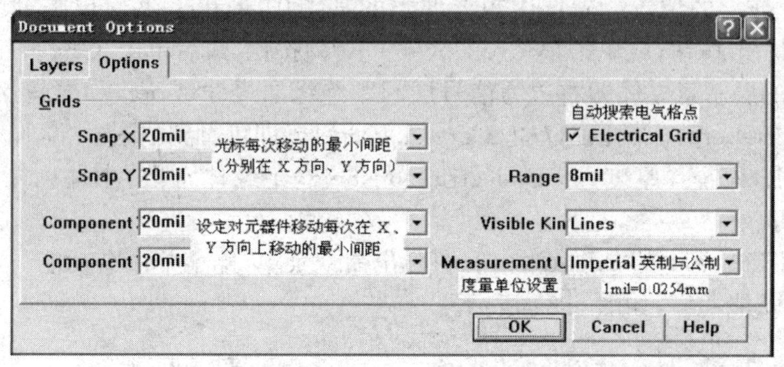

图6.53 文档选项对话框

1. “Grids”栅格设置

◆ Snap X、Snap Y:设定光标每次移动(分别在*X*方向、*Y*方向)的最小间距,可以直接在编辑框中输入数据来设置,也可以单击右边的下拉式按钮,在下拉式菜单中选择一个合适的值。还可以在设计窗口中直接单击鼠标右键,用菜单选对Snap Grid(栅格间距)来设置。

◆ Component X、Component Y:设定对元器件移动操作时,光标每次在*X*方向、*Y*方向上移动的最小间距。可以在编辑框中输入数据,也可以单击右边的下拉式按钮选择数据。

2. “Electrical Grid”电气栅格设置

电气栅格设置主要用于设置电气栅格的属性。

如果选中“Electrical Grid”复选框,表示具有自动捕捉焊盘的功能。

◆ Range(范围):用于设置捕捉半径。在设置导线时,系统会以当前光标为中心,以Grid设置值为半径捕捉焊盘,一旦捕捉到焊盘,光标会自动加到该焊盘上。

◆ Visible Kind:设定栅格显示方式。单击右边的下拉式按钮,其中有Lines(线状)和Dots(点状)两种选择方式,在下拉菜单中选择一种即可。

如若取消功能,只需将“Electrical Grid”复选框中的对号去掉。建议使用该功能。

3. “Measurement Unit”度量单位设置

系统提供了两种度量单位,即英制(Imperial)和公制(Metric)。英制单位为mil(密尔),公制单位为mm(毫米),1 mil=0.0254 mm。系统默认为英制。公制单位的选择为用户在确定印制电路板尺寸和元件布局上提供了方便。度量单位的选择方法是:单击“Measurement Unit”对话框右边的下拉式按钮,然后在下拉菜单中选择需要的度量单位即可。

6.6　规划电路板和电气定义

对于要设计的电子产品，首要的工作就是电路板的规划，也就是说确定电路板的板边，并且确定电路板的电气边界。规划电路板有两种方法：一种是通过手动设计电路板和电气定义进行规划，另一种是利用“电路板向导”进行规划。

6.6.1　手动规划电路板并定义电气边界的一般步骤

手动规划电路板就是在禁止布线层(Keep Out Layer)上用走线绘制出一个封闭的多边形(一般情况下绘制成一个矩形)，多边形的内部即为布局的区域。元件布置和路径安排的外层限制一般由 Keep Out Layer 中放置的轨迹线或圆弧所确定，这也就确定了板的电气轮廓。

1. 手动规划电路板并定义电气边界的一般步骤

(1) 单击编辑区下方的“Keep Out Layer”标签，即可将禁止布线层设置为当前工作层，一般用于设置电路板的边界，以便将元件限制在这个范围之内，如图 6.54 所示。

TopLayer / BottomLayer / Mechanical1 / TopOverlay / KeepOutLayer / MultiLayer

图 6.54　禁止布线层设置为当前工作层

(2) 单击放置工作栏中的尺寸坐标，按照预定尺寸画出电路板电气边界线。

(3) 单击放置工作栏中的连线按钮，或执行“Place\Keepout\Track”命令。

(4) 执行命令后，光标变成十字形。将光标移动到沿尺寸线轮廓画电路板电气边界线的适当位置，单击鼠标左键，即可确定第一条边的起点。然后拖动鼠标，将光标移动到合适位置，单击鼠标左健，即可确定第二条边的终点。在该命令状态下按 Tab 键，可进入“Line Constraints”属性对话框，如图 6.55 所示，此时可以设置板边的线宽和层面。

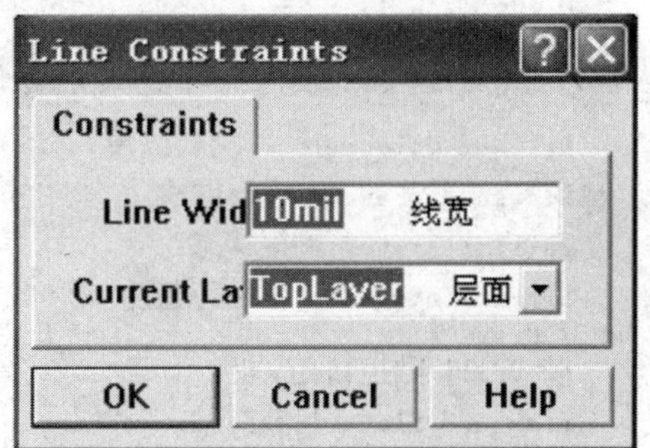

图 6.55　“Line Constraints”属性对话框

如果已经绘制了封闭的 PCB 限制区域，双击限制区域的板边，系统将会弹出如图 6.56 所示的“Track”属性对话框，在该对话框中可以精确地进行定位，并且可以设置工作层和线宽。

(5) 用同样的方法绘制其他 3 条板边，并对各边进行精确编辑，使之首尾相连，最后绘制一个封闭的多边形，如图 6.57 所示。

(6) 单击鼠标右键或按 Esc 键取消布线状态。

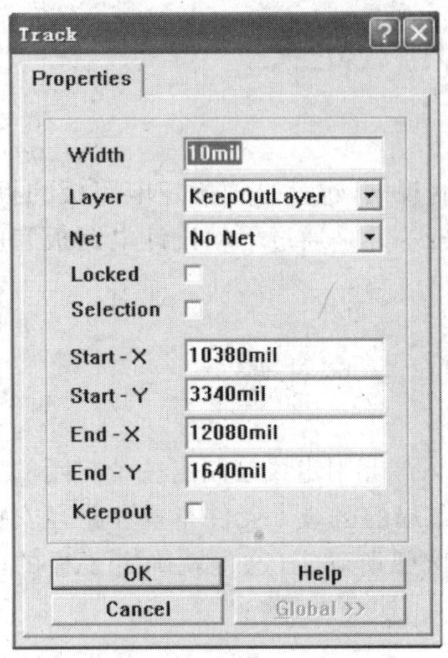

图 6.56 "Track"属性对话框

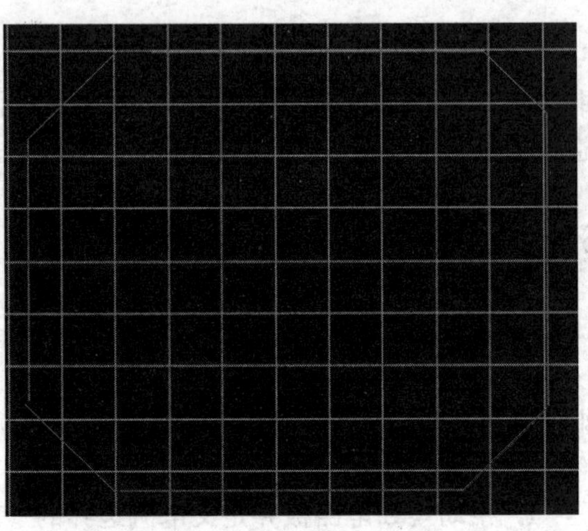

图 6.57 电路板形状

2. 查看及调整电路板

查看及调整电路板的步骤如下:

(1) 查看印制电路板。执行"Reports\Board Information"命令,如图 6.58 所示,或先后按下 R、B 键,都将弹出如图 6.59 所示的对话框。在对话框的右边有一个矩形尺寸示意图,所标注的数值就是实际印制电路板的大小(即布局范围的大小)。

图 6.58 板图信息菜单

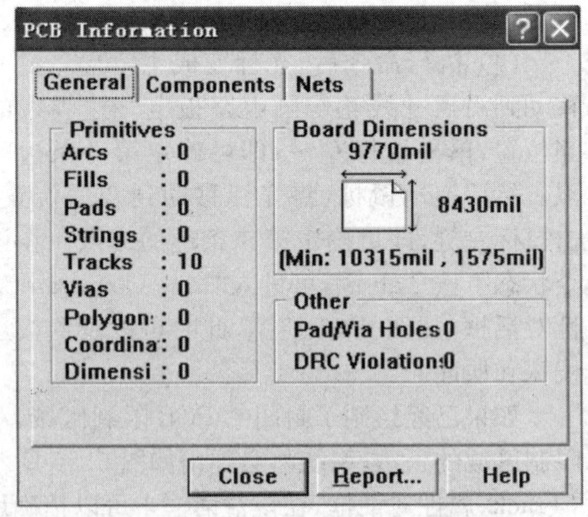

图 6.59 印制板电路信息对话框

(2) 调整电路板。如果发现设置的布局范围不合适,可以用移动整条走线、移动走线端点等方法进行调整。

6.6.2　使用向导生成电路板

使用向导生成电路板就是利用系统的向导设置电路板的参数，形成一个具有基本框架的 PCB 文件。具体操作过程如下：

(1) 打开或者创建一个用于存放 PCB 文件的设计数据库/设计文件夹。

(2) 执行“File\New”命令，在弹出的对话框中选择“Wizards”选项卡，如图 6.60 所示。

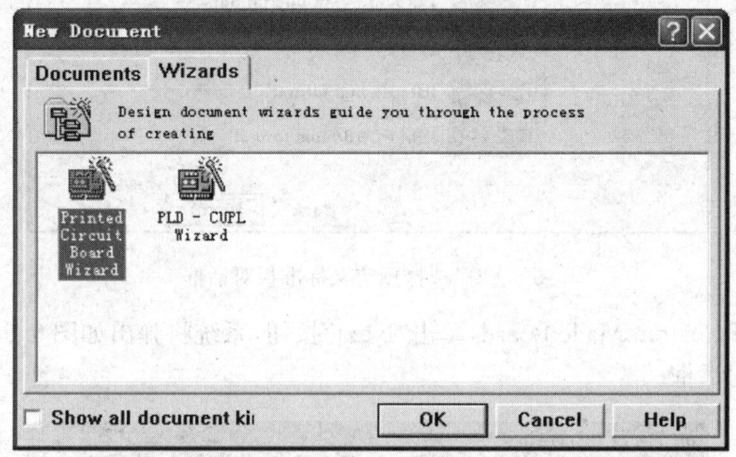

图 6.60　“Wizards”选项卡

(3) 双击对话框中的“Printed Circuit Board Wizard”(印制板向导)图标，或先选中该图标，单击“OK”按钮，进入向导的下一步，系统将弹出如图 6.61 所示的对话框。

图 6.61　生成电路向导板

(4) 单击“Next”按钮，系统弹出如图 6.62 所示的选择预定义标准板对话框，就可以开始设置印制板的相关参数了。

◆ 在对话框的 Units 框中选择印制板的单位。其中 Imperial 为英制(mil)，Metric 为公制(mm)。

◆ 在板卡的类型选择下拉列表中选择板卡类型。如果选择 Custom Made Board，则需要自己定义板卡的尺寸、边界和图形标志等参数，而选择其他选项则直接采用系统已经定义的参数。

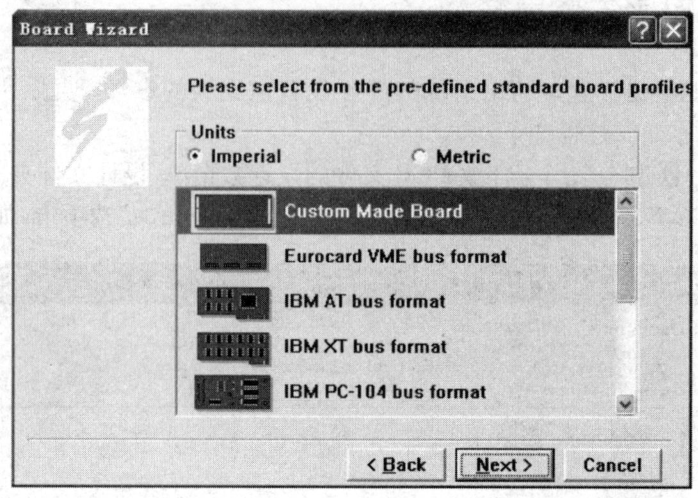

图 6.62 选择预定义标准板对话框

(5) 若选择 Custom Made Board，单击“Next”按钮，系统将弹出如图 6.63 所示的设定板卡的相关属性对话框。

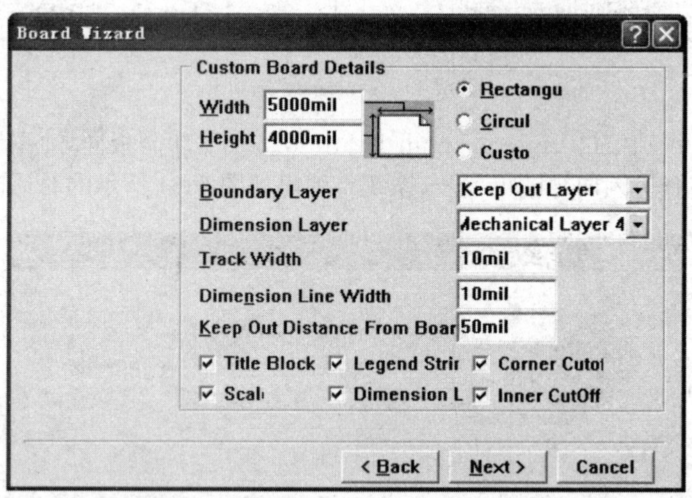

图 6.63 设定板卡的相关属性对话框

◇ Width：设置板卡的宽度。

◇ Height：设置板卡的高度。

◇ Rectangular：设置板卡为矩形(选择该项，就可以用于设置前面的宽高)。

◇ Circular：设置板卡为圆形(选择该项，则需要将几何参数设置为 Radius，即半径)。

◇ Custom：自定义板卡形状。

◇ Boundary Layer：用于设置板卡边界所在的层，一般为 Keep Out Layer。

◇ Dimension Layer：设置板卡的尺寸所在的层，一般选择机械层。

◇ Track Width：设置导线宽度。

◇ Dimension Line Width：设置尺寸线宽。

◇ Title Block and Scale：设置是否生成标题块和比例尺。

◇ Legend String：设置是否生成图例和字符。

◇ Dimension Lines：设置是否生成尺寸线。

◇ Corner Cutoff：设置是否角位置开口。

◇ Inner Cutoff：设置是否内部开口。

然后系统将弹出几个设置板卡几何参数的对话框，设置完毕后，系统将弹出如图 6.64 所示的对话框，此时可以设置板卡的一些相关产品信息，而所填写的资料将被放在电路板的第四个机械层里。

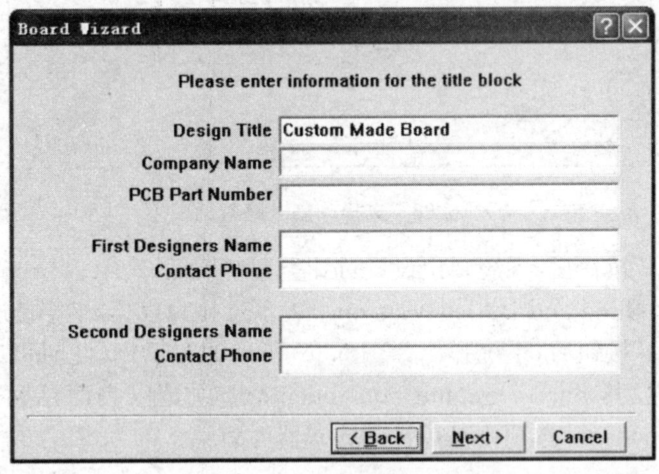

图 6.64　板卡产品信息对话框

(6) 单击“Next”按钮后，系统弹出如图 6.65 所示的对话框，可以设置电路板的工作层数和类型，以及电源/地层的数目等。

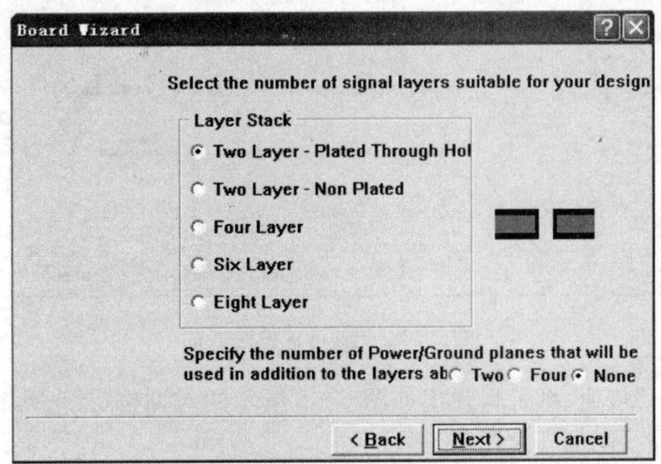

图 6.65　设置电路板的工作层

注意：如果在(6)中选择了标准版，则单击“Next”按钮后系统会弹出如图 6.66 所示的对话框，此时可以选择自己需要的板卡类型。设置完成后单击“Next”按钮也会弹出如图6.65所示的对话框。

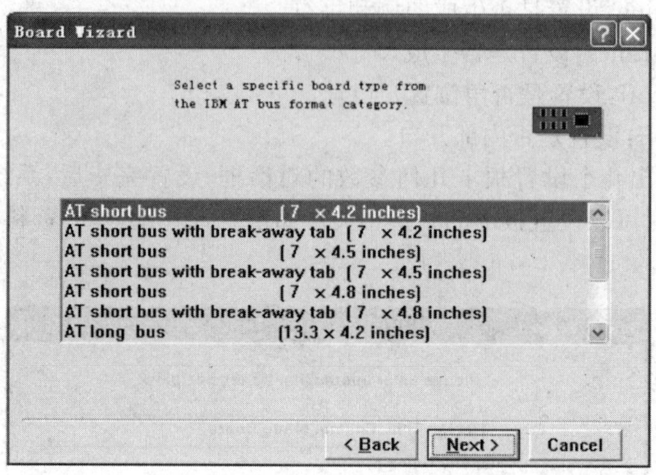

图6.66 选择印制电路对话框

(7) 单击“Next”按钮后，系统弹出设置过孔类型对话框，其中，Thruhole Vias only 表示过孔穿过所有板层，Blind and Buried Vias only 表示过孔为盲孔，不穿透电路板。

(8) 单击“Next”按钮后，系统弹出如图6.67所示的对话框，此时可以指定该电路板上以哪种元器件为主，其 Surface-mount components 选项是以表面粘贴式元器件为主，而 Through-hole components 选项则是以针脚式元器件为主。

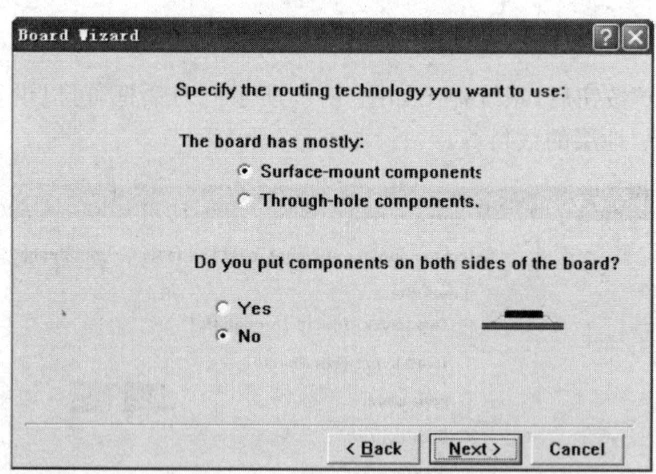

图6.67 元器件选择对话框

(9) 单击“Next”按钮，系统将弹出如图6.68所示的对话框，此时可以设置最小的导线尺寸、过孔直径和导线间的安全距离。

(10) 单击“Next”按钮后，系统将弹出如图6.69所示的完成对话框，此时单击“Finish”按钮完成生成印制板的过程。如图6.70所示，该印制板为已经规划好的电路板框架，可以直接在上面放置网络表和元器件。

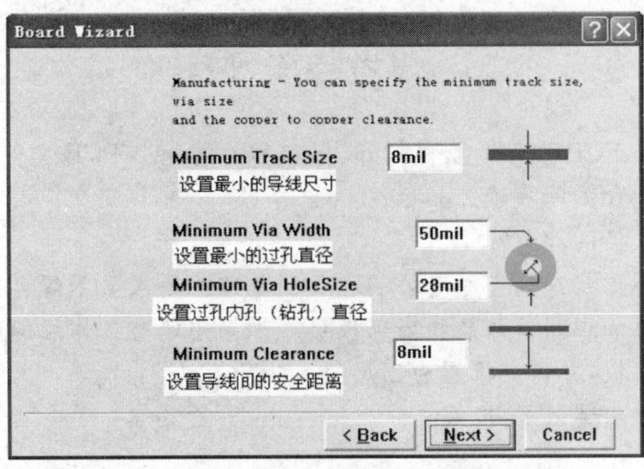

图 6.68　设置最小尺寸限制对话框

图 6.69　设置完成对话框

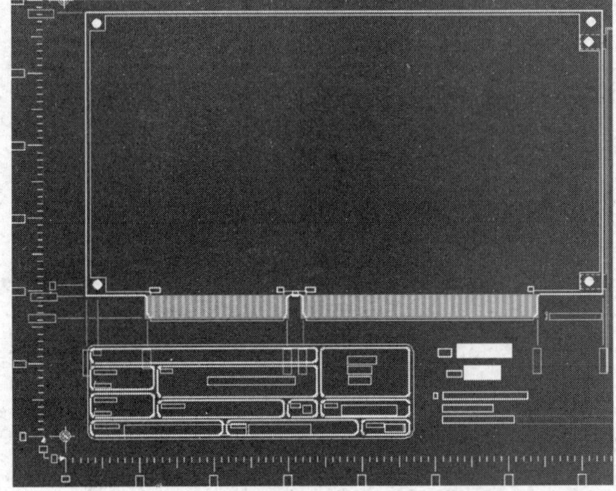

图 6.70　生成的印制电路板框架

思考与练习

1. 如何新建一个PCB文件？怎样打开、保存和关闭一个PCB文件？
2. 试述怎样打开和关闭放置工具栏？
3. 如何设置工作层的颜色？
4. 怎样设置光标形状？如何改变公制和英制单位？要求显示焊盘号，应如何设置？
5. 请阐述如何添加中间信号层和内部板层。如果想调整工作层的位置应如何操作？
6. 新建一块电路板，并将其设置为三层板。
7. 如何将元件封装装入PCB库文件？

第 7 章　印制电路板图的设计

【内容提要】

■ 印制电路板图的设计流程　■ 元件封装的设置　■ PCB 编辑器的视图管理
■ PCB 绘图工具　■ 自动布局　■ 自动布线

印制电路板的设计是电子产品生产的重要环节，是指导实际电路板生产的依据，关系到电子产品性能的质量。上一章已经介绍了印制电路板的环境参数、工作设置及装入元件封装库等 PCB 制作的一些重要知识，接下来的工作需要在印制电路板上放置相应的元件，然后再进行连线，才能生成一个实现电气原理图的印制电路板图。

7.1　印制电路板的设计流程

印制电路板的设计流程，大体可划分为以下步骤，如图 7.1 所示。

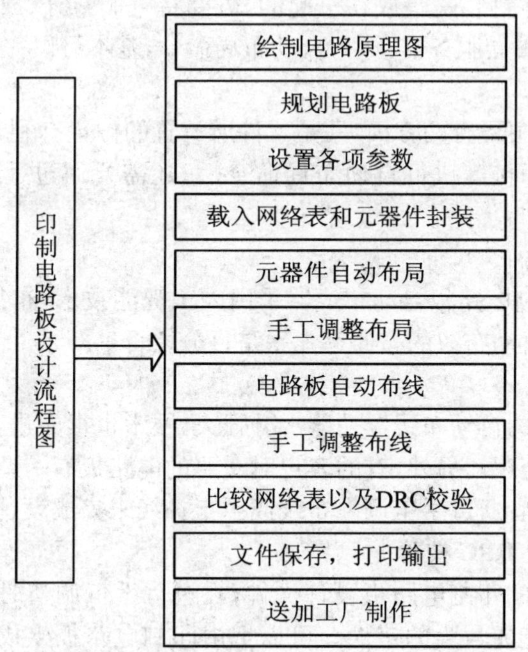

图 7.1　印制电路板(PCB)的设计流程

1. 绘制电路原理图

绘制电路原理图是设计电路板的基础，它是电路板设计的前期工作，主要作用之一是为了生成网络表文件，网络表文件(.net)是电路原理图编辑器SCH与PCB之间连接的纽带，这在前面章节做过介绍。因此，在绘制电路原理图、编辑元器件时，印制板编辑器一定不要忘记输入封装号。

2. 规划电路板

规划电路板常用的方法有两种，一是手动规划电路板，二是应用向导板规划电路板。

手动规划电路板就是在禁止布线层(Keep Out Layer)上用走线绘制出一个封闭的多边形(一般情况下绘制成一个矩形)，多边形的内部即为布局的区域。

设计的印制电路板是成型电子产品的重要结构，它除了具有电气特性外，还具有机械特性，因此在绘制印制电路板时，要对电路板有一个总体的规划。具体是确定电路板的物理尺寸、选择板层、布局方式等。

3. 设置各项参数

设置各项参数是绘制印制电路板必不可少的步骤。主要包括设置电路板工作层面以及设置PCB编辑系统的环境参数。

4. 载入网络表和元器件封装

前面已经讲过，网络表是电路原理图与PCB板之间的纽带，是电路板自动布线的灵魂，只有把网络表装入PCB文件中，才有可能完成电路板的自动布线。

对于简单电路的PCB制作，不需要通过绘制原理图、建立网络表，可以在PCB界面直接从元件封装库调出所需元件封装，拖到PCB绘图区进行布局。

5. 元器件自动布局

装入网络表后，元件封装是叠放在一起的，需要将它们拖开、放置到合适的位置，Protel 99 SE系统提供了自动布局服务器，执行自动布局命令，基本可以完成元器件的自动布局。

6. 手工调整布局

元器件布局的目的主要有两方面：一是元件所放置的位置有利于布线；二是整个电路板看上去整齐美观。一般而言，执行自动布局命令后，还需要通过手工调整以完善电路板的布局。

7. 电路板自动布线

Protel 99 SE的印制电路板自动布线器采用人工智能技术，布线的布通率很高，只要布线参数设置合理得当，自动布线的布通率几乎是百分之百。

8. 手工调整布线

尽管Protel 99 SE的自动布线器功能十分强大，技术也很先进，但是往往受布局不合理的影响，造成布线的不合理。另外，有的客户对需要的电路板有一些特殊的要求，这样，自动布线过后就必须由设计者通过手工调整布线或手工补线来完成设计。

9. 比较网络表以及DRC校验

对于由网络表装入的印制电路板设计文件，在进行手工调整时，会进行一些添加连线、拆线等操作，有可能会造成人为的错误。可以把由印制电路板生成的网络表文件与由原理图生成的网络表文件相比较，可以判断这两个网络表的差别，进而确定绘制的印制电路板是否正确。

另外，为了确保 PCB 板完全符合设计者的要求，还要对布好线的印制电路板进行 DRC 校验(Design Rules Check，设计规则检查)。

10. 文件保存、打印输出

完成以上步骤后，要保存印制电路板文件，并打印输出，以备今后工作中使用。

11. 送加工厂制作

完成印制电路板的设计后，如果本公司没有加工能力，就要把该 PCB 印制电路板文件发给加工厂商制作。

7.2　元件封装的放置

7.2.1　放置元件封装

在 PCB 浏览窗口添加所需的元件封装库以后，就可以选取元件封装并放置在 PCB 上绘图，元件封装放置有多种途径，放置元件封装的操作步骤如下：

步骤 1　执行“Place\Component”命令，或先按下字母热键 P，松开后再按下字母热键 C。

步骤 2　执行命令后，系统会弹出如图 7.2 所示的放置元件封装对话框。可以在该对话框中输入元件的封装、标号、注释等参数。

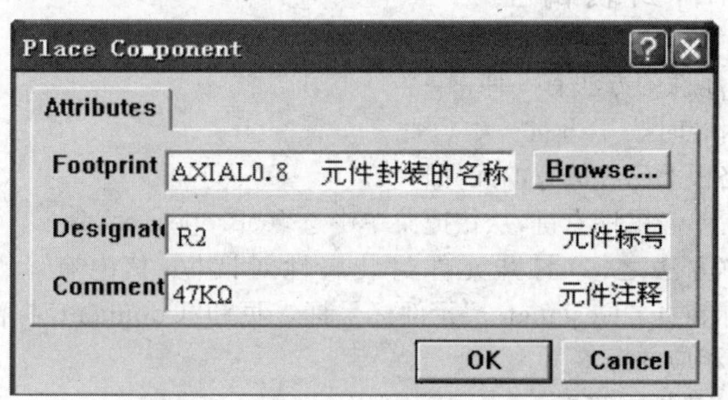

图 7.2　放置元件封装对话框

步骤 3　根据实际需要设置完参数后，单击“OK”按钮即可调出元件。此时元件黏着在光标上，只要在编辑区中单击鼠标左键，即可把元件放置到工作区中。

放置元件封装的另外两个途径是：

◆ 单击图 7.2 中的“Browse”(浏览)按钮，从装入的元件封装库中(图 7.3)选择所需元件，放置到工作区中。

◆ 利用设计管理器“Browse PCB”标签页调用元件封装：

◇ 先将“Browse”栏内设为“Libraries”，在库文件列表中选择所需库文件；

◇ 选中元件封装后单击“Place”按钮，放置到工作区适当位置，如图 7.4 所示。

注意：选择的元件封装一定要符合实际焊接元件的需要，焊盘的尺寸尽可能与实际元件相符，针脚式元件焊盘的内孔尺寸一定不能小于实际元件的管脚尺寸。

图 7.3　浏览元件封装后放置

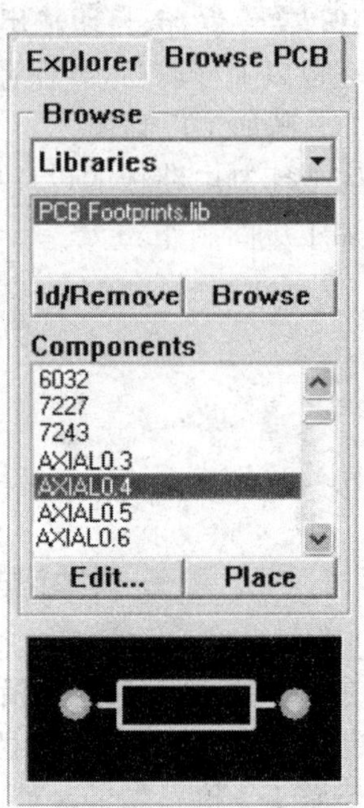

图 7.4　利用设计管理器放置元件

7.2.2　设置元件封装属性

设置元件封装属性的方法有 3 种：

◆ 放置元件封装时按 Tab 键。

◆ 双击在电路板上已经放置的元件封装。

◆ 选中封装后单击鼠标右键，从快捷菜单中选取"Properties"命令。

执行上述 3 种方法之一，打开元件封装属性对话框，其中有 3 个标签页，分别为"Properties"属性标签页、"Designator"元件标号标签页和"Comment"标注标签页。单击不同的标签即可进入相应的标签页。

1. "Properties"属性标签页

"Properties"属性标签页如图 7.5 所示，其中：

◆ Lock Prims：设置是否锁定元件封装结构。选中此项表示不能将该元件封装的各个部件分开。

◆ Locked：设置是否锁定元件封装的位置。选中此项，则在移动该元件封装时将出现确认对话框，以免无意中错误移动。

◆ Selection：设置元件封装是否处于选择状态。设置完成后，单击"OK"按钮即可。

2. "Designator"标号标签页

"Designator"元件封装标号标签页如图 7.6 所示，其中：

◆ Font：设置元件封装标号文字的字体。单击右边的下拉式按钮将出现下拉式菜单，在其中选择一个即可。

◆ Hide:设置元件封装标号是否隐藏。

◆ Mirror:设置元件封装标号是否翻转,选中该项表示此元件标号文字处于镜像状态,即做一个翻转。设置完成后,单击"OK"按钮即可。

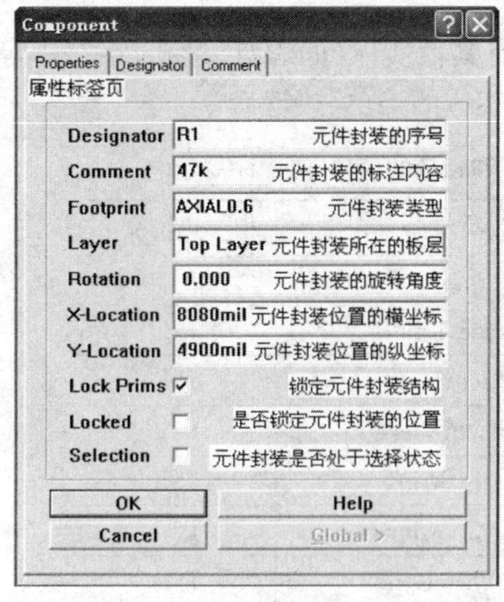

图 7.5 元件封装属性标签页

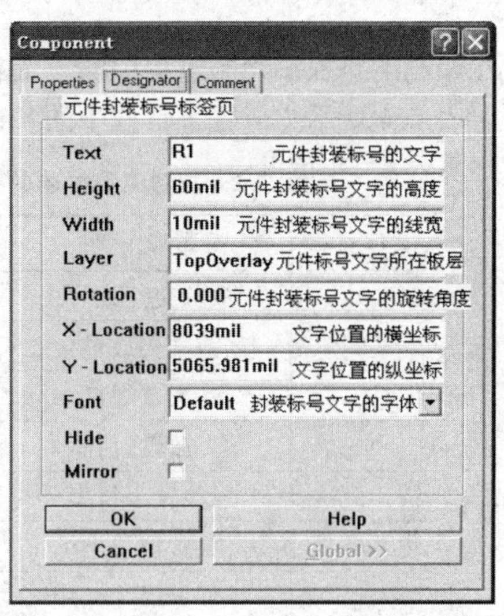

图 7.6 元件封装标号标签页

3. "Comment" 标注标签页

"Comment"标注标签页如图 7.7 所示。

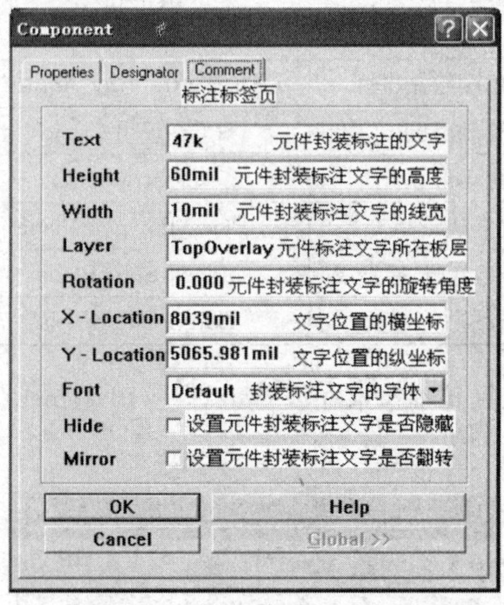

图 7.7 元件封装标注标签页

其中 Font,设置元件封装标注文字的字体。单击右边的下拉式按钮将出现下拉式菜单,在其中选择一种字体即可。

设置完成后,单击"OK"按钮即可。

7.3 PCB 绘图工具

在印制电路板图绘制过程中除了元件之外，还有其他实体(如焊盘、过孔、字符串等)的放置。表 7.1 所示为放置工具栏中的各按钮功能和相应的菜单、热键命令。

表 7.1 放置工具栏中的各个按钮功能和相应的菜单、热键命令

序号	功能说明	相应菜单命令	相应热键命令
1	放置交互式导线	Place\Interactive Routing	P-T
2	当前文档放置导线	Place\Line	P-L
3	放置焊盘	Place\Pad	P-P
4	放置过孔	Place\Via	P-V
5	放置字符串	Place\String	P-S
6	放置位置坐标	Place\Coordinate	P-O
7	放置尺寸标注	Place\Dimension	P-D
8	设置光标原点	Place\Origin\Set	E-O-S
9	放置矩形区域	Place\Room	P-R
10	放置元件	Place\Component	P-C
11	边缘法绘制圆弧	Place\Arc(Edge)	P-E
12	中心法绘制圆弧	Place\Arc(Center)	P-A
13	任意角度绘制圆弧	Place\Arc(Any Angle)	P-N
14	绘制整圆	Place\Fill Circle	P-U
15	放置矩形填充	Place\Fill	P-F
16	放置多边形填充	Place\Polygon Plane	P-G
17	放置内部电源、接地层	Place\Split Plane	P-I
18	特殊粘贴剪切板	Edit\Paste Special	E-A-A

Protel 99 SE 的绘图工具基本包括在放置工具栏(Placement Tools)中，如图 7.8 所示。

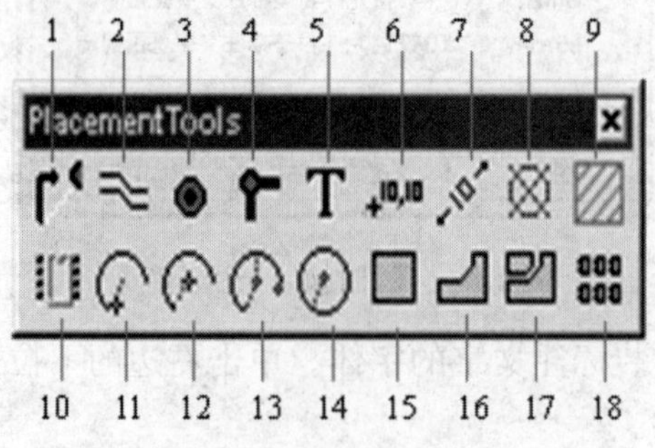

图 7.8 放置工具栏

可以通过执行命令“View\Toolbars\Placement Tools”来实现工具栏的打开与关闭，工具栏中每一项都与 Place 菜单下的命令相对应。

表 7.1 中序号为图 7.8 中所指按钮。

7.3.1　绘制导线

1. 绘制导线的步骤

(1) 单击放置工具栏中的≈图标或选择绘制导线命令“Place\Line”光标变成十字形状。

(2) 将光标移到所需的位置，单击鼠标左键，确定导线的起点。

(3) 然后将光标移到导线的终点，再单击鼠标左键，即可绘制出一条导线，如图 7.9 所示。

(4) 将光标移到新的位置，按照上述步骤，再绘制其他导线。

(5) 双击鼠标右键，光标变成箭头后，退出该命令状态。

2. 设置导线的属性

用鼠标双击已布置的导线；或者在进入绘制导线状态时按 Tab 键；或者选中导线后单击鼠标右键，从弹出的快捷菜单中选取“Properties”命令，系统弹出导线属性设置对话框，如图 7.10 所示。

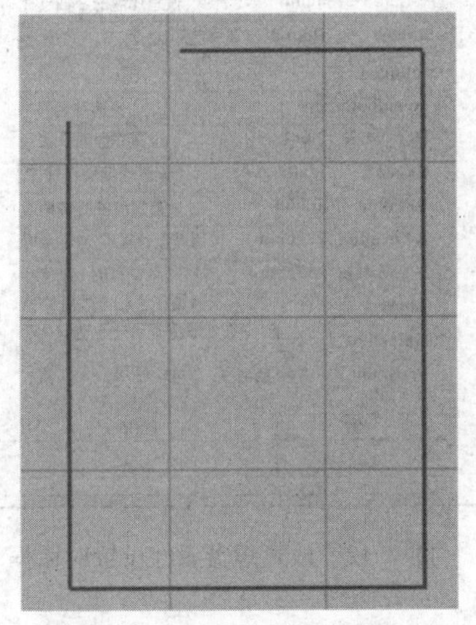

图 7.9　绘制出一条导线

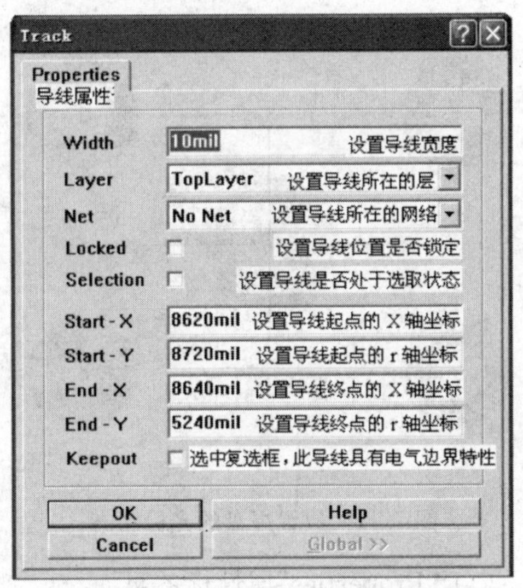

图 7.10　导线属性设置对话框

3. 删除导线

单击要删除的导线，然后按 Delete 键；也可以执行“Edit\Delete”命令，光标变为十字形状，然后单击要删除的导线即可。

7.3.2 放置焊盘

1. 放置焊盘的步骤

(1) 单击放置工具栏中的◉图标,或执行"Place\Pad"命令。

(2) 执行命令后,光标变成了十字形状,而且在光标的中央粘有一焊盘,如图 7.11 所示。将光标移到所需的位置,单击鼠标左键,即可放置焊盘。

(3) 将光标移到新的位置,按照上述步骤再放置其他焊盘,如图 7.11 所示。单击鼠标右键,光标变成箭头后,退出该命令状态。

2. 设置焊盘属性

在焊盘没有放下时按 Tab 键或在已放下的焊盘上双击鼠标左键,都可以打开焊盘属性设置对话框,如图 7.12 所示。对话框中包括 3 个标签页,分别为"Properties"属性标签页、"Pad Stack"焊盘形状标签页和"Advanced"高级标签页。

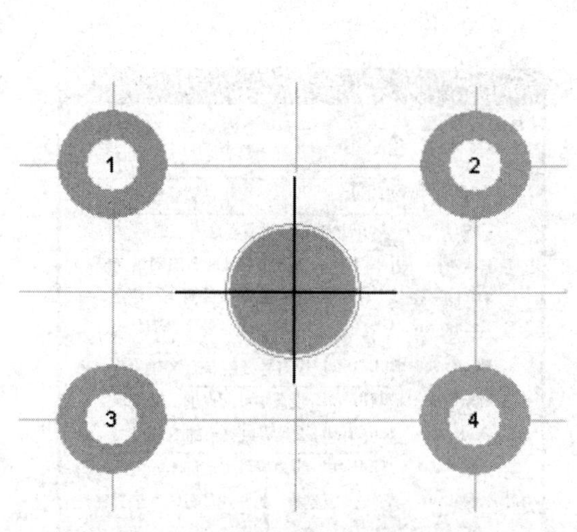

图 7.11 放置焊盘的光标状态

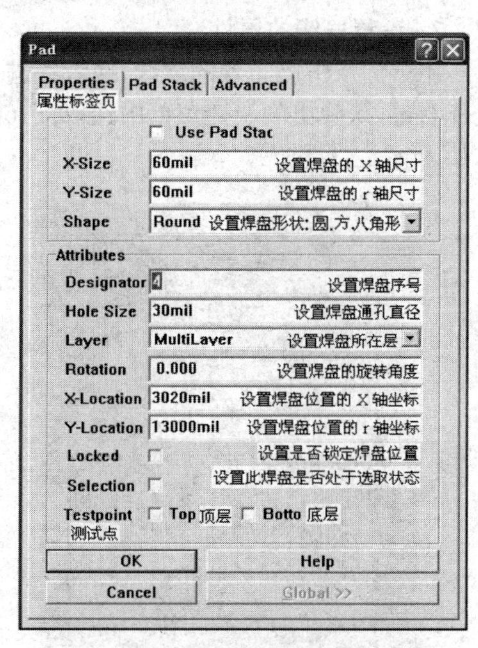

图 7.12 放置焊盘属性设置对话框

(1) "Properties"属性标签页

"Properties"属性标签页内容如图 7.12 所示,其中:

◆ Use Pad Stack:设置采用特殊焊盘,选择此复选框则本标签页中的以下 3 项将不用设置。

◆ Shape:设置焊盘形状。从右侧的下拉列表框可选择焊盘形状,系统提供了 3 种焊盘形状,即 Round(圆形)、Rectangle(正方形)和 Octagonal(八角形)。当选择 Round,而横纵向尺寸不同时,会出现椭圆形状。

◆ Layer:设置焊盘所在层。针脚类元件设为多层,表面粘贴类元件设为顶层或底层。

◆ Rotation:设置焊盘的旋转角度,对圆形焊盘没有意义。

◆ Locked：设置是否锁定焊盘位置。选中表示在移动焊盘时将出现确认对话框以免无意中错误移动。

(2) “Pad Stack”焊盘形状标签页

在焊盘属性对话框中选中“Pad Stack”选项。“Pad Stack”标签页中共有 3 个区域，分别控制焊盘的顶层(Top)、中间层(Middle)和底层(Bottom)的尺寸形状。如图 7.13 所示，每个区域的选项都具有相同的 3 个设置项。其中：

◆ Shape：设置焊盘形状。从右侧的下拉列表框可选择焊盘形状，系统提供了 3 种焊盘形状，即 Round(圆形)、Rectangle(正方形)和 Octagonal(八角形)。

(3) “Advanced”高级标签页

“Advanced”高级标签页共有 3 个选项，如图 7.14 所示。

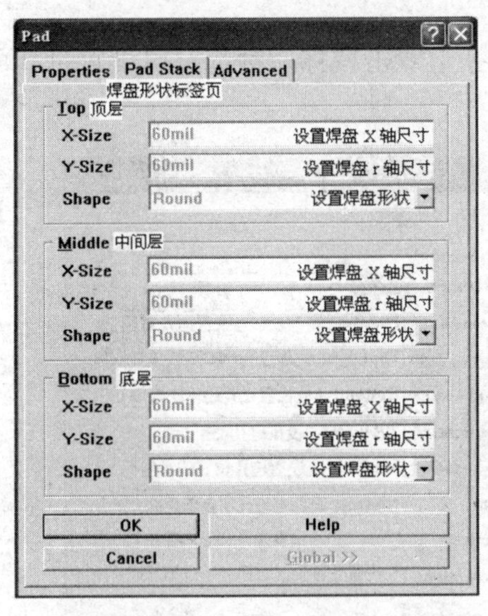

图 7.13　焊盘形状

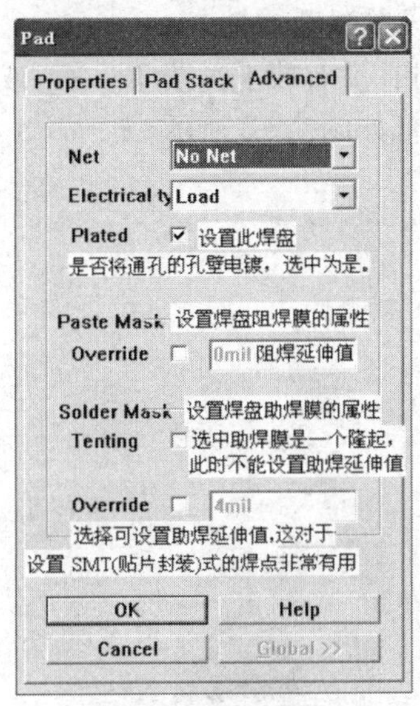

图 7.14　焊盘高级标签页

◆ Net：设置焊盘所在网络。单击右边的下拉式按钮，将列出现在印制电路板上的所有网络名称，选择即可，如图 7.15 所示。

◆ Electrical type：设置焊盘在网络中的电气属性，单击右边的下拉式按钮 Load(中间点)、Source(起点)和 Terminator(终点)3 个选项，如图 7.16 所示。

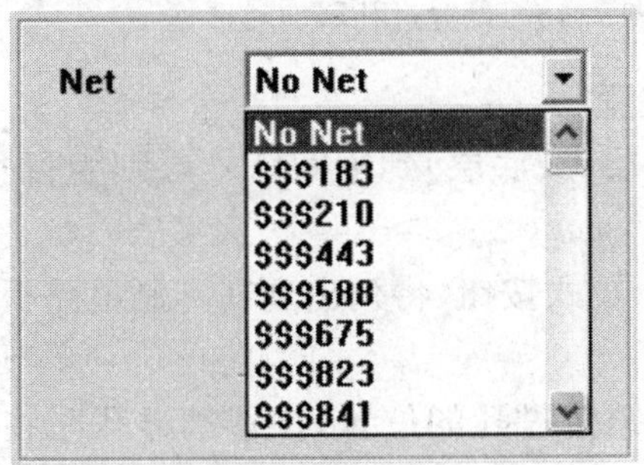

图 7.15　设置焊盘所在网络

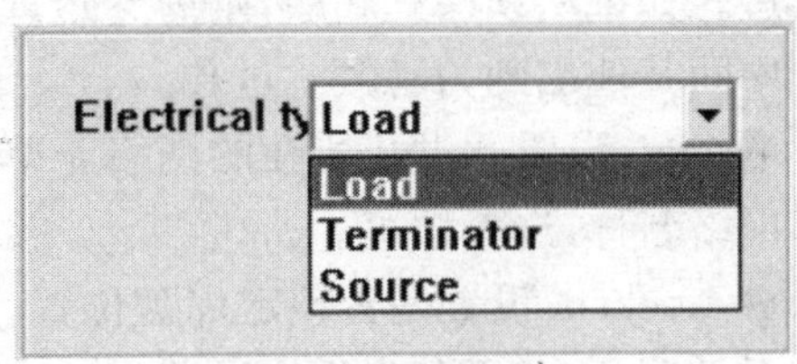

图 7.16　设置焊盘在网络中的电气属性

其他内容参考图 7.14 所示,设置完成后,单击“OK”按钮即可。

7.3.3　放置过孔

1. 放置过孔的步骤

(1) 单击放置工具栏中的图标,或执行“Place\Via”命令。

(2) 执行命令后,光标变成了十字形状,而且在光标的中央粘有一个过孔,如图 7.17 所示。将其移到所需的位置,单击鼠标,即可放置过孔。

(3) 将光标移到新的位置,按照上述步骤即可放置多个过孔。

(4) 单击鼠标右键,光标变成箭头后,退出该命令状态。

2. 设置过孔属性

在过孔没有放下时按 Tab 键,或在已放下的过孔上双击鼠标左键都可以设置过孔的属性,对话框如图 7.18 所示。

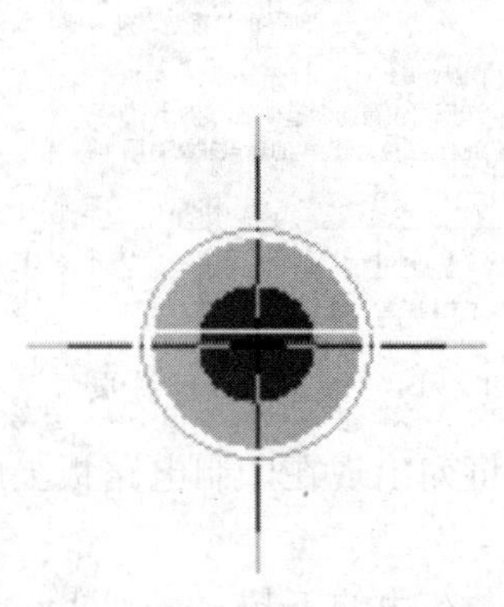

图 7.17　执行放置过孔命令后的光标状态

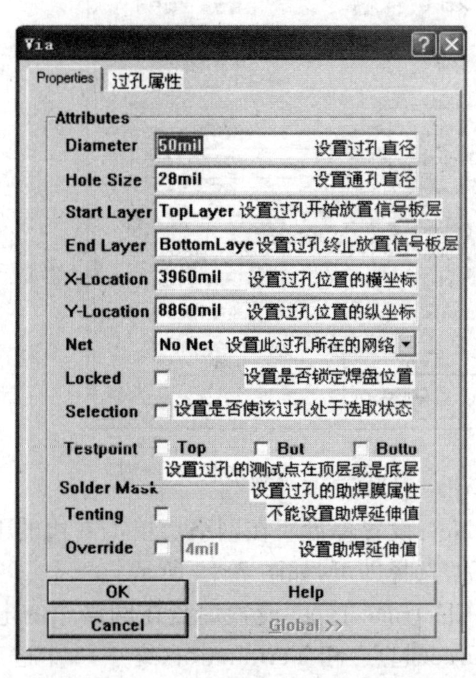

图 7.18　设置过孔属性对话框

◆ End Layer:设置过孔到哪个信号板层终止放置。

过孔如果从顶层到底层,则为穿透式过孔;从顶层(或底层)到中间信号层则为盲孔;某层到中间其他层则为隐藏式过孔。

◆ Net:设置此过孔所在的网络。单击右边的下拉式按钮,将列出现在印制电路板上的所有网络名称,选择即可。

◆ Locked:设置是否锁定焊盘位置。选中表示锁定过孔的位置,在移动过孔时将出现确认对话框,以免无意中的错误移动。

◆ Solder Mask:设置过孔的助焊膜属性,可以选择 Override 设置助焊延伸值。如果选中 Tenting，则助焊膜是一个隆起，此时不能设置助焊延伸值。

设置完成后，单击“OK”按钮即可。

7.3.4 放置字符串

1. 放置字符串的步骤

(1) 单击放置工具栏中的T图标。

(2) 光标将变成十字形状，而且在光标上黏有一个默认的字符串，如图 7.19 所示。将鼠标移动到合适的位置，然后单击鼠标左键即可放置字符串，如图 7.19 所示。

(3) 将光标移到新的位置，重复操作，即可在编辑区内放置多个字符串。

(4) 单击鼠标右键，光标变成箭头后，退出该命令状态。

2. 设置字符串属性

默认字符串放置后，必须在属性对话框中输入其文字内容。在字符串没有放下时按 Tab 键或在已放下的字符串上双击鼠标左键，都可设置字符串的属性。字符串的属性对话框如图 7.20 所示。

图 7.19　光标上黏有一个字符串

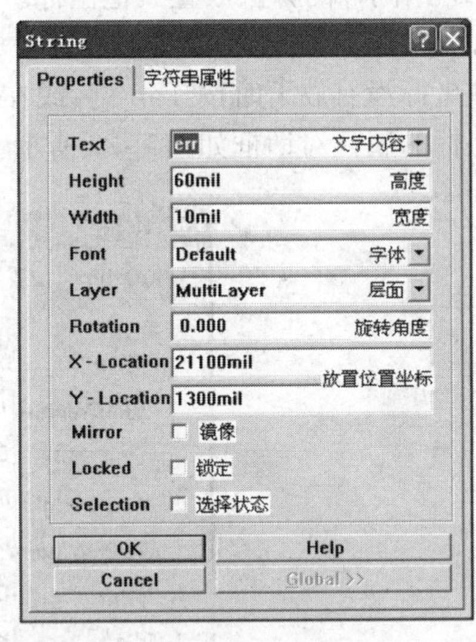

图 7.20　设置字符串属性对话框

其中，字符串的文字内容既可以从下拉列表中选择，也可以直接输入。字符串一般不具有任何电气特性，只起说明作用，所以经常放置到信号层，不要让其与导线相连，以防短路。

3. 旋转字符串

旋转字符串的步骤如下：

(1) 将光标移到字符串文字上单击鼠标左键，文字的右下角会出现一个小圆圈。

(2) 将光标移至字符串文字的小圆圈上单击鼠标左键，光标会变成十字形状。移动鼠标文字也会随之转动，如图 7.21 所示。

(3) 在合适的位置，单击鼠标左键，完成文字的旋转。

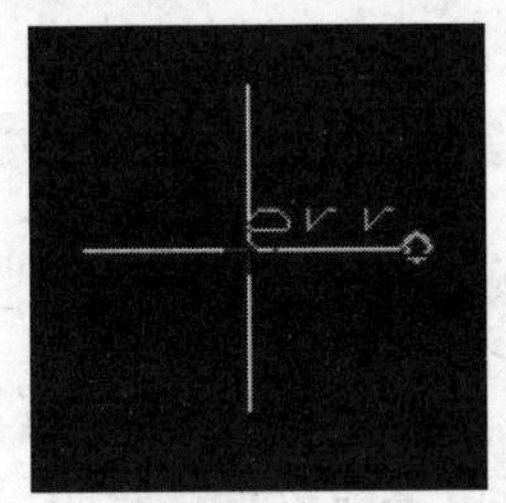

图 7.21

7.3.5 放置位置坐标

1. 放置位置坐标的步骤

(1) 单击放置工具栏中的图标,启动放置坐标命令。

(2) 执行命令后,光标将变成十字形状,并带着当前位置的坐标出现在编辑区,如图 7.22 所示,随着光标的移动,坐标值也相应改变。

图 7.22

(3) 单击鼠标左键,把坐标放到相应的位置。

(4) 用同样的方法放置其他坐标。

2. 设置坐标属性

在坐标没有放下时按 Tab 键,或在已放下的坐标上双击鼠标左键,都可设置坐标的属性。坐标的属性对话框如图 7.23 所示。

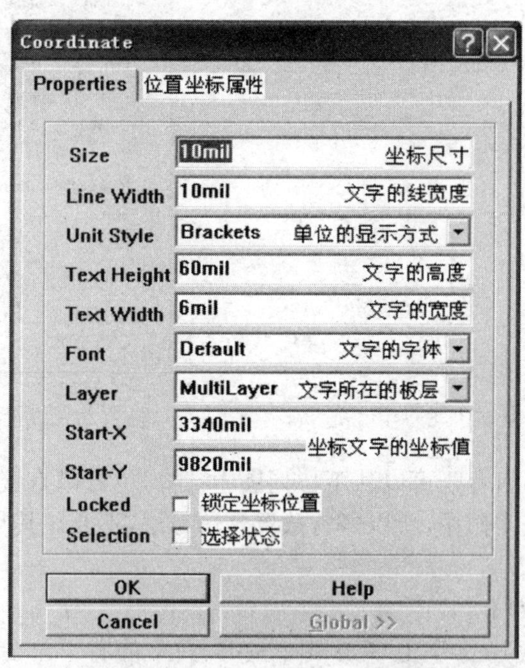

图 7.23 位置坐标属性对话框

其中,光标当前所在位置的坐标放置在编辑区内是作参考用的,不具有任何电气特性,所以一般放置在丝印层。

7.3.6　放置尺寸标注

在进行 PCB 设计时，为了方便印制电路板的制造，有时需要标注某些尺寸的大小，尺寸标注不具有电气特性。

1. 放置尺寸标注的步骤

(1) 单击放置工具栏中的尺寸标注图标，光标变为如图 7.24 所示的状态。

(2) 移动光标到尺寸的起点，单击鼠标，便可确定标注尺寸的起始位置。

(3) 移动光标，中间显示的尺寸随着光标的移动而不断发生变化，到合适的位置单击鼠标即可完成尺寸标注，如图 7.25 所示。

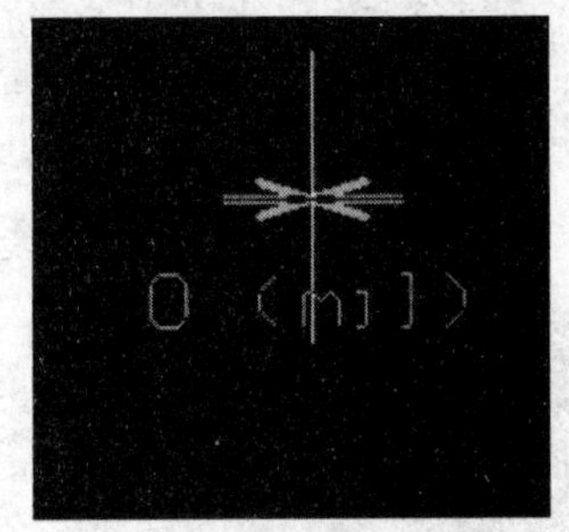

图 7.24　执行放置尺寸标注命令后的光标

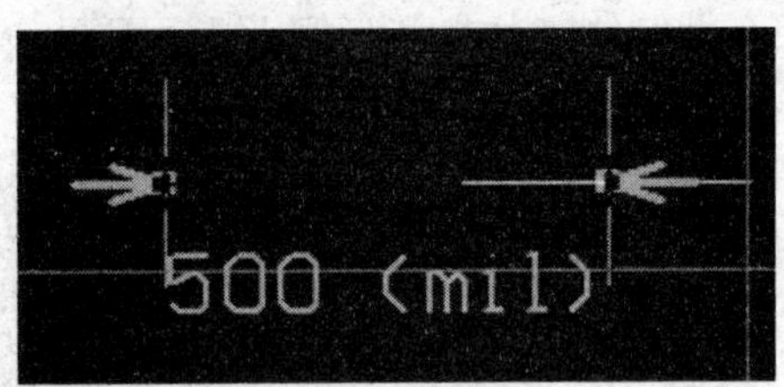

图 7.25　完成的标注尺寸

(4) 将光标移到新的位置，按照上述步骤，再放置其他标注。

(5) 单标右键，光标变成箭头后，退出该命令状态。

2. 设置尺寸标注属性

在尺寸标注没有放下时按 Tab 键，或在已放下的尺寸标注上双击鼠标左键，都可设置尺寸标注的属性。尺寸标注的属性对话框及内容如图 7.26 所示。设置完成后，单击“OK”按钮即可。

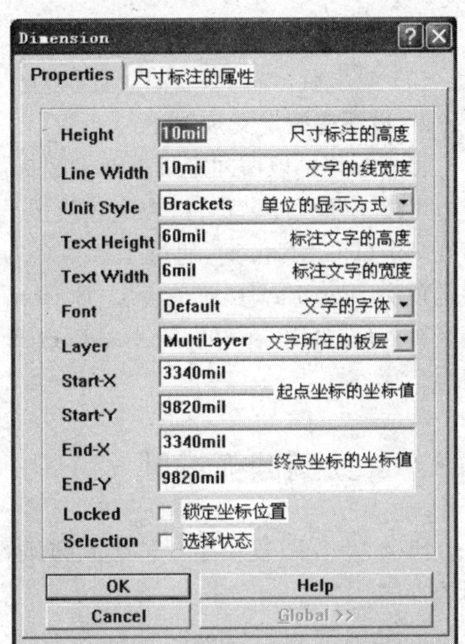

图 7.26　尺寸标注的属性对话框

7.3.7　设置相对原点

在印制电路板设计系统中有两个原点：一个是系统原点，也就是绝对原点，位于设计窗口的左下角；另一个是相对原点，也就是在设计时为了方便定位而自行设置的坐标原点。在进行设计时，底部的状态栏指示的就是相对原点确定的坐标。在没有定义相对原点时，相对原点和绝对原点重合。

设置相对原点的具体步骤如下：

(1) 单击工具栏中的图标，或者执行“Edit\Origin\Set”命令。

(2) 执行命令后,光标变成十字形状,将光标移到所需的位置,单击鼠标左键,即可放置相对原点。若想恢复原来的坐标系,执行“Edit\Origin\Reset”命令即可。

7.3.8 放置房间定义

放置房间定义是在编辑区中绘制一个矩形,房间可以定义在顶层或底层,可以将元件定义在房间内或房间外,当移动房间时,房间内的实体也随之移动。房间定义可以设置为无效,也可以被锁定。

1. 放置房间定义的步骤

放置房间定义的步骤如下:

(1) 单击放置工具栏上的▨图标,或执行“Place\Room”命令,光标变成十字形状。

(2) 在合适的位置单击鼠标左键确定房间定义起点,然后移动鼠标到合适位置,此时出现一个带控制点的矩形,可以根据需要确定其大小。

(3) 再次单击鼠标左键,即可放置一个房间定义,如图 7.27 所示。

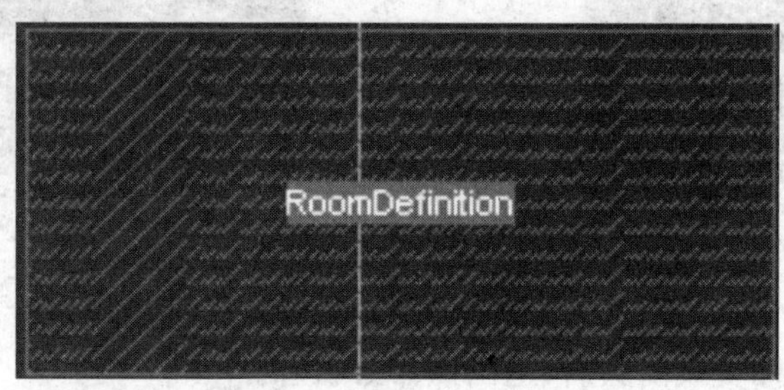

图 7.27 放置房间定义

(4) 单击鼠标右键,取消放置状态。

2. 设置房间定义规则

将光标移到该房间定义上双击鼠标左键,调出如图 7.27 所示的对话框。在此对话框的左边可以按照元件名称、封装形式或按类设置该区域的有效范围,在右边可以设置房间定义的规则名(Rule Name),通过坐标值(x1/y1/x2/y2)设置该区域的大小、选择房间定义的位置是顶层(Top Layer)还是底层(Bottom Layer)以及设置有效范围内的元件是在区域内还是区域外(选择 Keep Object Inside 或 Keep Object Outside)。设置完成后,单击“OK”按钮即可。

7.3.9 绘制圆弧或圆

Protel 99 SE 提供了 3 种绘制圆弧的方法(中心法、边缘法、角度旋转法)和 1 种绘制整圆的方法。

1. 边缘法 Arc(Edge)

边缘法是用来绘制 90 度圆弧的,它通过圆弧上的两点(起点和终点)来确定圆弧的大小。其绘制过程如下:

(1) 用鼠标左键单击放置工具栏中的图标,或执行"Place\Arc(Edge)"命令。

(2) 执行该命令后,光标变成十字形,将光标移到所需的位置,单击鼠标左键,确定圆弧的起点。

(3) 然后再移动光标到适当位置单击鼠标左键,确定圆弧的终点。

(4) 单击鼠标左键确认,即可得到一个圆弧。

2. 中心法 Arc (Center)

中心法绘制圆弧就是通过确定圆弧中心、圆弧的起点和终点来确定一个圆弧。它可以绘制任意半径和弧度的圆弧。其绘制过程如下:

(1) 用鼠标单击放置工具栏中的图标,或执行"Place\Arc(Center)"命令。

(2) 执行该命令后,光标变成十字形,将光标移到所需的位置,单击鼠标左键确定圆弧的中心。

(3) 将光标移到所需的位置,单击鼠标左键,确定圆弧的起点。

(4) 然后再移动光标到适当位置单击鼠标左键,确定圆弧的终点。

(5) 单击鼠标左键确认,即得到一个圆弧。

3. 角度旋转法 Arc(Any Angle)

角度旋转法可以任意角度绘制圆弧。其绘制过程如下:

(1) 用鼠标单击放置工具栏中的图标,或执行"Place\Arc(Any Angle)"命令。

(2) 执行该命令后,光标变成十字形,将光标移到所需的位置,单击鼠标左键确定圆弧的起点。

(3) 然后再移动光标到适当位置单击鼠标左键,确定圆弧的终点。

(4) 单击鼠标左键确认,即可得到一个圆弧。

4. 绘制整圆(Full Circle)

(1) 用鼠标单击放置工具栏中的图标,或执行"Place\Full Circle"命令。

(2) 执行该命令后,光标变成十字形,将光标移到所需的位置,单击鼠标左键,确定圆心,然后再单击鼠标左键,确定圆的大小。

(3) 单击鼠标右键,退出绘制整圆命令。

5. 编辑圆弧

如果对绘制的圆弧不满意,可以将光标移动到该圆弧上,双击鼠标左键,或单击鼠标右键,从快捷菜单中选取"Properties"命令,调出圆弧属性对话框,进行参数设置。设置完成后,单击"OK"按钮即可。

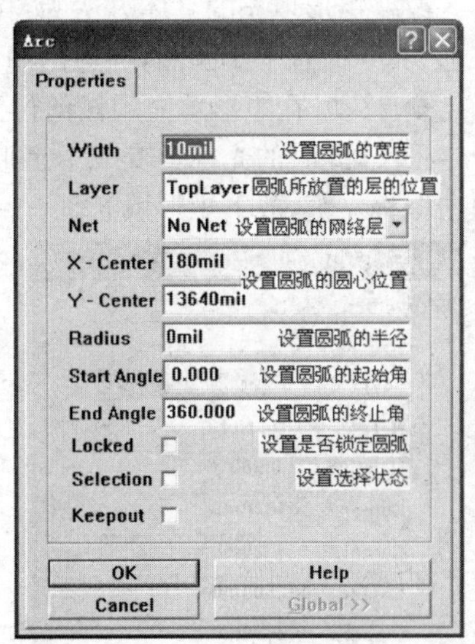

图 7.28　圆弧属性对话框

7.3.10　放置矩形填充

填充一般用于制作 PCB 插件的接触表面,或者为了增强系统的抗干扰性而设置的大面积电源或地。填充如果用于制作接触表面,则放置填充的部分在实际的电路板上是一个裸露的覆铜区,表面没有绝缘漆;如果是作为大面积的电源或地,或者仅为器件、导线间抗干扰而用,则表面会涂上绝缘漆。填充通常放置在PCB的顶层、底层或内部的电源/接地层上,放置填充的方式有两种:矩形填充(Fill)和多边形填充(Polygon Plane)。下面介绍矩形填充的放置方法。

1. 放置矩形填充的步骤

(1) 用鼠标单击放置工具栏上的□图标,或执行"Place\Keepout\Fill"命令,光标变成十字形状。

(2) 移动光标,依次确定矩形区域对角线的两个顶点,即可完成该区域的填充,如图7.29所示。

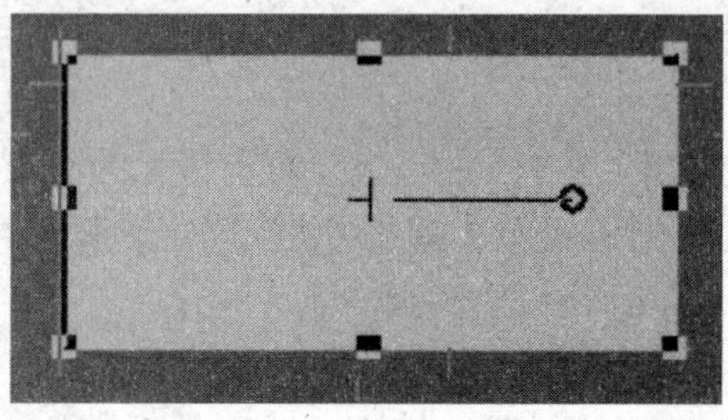

图7.29　放置矩形填充

(3) 单击鼠标右键或按Esc键即可退出命令状态。

2. 改变矩形填充

改变矩形填充的具体方法为:在矩形填充上单击鼠标左键,矩形填充的中心会出现小十字形,其一边有个小圆圈,周边出现8个控制点,如图7.29所示。

◆ 移动:在矩形填充的任何位置单击鼠标左键,光标都将自动移到矩形填充中心的小十字形上,此时的光标会变成十字形,而且矩形填充会黏在光标上随之移动,在合适的位置,单击鼠标左键,放下矩形填充。

◆ 旋转:在矩形填充的小圆圈上单击左键,光标会变成十字形。移动鼠标,矩形填充会随之转动,在合适的位置,单击鼠标左键,完成矩形填充的旋转。

◆ 修改大小:单击矩形填充四周出现的某个控制点,可以改变控制点所在边的位置,如果控制点在角上,则可同时改变两条边的位置。在合适的位置单击鼠标左键可修改矩形填充的大小。

3. 设置矩形填充属性

在矩形填充没有放下时按Tab键,或者用鼠标双击放下后的矩形填充,都可以设置矩形填充的属性。矩形填充属性对话框如图7.30所示。

在对话框中可以对矩形填充所处的板层(Layer)、连接的网络(Net)、旋转角度(Rotation)、两个角的坐标等参数进行设置。设置完毕后,单击"OK"按钮即可。

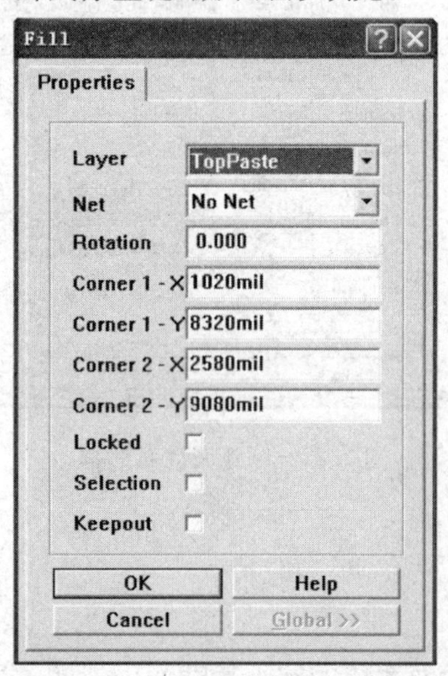

图7.30　矩形填充属性对话框

7.3.11　放置多边形填充

多边形填充也叫做放置敷铜，是为了提高电路板的抗干扰能力，将电路板中空白的地方铺满铜膜。

1. 放置多边形填充的步骤

放置多边形填充的操作步骤如下：

步骤 1　单击放置工具栏中的⏍图标，或执行菜单命令“Place\Polygon Plane”，将出现如图 7.31 所示的设置多边形填充属性对话框。

图 7.31　设置多边形填充属性

◆ “Net Options”网络选项区域。

◇ Connect to Net：设置填充连接的网络。单击右边的下拉式按钮，将列出目前 PCB 上的所有网络名称，选择即可。

◇ Pour Over Same Net：设置是否在填充的范围内遇到设置连接的网络时覆盖此网络。

◇ Remove Dead Copper：选中表示如果某一块铜膜无法连接到指定的网络，则删除它；如果不选，则不删除。

◆ “Hatching Style”填充模式区域。

采用 90°线、45°线、竖直线、水平线填充模式。其中：

◇ No Hatching：采用不用线填充模式，即中空。

◆“Plane Settings”填充板层设置区域。

◇ Layer：用于设置填充所在的板层，单击右边的下拉式按钮所有板层名称，选择即可。

◇ Lock Primitives：不选表示将填充看作导线。

◆ “Surround Pads With”环绕焊盘方式区域。

多边形填充有八角形(Octagons)和圆弧(Arcs)两种方式环绕焊盘。

◆ “Minimum Primitive Size”最小原始尺寸区域。其中的 Length 值设置填充敷铜线的最短限制。

步骤 2 设置完对话框后，光标变成十字形，将光标移到所需的位置，单击鼠标左键确定多边形的起点。

步骤 3 然后移动光标到其他位置，单击鼠标左键，依次确定多边形的其他顶点。

步骤 4 在多边形终点处单击鼠标右键，程序会自动将起点和终点连接起来形成一个封闭的多边形区域，同时在该区域内完成金属填充，如图 7.32 所示。

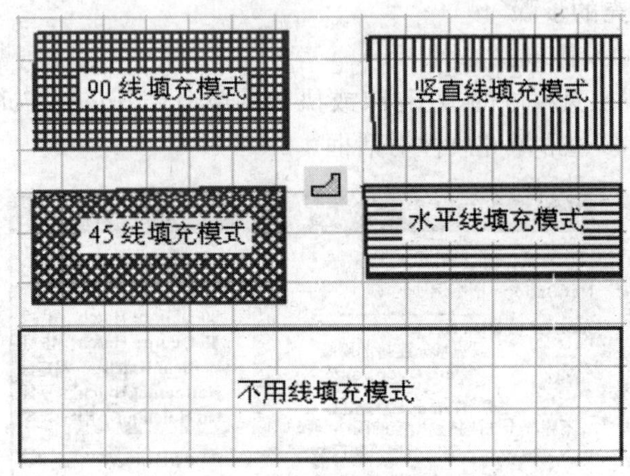

图 7.32 多边形填充

2. 矩形填充和多边形填充的区别

◆ 矩形填充的是整个区域，没有任何遗留的空隙。多边形填充则是用铜膜线来填充区域，线与线之间是有空隙的。

◆ 矩形填充会覆盖该区域内的所有导线、焊盘和过孔，使它们具有电气连接关系，而多边形填充则会绕开区域内的所有导线、焊盘、过孔等具有电气意义的图件，不改变它们原有的电气连接关系。

若将多边形填充的线宽值(Track Width)设置为大于或等于格点尺寸(Grid Size)的值，也可以获得与矩形填充相同的外观效果。

7.3.12 放置切分多边形

切分多边形与多边形类似，不过它是用来切分内部电源层(Internal Plane)或接地层的，具体的方法如下：

步骤 1 用鼠标单击工具栏中的图标，或执行“Place\Split Plane”命令。

步骤 2 执行此命令后，系统将会弹出设置切分多边形属性对话框。

步骤 3 设置完对话框后，光标变成十字形，将光标移到所需的位置，单击鼠标确定多边形的起点，然后再移动光标到适当位置单击鼠标，确定多边形的中间点。

步骤 4 在终点处右击鼠标，程序会自动将起点和终点连接在一起，形成一个封闭切分多边形平面，放置切分多边形后，如果需要对其进行编辑，则可选中切分多边形，然后单击鼠标右键，从快捷菜单中选取“Properties”命令，或者双击鼠标，在弹出的切分多边形属性编辑对话框中进行编辑。

注意：要设置切分多边形填充，必须事先设置内部电源或接地层，否则该命令不起作用。

下面介绍不在放置工具栏中的两种绘图工具。

7.3.13 补泪滴设置(Teardrops)

钻孔时应力集中而使接触处断裂。泪滴焊盘和过孔形状可以定义为弧型或线型，可以对选中的实体，也可以对所有过孔或焊盘进行设置。

放置泪滴的方法如下：

步骤1 执行“Tools\Teardrop Options”菜单命令，调出放置泪滴对话框，如图7.33所示。

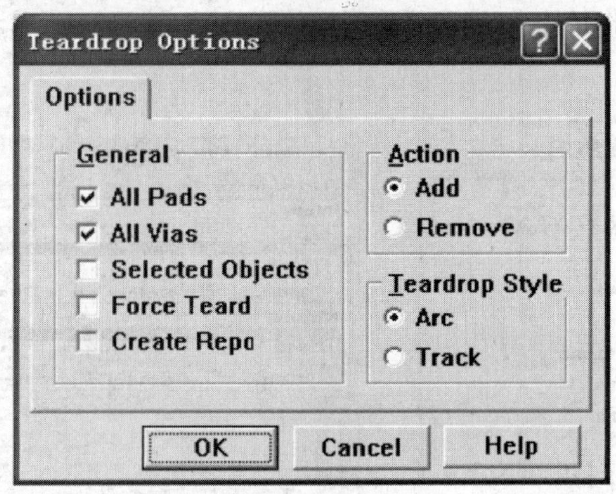

图7.33 放置泪滴对话框

步骤2 在对话框中的左边区域中指定选项，在右边的“Action”作用区域中选中“Add”在“Teardrop Style”泪滴类型区域中选中任一项。

步骤3 单击“OK”按钮，程序立即对所有焊盘和过孔添加泪滴。若想取消泪滴，可以调出图7.33所示对话框右边的“Action”中的“Remove”(删除)按钮，然后单击“OK”按钮即可。

7.3.14 放置屏蔽导线

为了防止导线间的相互干扰，将某些导线用接地线包住，称为屏蔽导线(或包地)。一般来说，容易干扰其他线路的线路或容易受其他线路干扰的线路需要屏蔽起来。放置屏蔽导线的方法是：

步骤1 执行“Edit\Select”命令，再选取“Net”(网络)命令或“Connected Copper”(连接导线)命令，将光标指向所要屏蔽的网络或连接导线上，单击鼠标左键选取。

步骤2 单击鼠标右键结束选取状态。然后执行“Tools\Outline Selected Objects”(屏蔽导线)命令，该网络或连接导线周围就放置了屏蔽导线。最后取消选取状态，恢复原来的导线。

◆ 取消屏蔽时，执行“Edit\Select\Connected Copper”命令，将光标移至屏蔽导线上，单击鼠标左键选中屏蔽导线，然后单击鼠标右键，最后按Crtl+Delete组合键即可取消屏蔽。

7.4　PCB浏览管理器

Protel 99 SE的设计管理器是由Explorer文档管理器选项卡和浏览管理器选项卡组成的。

Explorer选项卡文件管理器，如图7.34所示。负责管理所编辑的专题数据库中所有的设计文件。用户可通过文件管理器对这些设计文件进行浏览、打开、切换等操作。而Browse PCB选项卡是浏览管理器，负责管理当前电路板图中的各种PCB元件、网络及元件库。用户可在其中操作元件库、浏览工作区里的图件，如图7.35所示。本章节重点讨论浏览管理器的使用。

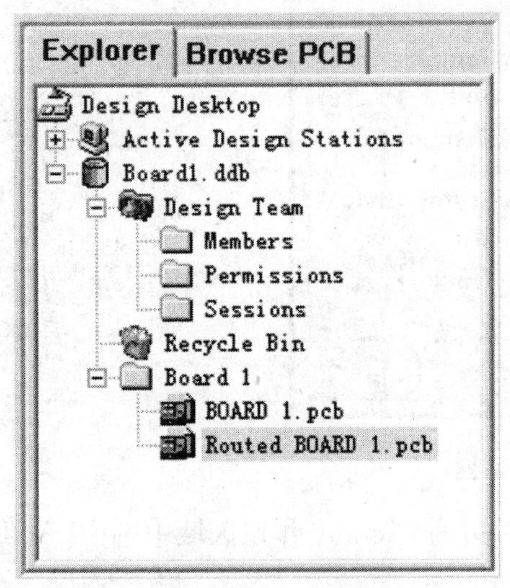

图7.34　文档管理器

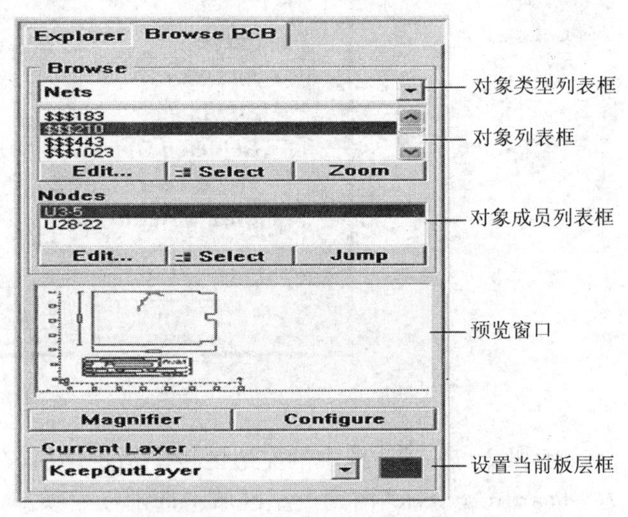

图7.35　PCB浏览管理器

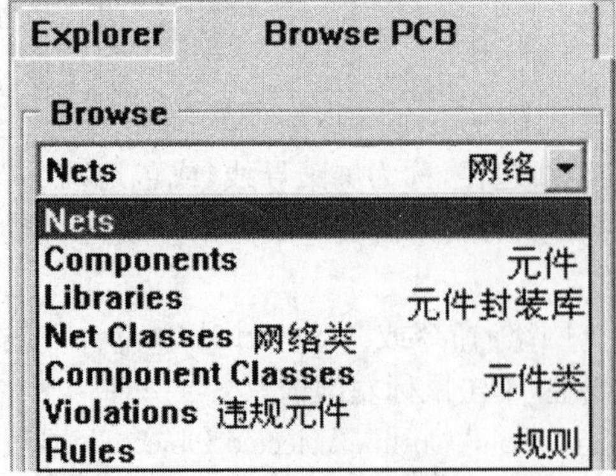

图7.36　对象类型列表框

7.4.1　PCB浏览管理器概述

PCB浏览管理器是由3个列表框、1个预览窗口和1个当前板层框组成的，如图7.35所示。

◆ 对象类型列表框：如图7.36所示，此列表框为下拉式列表框，用户可以在其中选择浏览对象的类型。

◆ 对象列表框：如图7.37所示，在对象类型列表框中选择浏览的对象类型后，对象列表框列出所选类型的所有对象。

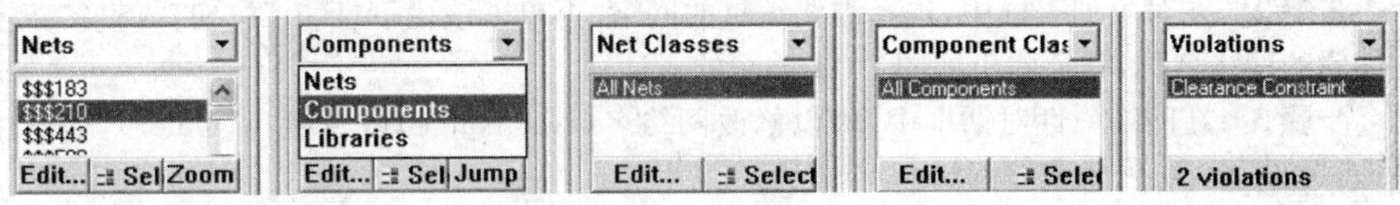

图 7.37　对象列表框

◆ 对象成员列表框：如图 7.38 所示，该列表框列出了被选中对象的组成成员。如果选中某一元件，则在该列表框中列出了这一元件的所有焊盘名称；如果选中某一网络，则列出组成这一网络的各个节点。

图 7.38　对象成员列表框

◆ 预览窗口：预览所选中的 PCB 对象，如图 7.39 所示。

◆ 设置当前板层框：该框可以设置当前板层，同时可以看出当前板层的颜色，如图 7.40 所示。

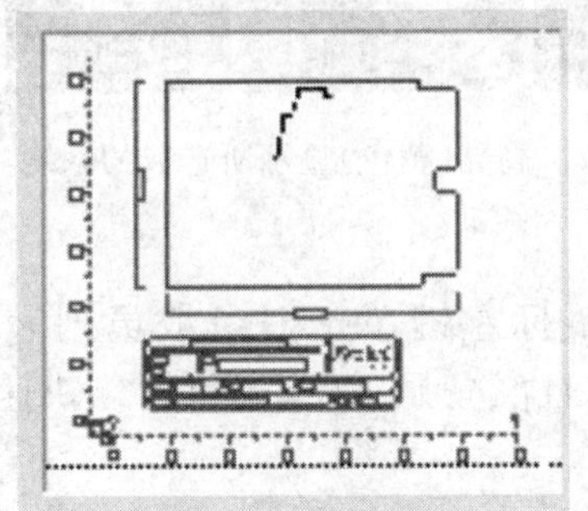

图 7.39　预览窗口

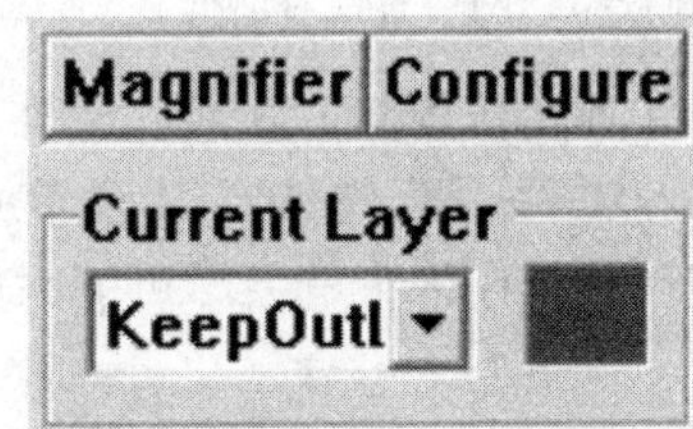

图 7.40　当前板层框

7.4.2　PCB 浏览管理器的使用

使用 PCB 浏览管理器时，首先要选择管理对象的类型，然后进行对象的浏览与管理。单击列表框右边的下拉式按钮，打开图 7.35 所示的下拉式列表，可以看到如图 7.36 所示的列表内容，可以方便地选择要管理的对象类型。

1. 网络对象的管理

网络对象的管理包括：设置网络属性、亮显所选取的网络、快速定位焊盘、预览所选网络等。

(1) 设置网络属性

设置网络属性的具体步骤如下：

步骤 1　在对象类型列表框中，选择“Nets”类型选项。

步骤 2　在对象列表框中，选择需要编辑的网络，再单击该栏下“Edit”按钮，或直接双击要编辑的网络名称，就会弹出如图 7.41 所示的对话框。

步骤 3　在网络属性对话框中，可以修改网络名（Net Name）以及颜色（Color），若选中“Hide”复选框，可以隐藏该网络。

步骤 4　设置完毕后，单击“OK”按钮即可。

（2）亮显所选取的网络

为方便查看 PCB 网络的组成，可以亮显网络。亮显网络的方法是：

在对象列表框中，先选择某个网络对象，然后用鼠标左键单击该栏下的“Zoom”按钮，工作区中就会尽可能大的显示所选取的网络，并且高亮（黄色）显示该网络，如图 7.42 所示。

图 7.41　网络属性对话框

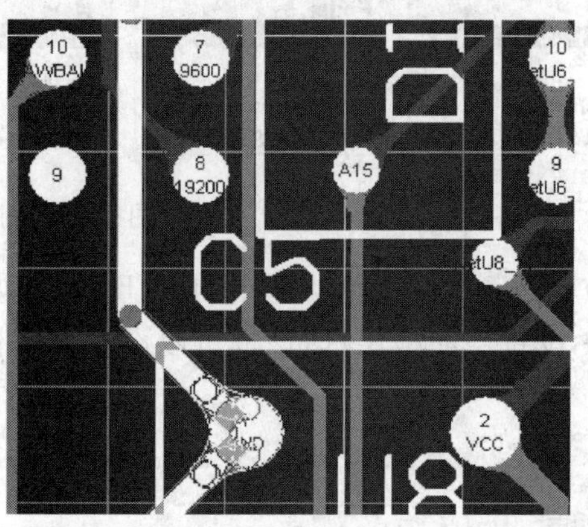

图 7.42　高亮（黄色）显示所选取的网络

（3）快速定位焊盘

如图 7.43 所示，先选择某个节点焊盘，然后用鼠标左键单击对象成员列表框中的“Jump”按钮，工作区中就会尽可能大的显示该焊盘，并且高亮显示，这样就可以快速找到某一焊盘。

图 7.43　高亮（黄色）显示快速定位焊盘

（4）预览所选网络

在对象列表框中，选择某个网络，则预览窗口中将显示被选择的网络。它可以反映出该网络的形状及其在电路板中的大致位置，如图 7.39 所示。

2. 元件对象的管理

元件对象的管理包括:修改元件属性、快速定位所选元件。

(1) 修改元件属性

具体步骤如下:

步骤 1　在对象类型列表框中,选取"Components"选项,则在对象列表框中显示电路板图中的所有元件名称,如图 7.44 所示。

步骤 2　在对象列表框中,选择要编辑的元件,单击"Edit"按钮,或者直接双击要编辑的元件名称,进入如图 7.45 所示的元件属性对话框。

步骤 3　在该对话框中,可以设置元件的属性。

步骤 4　设置完成后,单击"OK"按钮即可。

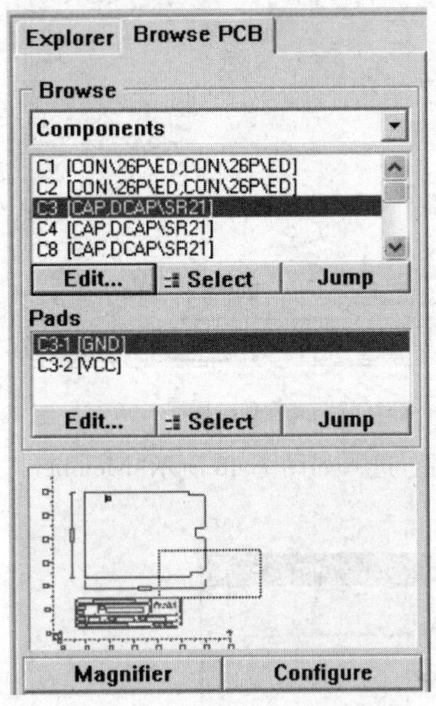

图 7.44　元件对象的管理

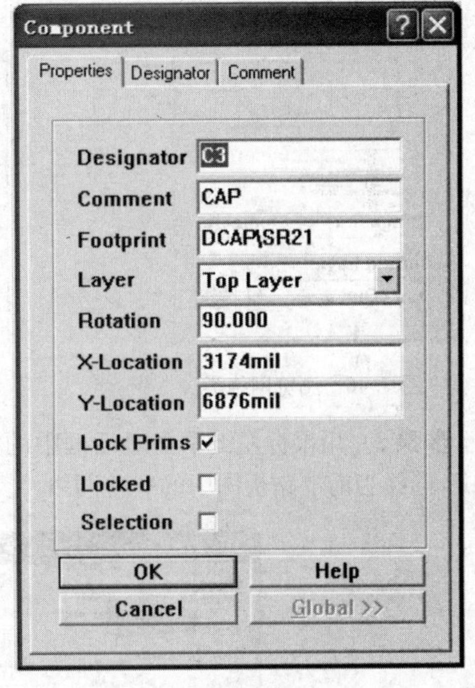

图 7.45　元件属性对话框

(2) 快速定位所选元件

在对象列表框中,先选中某个元件,然后用鼠标左键单击该列表框下面的"Jump"按钮,则所选定的元件被放大显示,并且呈高亮(黄色)状态,这样,就可以快速定位被选中的元件。

3. 网络类对象的管理

网络类是电路板图中某些网络的集合。利用 PCB 浏览管理器可以对网络类中的网络进行改名、增加及删除操作。在对象类型列表框中,选择"Net Classes"选项,则当前电路板图中的所有网络类都显示在对象列表框中,如图 7.46 所示。其中"All Nets"网络类是 Protel 99 SE 自动为每个 PCB 图创建的,是不能编辑的。而其他的网络类都是自定义的,可以进行编辑修改。

(1) 创建网络类

创建网络类的具体步骤如下：

步骤 1　执行菜单命令“Design\Classes”，进入如图 7.47 所示的类管理对话框。在该对话框中显示当前电路板图中所有的网络类。

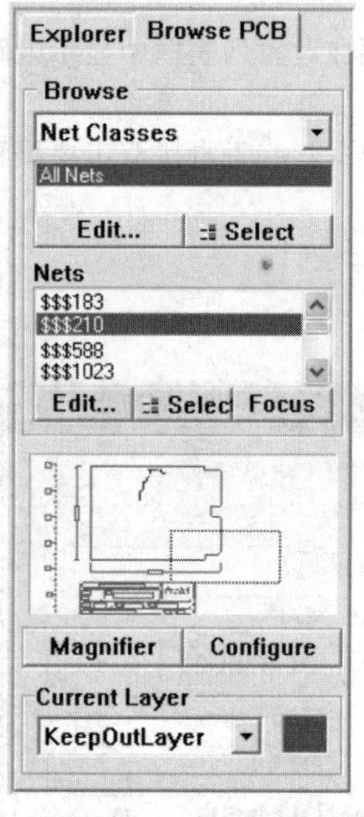

图 7.46　浏览网络类

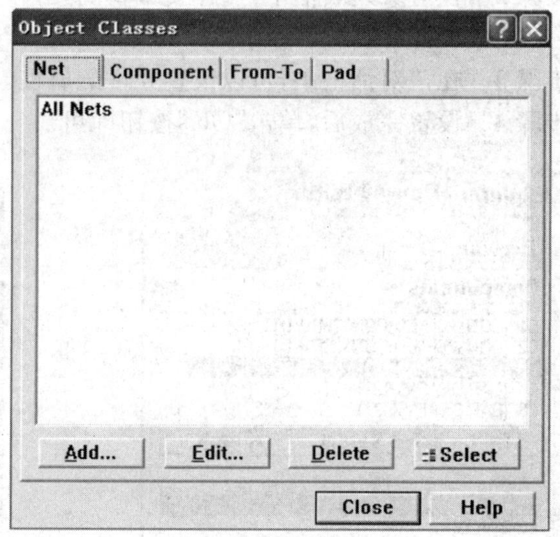

图 7.47　类管理对话框

步骤 2　用鼠标左键单击对话框中的“Add”按钮，进入如图 7.48 所示“Members”列表框中，选择当前电路板图中的一些网络。

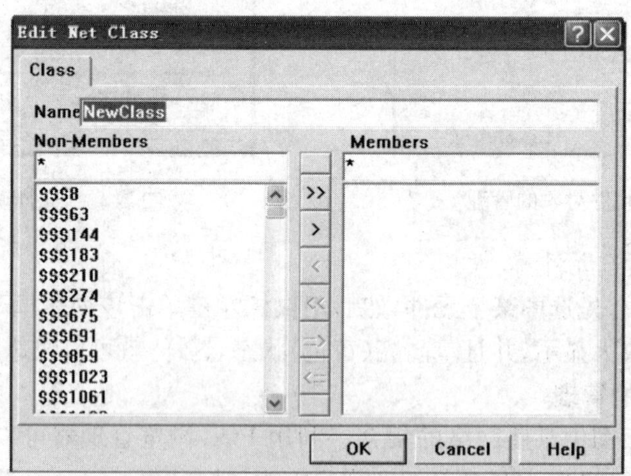

图 7.48　编辑网络类对话框

步骤 3　单击图 7.48 对话框中的“>”按钮，就可以将所选择的网络添加到新建的网络类中，并在“Members”列表框中显示出来。如果在前面没有选择网络，则可以单击“>>”按钮将所有的网络添加到新建网络类中。

若想把某些网络从当前的网络类中移去，则在“Members”列表框中选择它们然后单击该对话框中的“<”或“<<”按钮即可。

步骤 4　单击“OK”按钮，关闭编辑网络类对话框。

步骤 5　单击“Close”按钮，关闭类管理对话框。

(2) 删除网络类

删除网络类的具体步骤如下：

步骤 1　执行菜单命令“Design\Classes”，进入图 7.47 所示的类管理对话框。

步骤 2　在该对话框中，选择一个要删除的网络类然后单击“Delete”按钮。

步骤 3　最后单击“Close”按钮即可删除。

(3) 网络类的编辑

编辑自定义网络类的操作步骤如下：

步骤 1　在对象类型列表框中，选择“Net Classes”选项。

步骤 2　在对象列表框中，选择一个要编辑的网络类，单击“Edit”按钮，或者双击该网络类，进入如图 7.48 所示的对话框进行编辑修改。

步骤 3　单击“OK”按钮，关闭对话框即可结束网络类的编辑。

(4) 亮显网络

为方便对某个网络进行定位，可以亮显该网络，其方法是：在对象成员列表框中，选择一个网络，单击该列表中的“Focus”按钮，可高亮（黄色）显示所选择的网络。

4. 元件类对象的管理

元件类是电路板图中某些元件的集合。利用 PCB 浏览管理器可以对元件类中的元件进行改名、增加及删除操作。在对象类型列表框中，选择“Component Classes”选项，则当前电路板图中的所有元件类都显示在对象列表框中，如图 7.49 所示。其中，All Components 元件类是 Protel 99 SE 自动为每个 PCB 图创建的，是不能编辑的，而其他的元件类都是自定义的，可以进行编辑。

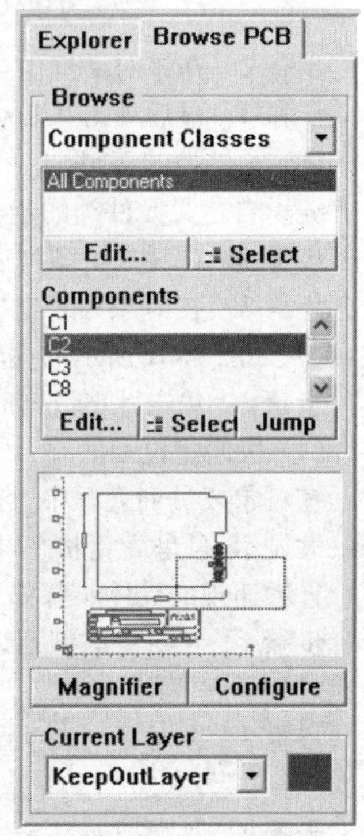

图 7.49　浏览元件类

(1) 创建元件类

创建元件类的具体步骤如下：

步骤 1　执行菜单命令“Design\Classes”，进入类管理对话框，然后选择“Component”选项卡，如图 7.50 所示。在该选项卡中显示当前电路板图中所有的元件类。

步骤 2　用鼠标左键单击对话框中的“Add”按钮，进入编辑元件类对话框，如图 7.51 所示。在“Name”对话框中输入新建元件类的名称。在“Non-Members”列表框中选择一些当前电路板图中的元件。

步骤 3　单击该对话框中的“>”按钮，就可以将所选择的元件添加到新建的元件类中，并在“Members”列表框中显示出来。如果在前面没有选择元件，则可以单击“>>”按钮，将所有的元件添加到新建元件类中。若想把某些元件从当前的元件类中移去，则在“Members”

列表框中选中它们，然后单击该对话框中的“<”或“<<”按钮即可。

步骤4 单击“OK”按钮，关闭编辑元件类对话框。

步骤5 单击“Close”按钮，关闭类管理对话框。

(2) 删除元件类

删除元件类的具体操作步骤如下：

步骤1 执行菜单命令“Design\Classes”，进入类管理对话框，如图7.51所示，然后选择“Component”选项。

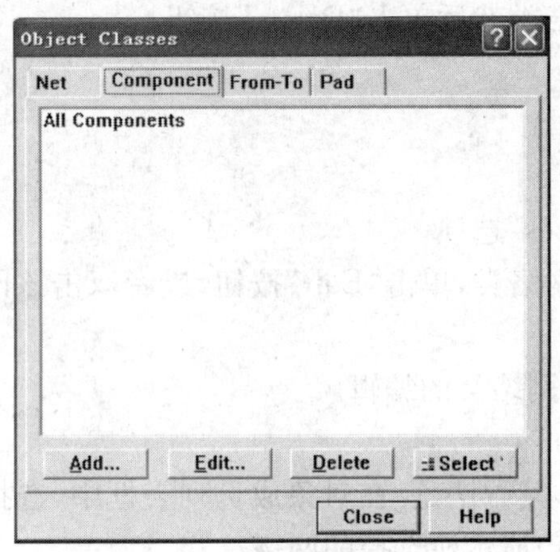

图7.50 类管理对话框

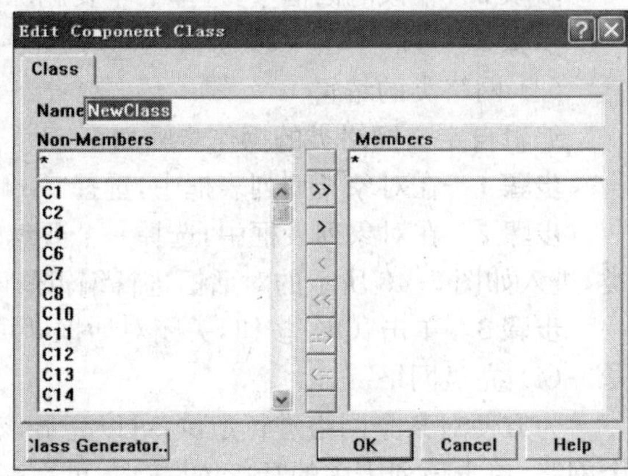

图7.51 编辑元件类对话框

步骤2 在该对话框中，选择一个要删除的元件类，单击“Delete”按钮。

步骤3 最后单击“Close”按钮即可删除。

(3) 元件类的编辑

编辑自定义元件类的步骤如下：

步骤1 在对象类型列表框中选择“Component Classes”选项。

步骤2 在对象列表框中选择一个要编辑的元件类，单击“Edit”按钮，或者双击该元件类，进入如图7.51所示的编辑元件类对话框，进行元件类的编辑修改。

步骤3 单击“OK”按钮，关闭对话框即可结束元件类的编辑。

(4) 快速定位元件

在对象成员列表框中，选择一个元件，单击该列表中的“Jump”按钮，便可使所选择的元件放大显示，且呈高亮状态，以达到快速定位该元件的目的。

查看违规的具体步骤如下：

步骤1 在对象类型列表框中，选择“Violations”选项，则当前PCB图中违规的类型显示在对象列表框中，如图7.52所示。

步骤2 在对象列表框中选择一种违规类型，成员列表框中就会显示该种类型的所有违规内容。

步骤3 如果要看某个违规错误的详细说明，则在对象成员列表框中选择一个违规，单击该列表框中的“Details”按钮，系统将弹出如图7.53所示的对话框。在这个对话框中，详细说明了这个违规是违反了什么规则，并说明了违规的图件。若想高亮显示违规处，则单击对话框下方的“Highlight”按钮；若想放大显示违规处，则单击对话框下方的“Jump”按钮。

步骤 4　单击对话框中的“OK”按钮，关闭窗口。

PCB 浏览管理器还可以对元件封装库和规则进行管理。

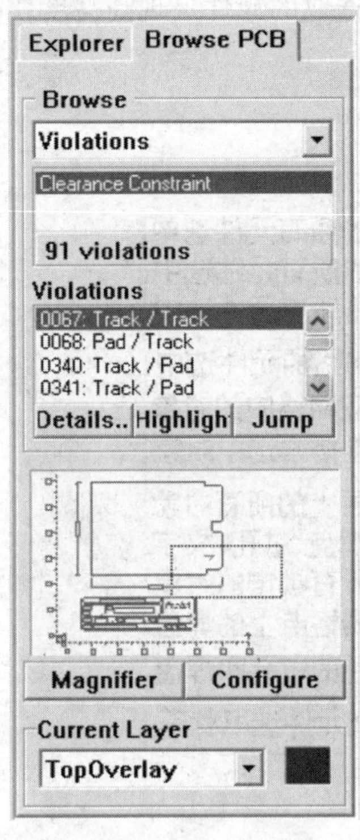

图 7.52　浏览违规

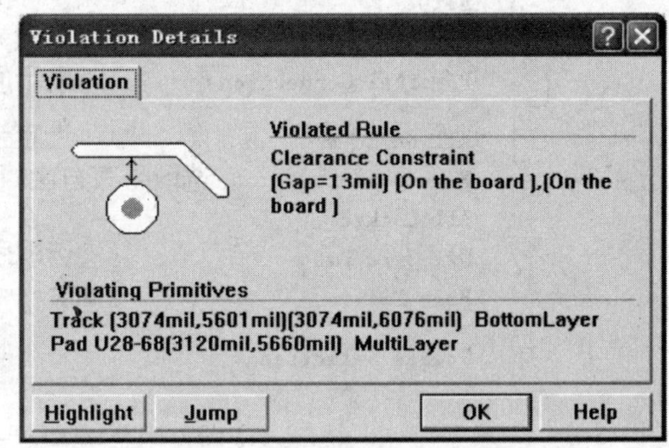

图 7.53　违规错误的详细说明

7.5　手 工 布 局

手工布局就是以手工的方式对元件进行排列、移动、旋转、复制和删除等操作。使每个元件都处于适当的位置。手工布局适合由分立元件组成的小规模、低密度 PCB 图的设计。同时，在自动布局后，仍需手工布局进行完善。

7.5.1　选取元件

在手工调整元件的布局前，应该选中元件，选取元件的方法有以下 3 种。

1. 直接选取元件

直接选取元件的方法为：按住 Shift 键，单击某个元件，即可选取这个元件。被选取的元件呈现高亮度。如果单击的位置叠放了多个元件，则会出现一个列表，要求用户在其中选择所要选取的元件。如果要取消选取，则按住 Shift 键，单击某个已被选取的元件(高亮度)，即可去除该元件的选取状态，使该元件不再呈现高亮度。

2. 画框选取元件

移动鼠标指针到所要选取元件的一角，按住鼠标左键，移动鼠标，拉出一个方框，使方框包围所要选取的元件，松开鼠标左键即可选取框内的元件，被选取的元件呈现高亮度。画框选取元件时，只有整体在框内的元件才会被选取。

3. 用菜单命令选取元件

选取对象的菜单命令为“Edit\Select”，如图7.54所示。

Inside Area	将鼠标拖动的矩形区域中的所有元件选中
Outside Area	将鼠标拖动的矩形区域外的所有元件选中
All	将所有元件选中
Net	将组成某网络的元件选中
Connected Copper	通过敷铜的对象来选定相应网络中的对象
Physical Connection	表示通过物理连接来选中对象
All on Layer	选定当前工作层上的所有对象
Free Objects	选取所有自由对象，包括焊盘、过孔、文字
All Locked	选取所有锁定的对象
Off Grid Pads	选取所有不在栅格点上的焊盘
Hole Size...	选取指定钻孔直径的过孔和焊盘
Toggle Selection	切换元件选取状态

图7.54 Select子菜单

◆ Net：将组成某网络的元件选中。其操作过程如下：

步骤1 执行Net命令，状态栏中出现“Choose Electrical Objector Connection”。

步骤2 将鼠标指针移动到要选取网络中的任一元件上，单击鼠标左键，选取该网络，被选取的网络焊盘及铜膜线将变为高亮度（黄色）。用同样的方法还可以继续选取其他网络。单击鼠标右键或按Esc键结束。如果要选取的网络很难查找，则可在执行“Net”命令后，单击任意空白处，屏幕将出现如图7.55所示的选取网络对话框。在此对话框中输入所要选取的网络名称，再单击“OK”按钮即可选取该网络。

图7.55 选取网络对话框

◆ Connected Copper：通过敷铜的对象来选定相应网络中的对象。执行该命令后，如果选中某条走线或焊盘，则该走线或者焊盘所在的网络对象上的所有元件均被选中。被选中的对话框将变为高亮度。

◆ Hole Size：选取指定钻孔直径的过孔和焊盘。执行此命令后，系统将弹出如图7.56

所示的对话框,输入所选取的孔径,其范围为 1～255 mil。该对话框中还有 3 个复选框,其含义如下:

◇ Include Vias:表示选中所有满足条件的过孔。

◇ Include Pads:表示包括所有焊盘。

◇ Deselect All:表示选定对象之前,先释放所有已选定的对象。单击“OK”按钮,则符合此孔径的焊盘和过孔将被选中。

◆ Toggle Selection:切换元件选取状态。

当要改变某个元件的选取状态时,执行此项命令,状态栏中显示“Chang Any Object”,此时单击要切换的元件,则该元件的选取状态由被选取变为不被选取,或由不被选取变为被选取。

要想取消该操作可单击鼠标右键或按 Esc 键。

释放对象的菜单命令为“Edit\DeSelect”。如图 7.57 所示,这些操作都是消除元件的选取状态,与对应的选取命令功能相反。

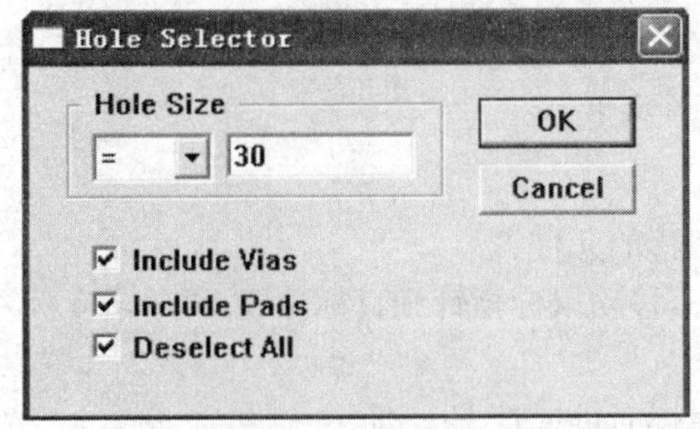

图 7.56　选取指定钻孔直径对话框

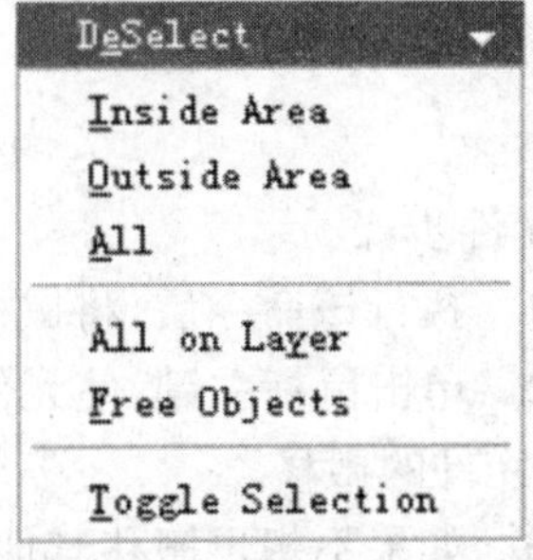

图 7.57　取消选取命令

另外,还可以利用向导选取方式来选取实体。这种向导执行“Edit\Selection Wizard”命令,可引导用户建立一种具有复杂条件的选取。通过自定义的一组条件,快速地选取不同类型的实体。

7.5.2　点取实体及编辑

点取实体的方法是:将鼠标指针指向某个实体,并且单击鼠标左键。当该实体出现控点时即被点取。拖动这些控点可改变这些实体的外形、大小、旋转角度等。

注意:元件封装和敷铜不可被点取,复制粘贴和清除操作不可作用于被点取的实体。

7.5.3　元件的移动

元件的移动有两种形式:一种是搬移(Move),即在移动的过程中,忽略元件的原有电气连接。如搬移一个元件时,所有与该元件焊盘相连的铜膜线都不会被搬移。另一种是拖动(Drag),即在移动过程中,保持原有的电气连接。如拖动一个元件时,与此元件焊盘相连的铜膜线也会跟着被拖动。

1. 搬移元件

搬移元件可利用“Edit\Move”子菜单，弹出的命令及内容如图7.58所示，其中：

◆ Move Selection：将选中的多个元件移动到目标位置，该命令必须在选中元件（可以选中多个）后才能有效。

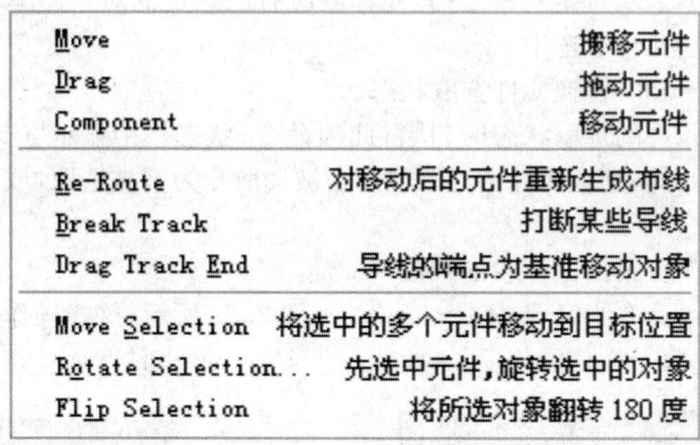

图7.58　Move子菜单

搬移元件步骤：

步骤1　执行该命令后，将鼠标指针指向要搬移的元件。

步骤2　单击鼠标左键，使元件处于浮动状态，移动鼠标指针到目标位置，再单击鼠标左键，完成该元件的搬移。

步骤3　如果不想再搬移其他元件，可单击鼠标右键或按Esc键。

2. 拖动元件及实体(Drag)

拖动元件及实体有两种方法：直接用鼠标拖动元件和执行拖动命令。

◆ 直接用鼠标拖动实体。

◆ 执行“Edit\Move\Drag”子菜单中的“Drag”命令实现。

7.5.4 旋转元器件

旋转元器件可通过执行菜单或鼠标操作来实现。

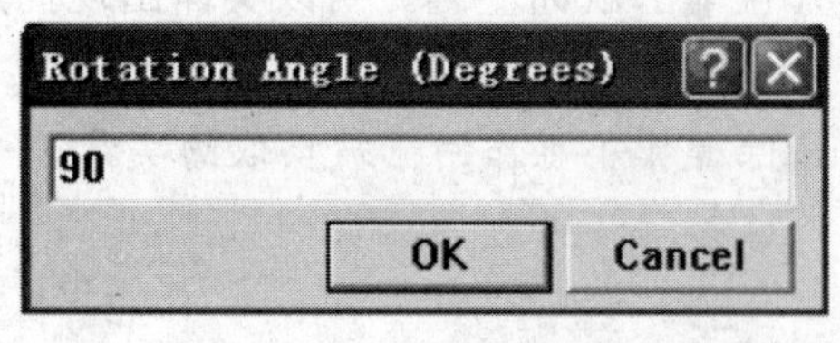

图7.59　旋转对话框

◆ 任意角度的旋转步骤：

步骤1　先选定需要旋转的元件或实体。

步骤2　执行“Edit\Move\Rotate Selection”菜单命令，在如图7.59所示的对话框中设置旋转角度。

步骤3　输入旋转角度（输入正角，逆时针旋转；输入负角，顺时针旋转）。单击“OK”按钮，光标变成十字形。

步骤4　将光标移动到旋转中心，然后单击鼠标左键，该元件封装就会以这个点为中心，以设置的角度进行旋转。

◆ 水平翻转的步骤：

步骤 1　选定要翻转的元件或实体。

步骤 2　执行菜单命令“Edit\Move\Rotate Selection”。所选定的元件或实体就以它们构成的区域中心为对称轴做水平翻转。

◆ 鼠标操作法步骤：

步骤 1　先将鼠标指针指向要旋转的元件，按住鼠标左键，此时鼠标指针变为十字形。

步骤 2　按空格键即可调整元件的方向。按 X 键，可进行水平翻转；按 Y 键，可进行垂直翻转。

7.5.5　排列元器件

排列元件可以通过执行“Tools\Interactive Placement”子菜单的相关命令来实现，该子菜单有多种排列方式。

方式一：通过如图 7.60 所示的“Component Placement”(元件布置)工具栏中选取相应的图标来排列元件。

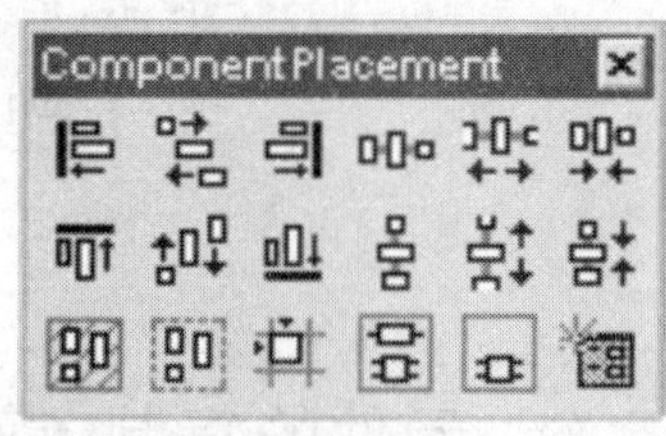

图 7.60　元件布置工具栏

方式二：执行“Tools\Interactive Placement \Align...”命令，弹出如图 7.61 所示的对话框，该对话框列出了多种对齐方式。该命令也可以通过在工具栏上选择图标来激活。对齐方式有以下两种。

◆ 左边“Horizontal”区域是水平对齐的各种方式。

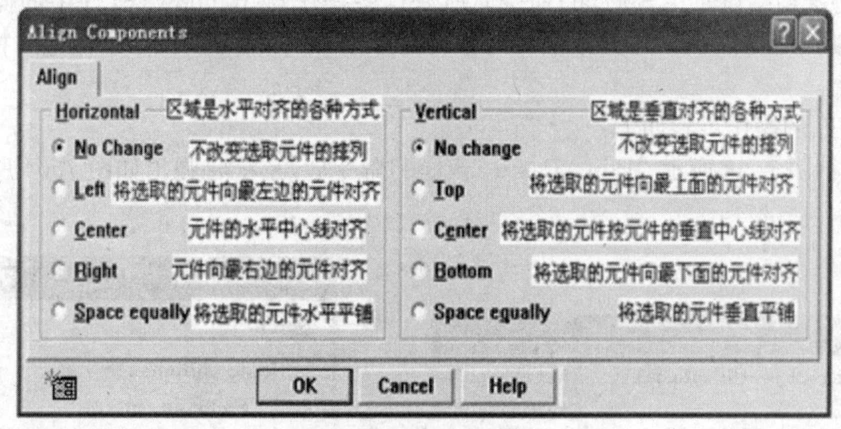

图 7.61　对齐方式对话框

其中 Space equally：将选取的元件水平平铺，相应的工具栏图标为▫▫▫。

◆ 右边“Vertical”区域是垂直对齐的各种方式。

其中 Space equally：将选取的元件垂直平铺，相应的工具栏图标为▫选择对齐方式后，单击“OK”按钮。

方式三：执行“Tools\Interactive Placement \Align...”命令，弹出如图 7.62 所示的排

列元件子菜单，该对话框列出了多种对齐方式。

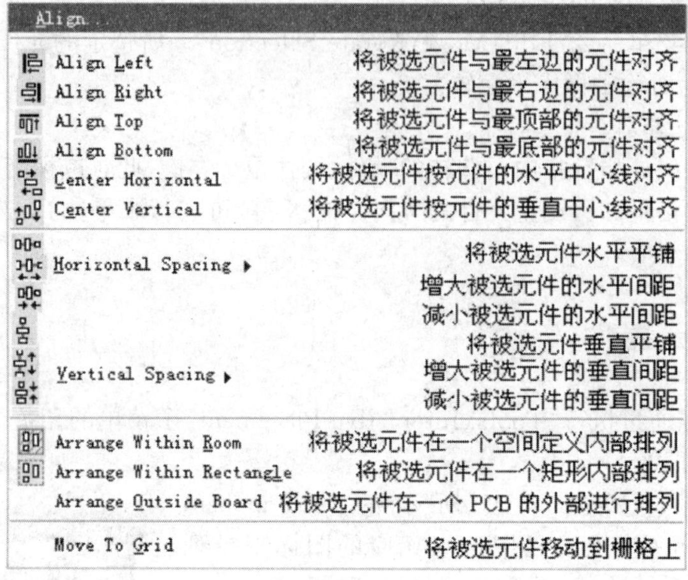

图 7.62　排列元件子菜单

7.5.6　元件的复制、剪切与粘贴

当需要复制元件时，可以使用 Protel 99 SE 提供的复制（Copy）、剪切（Cut）、粘贴（Paste）和特殊粘贴（Paste Special）命令。所有这些操作与 Windows 软件中的操作完全相同，并且都使用了剪贴板。这些命令都在 Edit 菜单下，如图 7.63 所示，下面介绍特殊粘贴的方法与步骤。

特殊粘贴的操作步骤如下：

(1) 执行图 7.63 所示 “Edit \Paste Special”命令后，系统将弹出如图 7.64 所示的特殊粘贴对话框。

Edit	
Undo ChangeObjectGraphically	Alt+BkSp
Nothing to Redo	Ctrl+BkSp
Cut	Ctrl+X
Copy	Ctrl+C
Paste	Ctrl+V
Paste Special...	
Clear	Ctrl+Del

图 7.63　Edit 菜单

图 7.64　特殊粘贴对话框

◆ Paste on current：表示将对象粘贴在当前的工作层上。选中该项后，不管原来元件在哪一个板层，一律粘贴到当前活动板层。但是对象的焊盘、过孔、位于丝印层上的元件标号、形状和注释保留在原来的工作层上。

◆ Keep net name：表示粘贴时保持原有的网络属性。选中该项则保持原来各元件的网络属性，即将元件所属的网络一并粘贴；否则，粘贴的所有元件不属于任何网络。

◆ Duplicate designator：表示粘贴时保持原有的名称或序号。例如，元件的原有序号为R1，则粘贴的元件序号也是R1。若不选择此选项，粘贴的元件序号变为R1。

◆ Add to component class：表示粘贴时将元件加入原有的元件类。

(2) 设置了粘贴方式后，就可以单击“Paste”按钮直接将对象粘贴到目标位置，也可以单击“Paste Array”按钮进行阵列粘贴，单击该按钮后系统将会弹出如图7.65所示的阵列式粘贴设置对话框。该按钮的功能也可以通过从Placement Tools工具栏中选择一图标来实现。

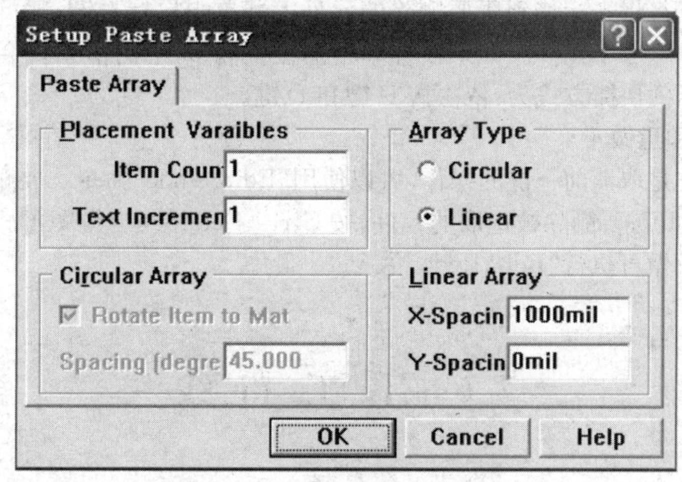

图7.65 阵列式粘贴设置对话框

该对话框中各选项的功能如下：

◆ “Placement Varaibles”区域：这个区域有两个编辑框。“Item Count”编辑框用于设置所要粘贴的元件个数。“Text Increment”编辑框用于设置所要粘贴的元件序号的增量值，如果将该值设置为1，且元件序号为R1，则重复放置的元件中，序号分别为R2、R3、R4。

◆ “Array Type”区域：该区域用于设置阵列复制类型。“Circular”代表采用圆形排列；“Linear”代表采用线性排列。

◆ “Circular Array”区域：只有在选择了“Circular”阵列类型时该区域才有效。其中“Rotate Item to Match”复选框用于设置是否使元件随旋转的角度而自动旋转；“Spacing (degrees)”对话框用于设置每个元件旋转的角度。

◆ “Linear Array”区域：在选择了“Linear”阵列类型后该区域才有效。其中“X-Spacing”对话框和“Y-Spacing”对话框分别设置排列时的水平间距和垂直间距。完成设置后，单击“OK”按钮退出对话框，这时鼠标指针变为十字形。

如果是圆形排列，则应先单击某个位置确定圆心，再单击另一个位置，确定圆的半径；如果是线形排列，则只需单击鼠标左键，确定起点即可。

7.5.7 元件的删除

当图形中的某个元件不再需要时，可以把它删除。删除元件可以使用“Edit”菜单中的两个删除命令，即清除(Clear)和删除(Delete)命令。

1. 清除(Clear)

清除是将选取的元件删除，但并不复制到剪贴板中。执行“Edit\Clear”命令之前需要选取元件，执行该命令之后，已选取的元件立刻被删除。本命令的快捷方式为：依次按 E 键和 L 键。

2. 删除(Delete)

删除操作与选取无关，在执行“Edit\Delete”命令之前不需要选取元件，执行删除命令后，光标变成十字形，将光标移到所要删除的元件上并单击鼠标左键，即可删除该元件。删除操作只能一次删除一个元件。如果鼠标单击的位置有多个元件，系统会弹出一个菜单让用户选择。本命令的快捷方式为：依次按 E 键和 D 键。

3. 恢复删除和重做

恢复删除操作是取消前一次的操作，可以使用“Edit\Undo”命令。要删除被点取的元件只需按 Delete 键即可；要删除被选取的元件，按 Ctrl+Delete 组合键即可。重做是恢复上一次取消的操作。重做可执行“Edit\Redo”命令。

7.6 手 工 布 线

自动布线结束后的 PCB 板一般不能立即用于印制板加工，必须经过手工调整布线操作后，才能获得一块较完美的、满足电磁兼容性要求的印制电路板。手工调整布线的目的就是重新调整走线方式，删除不合理的过孔，使布线尽可能合理。

7.6.1 布导线

1. 手工布线前的准备工作

(1) 设置在线设计规则检查。在线设计规则检查是指在布线过程中，系统实时地检查有关的设计规则，使不符合设计规则的导线无法布置到 PCB 上。要使用在线检测方式，必须将设置系统参数对话框中的“On-line DRC”选项打开。

设置在线设计规则的方法：执行“Tools\Design Rule Check”菜单命令，启动设计规则检查设置对话框，同时选择“On-line”在线检查标签页，如图 7.66 所示。

在该对话框中，可以指定在线检查有哪些设计规则。系统默认是只检查 Clearance Constraints(安全距离)规则。设置完成后，单击“OK”按钮即可。

(2) 设置电路板布线板层。设置电路板布线板层就是确定用单面布线、双面布线还是多面布线。

（3）切换当前布线板层。切换当前布线板层就是确定目前要在哪个板层里布线。可以通过单击工作区内的工作层标签来切换当前板层，也可通过键盘上的“ * ”键或“＋”键选择当前板层，“ * ”键只能在顶层和底层间进行切换。

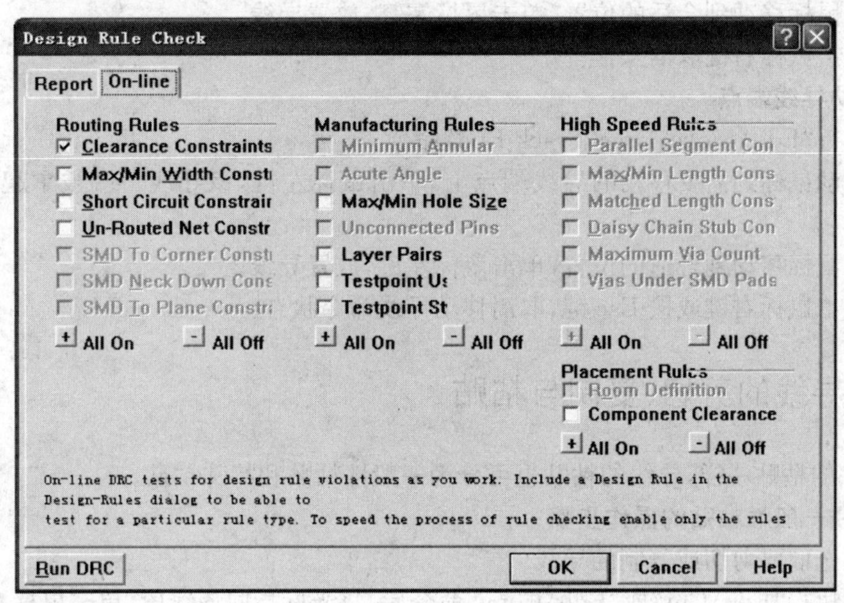

图 7.66　设计规则检查设置对话框

2. 手工布线的基本操作

启动布线可以通过主菜单上的“Place\Line”命令或单击放置工具栏中的放置导线图标来启动，也可以通过右键菜单中的“Interactive Routing”命令来启动。

（1）切换导线模式。在 Protel 99 SE 中，系统提供了 6 种切换导线模式，分别为：45 度转角模式、转角处圆弧模式、转角处小圆弧模式、90 度转角模式、任意角度模式和起点圆弧模式。

在布线过程中，按 Shift＋Space 组合键可以随时在这几种模式间进行切换。

（2）切换导线方向。在布线过程中，随时按动 Space（空格）键可以切换导线方向。

（3）在布线过程中取消导线段。在布导线状态中，随时按 BackSpace 键可以取消前面一段导线的布置。

7.6.2　移动导线

手工布线时，经常需要修改已经布下的导线。移动导线可通过菜单命令来实现。

1. 移动整条导线

（1）执行“Edit\Move\Drag”命令。

（2）将鼠标放到需要移动的导线上，单击鼠标左键，该导线被拿起。

（3）将鼠标移动到合适的位置，单击鼠标左键，放置导线。

（4）单击鼠标右键或按 Esc 键，取消移动导线命令状态。

2. 截断导线移动

(1) 执行"Edit\Move\Break Track"菜单命令。

(2) 移动鼠标到需要截断的导线上,单击鼠标左键,导线被截断并被拿起。

(3) 将鼠标移动到合适的位置,单击鼠标左键,放置导线。

(4) 单击鼠标右键取消操作。

3. 移动导线端点

(1) 执行"Edit\Move\Drag Track End"命令。

(2) 移动鼠标到需要移动的导线端点上,单击鼠标左键,该导线一端被拿起,随着鼠标移动。

(3) 将鼠标移动到合适的位置,单击鼠标左键,放置导线。

(4) 单击鼠标右键或按 Esc 键,取消移动导线命令状态。

7.6.3 导线的剪切、复制与粘贴

与元件的粘贴一样,导线的粘贴也可分为一般性粘贴和特殊粘贴。

1. 导线一般性粘贴的操作步骤

(1) 先选取要剪切或复制的导线。

(2) 在执行"Edit\Cut"或"Edit\Copy"命令后,将光标指向该线段,单击鼠标左键即可剪下(或复制)该导线。

(3) 执行"Edit\Paste"命令,光标指向该线段,单击鼠标左键即可粘贴该导线。

2. 导线的特殊粘贴

对于导线的复制与粘贴,通常不会只粘贴一条,而要粘贴上几条线。利用特殊粘贴的方法,一次就可粘贴上所需的所有导线。导线的特殊粘贴可参照元件粘贴的方法。

7.6.4 导线的删除命令

(1) 选中导线后,按 Delete 键即可将选中的对象删除。下面为各种导线的删除命令。

(2) 执行"Edit\Delete"菜单命令,光标变成十字形,将光标移到任意一个导线段上,光标上出现小圆点,单击鼠标左键,即可删除该导线段。

(3) 两焊盘间导线的删除。执行"Edit\Selete\Physical Connection"菜单命令,光标变成十字形。将光标移到连接两焊盘的任意一个导线段上,光标上出现小圆点,单击鼠标左键,可将两焊盘间所有的导线段选中,然后按 Ctrl+Delete 键,即可将两焊盘间的导线删除。

(4) 删除相连接的导线。执行"Edit\Selete\Connected Copper"菜单命令,光标变成十字形。将光标移到其中一个导线段上,光标上出现小圆点,单击鼠标左键,可将有连接关系的所有导线段选中,然后按 Ctrl+Delete 键,即可删除该导线。

(5) 删除同一网络的所有导线。执行"Edit\Selete\Net"菜单命令,光标变成十字形。将光标移到网络上的任意一个导线段上,光标上出现小圆点,单击鼠标左键,可将网络上所有的导线段选中,然后按 Ctrl+Delete 键,即可删除网络中的所有导线。另外,也可以通过解除布线来实现导线的删除。解除布线的命令集中在"Tools"菜单下的"Un-Route"(解除布

线)子菜单中,如图 7.67 所示。

◆ All:解除印制电路板上的所有布线,即删除印制电路板上的所有导线。

◆ Net:解除指定网络的布线。单击此命令,光标将变成十字形。将光标移动到需要删除的网络中的任意一个导线段上,单击鼠标左键,即可删除此网络上的所有导线。

◆ Connection:解除指定两焊盘之间的布线。

◆ Component:解除指定与某个元器件封装连接的布线。

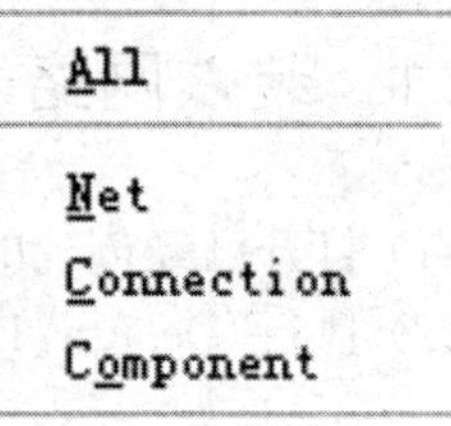

图 7.67　"Un-Route"子菜单

7.6.5　导线的属性修改

在布线过程中,可以按 Tab 键对导线的属性进行修改。

(1) 若执行的命令为"Place\Line",在布线过程中按 Tab 键打开如图 7.68 所示的对话框。在该对话框中,可以修改所布导线的宽度和所在板层,设置完成后单击"OK"按钮,以后布线就按照设置的线宽在板层中布置。

(2) 若执行的命令为"Place\Interactive Routing",在布线过程中按 Tab 键可打开如图 7.69 所示的对话框。在该对话框中对线宽(Trace Width)及过孔的数值进行修改。

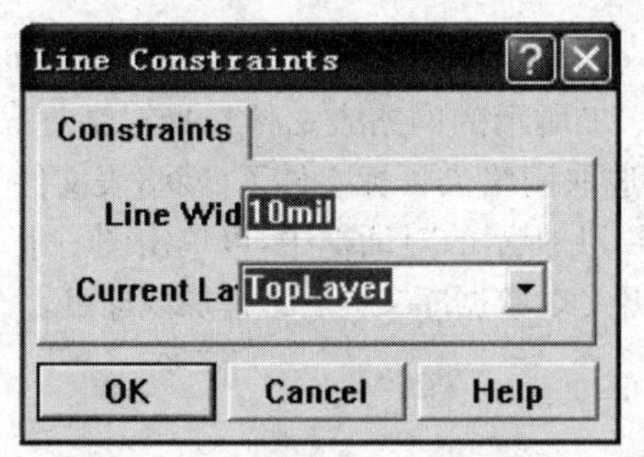

图 7.68　修改导线属性对话框

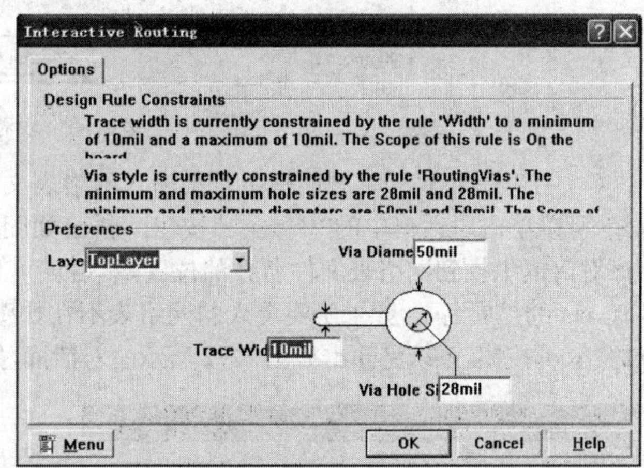

图 7.69　修改线宽及过孔属性对话框

7.7　自 动 布 局

Protel 99 SE 具有强大的自动布局和自动布线功能,从而提高了工作效率。它可以通过设置好的程序算法,根据网络表文件自动将元件分开,放置在已规划好的印制电路板电气边界内并自动布线。在自动布局前,还需要做一些准备工作,如装入网络表、设置自动布局设计规则等。

7.7.1　装入网络表

（1）打开已经创建的 PCB 文件。

（2）执行“Design\Load Nets”命令菜单，系统会弹出如图 7.70 所示的装入网络表对话框。

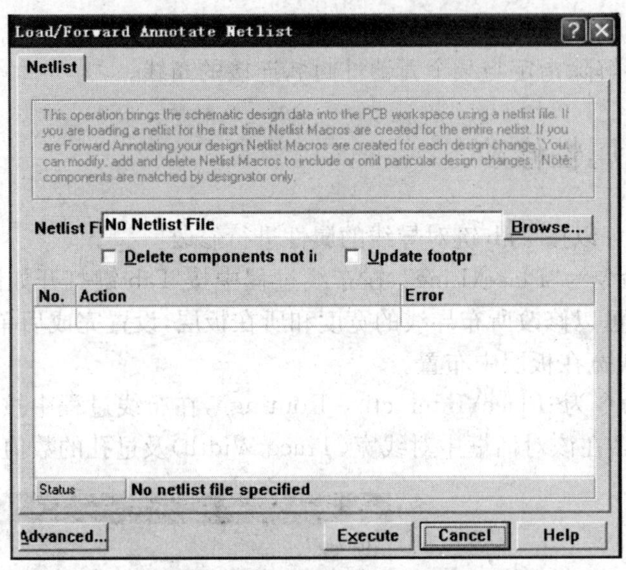

图 7.70　装入网络表对话框

（3）在“Netlist File”对话框中直接输入网络表文件名。如果不知道网络表文件所在的位置，可以单击对话框中的“Browse”按钮。弹出如图 7.71 所示的网络表文件选择对话框，在该对话框中找到网络表文件所在的位置，然后就可以选取网络表目标文件了（网络表文件具有.net 的扩展名）。如果所要装入的网络表不在如图 7.71 所示的对话框中，可单击图右上方的“Add”按钮，系统将弹出如图 7.72 所示的对话框，打开专题数据库文件后选择加载即可。

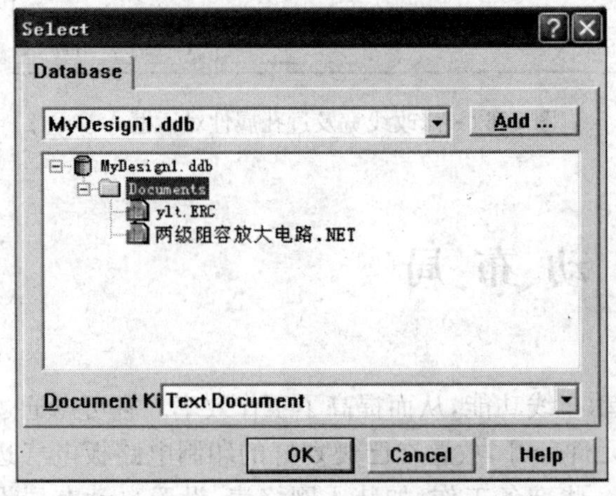

图 7.71　网络表文件选择对话框

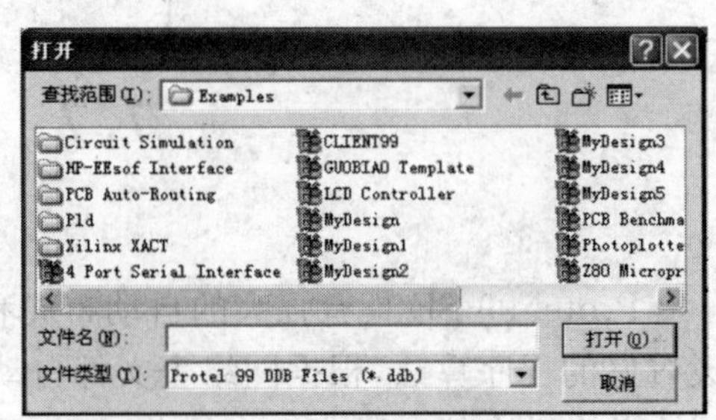

图 7.72　打开专题数据库文件

(4) 单击"OK"按钮,退出网络表选择对话框。退出后,系统将指定的网络表装入并进行分析,同时将结果列于下方的列表框中,如图 7.73 所示。如果没有设定封装形式,或者封装形式不匹配,则在装入网络表时,会在列表框中显示错误信息,这将不能正确装入该元件。

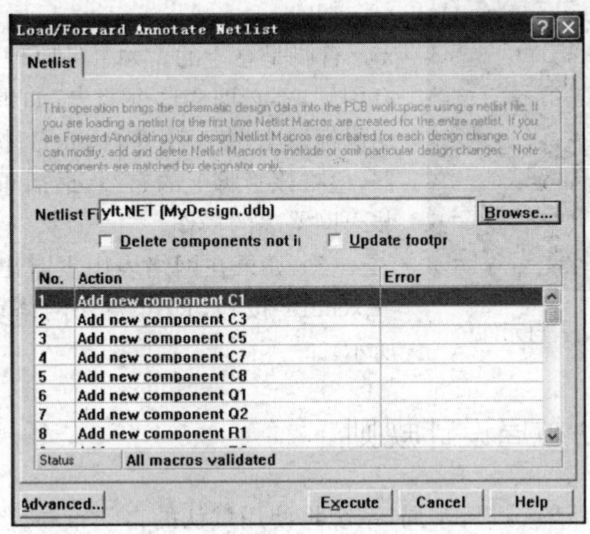

图 7.73　装入网络表后的对话框

◆ Netlist:网络表管理的说明。

◆ Netlist File:当前的网络表文件名称,括号中是此网络表所在的设计数据库名称。

◆ Delete component not in netlist:选中该复选框表示系统将自动删除没有在网络中的元件。

◆ Update footprints:选中该复选框允许遇到不同的元件封装时采用新的元件封装形式;如果不选,则采用原来的封装形式。

◆ No. :显示转换网络表的操作顺序编号。

◆ Action:显示转换网络表的操作内容。

◆ Error:显示转换网络表在操作过程中出现的错误信息。

◆ Status:显示转换网络表操作的状态。如果有错误,则显示"xxx error found",即"发现了 xxx 个错误";如果没有错误,则显示"All macros validated(没有错误)"。警告信息不会在状态栏中显示。

◆ Advanced:编辑印制电路板内部网络。

◆ Execute:执行以上列出的网络宏。

◆ Cancel:取消网络表管理器的操作。

◆ Help:得到在线帮助。在该表中经常有一些错误和警告:"Error:Footprint xxx not found in Library 错误":在库中没有发现封装 xxx。这个错误的原因是系统在装入的元件封装库中没有发现元件的封装形式,没有发现错误的原因可能是没有装入库文件,也可能是元件封装。在原理图设计时没有指定该元件的封装形式。

解决的方法是用鼠标单击图 7.73 中的"Cancel"按钮,回到原理图设计器,检查一下是否某个元件没有指定管脚封装。最后重新生成网络表,装入所需元件封装库文件,重复装入网络表操作。

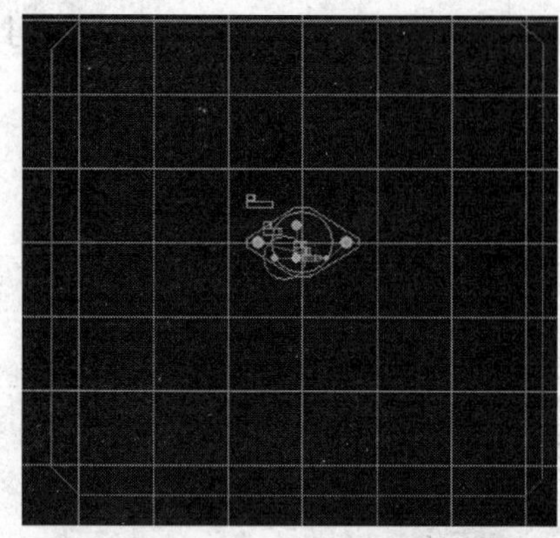
图 7.74 装入网络表与元件

"Error:Component not found 错误":在库中没有发现元件封装。

"Warning:Alternative footprint xxx 警告":封装xxx管脚是悬空的。如果是原理图中该管脚实际就没有用到,不必理会这个警告;如果该管脚用到了,应该用鼠标单击图 7.73 中"Cancel"按钮,回到原理图设计器,检查该管脚上的布线,最后重新生成网络表,重复装入网络表的操作。

(5) 如果在网络表中没有出现错误信息,则单击"Execute"按钮,即可装入网络表与元件,如图 7.74 所示。

7.7.2 设置自动布局设计规则

如果装入网络表后直接进行布局,系统将使用默认的自动布局设计规则。为了使自动布局的结果更符合要求,可以在自动布局之前设置一些规则。

设置自动布局设计规则的操作步骤如下:

步骤 1 执行"Design Rules"菜单命令,将弹出设计规则对话框,如图 7.75 所示。

步骤 2 在该对话框中,用鼠标单击"Placement"选项调出"Placement"选项卡,在此选项卡左上方的列表框中有 5 类自动布局的设计规则,如图 7.75 所示。

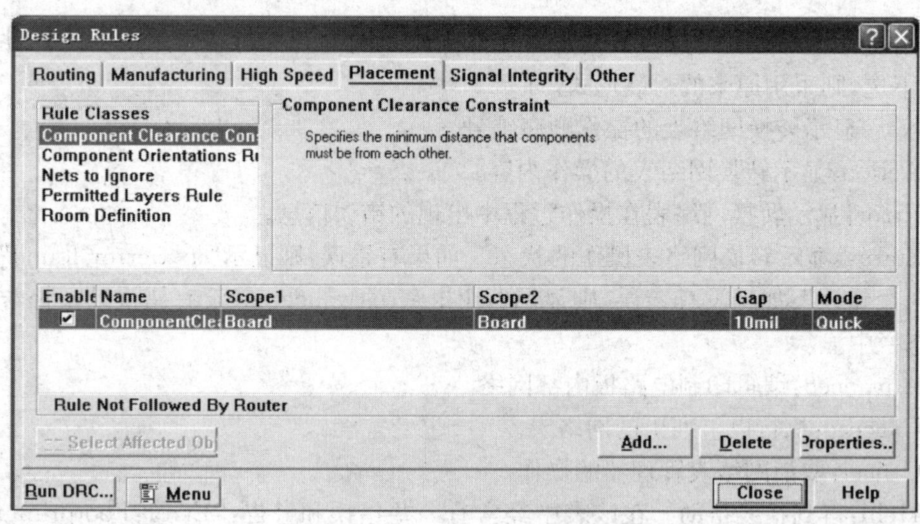

图 7.75 自动布局的设计规则

① Component Clearance Constraint(元件间距约束):用于设置元件间的最小距离以及元件间的距离计算方法。用鼠标左键单击该项,然后单击"Add"按钮,系统将弹出如图 7.76 所示的设置最小距离和距离计算方法对话框。

◆ 在对话框左边,可以设置元件间距约束的有效范围。其下拉按钮中有 Whole Board

(整个电路板)、Footprint(具体封装形式)、Component Class(一类元件)和 Component(具体元件)4 种设置。默认情况下,A、B 两组约束的有效范围均为 Whole Board(整个电路板)。

◆ 在对话框右边,“Gap”栏指定元件间的最小距离;“Check Mode”栏为距离计算方法,其下拉按钮有 3 种方法可以选择。

Quick Check:用包含元件形状的最小矩形来计算元件间的距离。

Multi Check:除具备 Quick Check 方法的功能外,还考虑焊盘在底层上的部分与底层表面封装元件之间的距离。

Full Check:用元件的精确外形来计算元件间的距离。

设置完毕后,单击“OK”按钮,返回原来的对话框,可以看到图 7.76 下方的列表框中增加了一项元件间距约束。

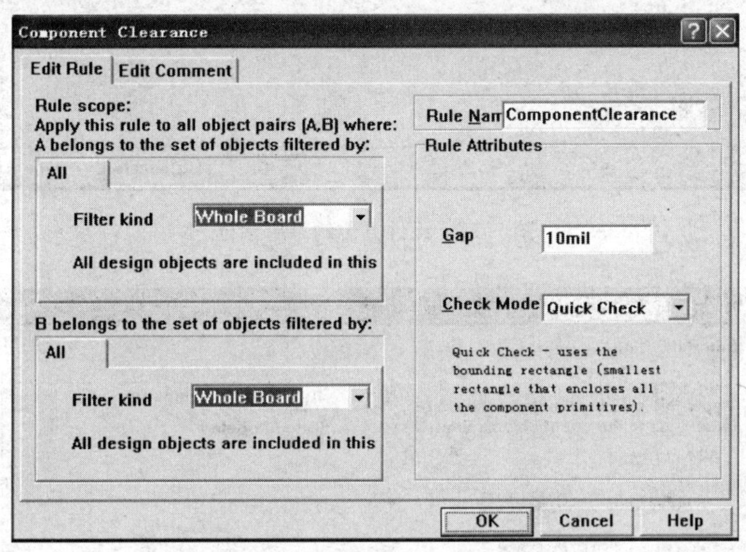

图 7.76　元件间距约束项对话框

如果要修改约束设计规则参数,可以用鼠标左键双击该约束项,再次调出图 7.76 所示的对话框进行修改;如果要删除约束项,可以先选择该约束项,然后单击“Delete”按钮,即可删除相应的元件间距约束项。

② Component Orientations Rule(元件方位约束):用于设置元件能够放置的方位。先用鼠标单击选中该项,然后单击“Add”按钮,将出现图 7.77 所示的对话框,可以在其中设置元件能够放置的方位。

在对话框左边可以设置元件间距约束的有效范围。在对话框右边有“0 Degrees”(不旋转)、“90 Degrees”(90 度旋转)、“180 Degrees”(180 度旋转)、“270 Degrees”(270 度旋转)和“All Orientations”(任意角度旋转)5 个对话框。设置完毕后,单击“OK”按钮,返回原来的对话框,可以看到图 7.75 下方列表框中增加了一项元件方位约束。

③ Nets to Ignore(忽略网络):忽略网络可以加快自动布局的速度,提高布局质量。选中该项后单击“Add”按钮或直接用鼠标双击该项,系统将弹出如图 7.78 所示的设计规则对话框。在该对话框中可以设置在什么范围内忽略网络,也可以设置“Net Class”(网络类)或“Net”(某个网络)。若选中“Net Class”对话框,则在其后面下拉菜单中选中“All Nets”;若

选中“Net”对话框，则在其后面下拉菜单中选中网络。

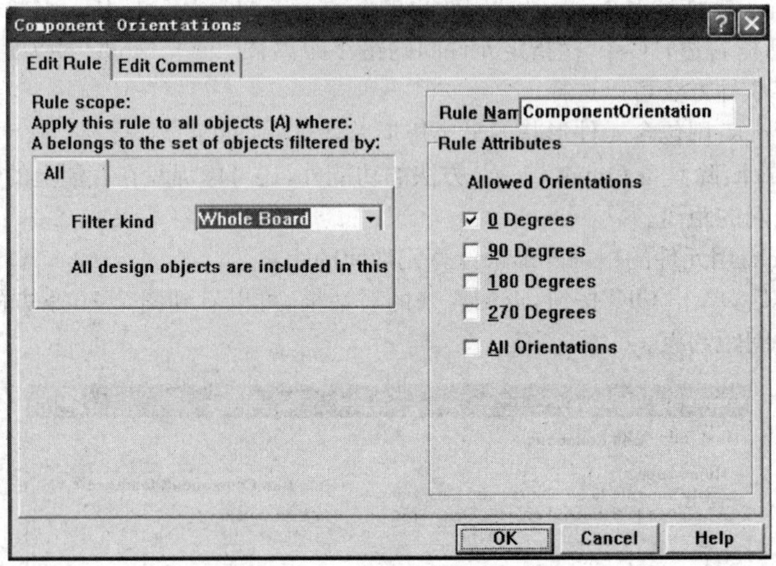

图 7.77　元件方位约束对话框

图 7.78　设计规则对话框

设置完成后，单击“OK”按钮关闭此对话框，返回原来对话框，可以看到图 7.75 下方的列表框中也将增加一项忽略网络约束。

④ Permitted Layers Rule(允许放置元件工作层)：在所有的工作层中，只有顶层和底层允许放置元件。选中该项后单击“Add”按钮或直接用鼠标双击该项，将弹出如图 7.79 所示的对话框。在对话框左边的选项卡中可以设置约束的有效范围，在对话框右边的选项卡中可以设置两层中的任一层或允许在两层中放置元件。设置使用默认参数。

设置完成后单击“OK”按钮，返回原来的对话框，其下方的列表框中也将增加一项允许自动布局层约束。

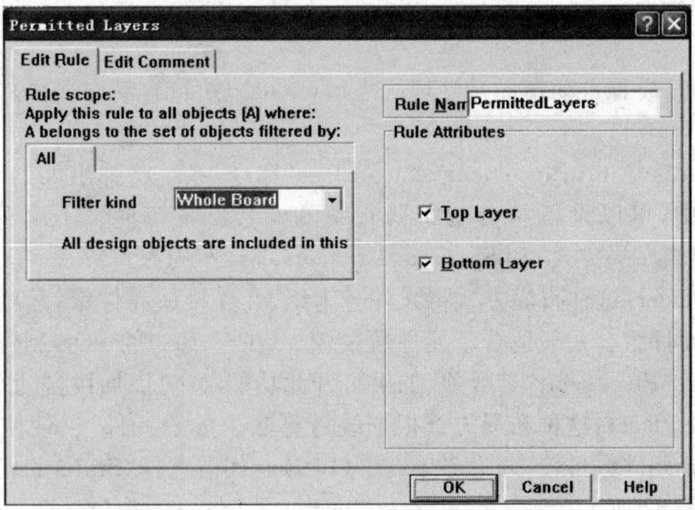

图 7.79　允许放置元件工作层对话框

在该对话框中可以设置约束的有效范围和该矩形空间的尺寸(由坐标 X 方向和 Y 方向上的起始值确定)所在板层使得指定物体在其内或是其外。设置完成后单击“OK”按钮。一般情况下,可以直接利用系统的默认值,除了设置一个允许布局层约束外,其他设计规则不进行。

⑤ Room Definition(放置房间定义):用于在布局时放置一个房间定义规则。

选中该项后单击“Add”按钮或直接用鼠标双击该项,系统将弹出如图 7.80 所示的对话框。

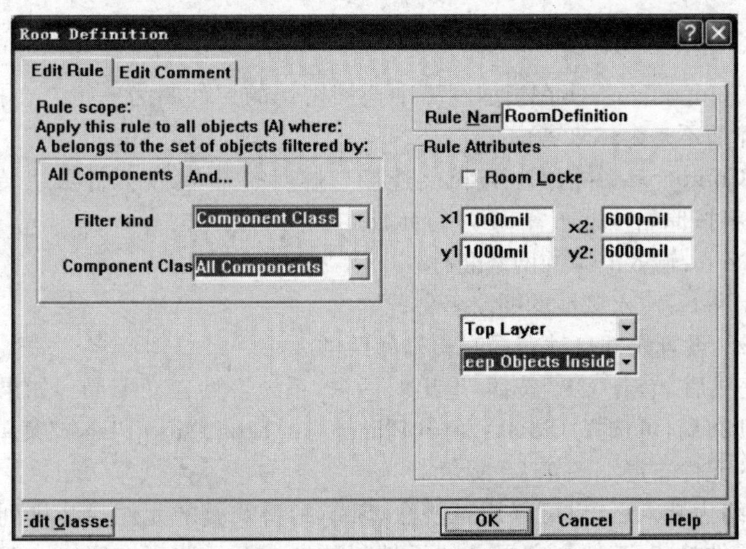

图 7.80　放置房间定义对话框

步骤 3　单击“Placement”选项卡中的“Close”按钮,结束自动布局的设计规则设置。

7.7.3 自动布局

在装入网络表,设置自动布局设计规则之后,就可以执行自动布局操作了。自动布局操作步骤如下:

(1) 执行“Tools\Auto Placement\Auto Place”命令,系统将弹出如图7.81所示的对话框。在该对话框中,可以设置与自动布局有关的参数。系统提供了两种自动布局方式:Cluster Placer(成组布局方式)和Statistical Placer(统计布局方式)。

① Cluster Placer:这种布局方式将元件分为组,并连接成元件串,然后按照几何关系在布局区域内放置元件组。一般适合于元件数量较少(少于100)的PCB制作。该方式有一个“Quick Component Placement”参数项,如果打开此功能项,可以加快自动布局的速度。

② Statistical Placer:这种布局方式根据统计算法来放置元件,以便使元件间的连接导线最短。一般适合元件数目较多(大于100)的PCB制作。选择“Statistical Placer”布局方式时的对话框如图7.82所示。

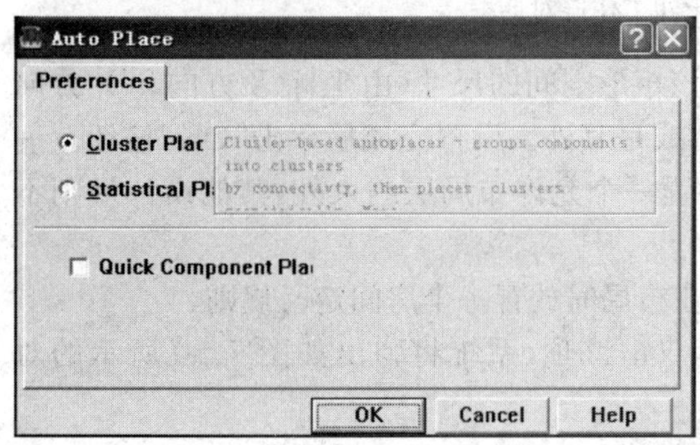

图7.81　设置自动布局方式对话框

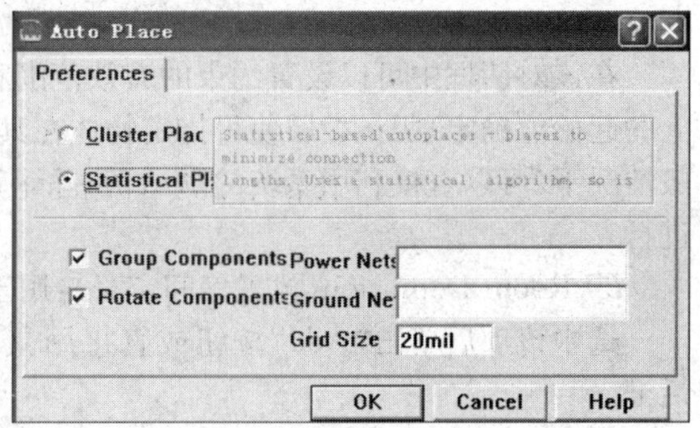

图7.82　统计布局方式对话框

◆ Group Components:将在当前网络中连接密切的元件归为一组。在排列时,将该组的元件作为群体而不是个体来考虑。

◆ Rotate Components:依据当前网络连接与排列的需要,使元件重组转向。如果不选用该项,则元件将按原始位置布置,不进行元件的转向动作。

◆ Power Nets:输入电源的网络名称。

◆ Ground Nets:输入接地的网络名称。

◆ Grid Size:设置元件自动布局时栅格间距的大小。

(2) 设置完成后,单击“OK”按钮,退出对话框,系统开始自动布局。如果在自动布局过程中想终止自动布局,可选择“Tools\Auto Placement\Stop Auto Placer”菜单命令。经过自动布局后获得的元件布局如图7.83所示。

另外,当网络表装入后,也可以用推挤法(Shove)将重叠的元件封装排列开来。推挤法是指固定一个元件封装,其他与它重叠的元件封装被推开。使用推挤法一般可以加大推挤的深度。

通过一次推挤就将所有的元件封装分离开,以免这一次分离出来的元件封装在下一次推挤时又被推挤。操作步骤如下:

① 执行"Tools\Auto Placement\Set Shove Depth"菜单命令，将弹出如图7.84所示的设置推挤深度对话框。

在对话框中输入数字，范围是1～1000，然后单击"OK"按钮即可。

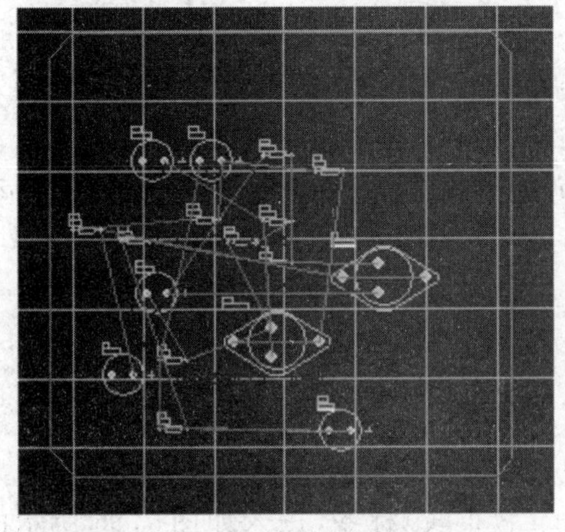

图7.83　自动布局后的元件布局

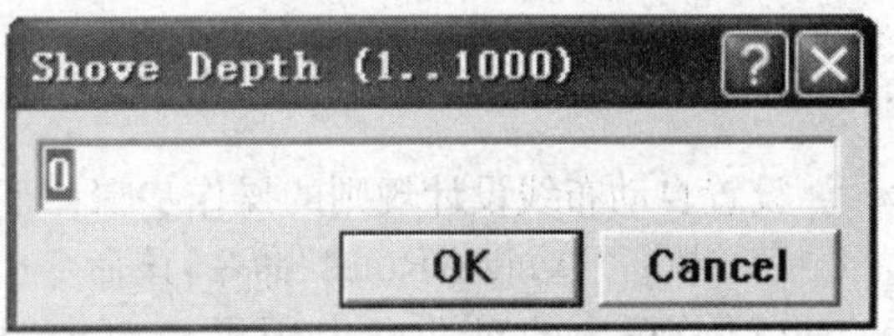

图7.84　设置推挤深度对话框

② 执行"Tools\Auto Placement\Shove"菜单命令，光标变成十字形，将光标移至重叠元件封装上单击鼠标左键，然后在光标处出现的元件封装列表中选择一个元件封装作为中心元件封装，然后系统将进行推挤工作，直到元件封装没有重叠现象为止。

(3) 手工调整布局。程序对元件的自动布局一般以寻找最短布线路径为目标，因此元件的自动布局往往不太理想，需要进行手工调整。手工调整布局实际上就是用手工布局的方法重新放置元件。经过调整后的元件布局如图7.85所示。

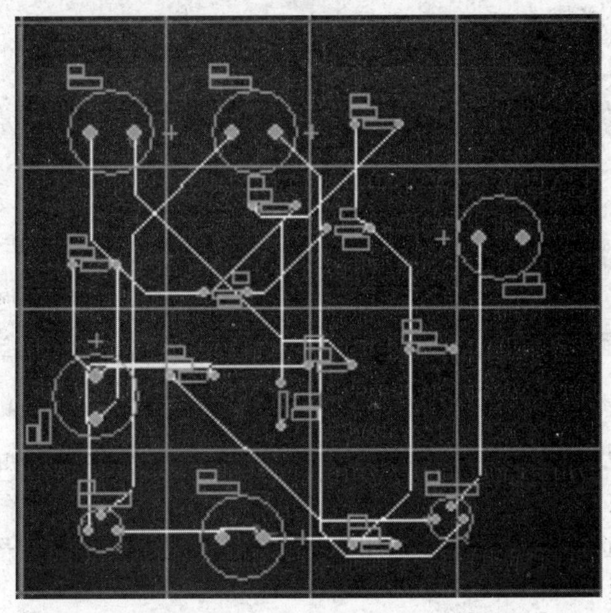

图7.85　手工调整后的元件布局

7.8　自 动 布 线

自动布局及调控布局后，接下来就是进行自动布线工作。一般来说，用户先对电路板布线提出某些要求，然后按照这些要求来预置布线设计规则。预置布线设计规则的设置是否合理将直接影响布线的质量和成功率。设置完布线规则后，程序将依据这些规则进行自动布线。

7.8.1　设置自动布线设计规则

设置自动布线设计规则的操作步骤如下：

(1) 执行“Design\Rules”命令，该命令也可以用字母热键 D、R 完成。

(2) 在弹出的对话框中用鼠标单击“Routing”(布线)标签，进入如图 7.86 所示的“Routing”对话框，即可进行布线参数的设置。自动布线共有 10 个参数组可以设置，用户可以在 10 个参数组中设置任意个约束。

① Clearance Rule(走线间距约束)：该项用于设置走线与其他对象之间的最小安全距离。

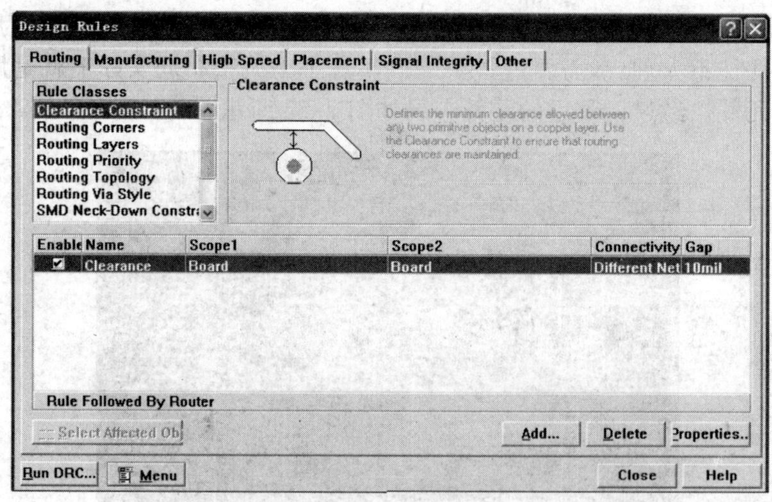

图 7.86　设置布线参数对话框

选中该项后单击“Add”按钮或直接用鼠标双击该项，系统将弹出如图 7.87 所示的安全间距设置对话框。该对话框主要设置两部分内容。

◆ 左边为规则范围(Rule Scope)，用于指定本规则适用的范围，一般情况下，指定该规则适用于整个电路板(Whole Board)。

◆ 右边为规则属性(Rule Attributes)，可以设置最小间距的数值和它所针对的网络。

设置完成后，单击“OK”按钮，返回如图 7.86 所示对话框，可以看到在其下面的列表中将增加一项走线间距约束。约束项的增加、修改和删除等操作与设置自动布局规则时一样。

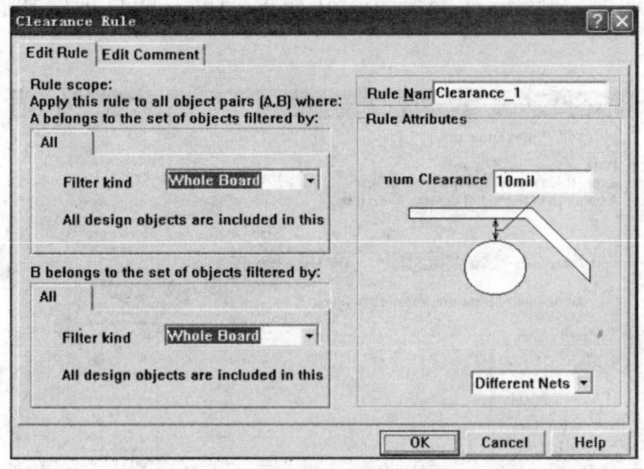

图 7.87 设置走线间距约束对话框

② Routing Corners Rule(布线拐角模式):用来设置走线拐弯的样式。选中该项后单击“Add”按钮或直接用鼠标双击该项,将弹出如图 7.88 所示的对话框。在对话框左边可以设置约束的有效范围,一般为 Whole Board。对话框右边的规则属性(Rule Attributes)用于设置拐角模式,走线的转角方式有 3 种:直角转角(90 Degrees),45 度切面转角(45 Degrees)和圆形转角(Rounded)。

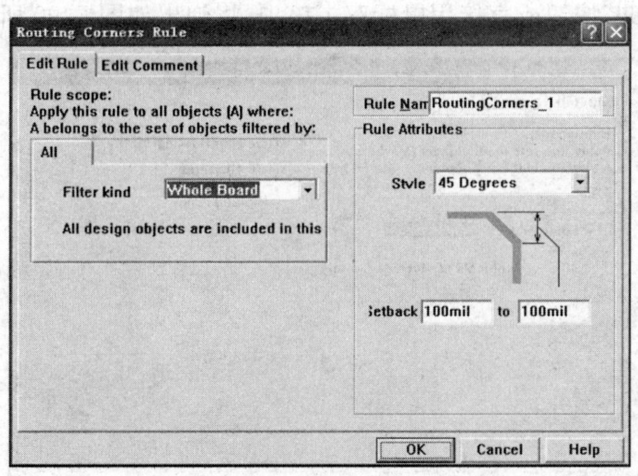

图 7.88 设置布线拐角模式对话框

设置完成后单击“OK”按钮,返回原来的对话框,如图 7.86 所示。可以看到在其下面的列表中将增加一项走线转角方式约束。

③ Routing Layers Rule(布线工作层):用来设置自动布线过程中哪些信号层可以使用。选中该项后单击“Add”按钮或直接用鼠标双击该项,将弹出如图 7.89 所示的对话框。

在该对话框中,左边可以设置布线工作层约束规则的有效范围,默认值为 Whole Board。该对话框的右边列出了 32 个信号层,默认情况下系统只应用了顶层和底层,其他 30 个中间信号层处于空闲状态。每一个工作层的布线规则有 3 个选项,Horizontal(水平)表示布线以水平为主；Vertical(垂直)表示布线以垂直为主；Not Used表示不在该信号层上走线。对于双面板，为了提高布通率，只能选择Horizontal和Vertical，而且顶层和底层不能采用同一种布线规则。

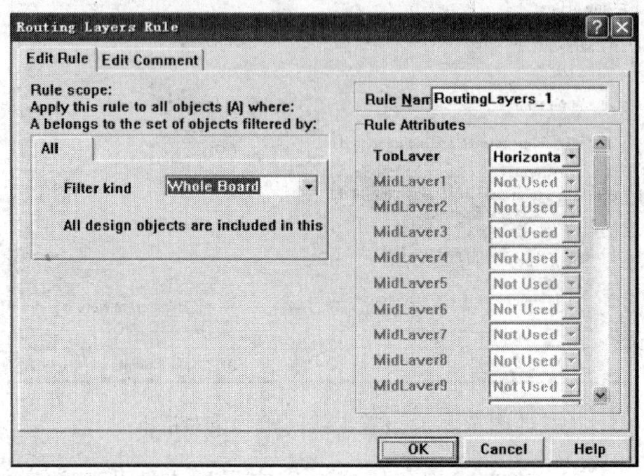

图7.89　设置布线工作层对话框

设置完成后，单击"OK"按钮，返回原来对话框，如图7.86所示，可以看出在其下面的列表中将增加一项布线工作层约束。

④ Routing Priority Rule(布线优先级)：用来设置布线的优先权，即布线的先后顺序。选中该项后单击"Add"按钮或直接用鼠标双击该项，将弹出如图7.90所示的对话框。

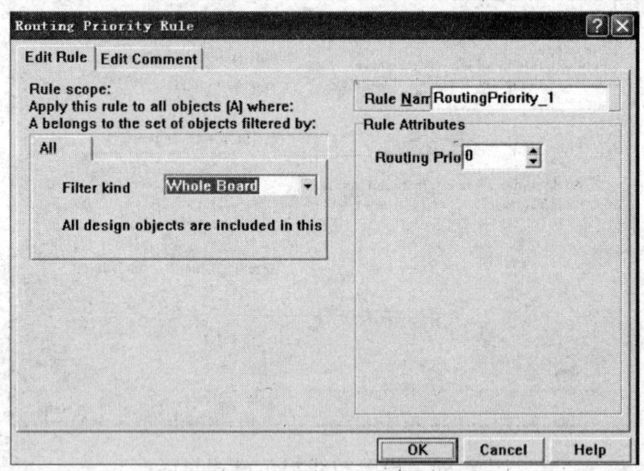

图7.90　设置布线优先级对话框

自动布线优先级别为0～100，其中数字0为最低优先级，数字100为最高优先级。先布线的网络的优先级比后布线的网络的优先级要高。在对话框左边指定具有布线优先权的范围，在右边的"Routing Priority"栏中输入优先级。

⑤ Routing Topology Rule(布线拓扑结构)：用来设置以何种形状进行布线。选中该项后单击"Add"按钮或直接用鼠标双击该项，系统将弹出如图7.91所示的对话框。在该对话框中，左边为设置约束的有效范围，默认值为Whole Board；右边为"Rule Attributes"栏，其

中包括最短路径走线(Shortest)、水平走线(Horizontal)、垂直走线(Vertical)、简单的菊状走线(Daisy-Simple)、由中间往外的菊状走线(Daisy-Mid Driven)、平衡式菊状走线(Daisy-Balanced)及放射性走线(Starburst)共 7 种拓扑类型，根据需要进行选择。通常系统在自动布线时，以整个布线的线长最短为目标。设置完成后，单击“OK”按钮，返回原来的对话框。

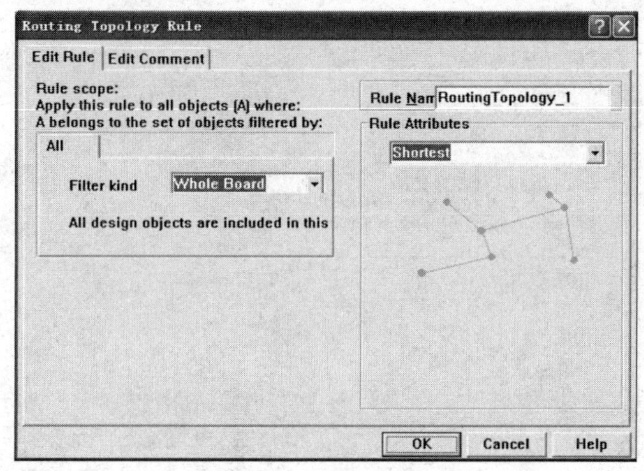

图 7.91　设置布线拓扑结构对话框

⑥ Routing Via-Style Rule(过孔类型)：

用来设置自动布线过程中使用的过孔样式。选中该项后单击“Add”按钮或直接用鼠标双击该项，系统将弹出如图 7.92 所示的对话框。对话框左边可以设置约束规则的有效范围；右边可以设置过孔外直径(Via Diameter)和内孔直径(Via Hole Size)的最小(Min)尺寸、最大(Max)尺寸和首选(Preferred)尺寸。

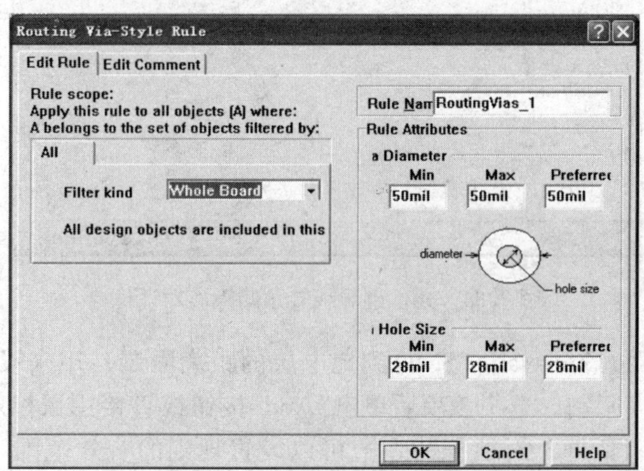

图 7.92　设置过孔类型对话框

⑦ SMD Neck-Down Constraint(SMD 瓶颈限制)：设置表面粘贴式焊盘 SMD 颈状收缩，即 SMD 的焊盘宽度与引出导线宽度的百分比。选中该项后单击“Add”按钮或直接用鼠标双击该项，系统将弹出如图 7.93 所示的对话框。对话框的左边可以设置约束的有效范围，默认值为 Whole Board；右边可以设置颈状收缩的百分比。

⑧ SMD To Comer Constraint(SMD 元件到导线转角间距离限制):用来设置 SMD 元件到导线转角间的最小距离限制。选中该项后单击“Add”按钮或直接用鼠标双击该项,系统将弹出如图 7.94 所示的对话框。在该对话框中,左边可以设置约束的有效范围,右边可以设置间距数值。

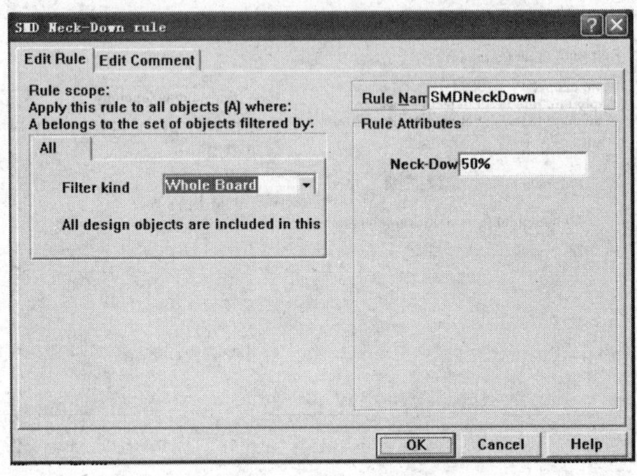

图 7.93　颈状收缩对话框

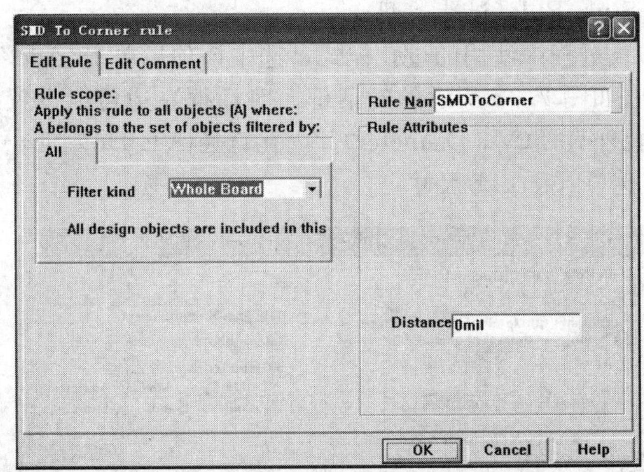

图 7.94　元件到导线转角间距离对话框

⑨ SMD To Plane Constraint(SMD 到地电层的距离限制):用来设置表面粘贴式焊盘 SMD 到地电层的距离限制。选中该项后单击“Add”按钮或直接用鼠标双击该项,系统将弹出如图 7.95 所示的对话框。对话框的左边可以设置规则的有效范围,右边可以设置间距数值。

⑩ Width Constraint(走线宽度):用来设置走线的最大和最小宽度。选中该项后单击“Add”按钮或直接用鼠标双击该项,系统将弹出如图 7.96 所示的对话框。在该对话框中,左边可以设置约束的有效范围,默认值为 Whole Board;右边可以设置走线的最小宽度和最大宽度,其中在“Minimum Width”编辑框中设置最小走线宽度,在“Maximum Width”编辑框中设置最大走线宽度。

设置完成后，单击“OK”按钮，返回原来的对话框，如图 7.86 所示，可以看到在其下面的列表中将增加一项走线宽度设计规则。

(3) 在设置完各个设计规则后，单击图 7.86 中的“Close”按钮，完成自动布线的设计规则设置工作。需要说明的是，在所有的 10 个参数组中，Routing Layers(布线层)是必须设置的。另 Clearance Constraint(走线间距约束)和 Width Constraint(走线宽度约束)中至少要设置一项，否则执行自动布线时将出现错误或没有结果。

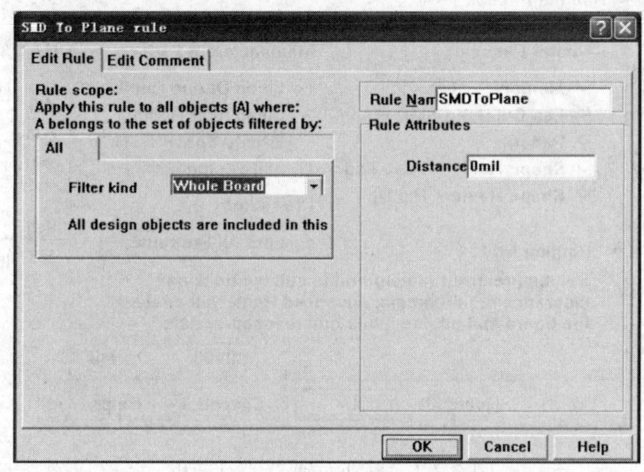

图 7.95　SMD 到地电层的距离限制对话框

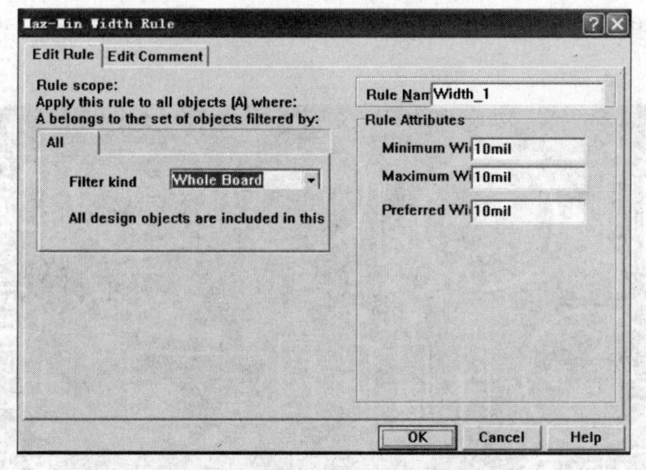

图 7.96　设置走线宽度对话框

7.8.2　自动布线

在自动布线设计规则设置完成后，就可以利用 Protel 99 SE 提供的布线器进行自动布线，执行自动布线的方法主要有以下几种。

1. 全局布线(All)

全局布线是系统完成所有的布线工作，不需要中途干预，其操作步骤如下：

(1) 执行"Auto Route\All"菜单命令,对整个电路板进行布线。

(2) 执行该命令后,系统将弹出如图7.97所示的自动布线设置对话框。在该对话框中可以分别设置"Routing Passes"(可走线通过)选项和"Manufacturing Passes"(可制造通过)选项。

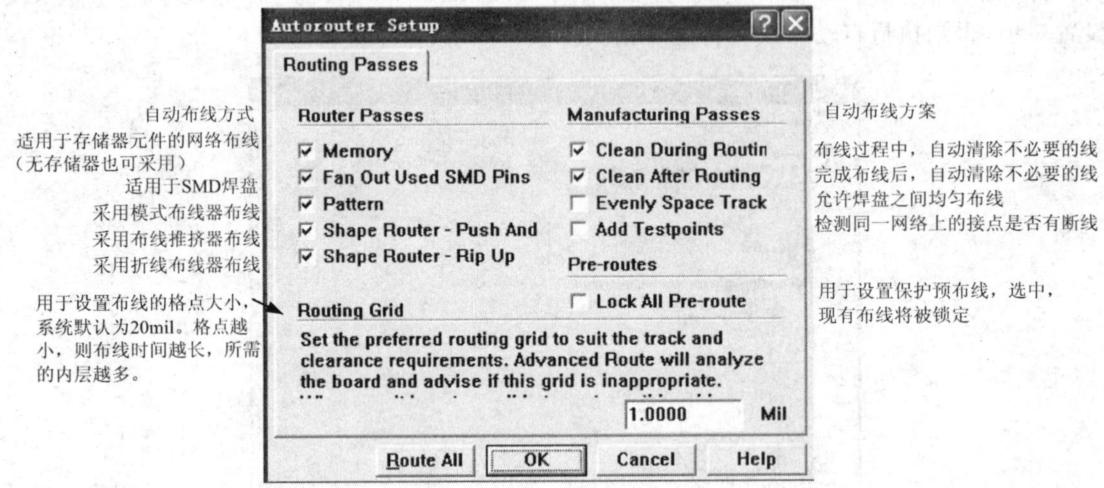

图7.97 自动布线设置对话框

一般情况下,采用对话框中的默认设置,就可以实现PCB的自动布线。

(3) 单击"Route All"按钮,系统就开始对电路板进行自动布线。布局结果如图7.98所示。

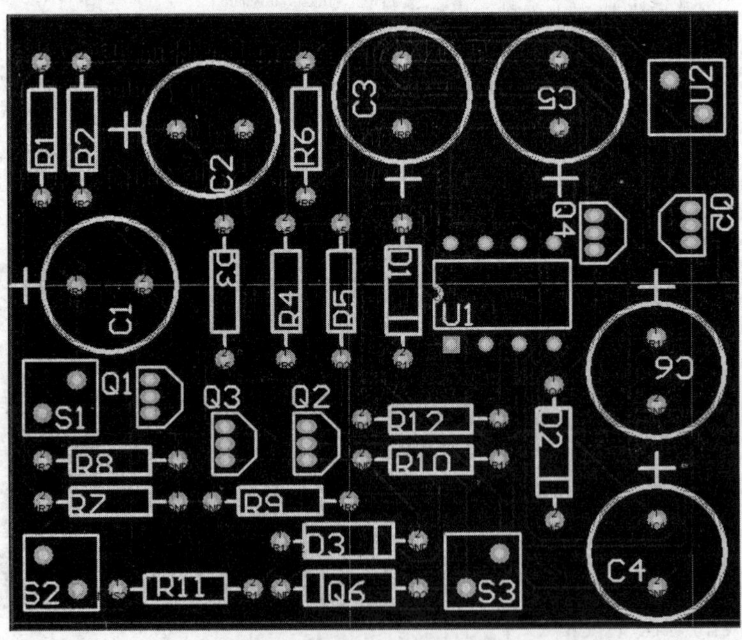

图7.98 单层PCB板

布线结束后系统弹出如图 7.99 所示的布线信息对话框，从图中可以了解到布线的情况。

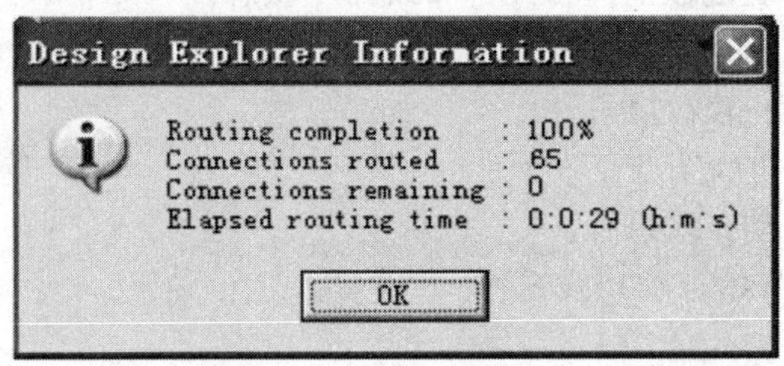

图 7.99　布线信息对话框

2. 指定网络布线(Net)

指定网络布线是由用户选择需要布线的网络。一般以 Net 进行布线，选中某网络连线后，与该网络连线相连接的所有网络线均被布线。

(1) 隐蔽执行“Auto Route\Net”菜单命令。

(2) 执行该命令后，光标变成十字形，移动光标到需要布线的网络，单击鼠标左键，系统开始自动对该网络布线。当单击的地方靠近焊盘时，系统可能会弹出菜单(该菜单对于不同焊盘可能不同)。一般应该选择弹出菜单中的 Pad 和 Connection 选项，而不选择 Component 选项，因为 Component 选项仅仅局限于当前元件的布线。继续选择其他的网络，直到完成所有的网络布线为止。

(3) 最后单击鼠标右键取消选择网络的布线命令状态。

3. 指定两连接点布线(Connection)

指定两连接点布线表示由用户指定某条连线，使系统仅对该条连线进行自动布线，也就是对两连接点之间进行布线。

(1) 执行“Auto Route\Connection”菜单命令。

(2) 执行该命令后，光标变成十字形，移动光标到需要布线的连接线，并单击鼠标左键，系统便开始自动对该连接线布线。该连接线布完后，继续选择其他的连接线，直到布完所有的连接线为止。

(3) 最后单击鼠标右键取消选择连接线的布线命令状态。

4. 指定元件布线(Component)

Component 表示由用户指定元件，使系统仅对与该元件相连的网络进行布线。

(1) 执行“Auto Route\Component”菜单命令。

(2) 执行该命令后，光标变成十字形，移动光标到需要布线的元件，并单击鼠标左键，系统便开始自动对该元件的所有管脚布线。该元件布完后，继续选择其他的元件，直到布完所有的元件为止。

(3) 最后单击鼠标右键取消选择元件的布线状态。

5. 指定区域布线(Area)

Area 方式表示由用户划定区域，使系统的自动布线范围仅限制在该划定区域内。

(1) 执行“Auto Route\Area”菜单命令。

(2) 执行该命令执行后，光标变成十字形，移动光标到需要布线的元件的左上角，并单击鼠标左键，然后拖动鼠标使得出现的矩形框包含需要布线的元件，然后单击鼠标左键，构造一个布线区域，系统便开始自动对该区域的所有元件进行布线。

（3）最后单击鼠标右键取消选择元件布线命令状态。

6. 其他布线命令

（1）Stop：终止自动布线过程。

（2）Reset：对电路重新布线。

（3）Pause：暂停自动布线过程。

（4）Restart：重新开始自动布线过程。

7.8.3 增加引线端

在印制电路板图中，如果没有电源和地的输入端，就无法外接电源；如果没有输出连接点，就无法输出。对于上面获得的PCB图来说，还需要增加引线端，才能算得上完整的印制电路图。下面介绍以金手指的形式增加引线端的操作步骤：

步骤1 首先执行“Place\Pad”命令，在印制电路板上添加5个焊盘，分别为正电源、接地和3个输出连接点。并设置焊盘参数，如图7.12所示。焊盘具体形状和尺寸要依据实际插接槽的需要而定。

步骤2 在图7.12所示的对话框中单击“Advanced”标签，调出“Advanced”选项卡的内容，如图7.14所示。并在“Net”栏中将5个焊盘所属网络设置自上而下分别设置为+9 V、GND、X3、X6和X7（根据原理图或网络表设置），在“Electrical Type”栏中将输入端设置为Source，输出端设置为Terminator。

设置完成后，将会出现连接线，将5个焊盘分别和同属一个网络的其他焊盘连接起来。

步骤3 使用自动布线或者手工布线将5个焊盘和相关的焊盘或走线连接起来。如果使用自动布线功能，则应该使用Connection布线方式，其他方式会影响到其他的走线。布线后最好将接入的电源线加粗。

7.8.4 保护预布线

在设计布线过程中，有时需要事先布置一些导线，以满足一些特殊要求，然后再利用系统的自动布线功能。这时就需要对已布置的导线进行保护，以免受到自动布线的影响，即要“锁定（Locked）”预布的网络走线。

在一个网络中，预先布置的走线必须满足以下条件：

◆ 其支线必须终止于过孔。

◆ 当终止于元件管脚时，必须终止于管脚中心。

◆ 预先布置的连接线必须被完整地布线。

◆ 预先布置的网络必须被完整地布线。

◆ 所有预先布置的走线必须满足设计规则（焊盘内孔范围内）。

◆ 所有预先布置的走线必须具有“锁定”（Locked）属性。

要使预布的网络走线具有“锁定”（Locked）属性，操作步骤如下：

步骤1 执行“Edit\Select\Net”命令。

步骤 2　移动光标到需要保护的网络，单击鼠标左键，选中该网络，使该网络的走线处于加亮状态。然后双击其中一条走线，调出走线属性对话框。

步骤 3　利用整体编辑方法，将选取部分设为“锁定”属性。处于“锁定”状态的预布网络走线，在进行自动布线时不会受到影响。

7.9　PCB 的三维效果显示

Protel 99 SE 增加了三维效果显示功能，使用该功能可清晰显示 PCB 图的三维立体效果而不用附加高度信息，元件、丝网、铜箔均可以被隐藏，并且还可以随意旋转、缩放，改变背景颜色等。PCB 的三维效果显示可以通过执行“View X Board in 3D”命令或单击主工具栏中的 3D 显示图标来实现。如图 7.100 所示。

图 7.100　PCB 三维效果图

7.10　设计规则检查

由于 PCB 是由许多图件构成的，因此在设计 PCB 图时，为保证设计印制电路板的正确性，需要有一定的规则约束。

Protel 99 SE 提供了多种设计规则，用户可对这些设计规则重新定义，也可以自己定义一系列的设计规则。系统具有一个有效的设计规则检查（DRC-Design Rule Check）功能，该功能可以确认设计是否满足设计规则。一旦发现违规，则违规的图件就会被高亮度显示，并给出详细的违规报告。

利用设计规则进行检查有实时检查（On-line DRC）和分批检查（Batch DRC）两种方式。

1. 实时检查（On-line DRC）

实时检查是在放置或移动图件的同时，系统自动利用规则进行检查，一旦发现违规（Violation），就被标记出来（高亮度显示），同时如果 PCB 浏览管理器设为违规浏览模式，其中会显示违规的名称和具体内容。

实时检查只检查设置目的规则，检查的项目可以调整，这种调整是通过执行“Tools\Design Rule Check”命令进行的，在“Design Rule Check”对话框的“On-Line”选项卡中完成，如图 7.101 所示。在不同的 PCB 设计阶段，有不同的设计规则进行实时检查，因此，实时检查可分为放置图件时的设计规则检查（在放置图件时起作用）、元件自动布局时的设计规则检查（在自动布置时起作用）和自动布线时的设计规则检查（在自动布置时起作用）3 种。

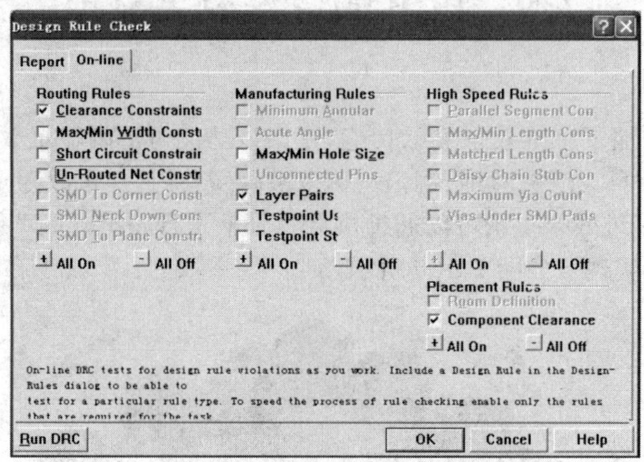

图 7. 101 “On-line DRC”选项卡

2. 分批检查(Batch DRC)

分批检查的运行是用户控制的，其结果是产生一个报告文件。单击定义设计规则对话框中的“Run DRC”按钮，或执行“Tools\Design Rule Check”命令，系统会弹出如图 7.102 所示的对话框。设置分批检查项目是在该对话框的“Report”选项卡中进行的。

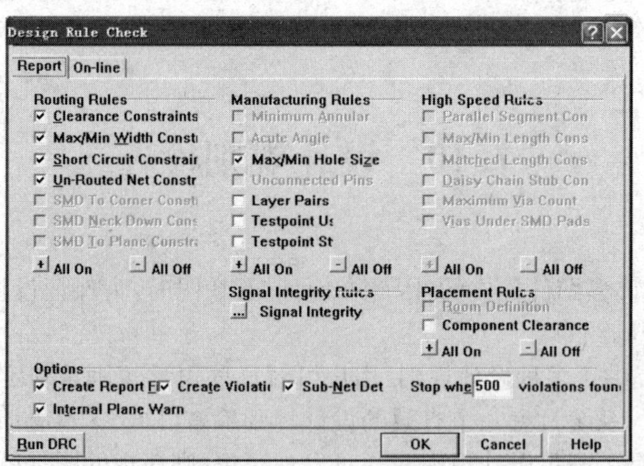

图 7. 102 Report 选项卡

“Report”选项卡中各栏的内容与设置如下：

(1) 选项卡的上方列出了与布线有关的规则(Routing Rules)、与制作有关的规则(Manufacturing Rules)、与高频有关的规则(High Speed Rules)，每一栏的下方都有“All

On”和“All Off”两个按钮，用于全选和全部不选栏内的所有项目。

(2) 选项卡的中间“Signal Integrity Rules”按钮用于设置与电路板信号分析相关的设计规则选项。

(3) 选项卡下方的“Options”区域用于设置设计规则检查的选项。

① Create Report File：用于设置是否要生成检查报告文件。

② Create Violations：用于设置是否高亮度显示违规的图件。

③ Sub-Net Details：用于检查某个网络没有完全布通时，设置是否给出子网络的详细信息。

④ Stop when ... violation found：用于设置当发现多少违规时停止检查。进行分批检查时只要单击“Run DRC”按钮，程序即进行分批设计规则检查。

3. 处理违规

进行设计规则检查后，对发现的错误应该加以更正。利用 PCB 浏览管理器处理违规的方法前面已经介绍过，这里介绍违规量比较大时的处理方法。

当执行一次分批检查后，如果发现设计规则检查报告中有大量的错误，就需要设法减少一次分批检查中出现的违规个数，有以下两种方法。

(1) 在如图 7.102 所示的“Design Rule Check”对话框的“Report”选项卡中，减少“Stop when ... violation found”栏的值，例如输入 10 个，这样报告文件中将最多出现 10 个违规说明。这就可以先解决这 10 个违规操作，然后再检查继续修改，直到所有的违规被排除。

(2) 在如图 7.102 所示的“Design Rule Check”对话框中，一次只选取一项进行检查，这样检查报告中只出现一种类型违规的说明，而每一类违规的排除方法是相同的，于是就可以很迅速地排除所有的违规错误。

7.11　生成 PCB 报表

Protel 99 SE 的印刷电路板设计系统提供了生成各种类型 PCB 报表的功能，它可以给用户提供有关设计过程及设计内容的详细资料。这些资料包括设计过程的引脚信息、元件封装信息、网络信息以及布线信息，等等。在 PCB 图设计完成后，可以生成各种类型的 PCB 报表，并分别形成文档。生成各种报表的命令都在“Reports”菜单中，如图 7.103 所示。

图 7.103　报表

7.11.1　生成引脚的报表

引脚报表能够提供电路板上选取的引脚信息，用户可以选取若干个引脚，通过报表功能生成这些引脚的相关信息，这些信息会生成一个“ *. dmp”报表文件,可以方便地检验网络上的连线。下面以闪光控制器的PCB为例说明如何生成引脚报表。

(1) 在生成引脚报表时,首先在电路板上选取需要生成报表的引脚,然后执行"Reports\Selected Pins"菜单命令。

(2) 执行此命令后系统会弹出选取引脚对话框。在该对话框中,系统将选择的引脚全部列在其中,可以拖动滚动条进行查看。

(3) 在该对话框中列出了选取引脚的信息,如果单击"OK"按钮,系统会切换到文件编辑器中,并生成引脚报表文件"*.drop",如图7.104所示。

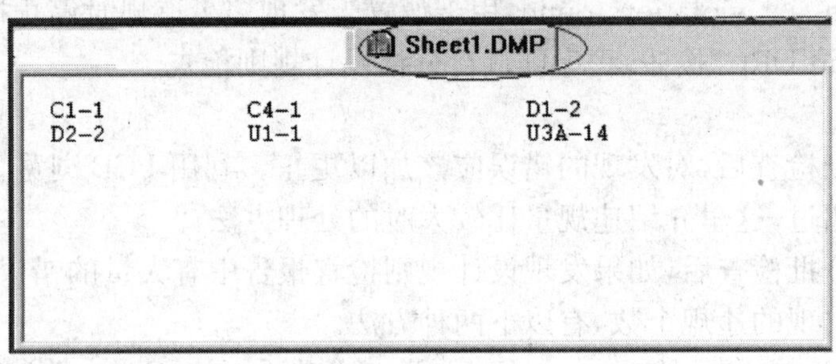

图7.104 引脚报表

这个引脚报表文件在专题数据库里,不是独立的文件。如果要把它提取出来,可在专题数据库管理器中按下列步骤实现:

(1) 单击该报表的文件名称,选取该文件。

(2) 打开快捷菜单。

(3) 执行菜单中的"Export"命令,系统将弹出导出文件对话框。

(4) 在这个对话框中,输入管脚报表文档的文件名及文件存储位置(文件类型可以不考虑),再单击"保存"按钮。这样就可产生一个独立的引脚报表文件了。

7.11.2 生成电路板信息报表

如果要了解电路板的详细信息,例如电路板图的大小、元件个数、电路板上的焊点、网络的情况等信息,就可以通过建立电路板信息报表取得这些信息。下面讲如何生成电路板的有关信息报表。

(1) 执行"Reports\Board Information"菜单命令。

(2) 执行此命令后,系统会弹出如图7.105所示的电路板信息对话框。该对话框中包括3个选项卡,分别说明如下:

① "General"选项卡:说明该电路板图的大小,电路板图中各种图件的数量、钻孔数目以及有无违反设计规则,等等,如图7.105所示。

② "Components"选项卡:显示了电路板图中有关元件的信息,其中"Total"栏说明电路板图中元件的个数,"Top"和"Bottom"分别说明电路板顶层和底层元件的个数。

③ "Nets"选项卡:用于显示当前电路板中的网络信息。其中的"Load"栏说明了网络的总数。

如果要查看电路板电源层的信息，可以单击“Nets”选项卡中的“Pwr/Gnd”按钮，系统会弹出电路板电源层信息对话框。

电源层信息对话框列出了各个内部电源层的信息。其中“Nets”栏列出连接在内部电源层上的网络名称（包括分割），“Pins”栏列出了“Nets”栏指定的网络连接到该电源层的节点名称和连接方式。由于本例的电路板没有内部层网络，因而在该对话框中没有显示层信息，也没有内部层网络。

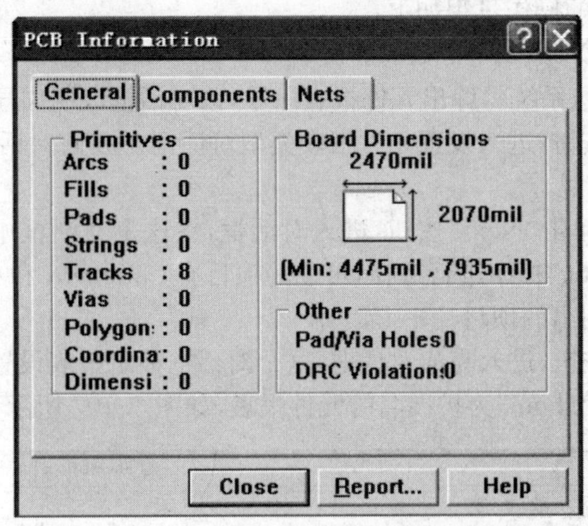

图 7.105 电路板信息对话框

(3) 系统接着将弹出选择报表项目对话框。

在该对话框中，可以单击“All On”按钮选择所有项目，或者单击“All Off”按钮不选择任何项目；或者选中“Selected Objects Only”复选框，只产生所选中对象的电路板信息报表。

(4) 单击任何一个对话框中的“Report”按钮，系统会产生一个以“.rep”为扩展名的报告文件，同时打开报告文件窗口，如图 7.106 所示。

Sheet1.REP

```
Specifications For Sheet1.Pcb
On 5-Apr-2009  at 14:04:00

Size Of board                   0.11011 x 0.05626 sq m
Equivalent 14 pin components    479159072.00 sq mm/14 pin component
Components on board             51

 Layer                  Route   Pads  Tracks  Fills   Arcs   Text
-------------------------------------------------------------------
 BottomLayer                       0     543      0   1797      2
 TopOverlay                        0     276      0      7    102
 KeepOutLayer                      0       6      0      0      0
 MultiLayer                      183       0      0      0      0
-------------------------------------------------------------------
 Total                           183     825      0   1804    104

 Layer Pair                      Vias
-------------------------------------
 Top Layer - Bottom Layer           2
-------------------------------------
 Total                              2

---------------------------------
 0.254mm (10mil)               6
 0.4572mm (18mil)             54
 0.5588mm (22mil)              2
 0.762mm (30mil)             108
 0.8636mm (34mil)             15
---------------------------------
```

图 7.106 电路板信息报表

此时生成的文件在专题数据库里，还不是独立的文件。生成独立的电路板信息报表文件的操作步骤与引脚报表文件相同。

7.11.3　生成元件报表

元件报表功能可以用来整理一个电路或一个项目中的元件，形成一个元件列表，以供用户查询，生成元件报表的操作过程如下：

(1) 执行“Reports\Bill of Materials”命令。

(2) 执行该命令后，系统将弹出元件报表向导，该对话框说明向导的用途。

(3) 单击“Next”按钮，进入设置元件报表类型对话框。在该对话框中，有 List(列表)和 Group(组)两种格式类型。

(4) 设置完成后，单击“Next”按钮，进入对话框，在这个对话框中设置报表中排序的依据，在“Select the Sorting”栏中进行选择，可选的项目有 Comment 和 Footprint 两项，并在下方的复选框中设定要列出的项目。

(5) 单击“Next”按钮，进入完成对话框，这个对话框显示报表设置完毕，单击“Finish”按钮后，就会生成一个以“. bom”为扩展名的元件报表，如图 7.107 所示。

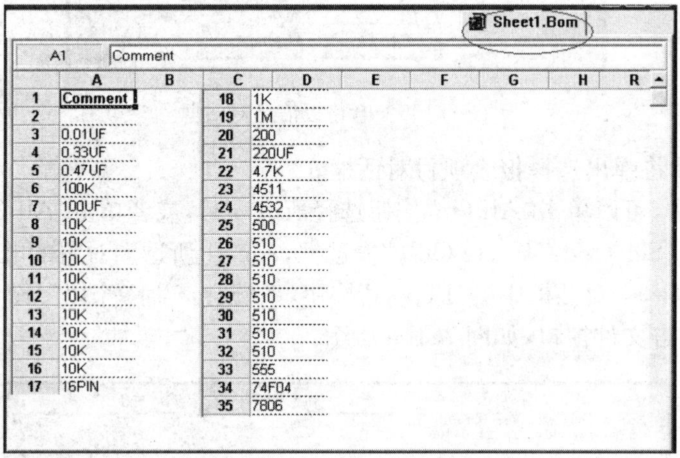

Sheet1.Bom

A1　Comment

	A	B		C	D	E	F	G	H	R
1	Comment		18		1K					
2			19		1M					
3	0.01UF		20		200					
4	0.33UF		21		220UF					
5	0.47UF		22		4.7K					
6	100K		23		4511					
7	100UF		24		4532					
8	10K		25		500					
9	10K		26		510					
10	10K		27		510					
11	10K		28		510					
12	10K		29		510					
13	10K		30		510					
14	10K		31		510					
15	10K		32		510					
16	10K		33		555					
17	16PIN		34		74F04					
			35		7806					

图 7.107　元件报表

这个报告文件记录了电路板上采用的各种元件封装的名称和数量，对应每种元件封装还列出了采用该封装的元件名称。此时生成的文件在专题数据库里，还不是独立的文件。生成独立的元件报表文件的操作步骤与引脚报表文件相同。

7.11.4　生成设计层次报表

Protel 99 SE 可生成有关 PCB 文件层次的报表，该报表指出了文件系统的构成。生成设计层次报表的具体操作过程如下：

(1) 首先执行“Reports\Design Hierarchy”菜单命令。

(2) 执行命令后，生成当前电路板的设计层次报表，同时显示设计文件报表窗口，如图

7.108 所示。该文件以“.rep”为后缀名。

```
Documents.rep

Design Hierarchy Report for I:\作业.ddb

Documents
     CAMManager1.cam
     ffff.PCB
     PCBLIB1.LIB
     Preview Sheet1.PPC
     Sheet1.cfg
     Sheet1.ERC
     Sheet1.NET
     Sheet1.Pcb
     Sheet1.Sch
     Sheet1.XLS
     Sheet1.DMP
     Sheet1.REP
     Sheet1.Bom
```

图 7.108　PCB 设计层次的报表

7.11.5　生成网络状态报表

要生成网络状态报表，可执行菜单命令“Reports\Netlist Status”，网络状态报表包含了当前电路板图有关网络的详细信息，便于浏览或记录电路板中网络的状态，如图 7.109 所示。

```
Sheet1.REP | Sheet1.Bom | Documents.rep

Nets report For Documents\Sheet1.Pcb
On 5-Apr-2009  at 14:40:05

GND     Signal Layers Only  Length:903 mms

NetC3_2     Signal Layers Only  Length:66 mms

NetC6_2     Signal Layers Only  Length:27 mms

NetD1_2     Signal Layers Only  Length:180 mms

NetD2_1     Signal Layers Only  Length:0 mms

NetD5_1     Signal Layers Only  Length:42 mms

NetQ1_2     Signal Layers Only  Length:52 mms

NetR16_2     Signal Layers Only  Length:45 mms

NetR17_2     Signal Layers Only  Length:46 mms

NetR18_2     Signal Layers Only  Length:36 mms

NetR19_1     Signal Layers Only  Length:48 mms

NetR20_2     Signal Layers Only  Length:41 mms

NetRP1_7     Signal Layers Only  Length:32 mms
```

图 7.109　网络状态报表

在这个报表中，列出了每个网络的走线所在的板层和各自的网络长度。这个报表文档是文本格式，以“.rep”为扩展名。

7.11.6　生成 NC 钻孔报表

钻孔文件用于提供制作电路板时所需的钻孔资料，该资料列出了电路板中所有焊盘和过孔的属性，在制作电路板时，将钻孔文件输入钻孔机，钻孔机就会根据钻孔文件上的信息在电路板的不同位置打出大小不同的孔。

执行菜单命令“Reports\NC Drill”，即可生成一个当前电路板的钻孔文件。并显示钻孔报告的窗口，如图 7.110 所示。钻孔文档有文本文档（*.txt）和软件生成数控钻孔文件 Excelon（*.drr）两种不同的格式。

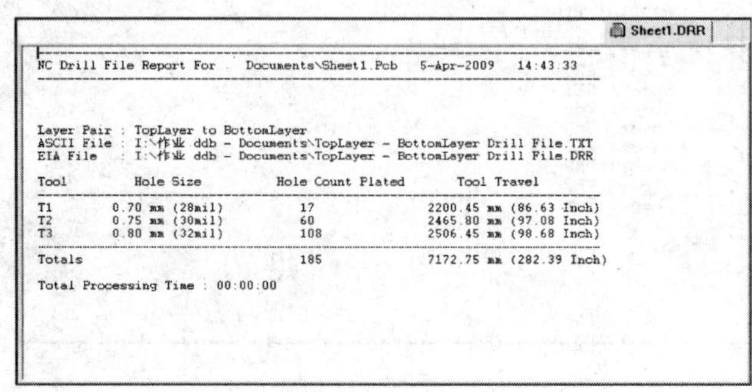

```
Sheet1.DRR

NC Drill File Report For   Documents\Sheet1.Pcb   5-Apr-2009   14:43:33

Layer Pair : TopLayer to BottomLayer
ASCII File : I:\作业 ddb - Documents\TopLayer - BottomLayer Drill File.TXT
EIA File   : I:\作业 ddb - Documents\TopLayer - BottomLayer Drill File.DRR

Tool       Hole Size          Hole Count Plated      Tool Travel
---------------------------------------------------------------------
T1      0.70 mm (28mil)       17                 2200.45 mm (86.63 Inch)
T2      0.75 mm (30mil)       60                 2465.80 mm (97.08 Inch)
T3      0.80 mm (32mil)       108                2506.45 mm (98.68 Inch)
---------------------------------------------------------------------
Totals                        185                7172.75 mm (282.39 Inch)

Total Processing Time : 00:00:00
```

图 7.110　钻孔文件

7.11.7　生成插置文件

插置文件是一种属于 CAM 的程序数据文件，用以驱动插件机，实现自动插件。插置文件中记录了当前电路板图中所有元件的名称（Designator）、元件封装（Pattern）、位置坐标（Mid X，Mid Y）、放置角度（Rotation）等信息。

执行“Reports\Pick and Place”菜单命令，就可生成当前电路板图的扩展名为“.pik”的插置文件，并显示插置文件窗口，如图 7.111 所示。

ddb | Documents | Sheet1.Pcb | Sheet1.DMP | Sheet1.REP | Sheet1.Bom | Documents.rep | Sheet1.DRR | Sheet1.PIK

Designator	Pattern	Mid X	Mid Y	Ref X	Ref Y	Pad X	Pad Y	TB	Rotation
R5	AXIAL0.4	1436.624mm	1453.896mm	1441.704mm	1453.896mm	1441.704mm	1453.896mm	T	180.00
U5	DIP16	1396.746mm	1462.786mm	1392.936mm	1453.896mm	1392.936mm	1453.896mm	T	360.00
U4	DIP16	1383.03mm	1462.786mm	1379.22mm	1453.896mm	1379.22mm	1453.896mm	T	360.00
C6	RAD0.2	1383.284mm	1449.832mm	1380.744mm	1449.832mm	1380.744mm	1449.832mm	T	360.00
S4	KAIGUAN	1355.344mm	1430.274mm	1350.772mm	1423.416mm	1352.804mm	1426.464mm	T	90.00
S8	KAIGUAN	1344.676mm	1430.274mm	1340.104mm	1423.416mm	1342.136mm	1426.464mm	T	90.00
S7	KAIGUAN	1345.184mm	1442.974mm	1340.612mm	1436.116mm	1342.644mm	1439.164mm	T	90.00
S3	KAIGUAN	1355.344mm	1442.974mm	1350.772mm	1436.116mm	1352.804mm	1439.164mm	T	90.00
R12	AXIAL0.4	1367.536mm	1457.452mm	1362.456mm	1457.452mm	1362.456mm	1457.452mm	T	360.00
R15	AXIAL0.4	1367.536mm	1453.896mm	1362.456mm	1453.896mm	1362.456mm	1453.896mm	T	360.00
R14	AXIAL0.4	1367.536mm	1450.34mm	1362.456mm	1450.34mm	1362.456mm	1450.34mm	T	360.00
R13	AXIAL0.4	1367.536mm	1447.292mm	1362.456mm	1447.292mm	1362.456mm	1447.292mm	T	360.00
D1	diode0.4	1367.536mm	1440.18mm	1362.456mm	1440.18mm	1362.456mm	1440.18mm	T	360.00
D2	diode0.4	1367.536mm	1436.624mm	1362.456mm	1436.624mm	1362.456mm	1436.624mm	T	360.00
D3	diode0.4	1367.536mm	1433.068mm	1362.456mm	1433.068mm	1362.456mm	1433.068mm	T	360.00
D4	diode0.4	1367.536mm	1429.512mm	1362.456mm	1429.512mm	1362.456mm	1429.512mm	T	360.00
C4	RAD0.2	1383.284mm	1425.956mm	1380.744mm	1425.956mm	1380.744mm	1425.956mm	T	360.00
U3A	DIP14	1383.03mm	1438.148mm	1386.84mm	1430.528mm	1386.84mm	1430.528mm	T	180.00
C3	RAD0.2	1393.444mm	1430.02mm	1390.904mm	1430.02mm	1390.904mm	1430.02mm	T	0.00
C2	rb.2/.4	1423.416mm	1430.02mm	1420.876mm	1430.02mm	1420.876mm	1430.02mm	T	180.00
C1	rb.2/.4	1409.7mm	1430.02mm	1407.16mm	1430.02mm	1407.16mm	1430.02mm	T	180.00
U2	DIP8	1396.746mm	1441.45mm	1400.556mm	1437.64mm	1400.556mm	1437.64mm	T	180.00
R1	AXIAL0.4	1411.224mm	1437.64mm	1406.144mm	1437.64mm	1406.144mm	1437.64mm	T	360.00
R4	AXIAL0.4	1411.224mm	1440.688mm	1406.144mm	1440.688mm	1406.144mm	1440.688mm	T	360.00

图 7.111　插置文件

7.11.8　测量两点的距离

精确测量电路板图中某两点的距离，可以用以下方法：

(1) 执行菜单命令“Reports\Measure Distance”。

(2) 执行该命令后，鼠标指针变为十字形，单击需要测量间距的第一个点。

(3) 再移动鼠标，单击要测量间距的第二个点，屏幕上会显示测量间距的对话框。

① Distance Measured：所选两点的间距。

② X Distance：两点的 X 轴方向间距。

③ Y Distance：两点的 Y 轴方向间距。

由于电气栅格点的存在，鼠标指针不能移到两个栅格点之间的位置，这时需要更改栅格点间距，按 G 键，弹出栅格间距菜单，从中选取合适的栅格间距。

单击对话框中的"OK"按钮，关闭该对话框。

7.11.9　测量两个图件的间距

执行菜单命令"Reports\Measure Primitives"可以测量两个图件之间的间距，这个间距是指两个图件之间的最小间距。执行该命令后，鼠标指针变为十字形，单击需要测量间距的第一个图件，再移动鼠标，单击要测量间距的第二个图件，屏幕上会出现如图 7.112 所示的对话框。单击对话框中的"OK"按钮，关闭该对话框。

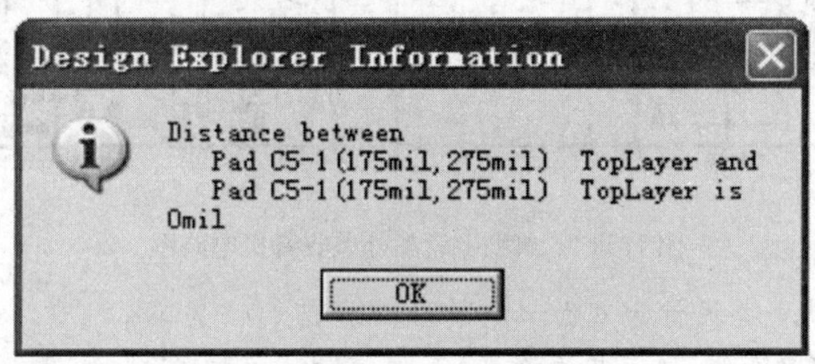

图 7.112　测量两个图件的间距

7.11.10　PCB 图的打印输出

完成 PCB 图的设计后，就需要打印输出，并将输出结果送往厂家进行制作。使用打印机打印输出电路板，首先要对打印机进行设置，包括打印机的类型设置、纸张大小的设定、电路图纸的设定等内容，然后再进行打印输出。PCB 图的打印输出方法与步骤可参考第 3 章。

思考与练习

1. 试说明 PCB 图的设计流程。

2. 试说明放置工具栏中各个按钮的作用分别是什么？它们各自对应的菜单命令又是什么？并简述其操作步骤。

3. 补泪滴在设计 PCB 时有什么作用？

4. 如何放置、移动、删除一个元件？如何旋转一个元件？

5. 复制、剪切、粘贴如何操作？可否用于点取的实体？

6. 布线的特殊粘贴有几种方式？如何操作？

7. 如何装入网络表文件？

8. 自动布局要做哪些准备工作？

9. 自动布线要做哪些准备工作？

10. 请说明执行自动布局、自动布线的命令有哪些？各有什么作用？如何操作？

11. 元件报表有什么作用？如何生成元件报表文件？

12. 典型七管超外差收音机电路图如图 7.113 所示，试将收音机电路设计为单面印制版图。

要求：元件间最小间距为 15 mil；只在顶层放置元件；导线间最小安全距离为 20 mil。

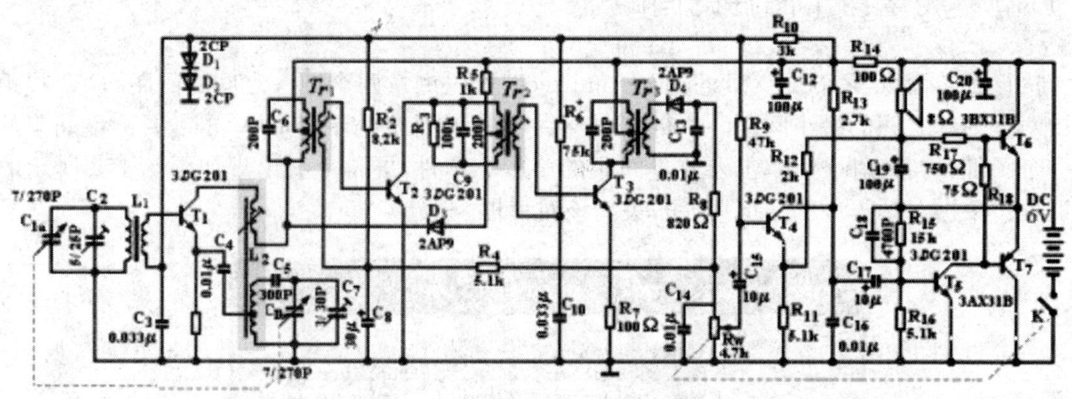

图 7.113 典型七管超外差收音机电路图

13. 试将收音机电路设计为双面印制版图。

要求：在顶层水平布线、底层垂直布线，其他信号层不用；接地线最先布置；布线宽度在 10～40 mil 之间。

第 8 章　制作元件封装

【内容提要】

- 元件封装图形的创建
- 修改元件封装图形
- 使用向导板创建元件封装图形
- 元件封装编辑器的使用

在使用 Protel 99 SE 绘制 PCB 图时，可以使用系统自带的元件封装把它放置在编辑区中合适的位置。对于经常使用而元件封装库里又找不到的元件封装，则需要自己用元件封装编辑器来创建一个元件封装。用 PCB 元件封装编辑器可以创建任意形状的元件封装。当然，元件封装的创建也可以借助现有的元件封装通过简单的修改得到。

8.1　启动 PCB 元件封装编辑器

Protel 99 SE 的 PCB 元件封装编辑器的启动步骤如下：

(1) 启动 Protel 99 SE，进入 Protel 99 SE 主窗口，然后执行菜单命令“File\New”，打开如图 8.1 所示的对话框。

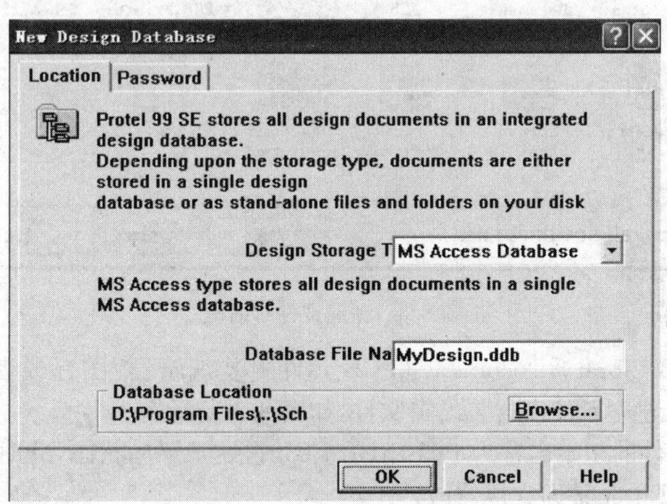

图 8.1　新建设计数据库对话框

(2) 在对话框中的“Database File Name”栏中输入设计数据库名，后缀为. ddb。单击“Browse”按钮，可以选择设计数据库的存盘路径，单击对话框中的“OK”按钮，就建立了新的设计数据库,并进入如图8.2所示的创建设计数据库后的窗口。

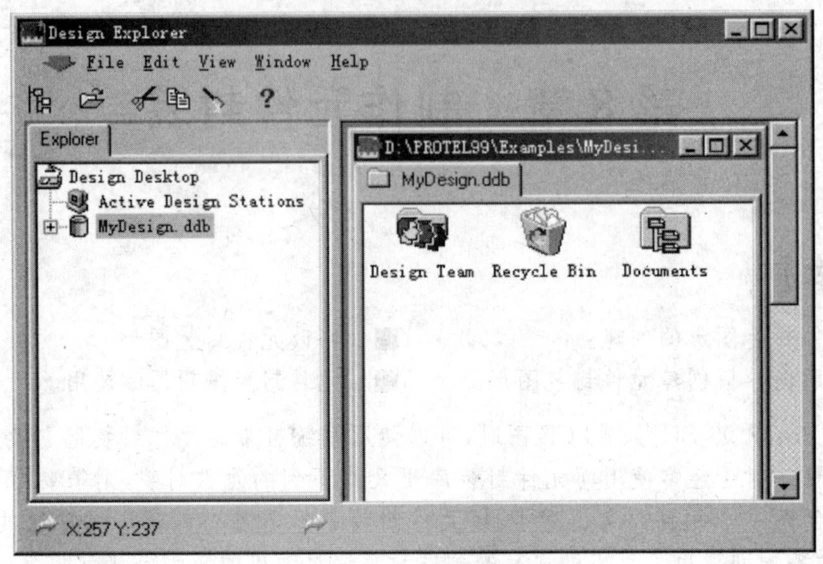

图8.2　创建设计数据库后的窗口

(3) 执行菜单命令File\New,打开新建文件对话框,如图8.3所示。

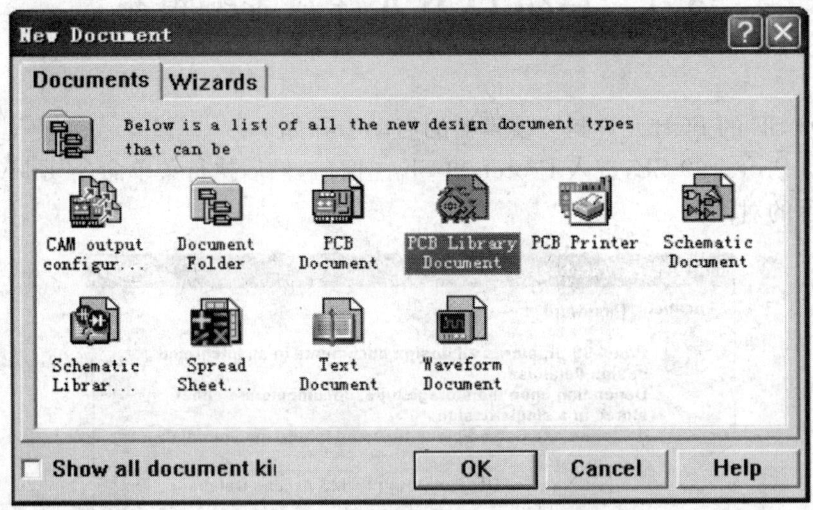

图8.3　新建文件对话框

(4) 双击PCB Library Document (PCB元件封装编辑器)图标或者选中图标后单击"OK"按钮,就可以建立元件库封装编辑文件,如图8.4所示。

(5) 元件库文件的初始名称为PCBLIB1.LIB,它处于浮动状态,此时可以修改文档名,输入新名称后,按Enter键即完成修改。

(6) 直接双击图8.4中的PCB元件库文件图标,进入如图8.5所示的PCB元件封装编辑器的主窗口。

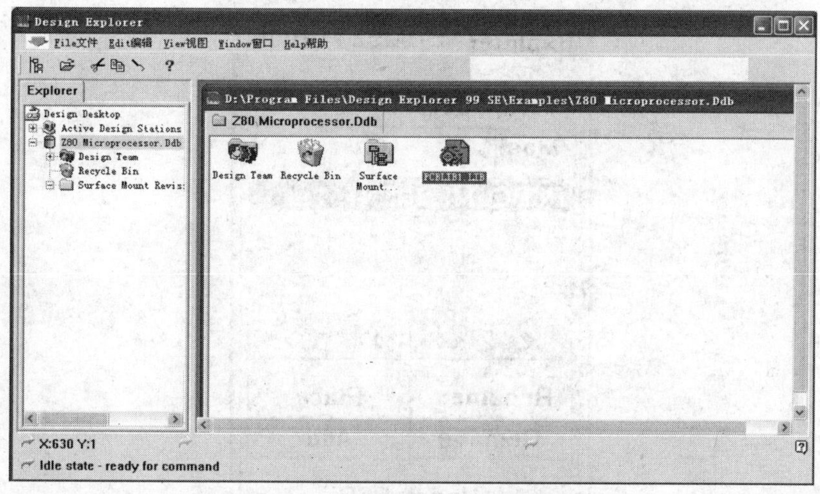

图 8.4　新建元件封装库文件

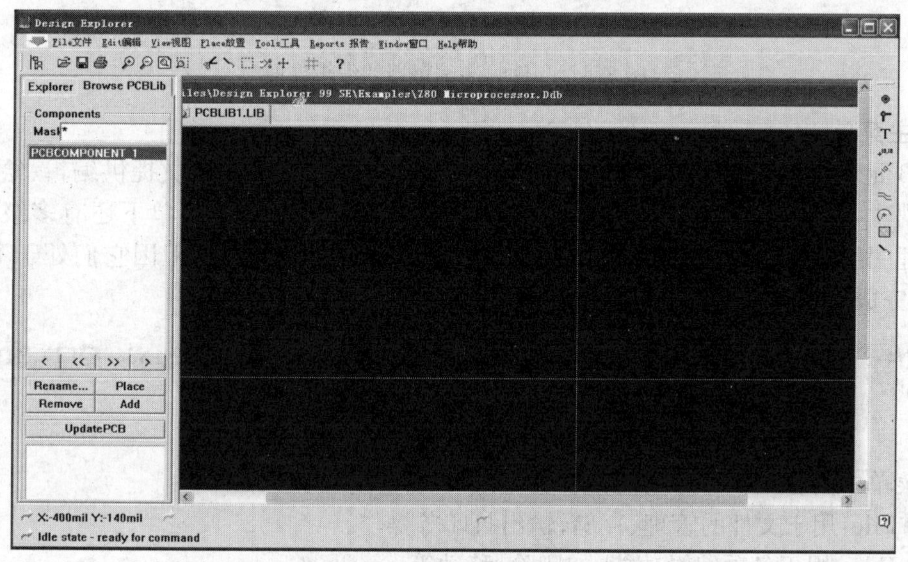

图 8.5　元件封装编辑器的主窗口

8.2　PCB 元件封装编辑器概述

PCB 元件封装编辑器的主窗口和 PCB 编辑器类似，如图 8.5 所示。PCB 元件封装编辑器有两个窗口，左边的一个是设计管理器窗口，右边的是设计窗口。在设计管理器窗口中单击“Browse PCBLib”按钮，便出现如图 8.6 所示的元件封装编辑器的编辑界面。

从图 8.6 中可以看出，PCB 元件封装编辑器界面主要由主菜单、主工具栏、绘图工具栏、编辑区、状态栏与命令行等部分组成。

图 8.6 元件封装编辑器的编辑界面

1. 主菜单

PCB 元件封装编辑器的主菜单如图 8.7 所示，主要是给设计人员提供编辑、绘图命令，以便于创建一个新元件。每个菜单下均有相应的子菜单，某些子菜单下还有多级子菜单。它与原理图编辑器和原理图元件封装编辑器的主菜单有相同之处，但因它们处于不同的工作环境，完成的功能也就有差别。

File文件 Edit编辑 View视图 Place放置 Tools工具 Reports 报告 Window窗口 Help帮助

图 8.7 主菜单

主菜单中的各菜单命令功能如下：

(1) File：用于文件的管理、存储、输出打印等操作。

(2) Edit：用于各项编辑功能，如删除、移动等。

(3) View：用于画面管理，如画面的放大、缩小和各种工具栏的打开与关闭等。

(4) Place：用于绘图命令，如在工作界面上放置一个圆弧、导线、焊盘等。

(5) Tools：在设计的过程中提供各种方便的工具。

(6) Reports：用于产生报表。

(7) Window：用于打开窗口的排列方式、切换当前工作窗口等。

(8) Help：用于提供帮助文件。

2. 主工具栏

主工具栏如图 8.8 所示，它提供了各种图标操作方式，可以方便、快捷地执行各项功能，如打印、存盘等。各种图标按钮的功能如表 8.1 所示。对主工具栏可进行如下操作。

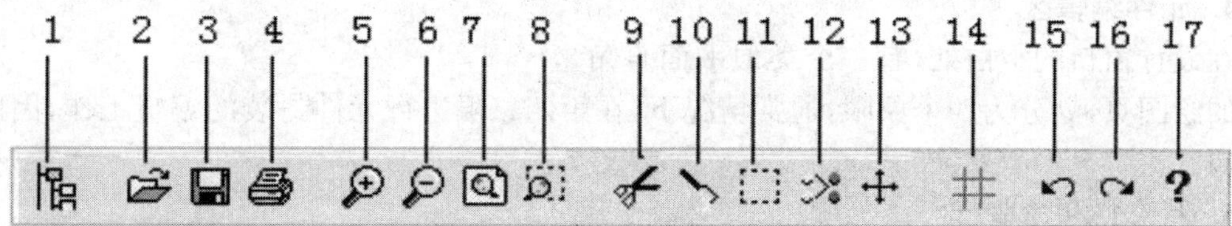

图 8.8　主工具栏

表 8.1　主工具栏图标按钮的功能

按　钮	功　能	按　钮	功　能
1	切换设计管理器面板	10	粘贴
2	打开文件	11	选取某区域中的所有对象
3	保存文件	12	取消选取
4	打印文件	13	移动所选对象
5	放大显示	14	设置移动栅格
6	缩小显示	15	恢复
7	放大显示整个电路板	16	重做
8	放大选定区域	17	帮助
9	剪切		

(1) 显示主工具栏：执行菜单命令“View\Toolsbars\Main Toolbar”，主工具栏被打开，显示在主窗口中。

(2) 调整主工具栏的位置：将鼠标指针移到主工具栏中的任一按钮上，单击鼠标右键，就会弹出一个如图 8.9 所示的快捷菜单，执行某个快捷菜单命令，就可将主工具栏放置在主窗口的左边、右边、顶部或底部。

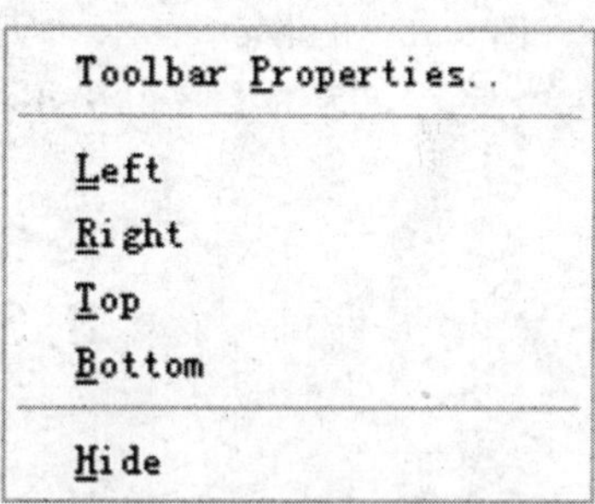

图 8.9　快捷菜单命令

(3) 关闭主工具栏：只要执行快捷菜单命令“Hide”或执行菜单命令“View\Toolsbars\Main Toolbar”即可关闭主工具栏。

3. 绘图工具栏

绘图工具栏(Placement Tools)如图 8.10 所示。PCB 元件封装编辑器提供的绘画工具同前面所接触到的绘图工具是一样的，它的作用类似于菜单命令“Place”，用于在工作界面上放置各种图元，如焊点、线段、圆弧等。如果主窗口中没有显示绘图工具栏，可以执行菜单命令“View\Toolsbars\Placement Tools”打开，如果要关闭它，只要再次执行菜单命令“View\Toolsbars\Placement Tools”即可。

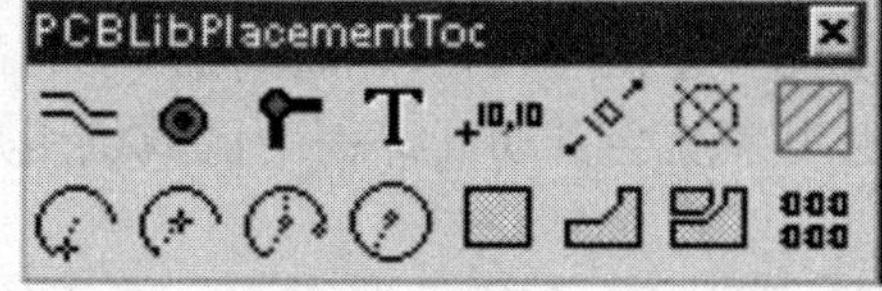

图 8.10　绘图工具栏

4. 元件编辑区

在设计窗口的空白处,有一个类似平面直角坐标系的绘图页,划分为四个象限,通常情况下,在第四象限进行元件封装的编辑工作,因此又称编辑区。

5. 状态栏和命令行

状态栏和命令行显示在主窗口的最下方,如图 8.11 所示。它们用于指示当前系统所处的状态和正在执行的命令,与原理图元件封装编辑器的状态栏和命令行的功能相似。打开或关闭状态栏和命令行,可分别通过执行菜单命令“View\Status Bar”和“View\Command Status”来完成。

图 8.11 状态栏和命令行

6. 快捷菜单

在编辑区的空白处单击鼠标右键,则屏幕上会弹出如图 8.12 所示的快捷菜单。利用快捷菜单进行编辑,将使操作变得方便快捷,其效果相当于使用主菜单进行操作。

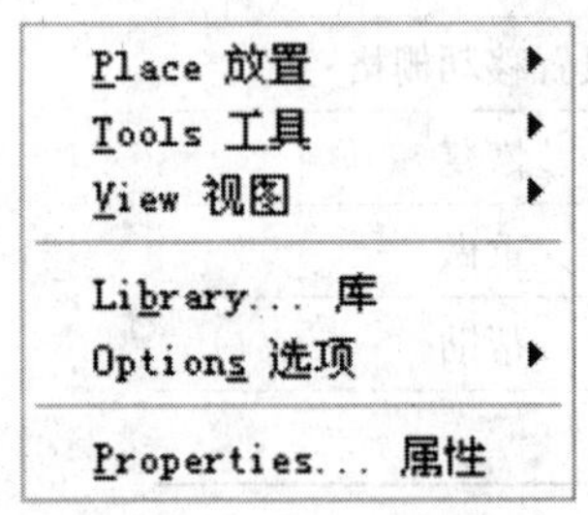

图 8.12 快捷菜单

7. 元件封装库管理器

元件封装库管理器主要用于对元件封装库进行管理。

PCB 元件封装编辑器界面的放大、缩小处理可以通过“View”菜单进行,也可以通过选择主工具栏上的放大按钮和缩小按钮来实现画面的放大与缩小。

8.3 创建新的元件封装

创建 PCB 元件封装图的常用方法有两种:手工创建和利用向导创建。下面以一个双列直插式 12 脚的元件封装为例来讲述创建元件封装的具体过程。

8.3.1 元件封装参数设置

启动 Protel 99 SE 并进入 PCB 元件封装编辑器的编辑界面,如图 8.6 所示。在创建新的元件封装前,往往需要先设置一些基本参数,如计量单位、过孔的内孔层和鼠标移动的最小间距等。但是创建元件封装不需要设置布局区域,因为系统会自动开辟一个区域供用户使用。

1. 工作层面参数设置

设置工作层面参数的操作步骤如下:

(1) 执行“Tools\Library Options”命令,系统将弹出工作层面参数设置对话框,如图8.13所示。

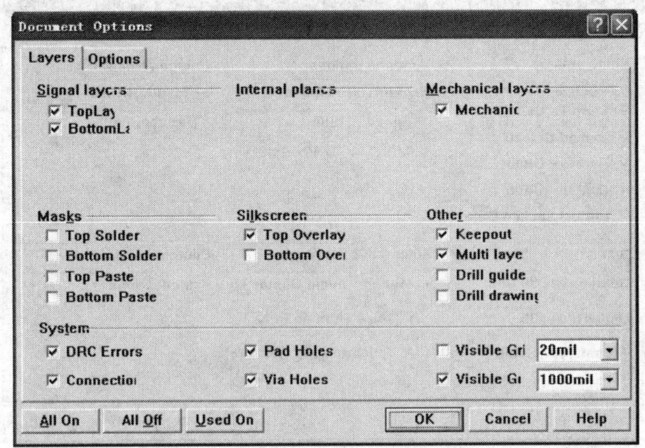

图8.13 工作层面参数设置对话框

(2) 在“Layers”标签页中,可以设置元件封装的层参数。一般可以选中Pad Holes(焊盘内孔)和Via Holes(过孔)两个复选框,其他则保留默认值。

(3) 单击“Options”标签,进入“Options”标签页,如图8.14所示。在该对话框中可设置Snap(格点)、Electrical Grid(电气栅格)和Measurement(计量单位)等,计量单位有英制和米制两种。

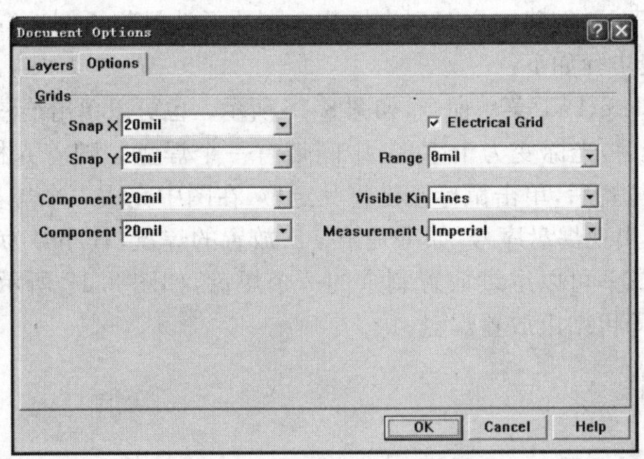

图8.14 “Options”标签页对话框

(4) 设置结束后,单击该对话框中的“OK”按钮,即完成新的工作层面参数设置。

2. 系统参数设置

设置系统参数的操作步骤如下:

执行菜单命令“Tools\Preferences”,系统将弹出“Preferences”设置对话框,如图8.15所示。它共有6个标签页,即“Options”标签页、“Display”标签页、“Colors”标签页、“Show/Hide”标签页、“Defaults”标签页、“Signal Integrity”标签页,一般只设定“Options”标签页的各项参数即可。

当设置元件颜色时,通常顶层丝印层(Top Over Layer)颜色为深绿色,Pad Holes颜色设置为白色(White),颜色设置可以通过"Colors"标签页实现。

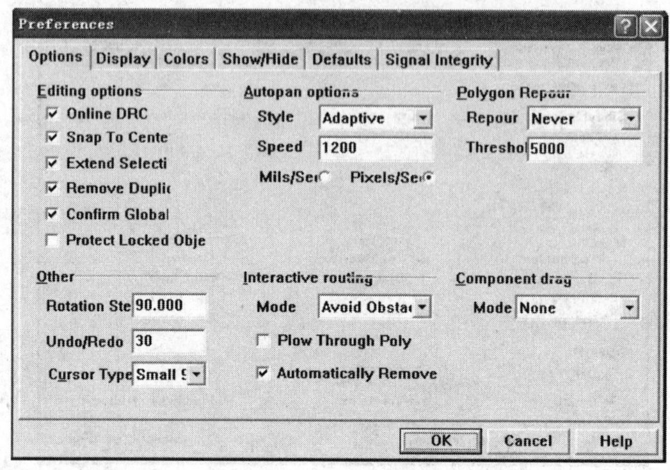

图 8.15 "Preferences"设置对话框

工作层面参数和系统参数设置完毕后,就可以开始创建新的元件封装了。

8.3.2 手工创建新的元件封装

手工创建元件封装实际上就是利用 Protel 99 SE 提供的绘画工具,按照实际的尺寸绘制出该元件封装。下面以创建一个双列直插式 8 脚的元件封装为例进行讲解。

手工创建的一般步骤如下:

(1) 首先执行"Place\Pad"菜单命令,如图 8.16 所示。也可以单击绘图工具栏中的按钮。

(2) 执行该命令后,光标变为十字形,中间带有一个焊盘。随着光标的移动,焊盘跟着移动,移动到适当的位置后,单击鼠标左键将其定位,在图中完成一个焊盘的放置。

(3) 在焊盘中心出现焊盘序号,如果是第一次放置的焊盘,其序号为 0,这时系统仍然处于放置焊盘的编辑状态,可以继续放置剩余的 7 个焊盘,如图 8.17 所示。单击鼠标右键或按键盘上的 Esc 键,即可结束放置焊盘。

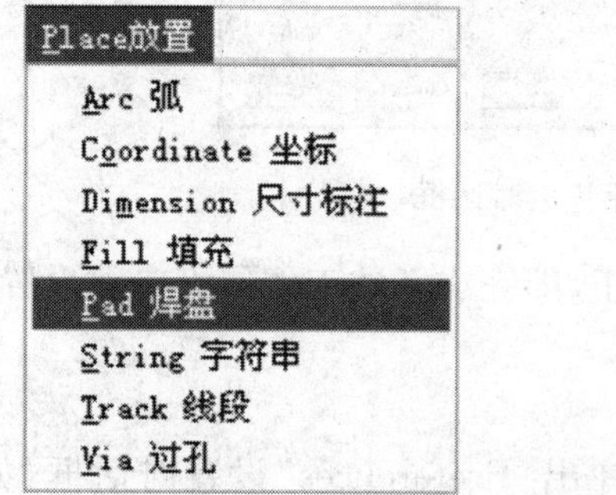

图 8.16 "Place\Pad"菜单命令

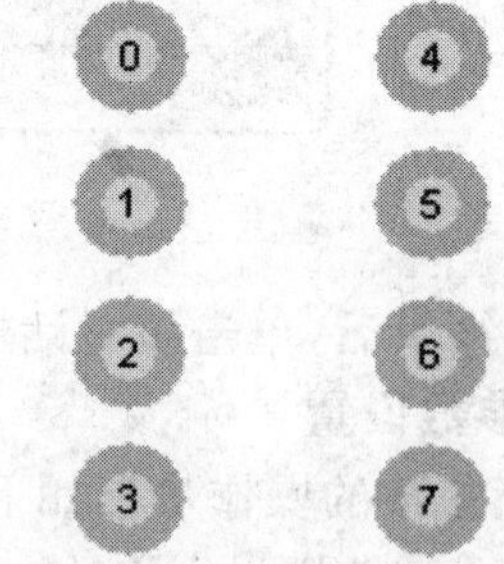

图8.17 放置的全部焊盘

(4) 将光标移动到已绘制好的第一焊盘上,双击鼠标左键,即会弹出如图 8.18 所示的焊盘属性对话框,在该对话框中,可以对焊盘的有关参数进行设置。

① X-Size、Y-Size：设置焊盘的横、纵向尺寸。

② Shape：选择设置焊盘的外形(圆形、正四边形和正八边形)。

③ Designator：指示焊盘的序号，可以在栏中进行修改，这里将它改为 0，再依次将其他焊盘的序号分别改为 1～7，全部焊盘显示如图 8.19 所示。

④ Layer：设置元件封装所在的层面，针脚式元件封装层面设置必须是 Multi Layer，STM 元件封装层面设置必须为单一表面，如 Top Layer 或 Bottom Layer。

⑤ X-Location、Y-Location：指示焊盘所在的位置坐标，对它们重新设置可以调整焊盘的位置。

本例焊盘的属性设置如图 8.18 所示。方形焊盘和圆形焊盘可以在 Shape 编辑框中选定。其他选项参数取默认值。根据元件引脚之间的实际间距将其设定为垂直距离为 100 mil，水平距离为300 mil，1 号焊盘放置于(0，0)点，并相应放置其他焊盘。将焊盘的直径设置为60 mil，焊盘的孔径设置为30 mil。

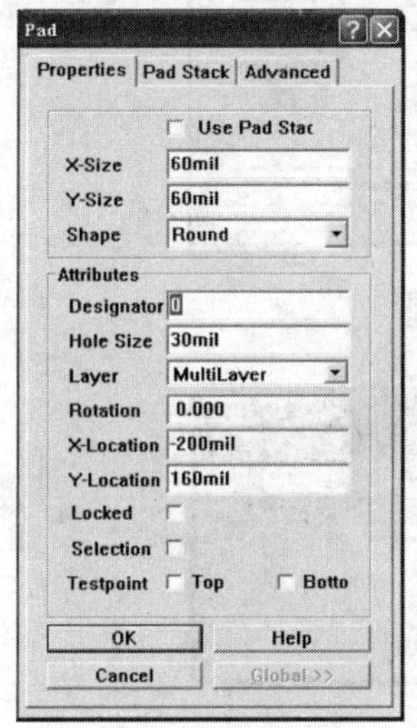

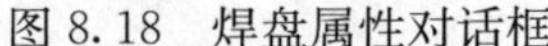
图 8.18　焊盘属性对话框

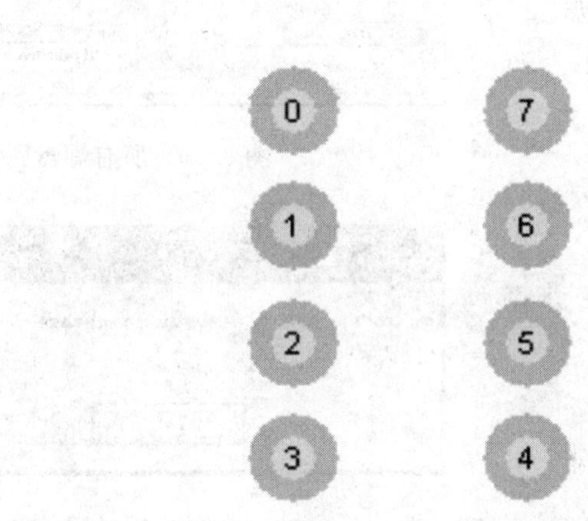

图 8.19　序号修改后的全部焊盘

单击“OK”按钮即完成焊盘属性的设置，若单击“Global”按钮，就打开如图 8.20 所示的对话框，对所有的焊盘属性进行整体编辑。对所有参数的设置结束后，单击“OK”按钮，就可弹出如图 8.21 所示的确认对话框，单击“Yes”按钮完成对所有参数的重新设置，若单击“No”按钮，则不对所有参数重新设置。

(5) 参数设置完成后，接下来就是绘制元件封装的外形轮廓。在“Top Overlay”标签上将工作层切换到顶层丝印层，即 Top Overlay 层，然后执行菜单命令“Place\Track”。

(6) 执行该命令后，鼠标光标变为鼠标指针和一个带小方点的大十字形。将鼠标指针移到合适的位置，单击鼠标左键确定元件封装外形轮廓线的起点，然后绘制元件的外形轮廓，如图 8.22 所示。在本例中，左上角坐标为(60，40)，右下角坐标为(240，－540)。上端开口的坐标分别为(120，40)和(180，40)。

(7) 图 8.22 中的元件封装外形轮廓还缺少顶部的半圆弧，可以执行菜单命令“Place\Arc”或直接单击绘图工具栏中的相应图标在外形轮廓线上绘制半圆弧。本例中，执行菜单命令“Place\Arc(Center)”后，将鼠标指针移到合适的位置，单击鼠标左键确定圆心位置

(150,40),移动鼠标指针,即出现一个半径随鼠标指针移动而变化的预画圆,单击鼠标左键确定圆的半径(30 mil),将鼠标指针移到预画圆的左端(起始角为180°),单击鼠标左键确定圆弧的起点,再将鼠标指针移到预画圆的右端(终止角为 360°),单击鼠标左键确定圆弧的终点,元件封装顶部的半圆弧就绘制好了,此时元件封装图如图 8.23 所示。

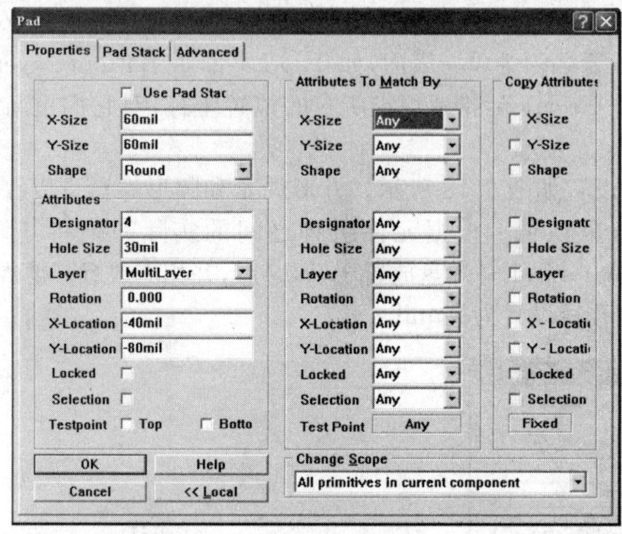

图 8.20 所有焊盘属性对话框

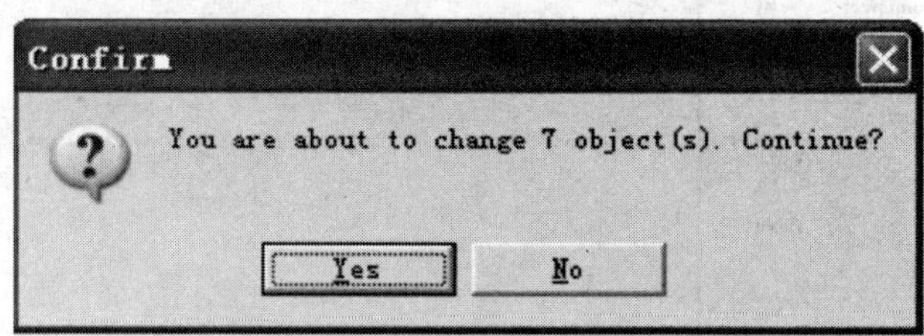

图 8.21 确认对话框

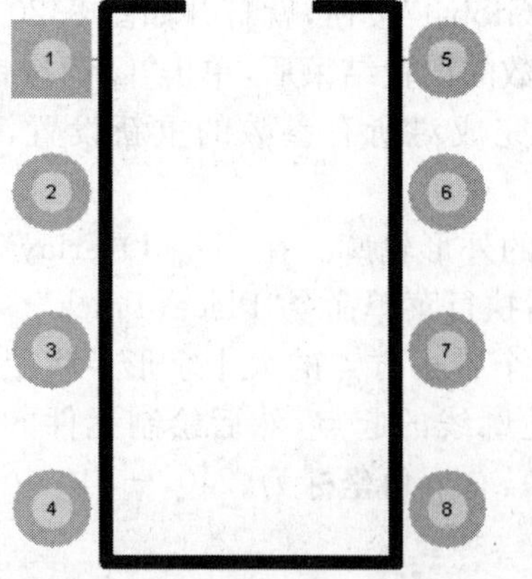

图 8.22 元件封装外形轮廓

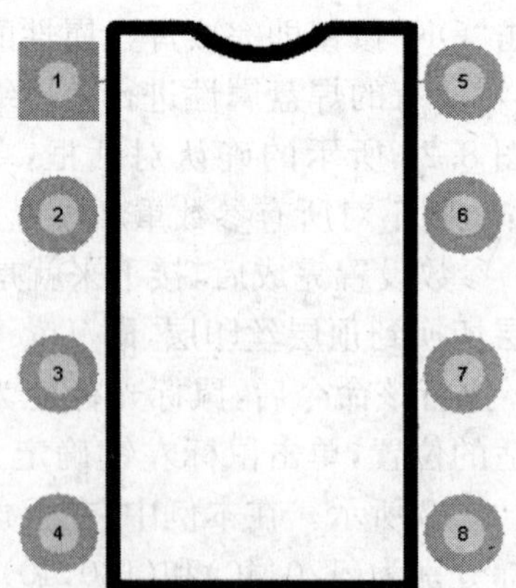

图 8.23 完整的元件封装图

(8) 绘制完成后，单击设计管理器中的“Rename”按钮，就可弹出如图 8.24 所示的对话框，在对话框中输入新的名称，如 JDIP8，单击对话框中的“OK”按钮，即完成对新创元件封装的重命名。

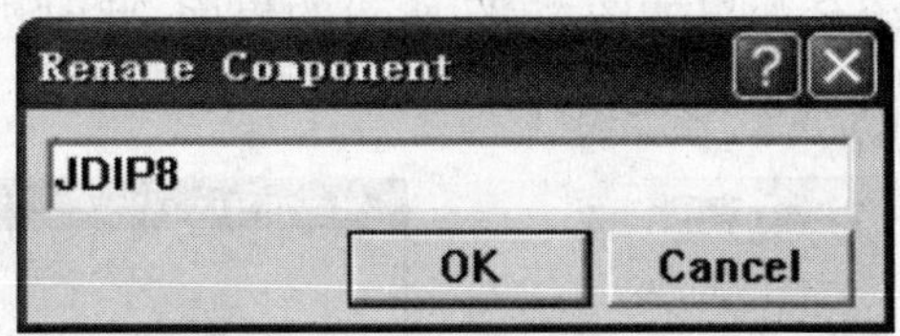

图 8.24　元件封装重命名对话框

(9) 输入元件封装的名称后，可以看到元件封装管理器中的元件名称也相应改变了。执行菜单命令“File\Save”，保存新建的元件封装。

(10) 为了标记一个 PCB 元件用作元件封装，还要设定元件封装的参考点。往往选择 Pin 1(即元件的引脚 1)为参考点。

设置元件封装的参考点可以执行菜单命令“Edit\Set Reference”，如图 8.25 所示。

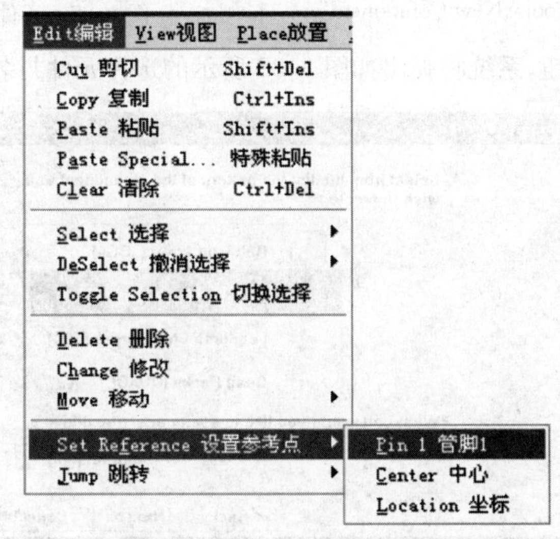

图 8.25　设定元件封装的参考点

其中有 Pin 1、Center 和 Location 3 条命令。

① Pin 1：设置引脚 1 为元件的参考点。

② Center：设置元件的几何中心作为元件的参考点。

③ Location：表示由用户选择一个位置作为元件的参考点。

本例执行菜单命令“Edit\Set Reference\Pin 1”。

8.3.3　利用向导创建元件封装

Protel 99 SE 提供的元件封装创建向导是电子设计领域里的新概念，它允许用户预先定义设计规则，在这些设计规则定义结束后，元件封装库编辑器会自动生成相应的新元件封装。下面以新建一个JDIP8的元件封装为例来介绍利用向导创建元件封装的基本步骤：

(1) 启动并进入元件封装编辑器。

(2) 执行“Tools\New Component”菜单命令，如图8.26所示。

(3) 执行该命令后，系统会弹出如图8.27所示的界面，此时进入了元件封装创建向导，接下来可以选择封装形式，并可以定义设计规则。

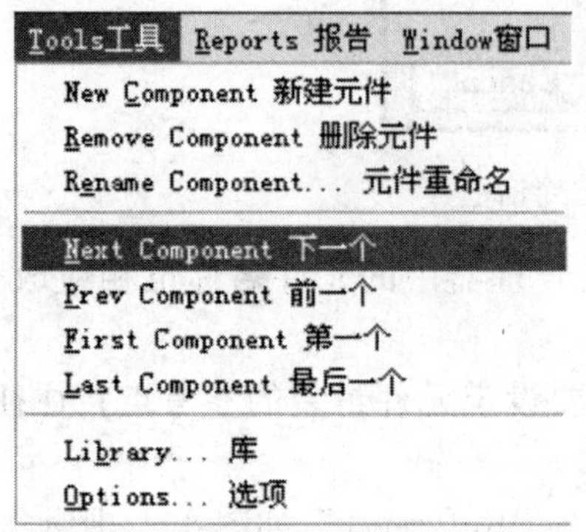

图8.26 执行菜单命令“Tools\New Component”

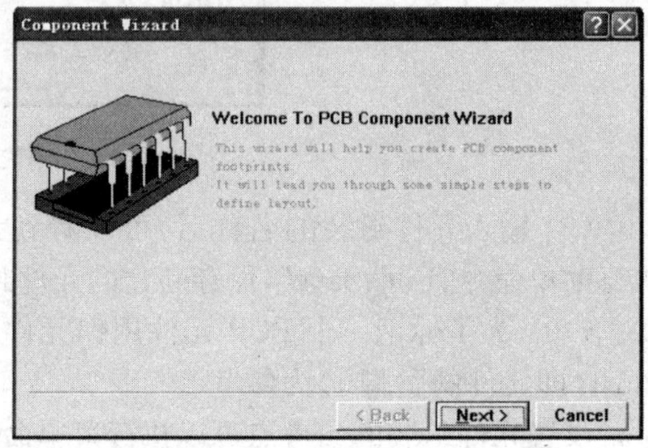

图8.27 元件封装向导界面

(4) 单击“Next”按钮，系统将弹出如图8.28所示的选择元件封装样式对话框。

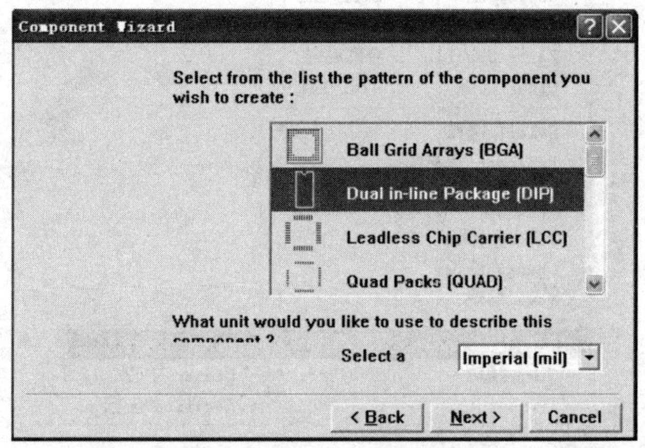

图8.28 选择元件封装样式对话框

在该对话框中可以设置元件的外形。Protel 99 SE提供了10种元件的外形供用户选择，其中包括Ball Grid Arrays(BGA)(球栅阵列封装)、Capacitors(电容封装)、Diodes(二极管封装)、Dual in-line Package (DIP双列直插封装)、Edge Connectors(边连接样式)、Leadless Chip Carrier(LCC)(无引线芯片载体封装)、Pin Grid Arrays(PGA)(引脚网格阵列封装)、Quad Packs(QUAD)(四边引出扁平封装PQFP)、Small Outline Package(小尺寸封装SOP)、Resistors(电阻样式)等。

根据本例要求，选择DIP封装外形。在对话框中还可以选择元件封装的度量单位，有米制和英制两种。

(5) 单击“Next”按钮，系统将弹出如图8.29所示的对话框。在该对话框中可以设置焊盘的有关尺寸。将鼠标指针移到需要修改的尺寸上，鼠标指针变为“I”形，按鼠标左键不放，拖动鼠标指针，该尺寸部分颜色变为蓝色即表示选中该项尺寸，然后输入新的尺寸即可。

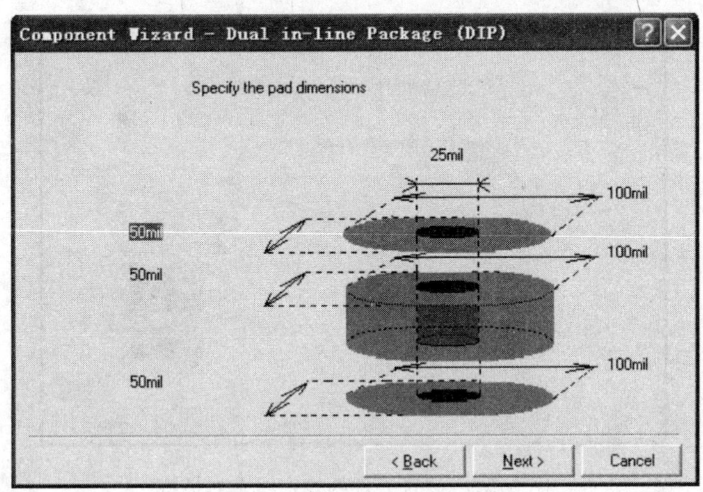

图8.29　设置焊盘尺寸对话框

(6) 单击“Next”按钮，系统弹出如图8.30所示的对话框。在该对话框中可以设置引脚的水平间距、垂直间距和尺寸，设置方法与上一步相同。

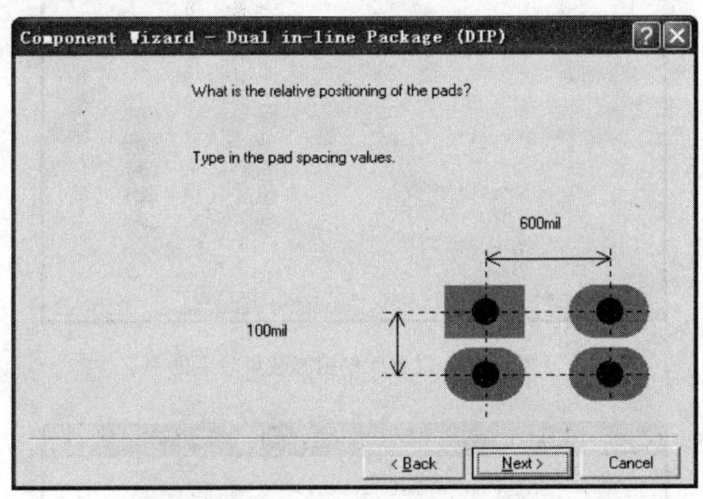

图8.30　设置引脚的位置和尺寸对话框

(7) 单击“Next”按钮，系统弹出如图8.31所示的对话框。在该对话框中可以设置元件的轮廓线宽，设置方法与上一步相同。

(8) 单击“Next”按钮，系统弹出如图8.32所示的对话框，在该对话框中可以设置元件引脚数时，只要在对话框中的指定位置输入元件引脚数或者单击“增加”或“减少”按钮来确定元件的引脚数即可。

(9) 单击“Next”按钮，系统弹出如图8.33所示的设置元件名称对话框。在该对话框中可以设置元件名称，在此设置为DIP 10。

(10) 单击“Next”按钮，系统弹出如图8.34所示的完成对话框。单击“Finish”按钮即可完成对新元件封装设计规则的定义，同时，程序按设计规则自动生成了新元件封装。完成后的元件封装如图8.35所示。

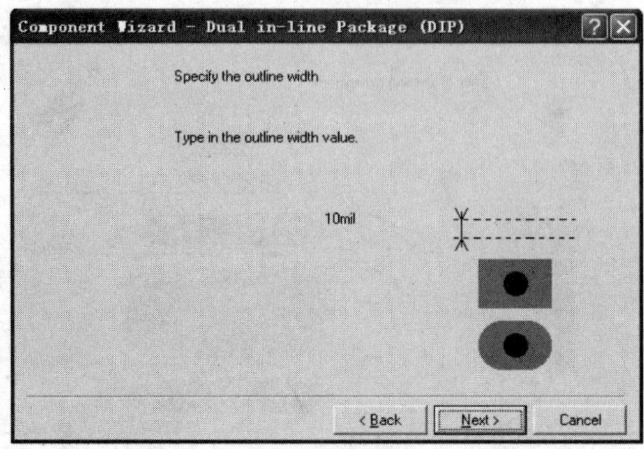

图8.31　设置元件的轮廓线宽对话框

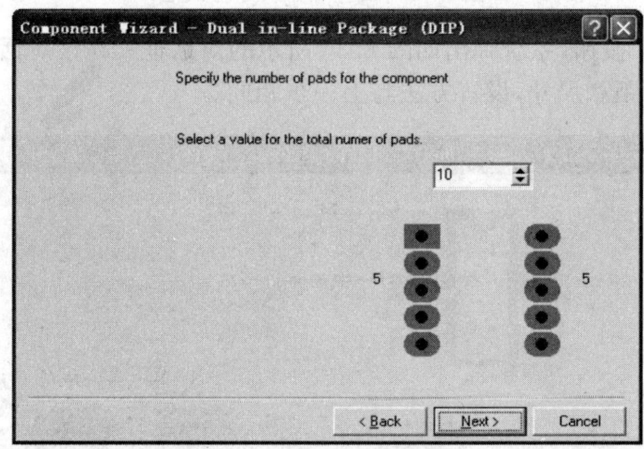

图8.32　设置元件引脚数量对话框

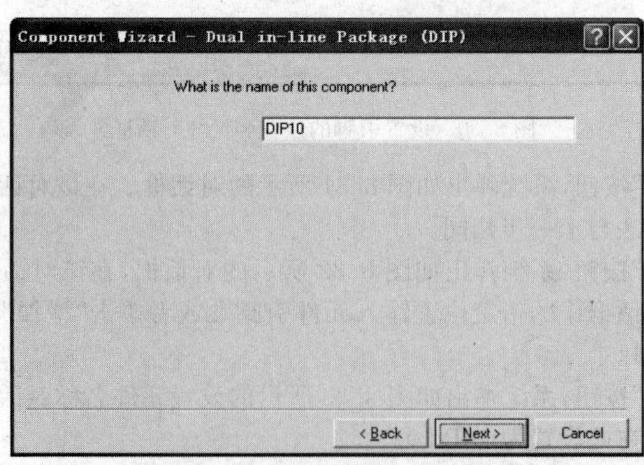

图8.33　设置元件封装名称对话框

(11) 最后执行菜单命令“File\Save”，将这个新创建的元件封装存盘。

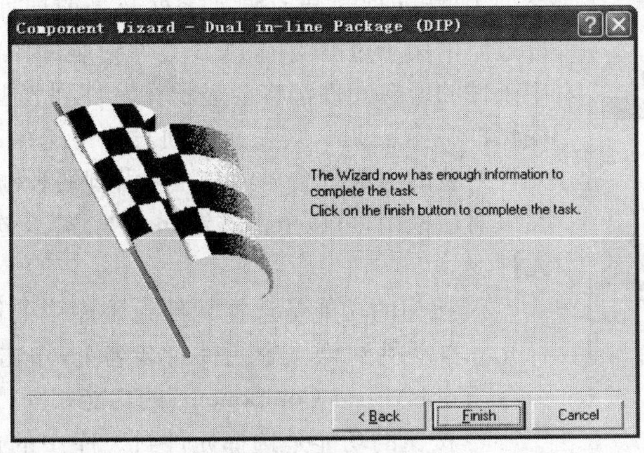

图 8.34　完成对话框

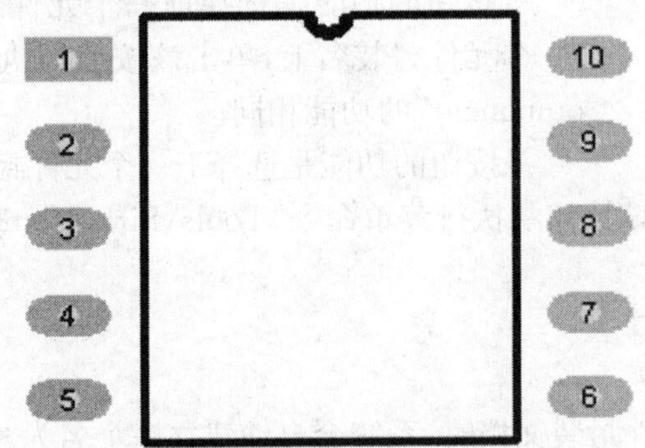

图 8.35　创建完成后的元件封装

使用向导创建元件封装结束后，系统将会自动打开生成的新元件封装，以供用户进一步修改，其操作与设计 PCB 图的过程类似。

8.4　PCB 元件封装管理

当应用 PCB 元件封装编辑器创建了新的元件封装后，可以使用元件库的管理，主要包括元件封装的浏览、添加、删除等操作，本节将介绍浏览管理器和对元件库的管理。

8.4.1　浏览元件封装

创建元件封装时，可以单击“Browse PCBLib”标签进入元件封装浏览管理器，如图 8.36 所示。

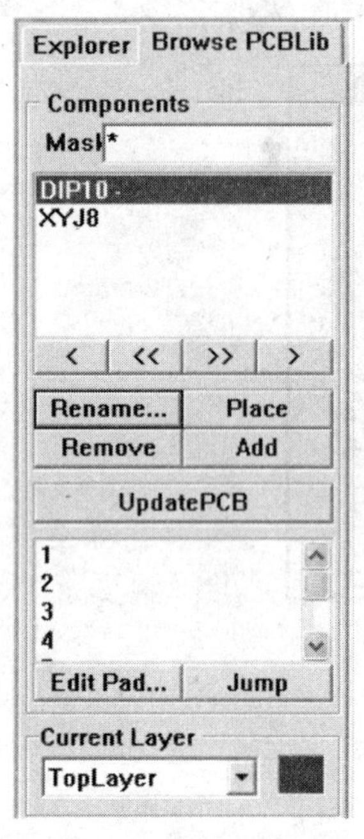

图8.36 浏览管理器窗口

PCB元件封装浏览管理器由元件过滤框(Mask)、元件封装名列表框、元件封装引脚列表框及当前层面框等部分组成。元件过滤框用于过滤当前PCB元件封装库中的元件,满足过滤框中条件的所有元件都将会显示在元件列表框中。例如,在Mask编辑框中输入J＊,则在元件列表框中选中一个元件封装时,该元件封装的引脚将会显示在元件引脚列表框中,如图8.36所示。在该对话框中,可以单击按钮<<、>>、<、>选择元件列表框中的元件。

<<按钮的功能是选择元件封装库中的第一个元件封装,鼠标光标自动跳到第一个元件封装名上,单击该按钮与执行菜单命令"Tools\First Component"的功能相同。

>>按钮的功能是选择元件封装库中的最后一个元件封装,鼠标光标自动跳到最后一件元件封装名上,单击该按钮与执行菜单命令"Tools\First Component"的功能相同。

<按钮的功能是选择前一个元件封装,鼠标光标自动移到前一个元件封装名上,单击该按钮与执行菜单命令"Tools\First Component"的功能相同。

>按钮的功能是选择下一个元件封装,鼠标光标自动移到下一个元件封装名上,单击该按钮与执行菜单命令"Tools\First Component"的功能相同。

8.4.2 添加元件封装

当新建一个PCB元件封装文档时,系统会自动建立一个名为"PCBCOMPONENT-1"的空文件。添加新元件封装的操作步骤如下:

(1) 首先执行"Tools\First Component"菜单命令或单击图8.36中的"Add"按钮,系统将弹出如图8.37所示的对话框。

图8.37 元件封装向导界面

(2) 若单击“Next”按钮,将会使用向导创建新元件封装。若单击“Cancel”按钮,系统将会生成一个名为“PCBCOMPONET-1”的空文件。用户可以在该空文件中创建新元件封装,结束后再对其重新命名并保存起来。

8.4.3　删除元件封装

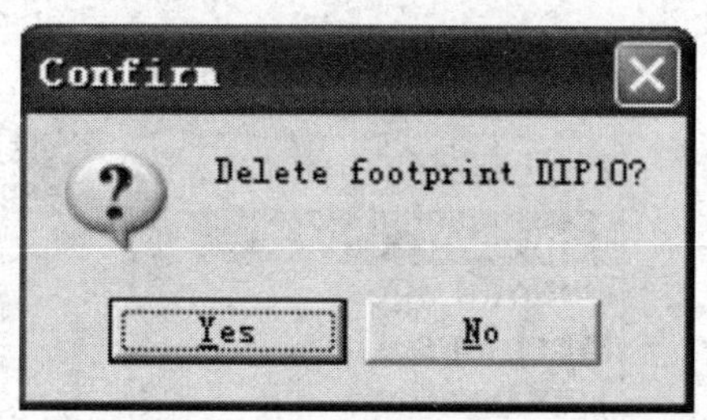

图 8.38　删除元件封装对话框

如果想从元件库中删除一个元件封装,可以先选中需要删除的元件封装,然后单击“Remove”按钮,系统将会弹出如图 8.38 所示的对话框。如果单击对话框中的“Yes”按钮,系统将会执行删除操作,删除元件列表框中鼠标光标所指的元件封装;如果单击对话框中“No”按钮,则系统取消对该元件封装的删除操作。

8.4.4　放置元件封装

通过元件封装浏览管理器,还可以进行放置元件封装的操作。如果想通过元件封装浏览管理器放置元件封装,可以先选取需要放置的元件封装,然后单击“Place”按钮,系统将会切换到当前打开的 PCB 设计管理器中,用户可以将该元件封装放置在适当的位置。

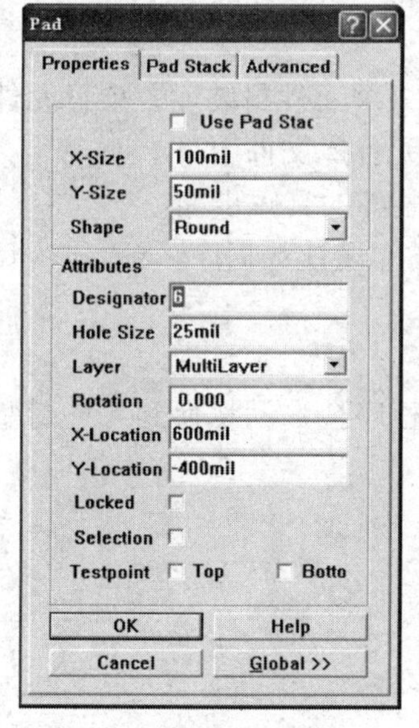

图 8.39　焊盘属性对话框

8.4.5　编辑元件封装引脚焊盘

使用元件封装浏览管理器可以编辑封装引脚焊盘的属性,具体操作过程如下:

(1) 先在元件列表框中选中某元件封装,然后在引脚列表框中选中需要编辑的焊盘。

(2) 双击选中的对象,或单击“Edit Pad”按钮,系统将弹出如图 8.39 所示的焊盘属性对话框,在该对话框中可以实现焊盘属性的编辑。若单击图 8.36 的“Jump”按钮,系统将所选焊盘放大显示大设计窗口中,且亮度增加,这便于快速定位某元件封装的某一引脚焊盘。

8.4.6　设置信号层的颜色

在“Current Layer”栏中可以设置或修改元件封装的各层颜色,具体操作步骤如下:

(1) 在 Current Layer 下拉列表中选取需要修改或设置颜色的层,如图 8.40 所示。

(2) 用鼠标左键双击右边的颜色框,此时系统弹出如图 8.41 所示的颜色设置对话框,通过该对话框可以设置元件封装的各层颜色。

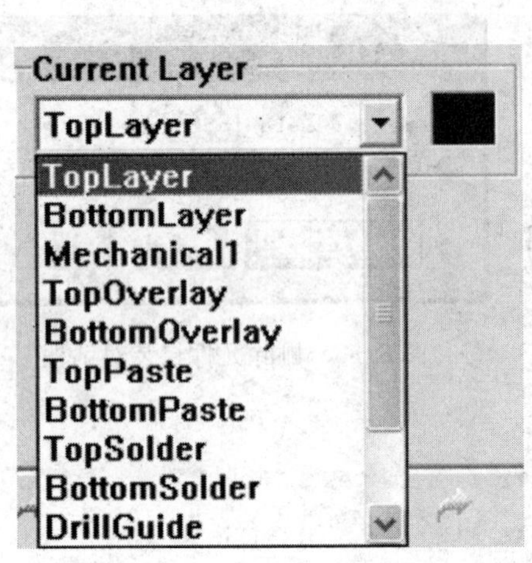

图 8.40 层面选择框

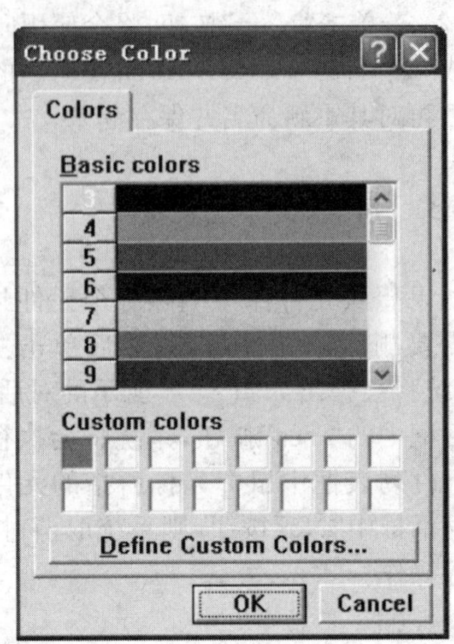

图 8.41 颜色设置对话框

8.5 创建项目元件封装库

项目元件封装库就是按照某个项目电路图上的元件生成的一个元件封装库。项目元件封装库实际上就是把整个项目中所用到的元件整理并存入一个元件库文件中。

下面以创建的闪光控制器 PCB 为例，介绍创建项目元件封装库的具体步骤：

(1) 执行菜单命令“File\Open”，打开闪光控制器 PCB 所属的设计数据库，装入该项目文件。

(2) 然后在该设计数据库项目中打开闪光控制器 PCB 文件。

(3) 执行“Design\Made Library”菜单命令，执行该命令后程序会自动切换到元件封装库编辑器。

思考与练习

1. 试说明怎样进入 PCB 元件封装编辑器。
2. 创建新的 PCB 元件封装前如何设置参数？
3. 试用手工创建法创建一个 DIP8 的元件封装。
4. 试用向导法创建一个 DIP8 的元件封装。
5. 如何创建项目元件封装库？

第9章 电路仿真

【内容提要】

- ■ 仿真总体设计流程图
- ■ SIM 99 仿真库中的主要元件与激励源
- ■ 仿真器设置
- ■ 模拟电路仿真实例

电路仿真是指在计算机上通过软件来模拟具体电路的实际工作过程,并计算出在给定条件下电路中各个节点的输出波形。在 Protel 99 SE 中执行仿真,需要在仿真用元件库中放置所需的元件,连接好原理图,加上激励源,然后单击仿真按钮即可自动开始仿真。作为一个真正的混合信号仿真器,SIM 99 集成了连续的模拟信号和离散的数字信号,可以同时观察复杂的模拟信号和数字信号波形,以及得到电路性能的全部波形。仿真可以很容易地在综合菜单、对话框和工具条中设置和运行,也可在设计管理器环境中直接调用和编辑各种仿真文件,这样可以给予设计者更多的仿真控制手段和灵活性。

9.1 概　述

电路设计完成后,必须经得起检测,方能确定是否满足性能的要求。随着电子技术的发展,电路的集成度越来越高,电路的规模也越来越大,对电路的设计要求也越来越高。传统的测试仪器与测试方法已经不能满足所要求的测试精度。计算机辅助电路仿真分析便应势出现,并且逐渐成为现代电子工程师用于电路测试的有效工具。

Protel 99 SE 仿真器包含一个数目庞大的仿真库,能很好地满足设计的需要。Protel 99 SE 中的混合信号电路仿真引擎为 Protel Advanced SIM 99,其采用了 Micro Code Engineering 公司的微码仿真技术,支持所有标准的 SPICE(Simulation Program With Integrated Circuit Empasis)模型。是一个功能强大的数/模混合信号电路仿真器,运行在 Protel 的 EDA/Client 集成环境下,与 Protel Advanced Schematic 原理图输入程序协同工作,作为 Advanced Schematic 的扩展,为用户提供了从设计到验证的全方位仿真设计环境。它具有 Windows 风格的菜单、对话框和工具栏,使得用户可以很方便地对仿真器进行设置、运行,仿真工作更加轻松自如。

9.1.1 电路仿真流程及仿真步骤

仿真原理图设计流程图如图 9.1 所示,其仿真原理图设计步骤如下:

步骤 1　调用元件库。Protel 99 SE 仿真所用数据库在“\Library\Sch\SIM. ddb”数据库中。加载 SIM. ddb 数据库的方法是:在原理图浏览器窗口,单击“Add/Remove...”按钮,在弹出的“\Library\Sch”窗口,选中“SIM. ddb”,单击“Add”,再单击“OK”完成仿真库的调用。如图 9.2 所示的包含在 SIM. ddb 中的、后缀名为. lib 的仿真原理图库将在 Browse 栏内列出。

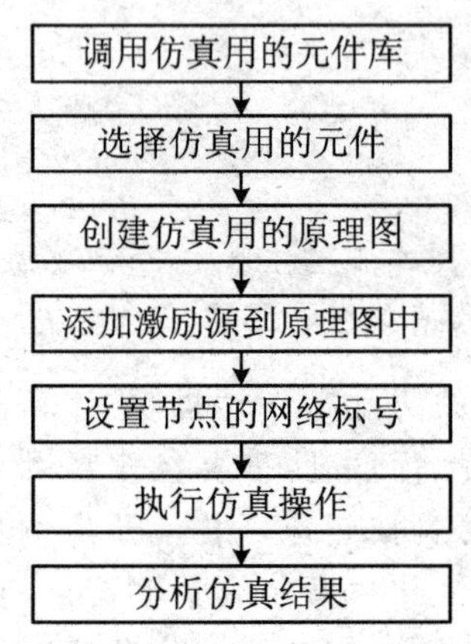

图 9.1　Protel 99 SE 电路仿真流程图

图 9.2　SIM. ddb 中包含的. lib 库文件

步骤 2　选择仿真元件。创建仿真用原理图的简便方法是使用 Protel 仿真库中的元器件。Protel 99 SE 包含了 6400 多个元器件模型,这些模型都是为仿真准备的。只要将它们放在原理图上,该元件将自动连接到相应的仿真模型文件上。在大多数情况下,设计者只需从如图 9.2 所示的库中选择一元件,设定它的值,连接好线路,就可以进行仿真了。每个元件都包含了 SPICE 仿真用的所有信息。

步骤 3　绘制仿真原理图。只有将包含了 SPICE 仿真信息的仿真元件,经编辑后放置在原理图(. sch)上并连接好线路,才具有仿真的功能。

步骤 4　添加激励源。激励源是电路能够运行仿真的关键器件,为电路设计合适的激励源,就可以进行仿真。

步骤 5　添加网络标号。设计者在需要观测输出波形的节点处定义网络标号,方便仿真器识别。

步骤 6　设置仿真方式及参数。Protel 99 SE 中提供了多种仿真设置,不同的仿真方式用于分析电路的不同方面。用户应该根据电路的特点和实际需要来设置仿真方式及仿真参数。

步骤 7　分析仿真结果。用户根据 Protel 99 SE 仿真输出的文件来分析电路运行情况,并根据需要对电路及仿真参数进行修改。

9.1.2　电路仿真的主要规则

使用 Protel 99 SE 对电路进行仿真操作时,在原理图文件进行仿真前,该原理图文件必须包含仿真所需的所有必要信息。为使仿真可靠运行,必须遵守如下规则:

◆ 所有的元器件和部件需引用适当的仿真元器件模型。

◆ 必须放置和连接可靠的信号源,以便在仿真过程中驱动整个电路。

◆ 在需要绘制仿真数据的节点处添加网络标号。如果必要的话,必须定义电路的仿真初始条件。

9.2 SIM 99 仿真库中的主要元件

在 SIM 99 的仿真元件库中,包含了以下一些主要的仿真元器件。

9.2.1 电阻

电阻在 Simulation Symbols. lib 库中,包含以下电阻器。

(1) RES:固定电阻。

(2) RES2:半导体电阻。

(3) POT2:电位器。

(4) RES4:可变电阻。

上述符号代表了一般的电阻类型。

对于固定电阻,仅需在元件属性窗口内指定电阻序号及阻值,如:

◆ Designator:电阻器元件序号,如 R1。

◆ Part Type:以欧姆为单位的电阻值,如 100 kΩ。

◆ Set:在“Part Fields”选项卡中设置,仅对电位器和可变电阻有效。

对于可变电阻器、电位器,还需要指定 Set 参数,取值范围为 0～1,即 Set 等于可变电阻器、电位器的第 1 引脚到触点处电阻与电位器总电阻之比。

9.2.2 电容

电容包含在 Simulation Symbols . lib 库文件中,该库包含以下电容。

(1) CAP:定值无极性电容。

(2) ELECTR02:定值有极性电容。

(3) CAPVAR:单连可变电容。

这些符号表示了一般的电容类型。

固定电容的属性对话框中可设置以下参数:

◆ Designator:电容元件序号,如 C1。

◆ Part Type:以法拉(F)为单位的电容值。

对半导体电容而言,需要设置 L、W 参数:

◆ L:在“Part Fields”选项卡中设置,以米(m)为单位的电容长度(仅对半导体电容有效)。

◆ W:在“Part Fields”选项卡中设置,以米(m)为单位的电容宽度(仅对半导体电容有效)。

◆ IC:在"Part Fields"选项卡中设置,表示初始条件,即电容的初始电压值。该项仅在仿真分析工具傅里叶变换中的使用初始条件被选中后才有效。

9.2.3 电感

Simulation Symbols.lib 元件库提供了电感器(INDUCTOR)元件,文件中,在电感的属性对话框中可以设置以下参数:

◆ Designator:电感元件序号,如 L1。

◆ Part Type:以微亨为单位的电感值。

◆ IC:在"Part Fields"选项卡中设置,表示初始条件,即电感的初始电压值。该项仅在仿真分析工具傅里叶变换中的使用初始条件被选中后才有效。

部分仿真电阻、电容、电感的选取示意图如图 9.3 所示。双击选中的电阻或电容(或单击后按"Place"按钮),然后按"Tab"就可以通过编辑设置参数。电阻、电容参数设置对话框如图 9.4 所示。

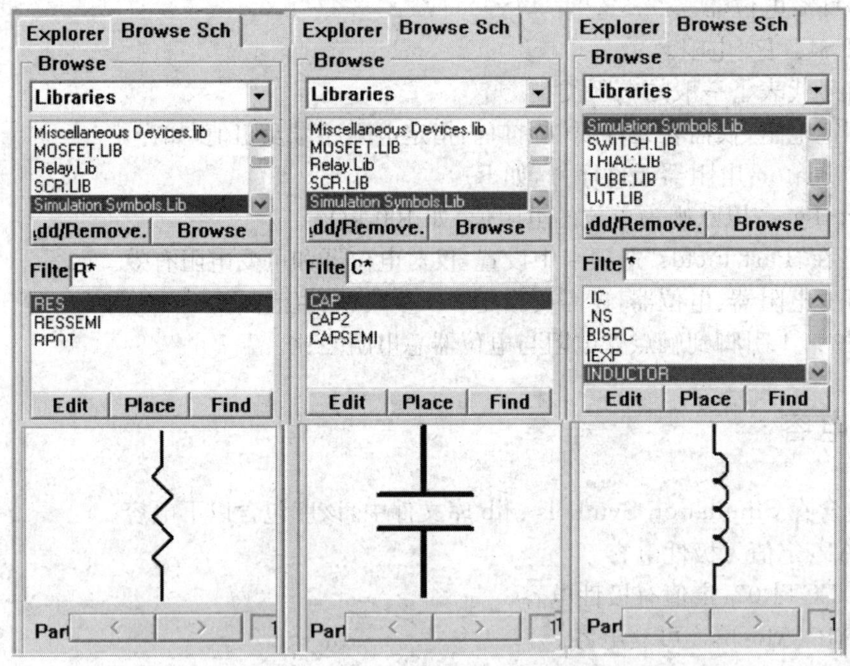

图 9.3 部分仿真电阻、电容、电感的选取示意图

9.2.4 二极管

各种用途的仿真二极管包含在 DIODE.lib 库文件中,如桥式整流管、稳压管等,二极管属性对话框中可设置以下参数。

◆ Designator:二极管元件序号,如 D1。

◆ Area:在"Part Fields"选项卡中设置,该属性定义了所定义模型的并行元器件数。

◆ IC:在"Part Fields"选项卡中设置,表示初始条件,即通过二极管的初始电压值。该项仅在仿真分析工具傅里叶变换中的使用初始条件被选中后才有效。

◆ Temp:在"Part Fields"选项卡中设置,元件工作温度,以摄氏度为单位,默认时为27 ℃。

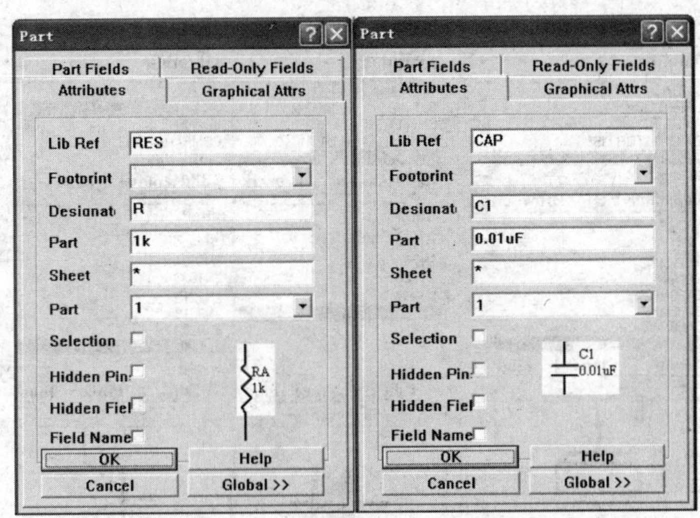

图 9.4 仿真电阻、电容参数设置对话框

9.2.5 三极管

仿真类三极管包含在 BJT. lib 库文件中,在三极管属性对话框中可设置以下参数。

◆ Designator:三极管元件序号,如 Q1。

◆ Part Type :三极管型号,如 1N4148 等。

如下的其他参数,一律设为"*",采用缺省值。

◆ Area:在"Part Fields"选项卡中设置,该属性定义了所定义模型的并行元器件数。

◆ IC:在"Part Fields"选项卡中设置,表示初始条件,即通过三极管的初始电压值。该项仅在仿真分析工具傅里叶变换中的使用初始条件被选中后才有效。

◆ Temp:在"Part Fields"选项卡中设置,元件工作温度,以摄氏度为单位,默认时为27 ℃。

9.2.6 晶体振荡器

仿真用晶体振荡器包含在 CRYSTAL. lib 库文件中,元件属性对话框中可设置以下参数。

◆ Designator:元件序号。

◆ Freq:振荡频率,缺省值为 2.5 M。

◆ RS:串联电阻。

◆ C:等效电容。

◆ Q:品质因数。

部分常用的仿真二极管、三极管、晶体振荡器的选取示意图如图 9.5 所示。双击选中的电阻或电容(或单击后按“Place”按钮),然后按“Tab”键就可以通过编辑设置参数。

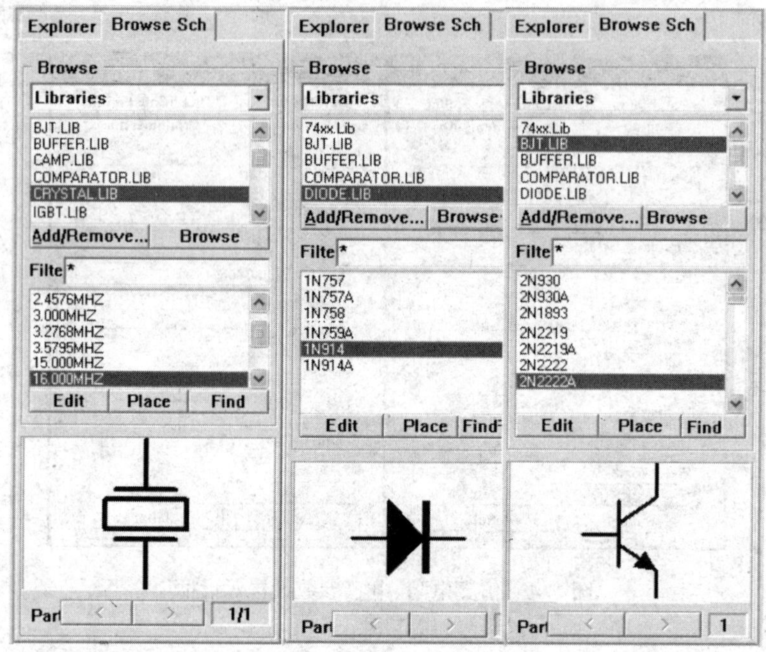

图 9.5　部分仿真二极管、三极管、晶体振荡器的选取示意图

二极管、三极管参数设置对话框如图 9.6 所示。

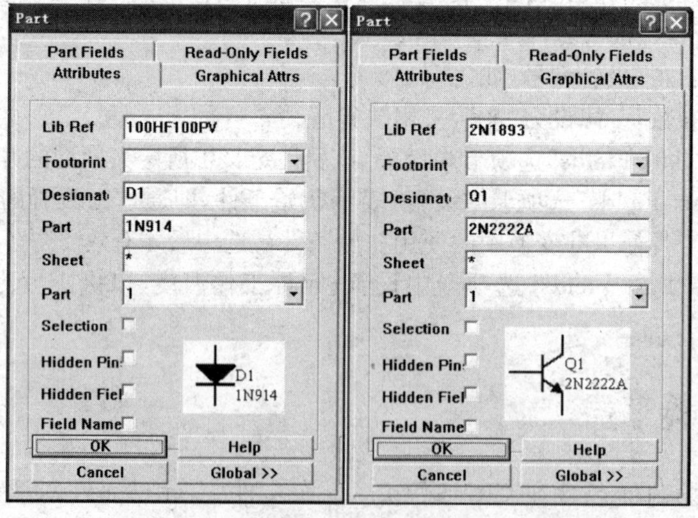

图 9.6　二极管、三极管的参数设置对话框

9.2.7　JFET 结型场效应晶体管

结型场效应晶体管包含在 JFET. LIB 库文件中，图 9.7 简单列出了库中包含的结型场效应晶体管。

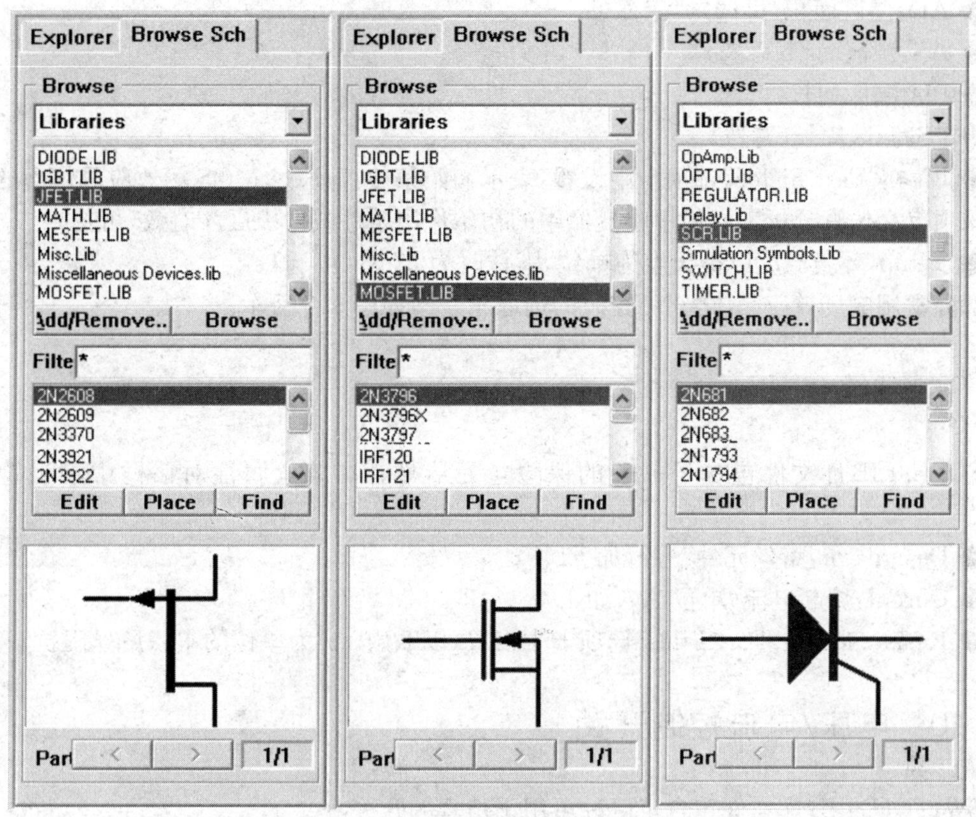

图 9.7　JFET 结型和 MOS 场效应晶体管选取

在结型场效应晶体管的属性对话框中可设置以下参数。

◆ Designator：结型场效应晶体管元件序号，如 Q1。

◆ Area：在"Part Fields"选项卡中设置，该属性定义了所定义模型的并行元器件数。

◆ IC：在"Part Fields"选项卡中设置，表示初始条件，即通过三极管的初始电压值。该项仅在仿真分析工具傅里叶变换中的使用初始条件被选中后才有效。

◆ Temp：在"Part Fields"选项卡中设置，元件工作温度以摄氏度为单位，默认时为 27 ℃。

9.2.8　MOS 场效应晶体管

MOSFET. LIB 库文件中包含了数目巨大的以工业标准部件数命名的 MOS 场效应晶体管。如图 9.7 所示，该图简单列出了库中包含的 MOS 场效应晶体管。

在 MOS 场效应晶体管的属性对话框中一般只需要设置以下参数。

◆ Designator:MOS 场效应晶体管的元件序号,如 Q1。

◆ Part Type:场效应晶体管的型号,如 2N3797、IRF840 等。

其他参数设置均包括在型号里,一律设为"*",采用缺省值。

◆ L:沟道长度(可选)。

◆ W:沟道宽度(可选)。

◆ AD:漏区面积(可选)。

◆ AS:源区面积(可选)。

◆ PD:漏区周长(可选)。

◆ PS:源区周长(可选)。

◆ IC:在"Part Fields"选项卡中设置,表示初始条件,即通过 MOS 场效应晶体管的初始值。该项仅在仿真分析工具傅里叶变换中的初始作用条件被选中后才有效(可选)。

◆ Temp:环境温度以摄氏度为单位,默认时为 27 ℃(可选)。

部分常用的场效应晶体管、可控硅的选取示意图如图 9.7 所示。

9.2.9 熔丝

FUSE. LIB 库文件包含了一般的保险丝元器件。在熔丝属性对话框中可设置以下参数。

◆ Designator:熔丝元件序号,如 F1、F2 等。

◆ Curent:熔断电流(单位 A),如 1 A。

◆ Resistance:在"Part Files"选项卡中设置,以欧姆(Ω)为单位的串联熔丝阻抗。

9.2.10 电压/电流控制开关

SWITCH. LIB 库文件包含了两种可用于仿真的开关。

(1) CSW:默认电流控制开关。

(2) SW:默认电压控制开关。

如图 9.8 所示,该图简单列出了库中包含的电压/电流控制开关。

在电压/电流控制开关的属性对话框中可设置以下参数:

◆ Designator:电压/电流控制开关元件序号,如 S1。

◆ ON/OFF:在"Part Fields"选项卡中设置初始条件选择,该选项可为 ON 或 OFF。

此开关模型描述了一个几乎理想化的开关,但在实际中,开关可能十分理想,因为电阻值不能在 0～∞的范围内变化,而是总有一个有限的正值。通过适当选择开态和关态电阻,可使得这两个电阻与其他电路元件相比较时能看作零和无穷大。

9.2.11 继电器(RELAY)

RALAY. LIB 库文件中包含了大量的继电器,在继电器的属性对话框中可设置以下参数。

◆ Designator：继电器元件序号，如 RLY1、RLY2。

◆ Pull in：吸合电压。

◆ Drop off：释放电压。

◆ Contar：接触电阻。

◆ Resignator：线圈电阻。

◆ Inductor：线圈电感。

9.2.12 变压器

仿真用变压器类电气图形符号存放在“Library \ Sch \ SIM. ddb”文件包内的 TRANSFORMER. LIB 元件库文件中，其属性对话框中可以设置以下参数。

◆ Designator：电感耦合器元件序号，如 T1。

◆ Ratio：二次侧/一次侧变压比，缺省时为 0.1，即初、次级电压传输比为 10∶1。

必要时，还可指定下列参数。

◆ RP：可选项，初级线圈直流电阻。

◆ RS：可选项，次级线圈直流电阻。

部分常用的开关、继电器、变压器的选取示意图如图 9.8 所示。

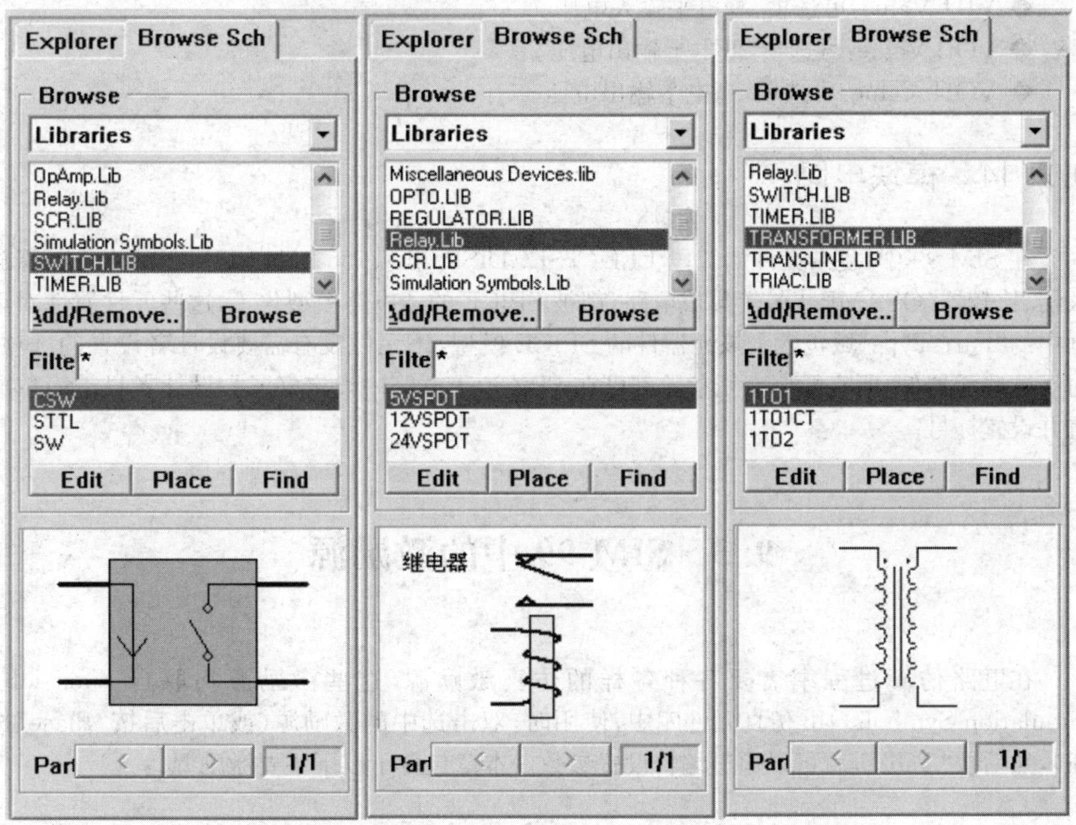

图 9.8 部分开关、继电器、变压器仿真符号选取示意图

9.2.13 TTL和CMOS数字电路元器件

74XX.lib库文件包含了74系列的TTL逻辑元件。CMOS.lib库文件包含了4000系列的CMOS逻辑元件。设计者可把上述元件库包含的数字电路元器件用到所设计的仿真图中。

在放置这两类数字电路器件前，按下“Tab”键，进入属性对话框中可设置以下参数。

◆ Designator：数字电路元器件元件序号，如U1。

◆ Propagation：可选项，元件的延时值，可以设置为最大或最小，默认值为典型值。

◆ Drive：可选项，输出驱动特性，可以设置为最大或最小来使用。

◆ Current：可选项，标志元器件功率的输入，可以设置为最大或最小来使用，默认值为典型值。

◆ PWR Value：可选项，电源支持电压。将改变默认数字元件支持电压值，一旦定义该值，则GND Value值也需定义。

◆ GND Value：可选项，地支持电压。将改变默认数字元件支持电压值，一旦定义该值，则PWR Value值也需定义。

◆ VIL Value：可选项，低电平输入电压。

◆ VIH Value：可选项，高电平输入电压。

◆ VOL Value：可选项，低电平输出电压。

◆ VOH Value：可选项，高电平输出电压。

9.2.14 模块电路

在SIM 99中，复杂元件如7段LED(TSEGDISP.lib)、555时钟(TIMER.lib)、运算放大器、比较器(OPAMP.lib)等集成电路，都被SPICE的子电路模型化了，这些元件属性对话框中的“Part Type”域包含了该元器件的SPICE模型，该元件没有需要设计者设置的选项。对于这些元器件，所有的仿真用参数都已在SPICE子电路中设定好了。设计者只需简单放置并设置标号。

9.3 SIM 99中的激励源

在电路仿真过程中需要各种各样的仿真激励源，这些激励源均取自Sim.ddb\Simulation Symbols.lib仿真元件库中，使用时，双击选中的激励源(或单击后按“Place”按钮)，然后按“Tab”键就可以通过编辑设置参数。本章包含了以下主要激励源。

9.3.1 直流源

直流源包括直流电压源和电流源。

(1) VSRC:电压源。

(2) ISRC:电流源。

仿真库中的电压/电流源的符号如图 9.9 所示。

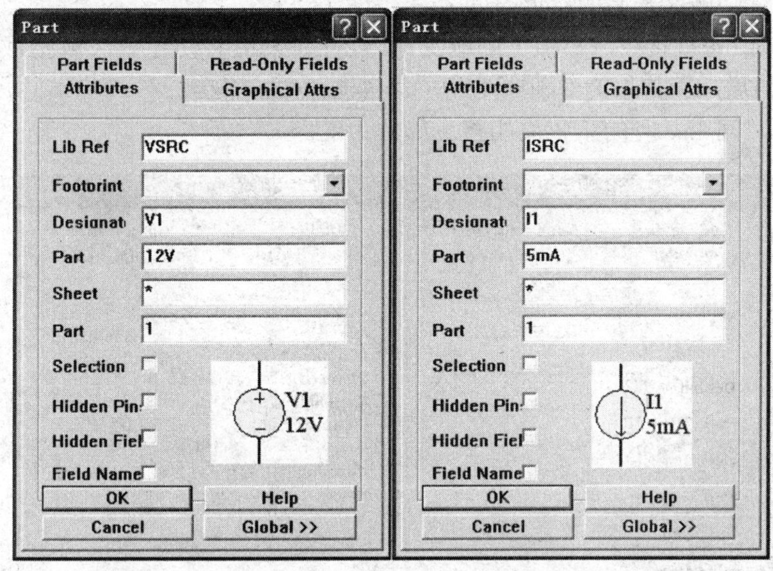

图 9.9 电压/电流源符号及参数设置

这些源提供了用来激励电路的一个不变的电压或电流输出,在仿真库中的电压/电流源属性对话框中可设置以下参数。

◆ Designator:直流源元器件名称。

◆ Part Type:电压源的电压或电流源的电流的幅值。

◆ AC:如果设计者想在此电源上进行交流小信号分析,可设置此项(典型值为 1)。

◆ AC Phase:小信号的电压相位。

双击选中的电压源或电流源(或单击后按"Place"按钮),然后按"Tab"键就可以通过编辑设置参数。直流电压源和电流源参数设置对话框如图 9.9 所示。

9.3.2 正弦仿真源

正弦仿真源包括正弦电压源和正弦电流源。

(1) VSIN:正弦电压源。

(2) ISIN:正弦电流源。

通过这些源可创建正弦波电压和电流源。仿真库中的正弦电压/电流源符号,在正弦仿真源的属性对话框中可设置以下参数(图 9.10)。

◆ Designator:设置所需的激励源元器件名称,如 INPUT。

◆ DC:此项不用设置。

◆ AC:如果想在此电源上进行交流小信号分析电压值,可设置此项(典型值为 1 V)。

◆ AC Phase:小信号的电压相位。

◆ Offset:叠加在交流信号上的直流电压偏移量。

◆ Amplitude:正弦波信号的振幅,如 100 V。

◆ Frequency:正弦波信号的频率,单位为赫兹(Hz)。

◆ Delay:激励碰撞开始的延迟时间,单位为秒(s)。

◆ Dampeng:每秒正弦波幅值上的减少量,设置为正值将使正弦波以指数形式减少,设置为负值使幅值增加。如果为 0,则给出一个不变幅值的正弦波。

◆ Phase:时间为 0 时的正弦波相移。单位为度。

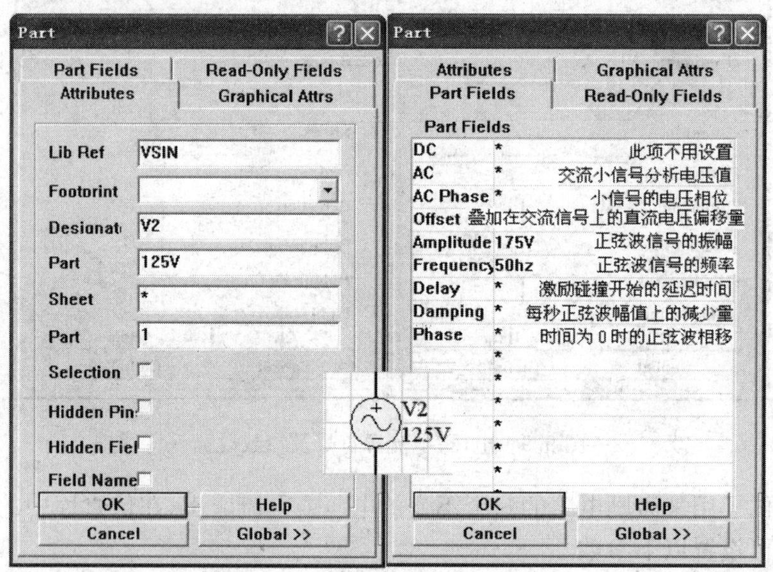

图 9.10 正弦电压源符号及参数设置

9.3.3 周期脉冲源

周期脉冲源包括周期电压脉冲源和周期电流脉冲源。

(1) VPULSE:电压脉冲源。

(2) IPULSE:电流脉冲源。

利用这些源可以创建周期性的连续脉冲。仿真库中的周期脉冲源符号如图 9.11 所示。在周期脉冲源属性对话框中可设置以下参数。

◆ Designator:设置所需的激励源元器件名称,如 INPUT。

◆ DC:此项不用设置。

◆ AC:如果想在此电源上进行交流小信号分析,可设置此项(典型值为 1)。

◆ AC Phase:小信号的电压相位。

◆ Initial Value：电压或电流的起始值。
◆ Pulsed：上升时间时的电压或电流值。
◆ Time Delay：激励源从初始状态到激发时的延时，单位为 s。
◆ Rise Time：上升时间，必须大于 0。
◆ Fall Time：下降时间，必须大于 0。
◆ Pulse Width：脉冲宽度，即脉冲激发状态的时间，单位为 s。
◆ Period：脉冲周期，单位为 s。

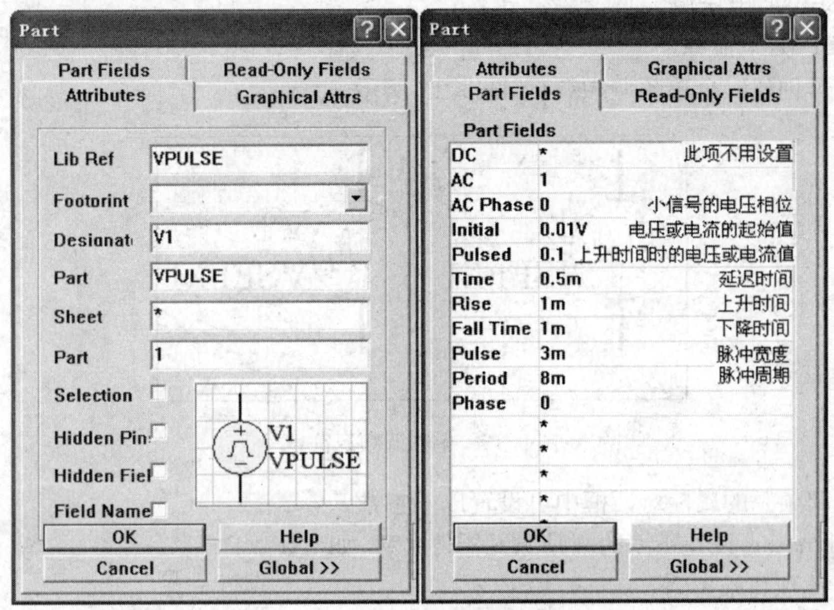

图 9.11 周期脉冲源符号及参数设置

9.3.4 指数激励源

指数激励源包括指数激励电压源和指数激励电流源。

(1) VEXP：指数激励电压源。

(2) IEXP：指数激励电流源。

利用这些源可创建带有指数上升沿或下降沿的脉冲波形。

在指数激励源程序属性对话框中可设置以下参数。

◆ Designator：设置所需的激励源元器件名称，如 INPUT。
◆ DC：此项将被忽略。
◆ AC：如果想在此电源上进行交流小信号分析，可设置此项(典型值为 1)。
◆ AC Phase：小信号的电压相位。
◆ Initial Value：时间为 0 时的电压或电流的幅值。
◆ Pulse Value：输出振幅的最大幅值。
◆ Rise Delay：上升延迟时间，即输出值从起始值到峰值间的时间差，单位为 s。

◆ Rise Time：上升时间常数。

◆ Fall Delay：下降延迟时间，即输出值从峰值到起始值间的时间差，单位为 s。

◆ Fall Time：下降时间常数。

9.3.5　单频调频源

单频调频源元器件类型如下：

(1) VSFFM：电压源。

(2) ISFFM：电流源。

这些源可创建一个单频调频源，如图 9.12 所示。

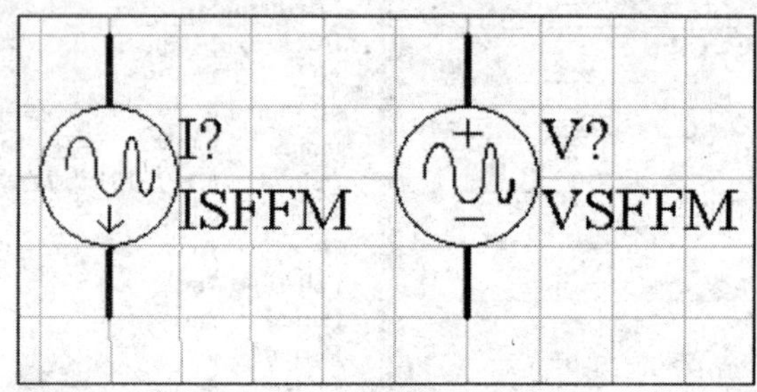

图 9.12　单频调频源符号

在单频调频源的属性对话框中可设置以下参数：

◆ Designator：设置所需的激励源元器件名称，如 INPUT。

◆ DC：此项将被忽略。

◆ AC：如果想在此电源上进行交流小信号分析，可设置此项（典型值为 1）。

◆ AC Phase：小信号的电压相位。

◆ OFF SET：偏置。

◆ Amplitude：输出电压或电流的峰值。

◆ Carrier：载频，如 100 kHz。

◆ Modulation：调制指数，如 5。

◆ Signal：调制信号频率，如 5 kHz。

注意：波形将用如下的公式定义：

V(t)＝VO＋VA * SIN(2 * PI * Fc * t＋MDI * SIN(2 * PI * Fs * t))

其中，PI 为常数 n；t 为即时时间；VO 为偏置；VA 为峰值；Fc 为载频；MDI 为调制指数；Fs 为调制信号频率。

9.3.6　线性受控源

在 Simulation Symbols. lib 库文件中，包含了以下线性受控源元器件。仿真器中的线性受控源元器件如图 9.13 所示。

以上是标准的 SPICE 线性受控源，每个线性受控源都有两个输入节点和两个输出节点。输出节点间的电压或电流是由输入节点间的电压或电流的线性函数因素决定的。

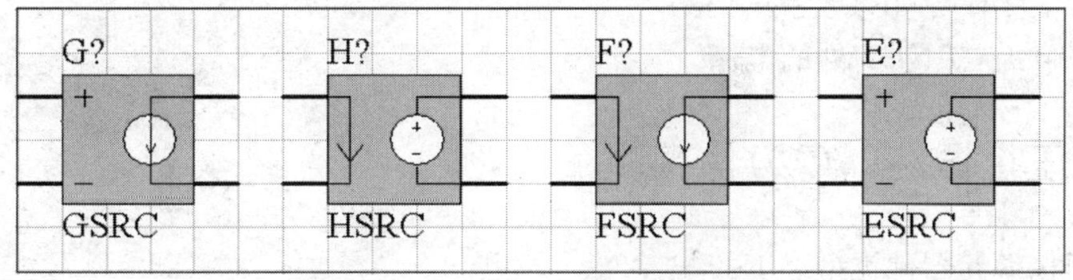

图 9.13　线性受控源元器件

在线性受控源的属性对话框中可以设置以下参数。

(1) Designator:设置所需的激励源元器件名称,如 GSRCl。

(2) Part Type:对于线性电压控制电流源,设置跨导,单位为 S(西门子)。
对于线性电压控制电压源,设置电压增益,无量纲。
对于线性电流控制电压源,设置互阻,单位为 Ω。
对于线性电流控制电流源,设置电流增益,无量纲。

9.3.7　非线性受控源

非线性受控源元器件类型如下:

(1) BVSRC:电压源。

(2) BISRC:电流源。

图 9.14 是仿真器中包含的非线性受控源元器件。

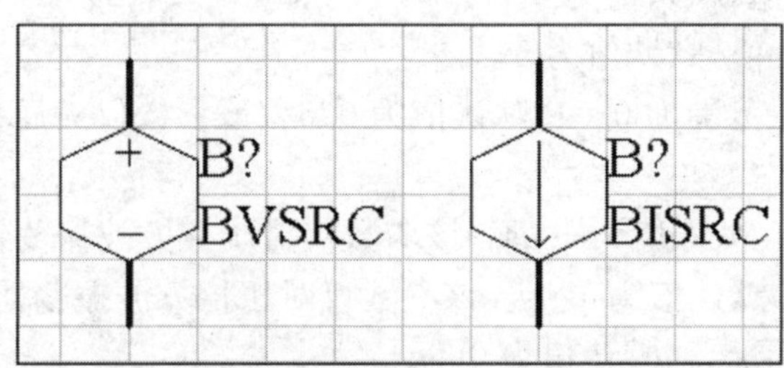

图 9.14　非线性受控源符号

标准的 SHCE 非线性电压源或电流源,有时被称做方程定义源,因为它的输出由设计者的方程定义,并且经常引用电路中其他节点的电压或电流值。

在非线性受控源的属性对话框中可设置以下参数。

◆ Designator:设置所需的激励源元器件名称。

◆ Part Type:定义源波形的表达式,如 V(IN)。

设计中可使用标准函数来创建一个表达式。表达式中也可包含以下一些标准函数:ABS、LTL、SQRT、LOG、EXP、SIN、ASINI-I、SINT、COS,ACOS、ACOSH、COSH、TAN、ATAN、ATANH。

为了在表达式中引用所设计的电路中节点的电压和电流,设计者必须首先在原理图中为该节点定义一个网络标号，这样，设计者就可以使用以下语法来引用节点了。

V (NET)：节点 NET 处的电压。

I (NET)：节点 NET 处的电流。

9.3.8 压控振荡(VCO)仿真源

压控振荡源元器件类型如下：

(1) SINEVCO：压控正弦波振荡器。

(2) SQRVCO：压控方波振荡器。

(3) TRIVEO：压控三角波振荡器。

设计者可利用以上元器件在原理图中创建压控振荡器，图 9.15 是仿真器中包含的压控振荡源元器件。

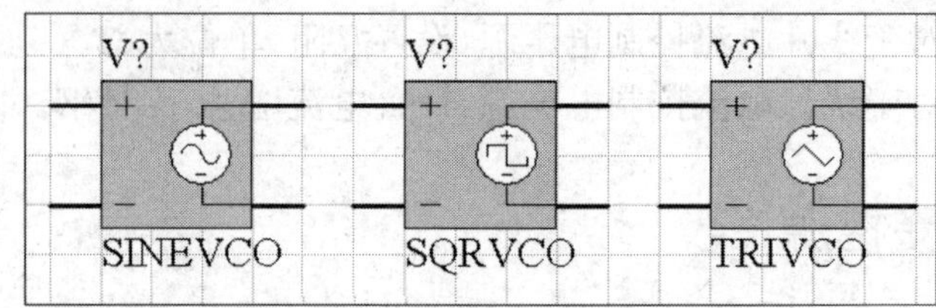

图 9.15 压控振荡源元器件

在压控振荡器的属性对话框中可设置以下参数。

◆ Designator：设置所需的激励源元器件名称，如 SQRVC01。

◆ LOW：输出最小值，默认值为 0。

◆ HIGH：输出最大值，默认值为 5。

◆ CYCLE：频宽比，范围为 0～1，默认值为 0.5。该参数仅对压控方波振荡器和压控三角波振荡器有效。

◆ FALL：下降时间，默认值为 1 μs。该参数仅对压控方波振荡器有效。

◆ RISE：上升时间，默认值为 1 ps。该参数仅对压控方波振荡器有效。

◆ C1：输入控制电压点 1，默认值为 0 V。

◆ C2：输入控制电压点 2，默认值为 1 V。

◆ C3：输入控制电压点 3，默认值为 2 V。

◆ C4：输入控制电压点 4，默认值为 3 V。

◆ C5：输入控制电压点 5，默认值为 4 V。

◆ F1：输出频率点 1，默认值为 0 kHz。

◆ F2：输出频率点 2，默认值为 1 kHz。

◆ F3：输出频率点 3，默认值为 2 kHz。

◆ F4：输出频率点 4，默认值为 3 kHz。

◆ F5：输出频率点 5，默认值为 4 kHz。

注意：Protel 99 SE 内的仿真激励源是理想信号源，即电压源内阻为 0；电流源内阻为无穷大；温度系数为 0。

9.4　仿真器设置

9.4.1　设置初始状态

初始状态是在电路仿真之前设定的一个或多个电压值(或电流值),一般是为计算仿真电路直流偏置点而设定的。在仿真非线性电路、振荡电路及触发器电路的直流或瞬态特性时,常出现解的不收敛现象,而实际电路是收敛的,其原因是偏置点发散或收敛的偏置点不能适应多种情况。通常设置初始值的原因就是在两个或更多的稳定工作点中选择一个,以便于仿真顺利进行。

在 Protel 99 SE 的仿真元件库 Simulation Symbols. lib 文件中,提供了如下两个初始状态定义符:

(1) NS:节点电压设置。

(2) IC:初始条件设置。

1. 节点电压设置 NS

节点电压 NS 的设置适用于双稳态或非稳态电路的计算收敛。该设置使指定的节点固定在给定电压下,仿真器按这些节点电压求得直流或瞬态的初始解。它可使电路摆脱"停顿"状态,进入所希望的预期状态。

NS 只是用来帮助直流解的收敛,并不影响最后的工作点(对多稳态电路除外)。

如图 9.16 所示,在节点电压设置的属性对话框中可设置以下参数。

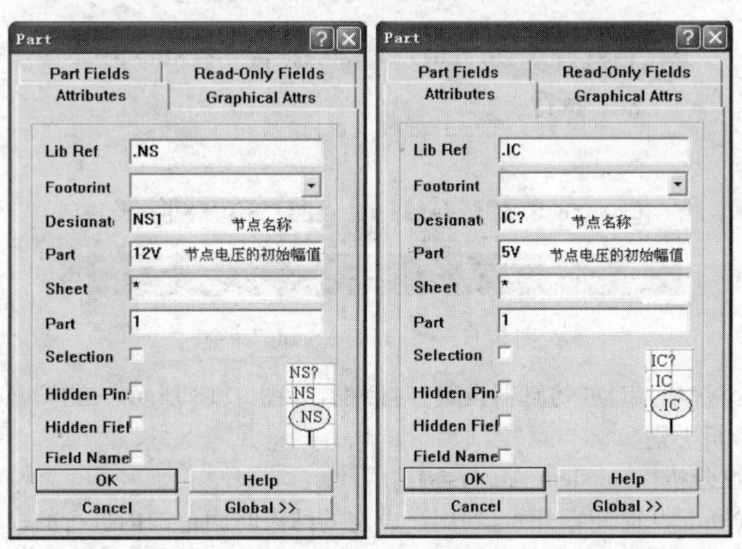

图 9.16　"NS"与"IC"的设置

(1) Designator:节点名称,每个节点电压设置必须有惟一的标志符,如 NS1。

(2) Part Type：节点电压的初始幅值，如12 V。

2. 初始条件设置 IC

该设置是用来设置瞬态初始条件的，仅用于设置偏置点的初始条件，不影响DC扫描。

瞬态分析的设置中一旦设置了参数 Use Initial Conditions(IC)，则仿真程序直接采用. IC元件设置的电压初值作为瞬态分析特性的初始条件。

如果进行瞬态特性分析前，设置IC同时又在电容两端设置电压初始值，则仿真程序优先使用电容两端设置的电压初始值。如果瞬态分析中的设置项中没有设置参数 Use Initial Conditions，那么在瞬态分析前应计算直流偏置解(初始瞬态)。这时，IC设置中指定的节点电压仅当作求解直流工作点时相应的节点的初始值。

如图9.16所示，在初始条件设置的属性对话框中可设置以下参数。

(1) Designator：节点名称，每个初始条件设置必须有惟一的标志符，如IC1。

(2) Part Type：节点电压的初始幅值，如5 V。

综上所述，初始状态的设置共有3种途径：IC设置、NS设置和定义元器件属性。在电路模拟中，如果有这3种或1种途径共同存在时，在分析中优先考虑的次序是定义元器件属性——IC设置——NS设置。如果NS和IC共存时，则IC设置将取代NS设置。

9.4.2 仿真器设置

在进行电路仿真前，设计者必须根据电路的需要来选择仿真分析的方式。同时要准备收集相关的变量数据，以及仿真完成后自动显示哪个变量的波形等。

1. 进入分析(Analysis)主菜单

当完成电路的编辑后，设计者可对电路进行分析工作。进入 Protel 99 SE 原理图编辑的主菜单后，单击“Simulate\Setup”命令，进入仿真器的设置，如图9.17所示。

图9.17 “Simulate\Setup”命令

单击“Setup”选项，启动“仿真器设置”对话框，如图9.18所示。在“General”选项中，设计者可以选择分析类别。

2. 瞬态特性分析(Transient Analysis)

瞬态特性分析是从时间零开始，到用户设定的结束时间范围内进行的。设置内容包括：

◆ Start Time：开始时间。

◆ Stop Time：终止时间。

◆ Step Time：步长。

◆ Maximum Step：最大步长。

◆ Use Initial Conditions：是否使用初始条件选项。

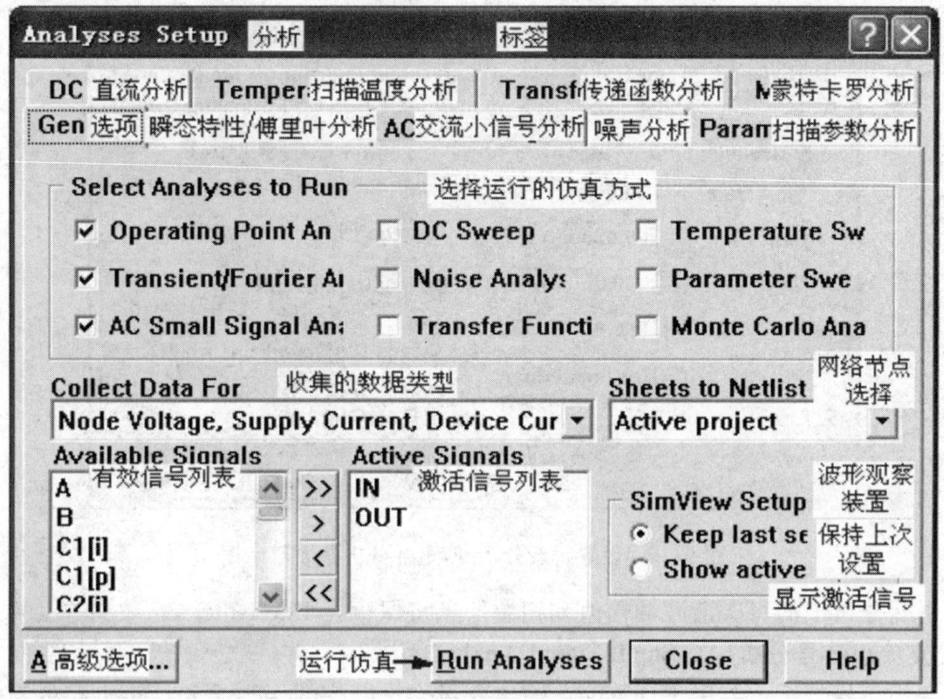

图 9.18 “仿真器设置”对话框

瞬态分析若不从时间零开始，则在时间零和开始时间(Start Time)之间，瞬态分析照样进行，只是不保存结果。开始时间(Start Time)到终止时间(Stop Time)间隔内的结果将予以保存，并用于显示。

步长(Step Time)：通常是指瞬态分析中的时间增量。实际上，该步长不是固定不变的。采用变步长是为了自动完成收敛。最大步长(Maximum Step)限制了分析瞬态数据时的时间变化量，该最大步长在默认情况下等于步长(Step Time)。

如果不使用初始条件，则静态工作点分析将在瞬态分析前自动执行，以测得电路的直流偏置。

瞬态分析的输出是在一个类似示波器的窗口中，在设计者定义的时间间隔内计算变量瞬态输出电流或电压值及波形。

要在Analysis设置瞬态分析的参数，可以通过“Transient/Fourier”选项得到如图9.19所示的设置瞬态分析/傅里叶分析参数对话框。

3. 傅里叶分析(Fourier)

傅里叶分析用于瞬态分析之后，是计算瞬态分析结果的一部分，只用到瞬态分析终止时间之前的基频的一个周期。从而得到基频、DC分量和谐波。

傅里叶分析参数设置如下：

◆ Fund. Frequency：设置傅里叶分析的基频。

◆ Harmonics：设置傅里叶分析所需要的谐波数。

要在 Analysis 设置傅里叶分析的参数，可以通过“Transient/Fourier”选项得到如图 9.19 所示的设置瞬态分析/傅里叶分析参数对话框。

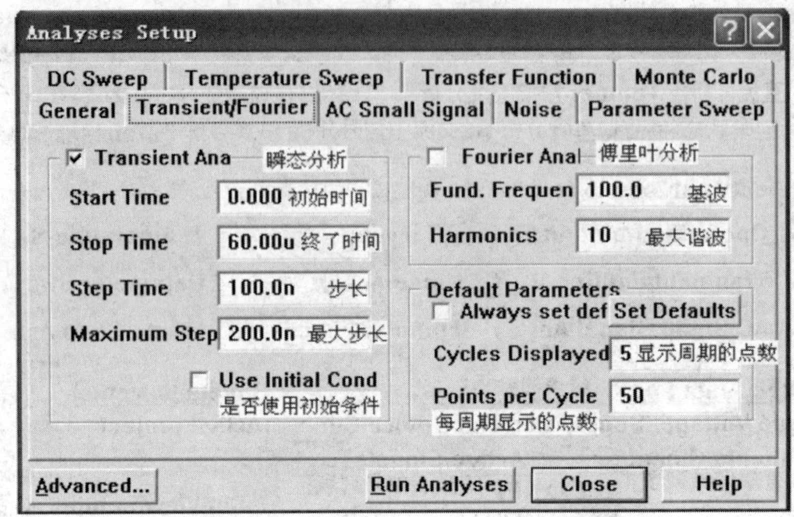

图 9.19 设置瞬态分析/傅里叶分析参数对话框

傅里叶分析中的每次谐波的幅值和相位信息将保存在 Filename.sim 文件中。

4. 交流小信号分析(AC Small Signal Analysis)

交流小信号分析主要用于计算交流输出变量作为频率的函数。先计算电路的直流工作点，决定电路中所有非线性元器件的线性化小信号模型参数，然后在设计者指定的频率范围内对该线性化电路进行分析。

要在 Analysis 设置交流小信号分析的参数，可以通过激活“AC Small Signal Analysis”选项得到如图 9.20 所示的设置交流小信号分析参数对话框。

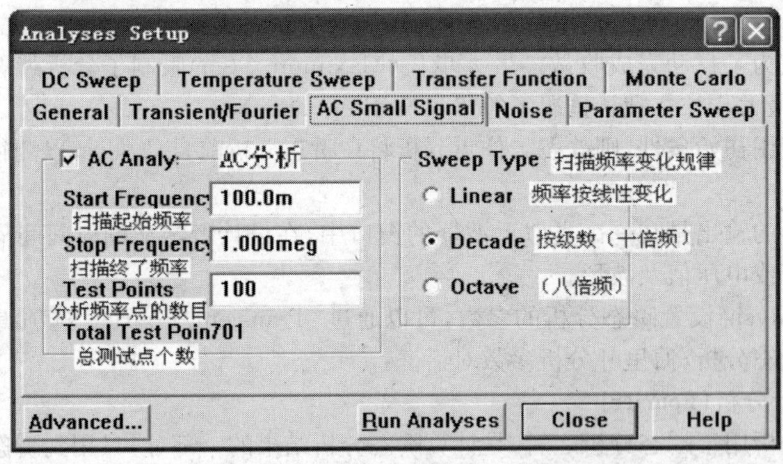

图 9.20 交流小信号分析参数设置对话框

在进行交流小信号分析前，仿真电路原理图必须包括至少一个交流源，且该交流源已适当设置过。该交流源在开始频率到终止频率间扫描。扫描正弦波的幅值和相位在原理图中的激励源的Part Fields中定义。

5. 直流分析(DC Sweep Analysis)

直流分析主要用于产生直流转移曲线。设置直流分析仿真,首先定义选择电源的电压,包括起始值(Start Value)、终止值(Stop Value)、步长值(Step Value)等扫描范围和分辨率。设置中也可定义辅助源(第二信号源)。

要在Analysis设置直流分析的参数,可以通过激活"DC Sweep"选项得到如图9.21所示的设置直流分析参数对话框。

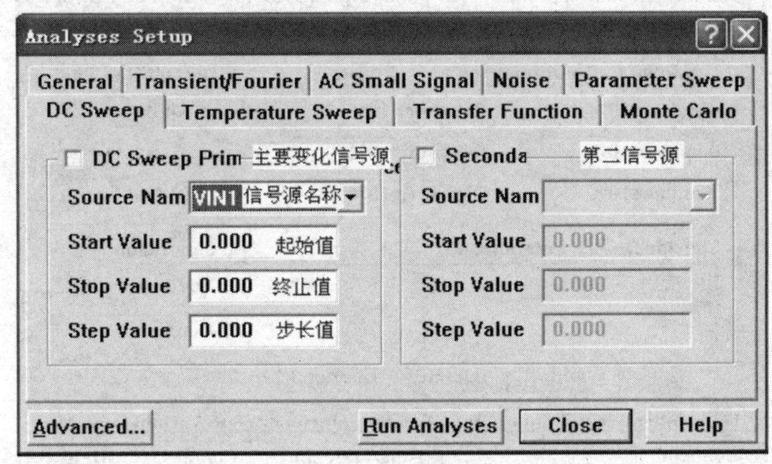

图9.21 直流分析参数设置对话框

6. 蒙特卡罗分析(Monte Carlo Analysis)

蒙特卡罗分析是使用随机数发生器按元件值的概率分布来选择元件,然后对电路进行模拟分析。所以蒙特卡罗分析可在元器件模型参数赋给的容差范围内进行各种复杂的分析,包括直流、交流及瞬态特性分析。通过蒙特卡罗分析结果,可以预测电路生产时的成品率及成本等。

要在Analysis中设置蒙特卡罗分析,可以通过激活"Monte Carlo"选项得到如图9.22所示的设置蒙特卡罗分析参数设置对话框。

蒙特卡罗分析参数设置内容如下:

◆ Resistor:电阻的容差。

◆ Inductor:电感的容差。

◆ Transistor:晶体管的容差。

◆ Capacitor:电容的容差。

◆ DC Source:直流源的容差。

◆ Digital Tp:数字元件的容差。

◆ Specific Device Tolerances:指定元件的容差。

用户单击"Add"按钮,可以添加元件容差。单击"Delete"按钮,可以删除元件容差;单击"Change"按钮,可以修改元件容差。

◆ Default Distribution:元件的分布规律。

◆ Simulation:仿真设置。

蒙特卡罗分析是用来分析给定电路中各元件容差范围内的分布规律，然后用一组随机数对各元件取值。元件的分布规律有如下3种。

◆ Uniform：平均分布，元器件值在定义的容差范围内统一分布。

◆ Gaussian：高斯曲线分布，以名义值为中心，容差为±3。

◆ Worst Case：与Uniform类似，但只使用该范围的结束点。

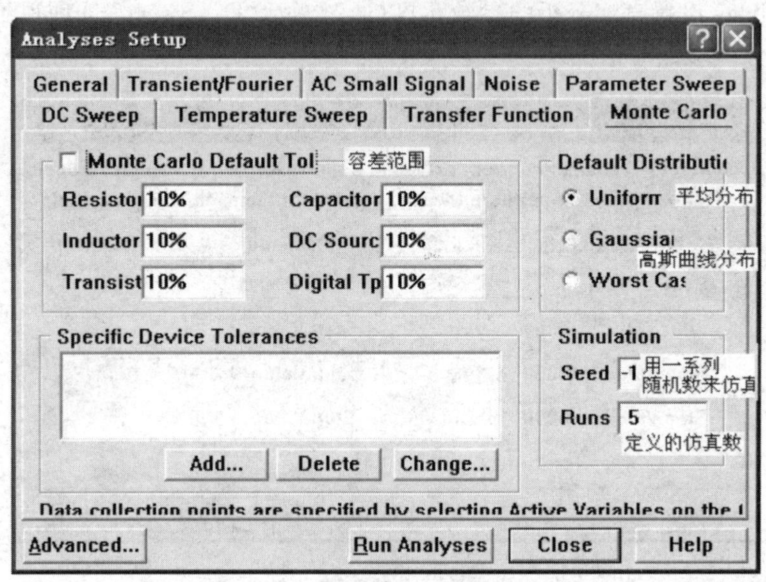

图9.22　蒙特卡罗分析参数设置对话框

图9.22所示对话框中的“Runs”选项是设计者定义的仿真数。如果设计者希望用随机数来仿真，则可设置“Seed”选项，该项的默认值为－1。

蒙特卡罗分析的关键在于产生随机数。随机数的产生依赖于计算机的具体字长，但只要进行的次数足够多，就可以得出满足一定分布规律、一定容差的元件在随机取值下的整个电路性能的统计分析。

7. 扫描参数分析(Parameter Sweep Analysis)

扫描参数分析允许用户以自定义的增幅扫描元器件的值。扫描参数分析可以改变基本的元器件和模式，但并不改变子电路的数据。

设置扫描参数分析的参数，可通过激活“Parameter Sweep”选项进行，内容如图9.23所示。

如果设计者选择了“Use Relative Values”选项，则将设计者输入的值添加到已存在的参数中或作为默认值。

8. 扫描温度分析(Temperature Sweep Analysis)

扫描温度分析规定了在什么温度下进行仿真。如果设计者给定了几个温度，则对每个温度都要做一遍所有的分析。

扫描温度分析是和交流小信号分析、直流分析及瞬态特性分析中的一种或几种相连的。设置扫描温度分析的参数，可通过激活“Temperature Sweep”选项，可得图9.24所示的扫描温度分析参数设置对话框。

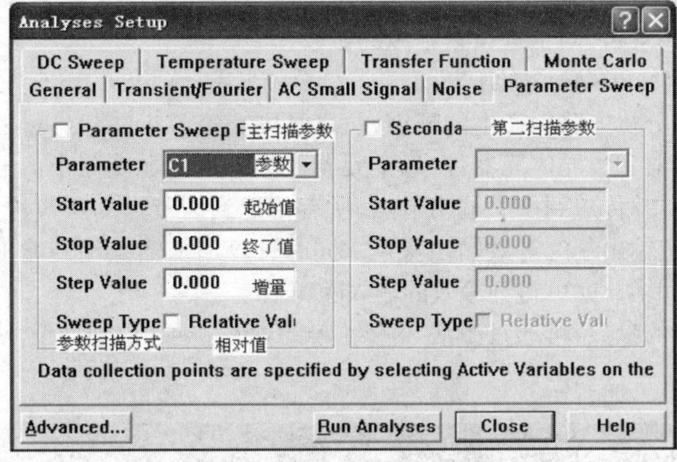

图 9.23 扫描参数分析参数设置对话框

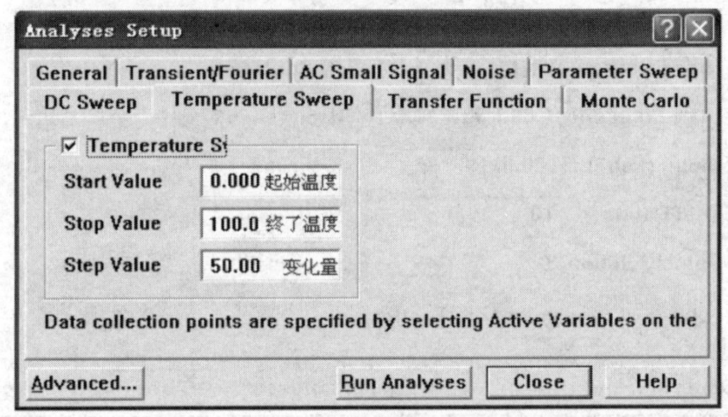

图 9.24 扫描温度分析参数设置对话框

9. 传递函数分析

传递函数分析主要用于计算直流输入阻抗、输出阻抗以及直流增益。设置传递函数分析的参数，可通过激活“Transfer Function”选项进行，如图 9.25 所示。

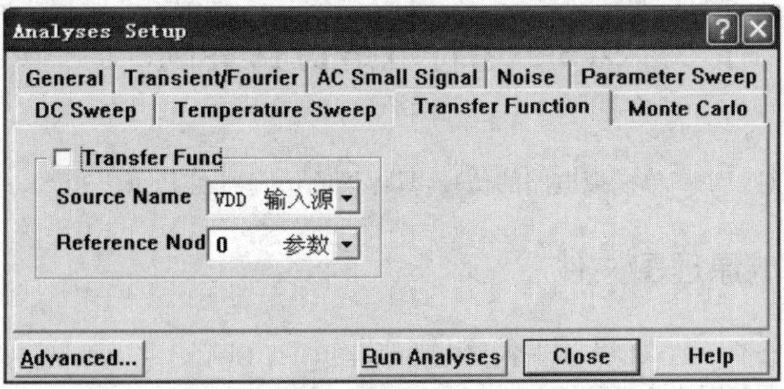

图 9.25 传递函数分析参数设置对话框

◆ “Source Name”对话框定义引用的输入源。

◆ “Reference Node”对话框设置了源的参数。

10. 噪声分析(Noise Analysis)

噪声分析用于分析电路中产生的噪声,仿真是同交流分析一起进行的。电路中产生噪声的元器件有电阻器和半导体元器件,每个元器件的噪声源在交流小信号分析的每个频率计算出相应的噪声,并传送到一个输出节点,所有传送到该节点的噪声进行 RMS(均方根)相加,就得到了指定输出端的等效输出噪声。同时计算出从输入端到输出端的电压(电流)增益,由输出噪声和增益就可得到等效的输入噪声值。

设置噪声分析的参数,可通过激活“Noise Analysis”选项,得到如图 9.26 所示的噪声分析参数设置对话框。

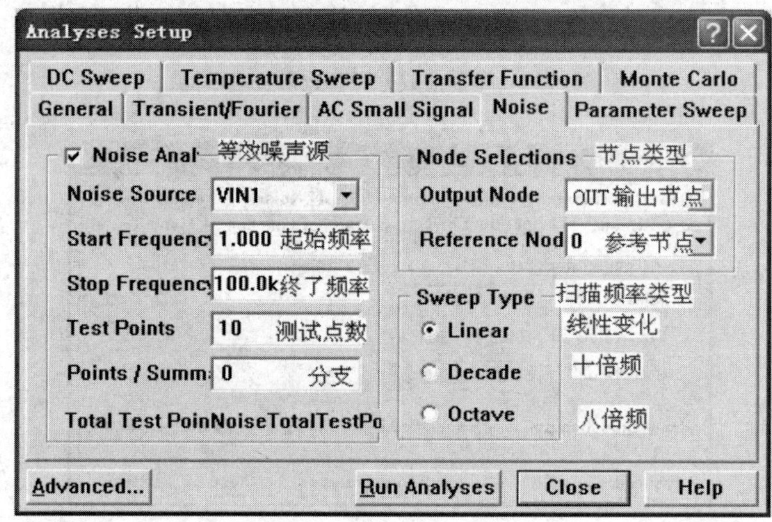

图 9.26 噪声分析参数设置对话框

其中,“Points/Summary”:噪声分析的测试点概要。输入“0”,表示只分析输入/输出的噪声;输入“1”,表示分析每个元件的噪声贡献。

9.5 运行电路仿真实例

下面通过对一个简单模拟电路的仿真,具体说明仿真器在 Protel 99 SE 中的使用。

9.5.1 生成原理图文件

本例是一个简单的双稳态多谐振荡电路,如图 9.27 所示。首先绘制仿真原理图,其中部分元器件选取如图 9.28 所示。

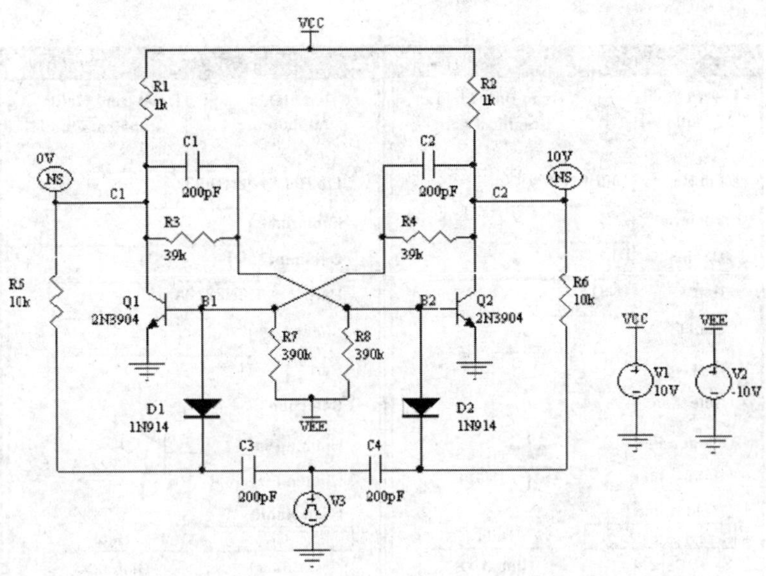

图 9.27 双稳态多谐振荡电路仿真原理图

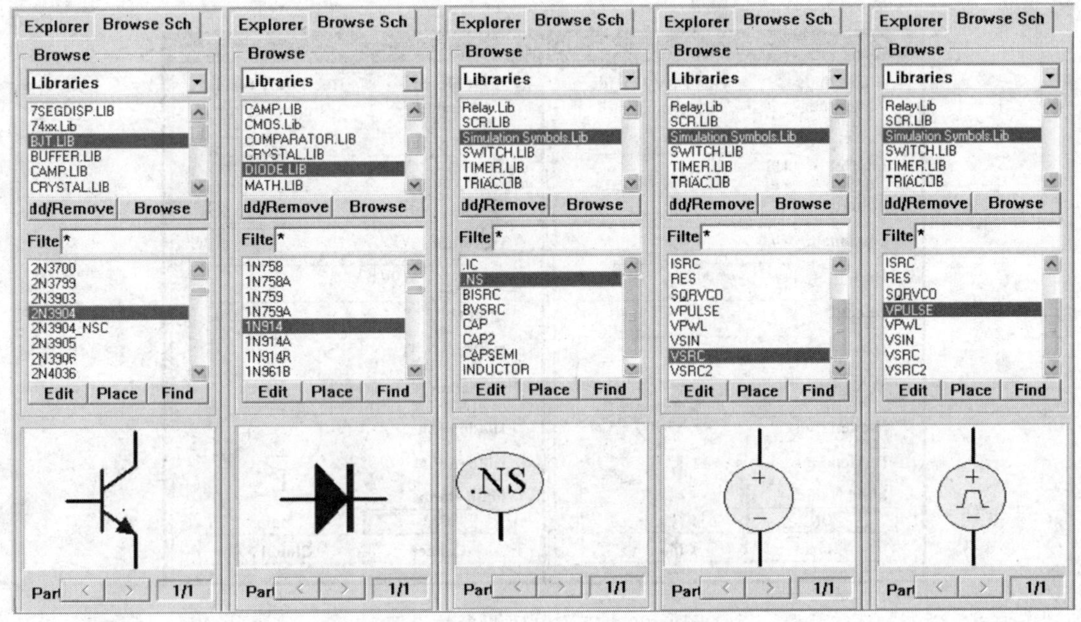

图 9.28 部分元器件选取示意图

9.5.2 编辑元件与激励源参数

如图 9.28 所示为部分元器件选取示意图。从元件及激励源所在库选取需要的元器件，双击选中的电压源或电流源(或单击后按“Place”按钮)，然后按“Tab”键就可以通过编辑设置参数。二极管和三极管、直流电压源和周期脉冲源参数设置对话框如图 9.29、9.30、9.31

所示。

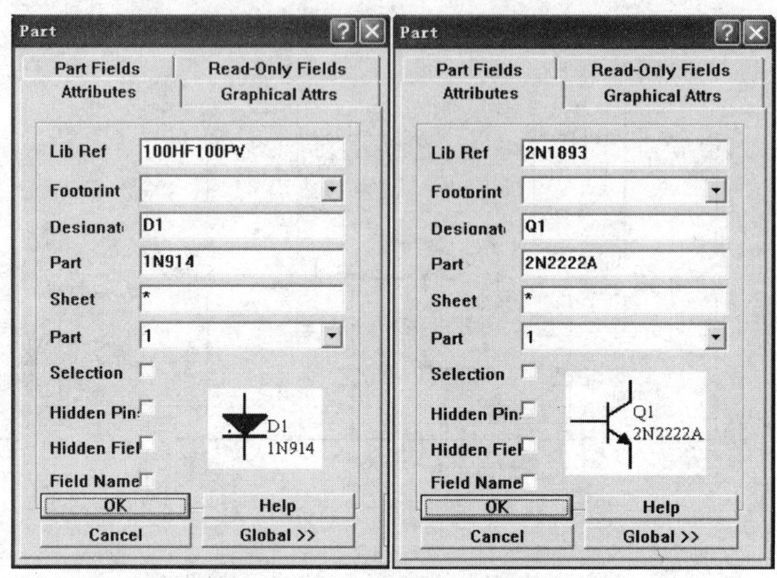

图 9.29 二极管和三极管参数设置

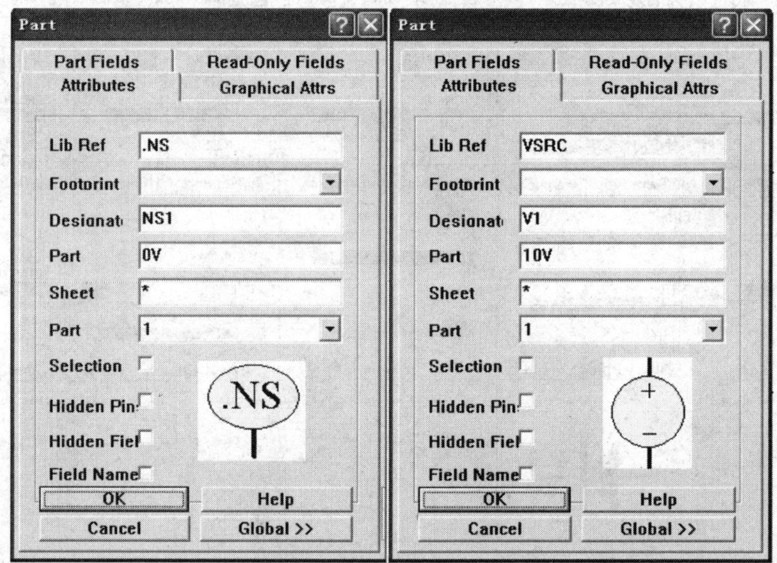

图 9.30 直流电压源参数设置

9.5.3 仿真器设置

仿真器的设置要视具体的电路而定。在本次仿真中采用如图 9.32 所示的仿真设置项，对电路进行瞬态分析。

设置完成后，单击“Run Analysis”按钮开始仿真，或单击“Close”按钮结束该设置，再通过“Simulate\Setup\Create SPICE Netlist”菜单实现仿真。

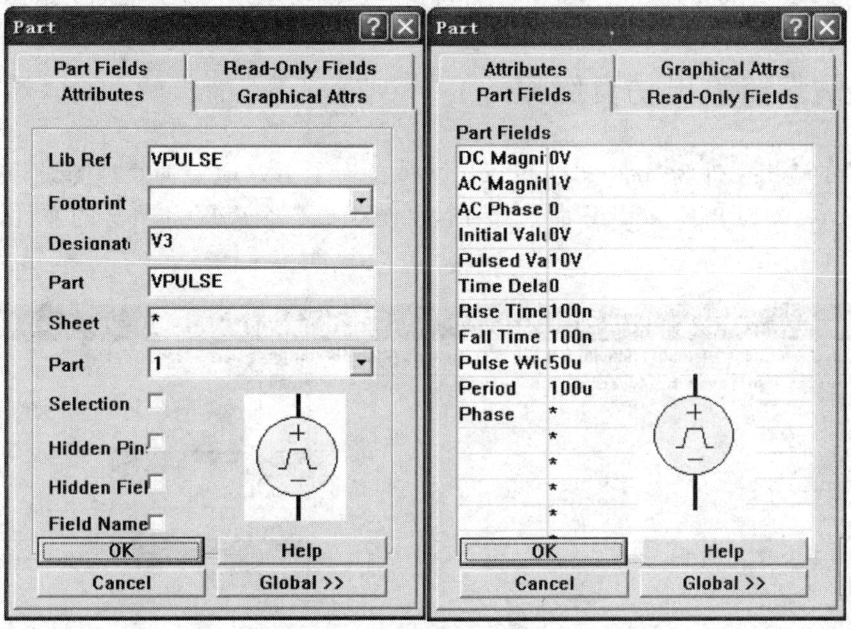

图 9.31　周期脉冲参数设置

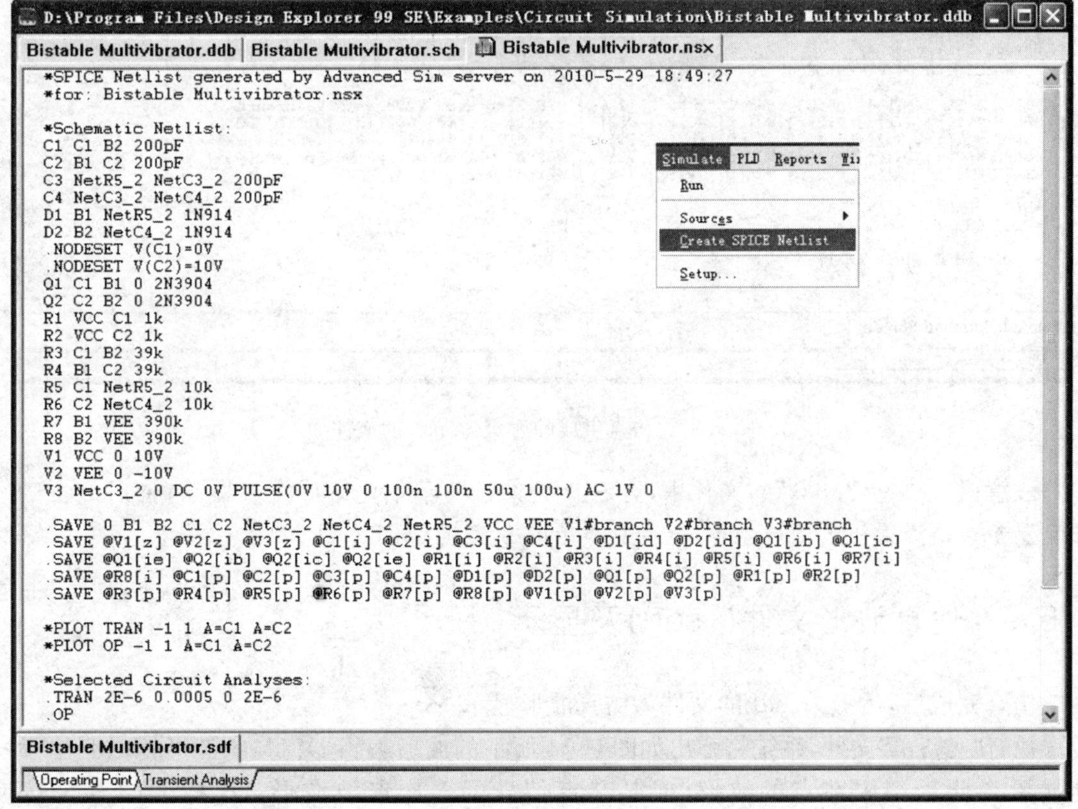

图 9.32　仿真器设置

在仿真设置后，将生成.cfg文件。该文件以文本的方式记录仿真器的设置环境。

9.5.4 仿真器输出仿真结果

仿真器的输出文件为.nsx文件和.sdf文件。为了更好地完善原理图设计，可以执行“Simulate\Create SPICE Netlist”命令，然后，系统生成一个后缀为.nsx的文件，如图9.33所示。

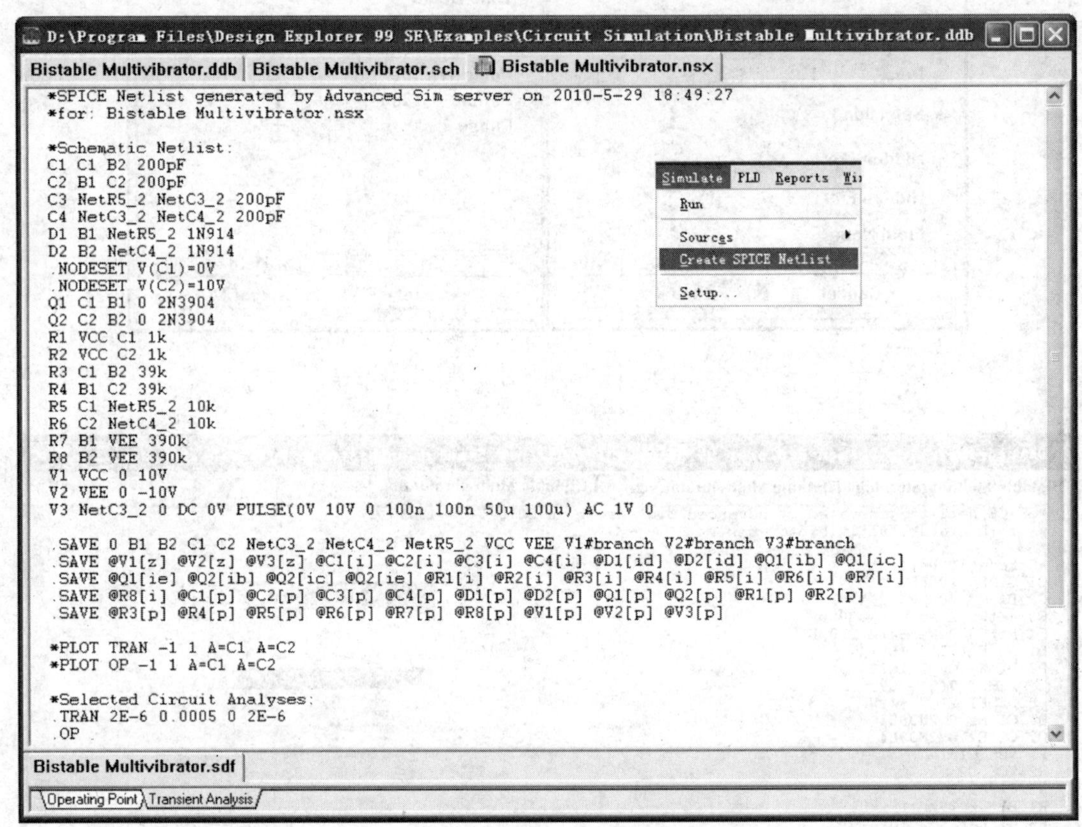

图9.33 仿真生成的后缀为.nsx的文件

注意：扩展名为“.nsx”的文件中，为用户提供了关于本电路的众多信息，特别是在激励源设置参数是否得当的问题上，可以为初学者提供帮助。

9.5.5 仿真波形文件(.sdf)及显示

仿真完成后，后缀为.sdf的文件为仿真波形显示。

执行“*.sdf”文件，系统将弹出如图9.34所示的波形编辑器窗口。波形栏内列出了所能显示的原理图中节点的波形，或某节点信号的多次谐波波形。该栏下的3个按钮“Show”、“Hide”和“Color”分别用于显示波形、隐藏波形和改变波形颜色等。波形编辑器中的“View”选项用于选择在编辑器中是显示单一波形，还是显示所有选择的波形。为更好地观察波形，在此选择显示单一波形。在波形编辑器中可选择波形的时间上增幅，以适应变化快的信号。

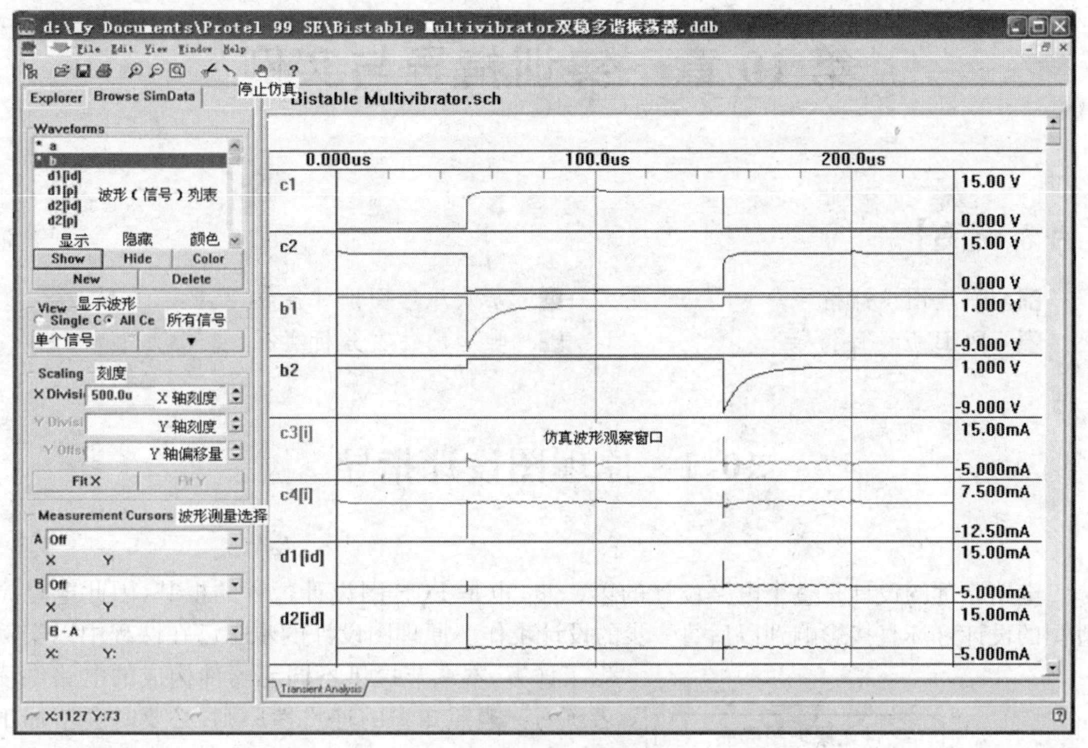

图 9.34　波形及编辑器窗口

9.5.6　通过仿真完善设计原理图

仿真器输出了一系列的波形，设计者借助这些波形，可以很方便地发现设计中的不足和问题。这样，不必通过实际的制板，就可完全了解所设计原理图的电气特性。

关于原理图的其他仿真，在第 10 章有详细介绍，请读者参阅。

思考与练习

1. 什么是电路仿真？叙述电路原理图的一般步骤。
2. 仿真初始状态的设置有什么意义？如何设置？
3. Protel 99 SE 仿真器可进行哪几种仿真设置与分析？其中瞬态分析的主要内容是什么？
4. 采用 SIM 99 进行电路仿真的基本流程是什么？

第 10 章　实训指导与实例

【内容提要】

■　原理图设计指导　　　　■　层次原理图设计指导

■　PCB 板设计指导　　　　■　典型的仿真分析实例

10.1　原理图设计指导

电路原理图设计是整个电路设计的第一步，也是 PCB 图设计过程的根基，因此电路原理图的设计好坏直接影响到以后每一步的设计工作。原理图设计的步骤已在课程中以实例做了详解，本章节提供不同元器件构成的电路供读者练习。遵照知识的连贯性原则，必要时会增加工作原理的简介。

实训目的

(1) 熟悉原理图编辑器。

(2) 掌握原理图的实体放置与编辑。

(3) 熟练掌握原理图设计步骤。

实训内容

实训 1　超短波物品遗留提醒报警器电路图

实训 2　双路直流稳压电源电路原理图设计

实训 3　三相桥式全控整流主电路原理图设计

实训 4　译码器电路原理图设计

实训步骤

电路原理图设计流程框图如图 10.1 所示。

原理图设计流程图 ⇒

进入原理图界面
图样参数设置
装入所需元件库
放置并编辑元器件
放置并编辑布线
放置网络标号
放置电源与地线
填写文字说明

图 10.1　电路原理图设计流程框图

实训 1　超短波物品遗留提醒报警器电路图

1. 工作原理

该装置是由发射机和接收机两部分组成的系统，工作于调频(FM)波段。

发射机的电路工作原理如图 10.2 所示。它是由三极管 VT1、VT2 及其外围元件构成的多谐振荡器，其工作频率约为 1000 Hz，其信号通过电容器 C3 取出去调制由 VT3 及其

LC 元件构成的调频振荡器，被调制的调频信号从 C10 输出，通过机内微型天线向空间辐射。其中 C6 的作用是加宽频带并能有效防止人体感应对频率的影响。

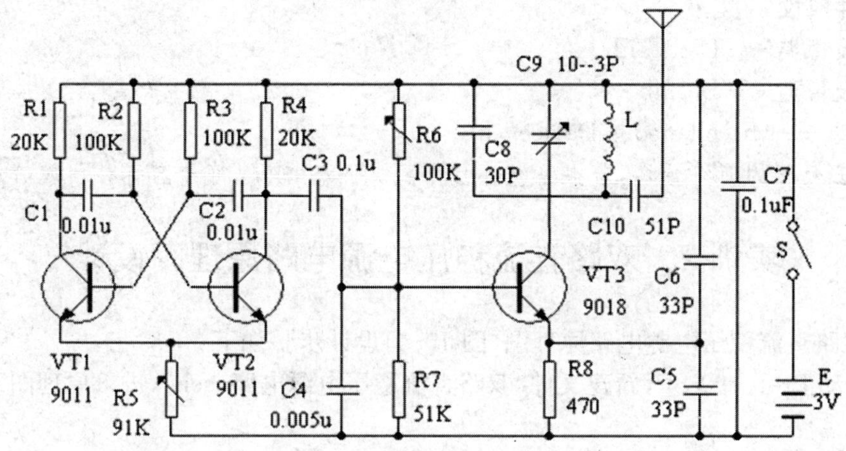

图 10.2　发射机电路原理图

接收机的电路工作原理如图 10.3 所示。由三极管 VT1 及其 LC 元件等组成超再生接收电路，用来接收发射机发出的调频信号。门电路 A、B、C 构成信号放大电路，将接收到的信号放大、比较、倒相去控制门电路 D、E 组成的 1 Hz 振荡电路，再由门电路 F 倒相输出去控制由三极管 VT2、VT3 组成的互补音频振荡器。

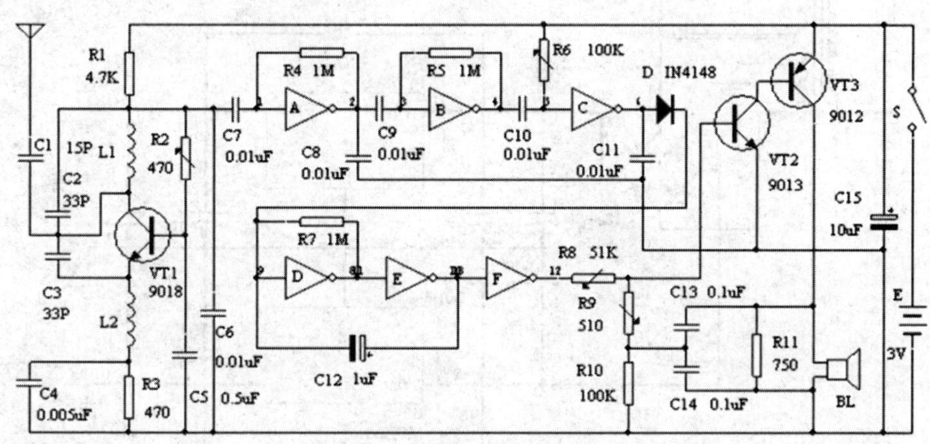

图 10.3　接收机电路原理图

当接收到发射机信号时，门电路 C 输出为正，二极管 VD 导通，门 D、E 组成的低频振荡器停振，门 F 输出为低电平，VT2、VT3 互补振荡器停振，扬声器 BL 不发声。

一旦接收不到发射机的信号，即目标物离开主人 1～15 m，门电路 C 输出低电平，VD 截止，门电路 D、E 构成的低频振荡器工作，门 F 倒相输出频率为 1 Hz 的正脉冲控制互补振荡器电路发出急促的“嘟…嘟…”声提醒主人注意，直至目标物回到控制距离范围内，其报警声自动停止。

2. 绘制电路原理图

图 10.2 为发射机电路原理图；图 10.3 为接收机电路原理图。

3. 元件属性

◆ 二极管类——Diode. lib。

◆ 三极管类——Bjt. lib。

◆ 其余——Miscellaneous Devices. lib。

说明：三极管的新符号名，若在系统库找不到，可以用其他符号名称替代或者创建。

实训 2 双路直流稳压电源电路原理图设计

绘制双路直流稳压电源电路原理图（图 10.4）设计步骤如下：

(1) 启动 Protel 99 SE，新建文件“双路直流稳压电源电路. sch”，进入原理图编辑界面。

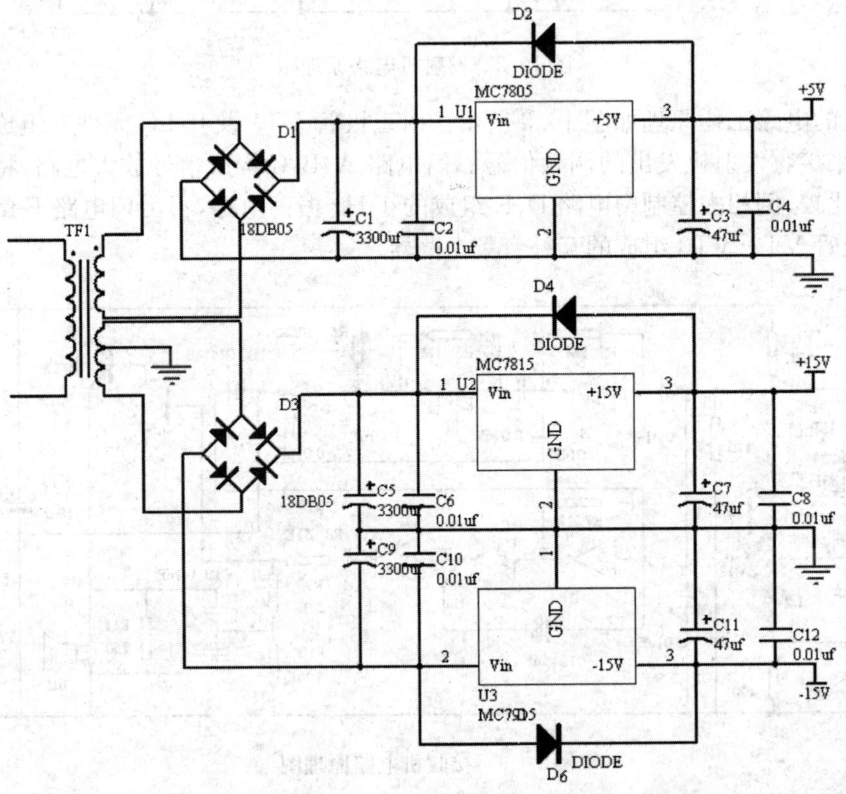

图 10.4 双路直流稳压电源电路原理图

(2) 设置图纸。

(3) 添加元件库。

(4) 放置元件。根据双路直流稳压电源电路的组成情况，在屏幕左方的元件管理器中取相应元件，并放置于屏幕编辑区。在元件放置后，对元件的标号及名称（规格型号）修改和设置。表 10.1 给出了该电路每个元件样本、元件标号、所属元件库数据。

表 10.1　元件属性

元件样本	元件标号	所属元件库
ELECTRO1	C1、C3、C5、C7、C9、C11	Miscellaneous Devices. lib
06-19-07	变压器	4728
CAP	C2、C4、C6、C8、C10、C12	Miscellaneous Devices. lib
INDUCTOR1	线圈	Miscellaneous Devices. lib
VOLTREG	U1、U2、U3	Miscellaneous Devices. lib
BRIDGE1	D1、D3	Miscellaneous Devices. lib
DIODE	D2、D4、D6	Miscellaneous Devices. lib

(5) 设置元件属性。在元件放置后,用鼠标双击相应元件,出现元件属性菜单,更改元件标号及名称(型号规格)。

(6) 调整元件位置,注意布局合理。

(7) 连线。根据电路原理图,在元件引脚之间连线,注意连线平直。

(8) 放置节点。连线完成后,在需要的地方放置节点。

(9) 放置电源、地、均可使用 Power Objects 工具栏画出。

(10) 放置注释文字。

(11) 电路的修饰及整理。

(12) 保存文件。

注意:在画图过程中不要将变压器双输出端的地线漏画。

实训 3　三相桥式全控整流主电路原理图设计

三相桥式全控整流主电路原理图如图 10.5 所示。绘制步骤如下:

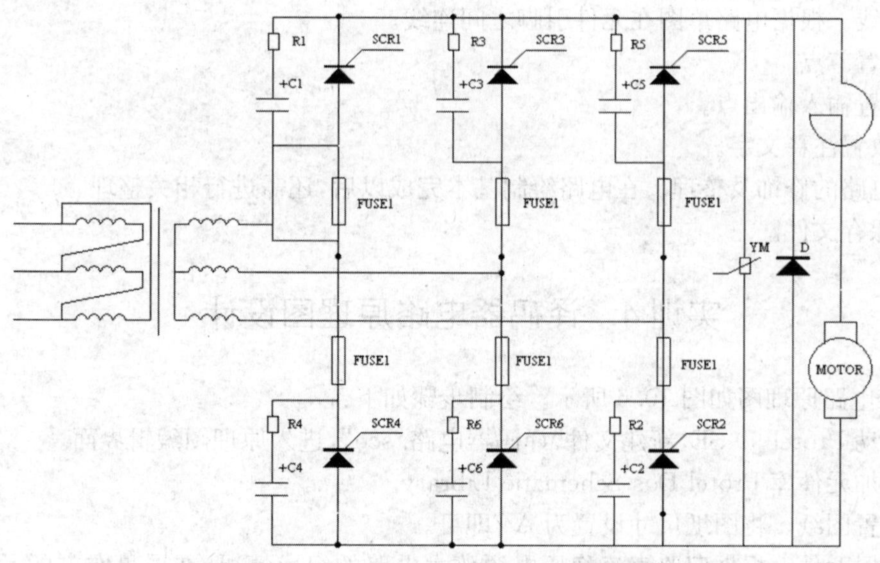

图 10.5　三相桥式全控整流主电路原理图

(1) 启动 Protel 99 SE 新建文件"三相桥式全控整流主电路. sch",进入原理图编辑界面。

(2) 设置图纸。

(3) 添加元件库。

(4) 放置元件。根据三相桥式全控整流主电路的组成情况,在屏幕左方的元件管理器中取相应元件,并放置于屏幕编辑区。在元件放置后,对元件的标号及名称(规格型号)修改和设置。表 10.2 给出了该电路每个元件样本、元件标号、所属元件库数据。

表 10.2 元件属性

元件样本	元件标号	所属元件库
CAP	C1、C2、C3、C4、C6	Miscellaneous Devices. lib
FUSE1	FUSE1、FUSE2 FUSE3、FUSE4 FUSE5、FUSE6	Miscellaneous Devices. lib
RES2	R1、R2、R3、R4、R5、R6	Miscellaneous Devices. lib
SCR	SCR1、SCR2、SCR3、SCR4、SCR5、SCR6	Miscellaneous Devices. lib
MOTOR	MOTOR	Miscellaneous Devices. lib
DIODE	D	Miscellaneous Devices. lib
06-20-08	ZB	4728
06-19-10	Lb	4728
04-01-05	YM	4728

(5) 设置元件属性。根据原理图设计要求给每个元件设置相关属性。

(6) 调整元件位置。

(7) 连线。根据电路草图在元件引脚之间连线。

(8) 放置节点。

(9) 放置输入输出点。

(10) 放置注释文字。

(11) 电路的修饰及整理。在电路绘制基本完成以后,还需进行相关整理。

(12) 保存文件。

实训 4 译码器电路原理图设计

译码器电路原理图如图 10.6 所示。绘制步骤如下:

(1) 启动 Protel 99 SE,新建文件"译码器电路. sch",进入原理图编辑界面。

(2) 添加元件库 Protel Dos Schematic Library。

(3) 设置图纸。将图纸尺寸设置为 A4 即可。

(4) 放置元件。根据双路直流稳压电源放大电路的组成情况,在屏幕左方的元件管理器中取相应元件,并放置于屏幕编辑区。在元件放置后,对元件的标号及名称(规格型号)修改和设置。表10.3给出了该电路每个元件样本、元件标号、所属元件库数据。

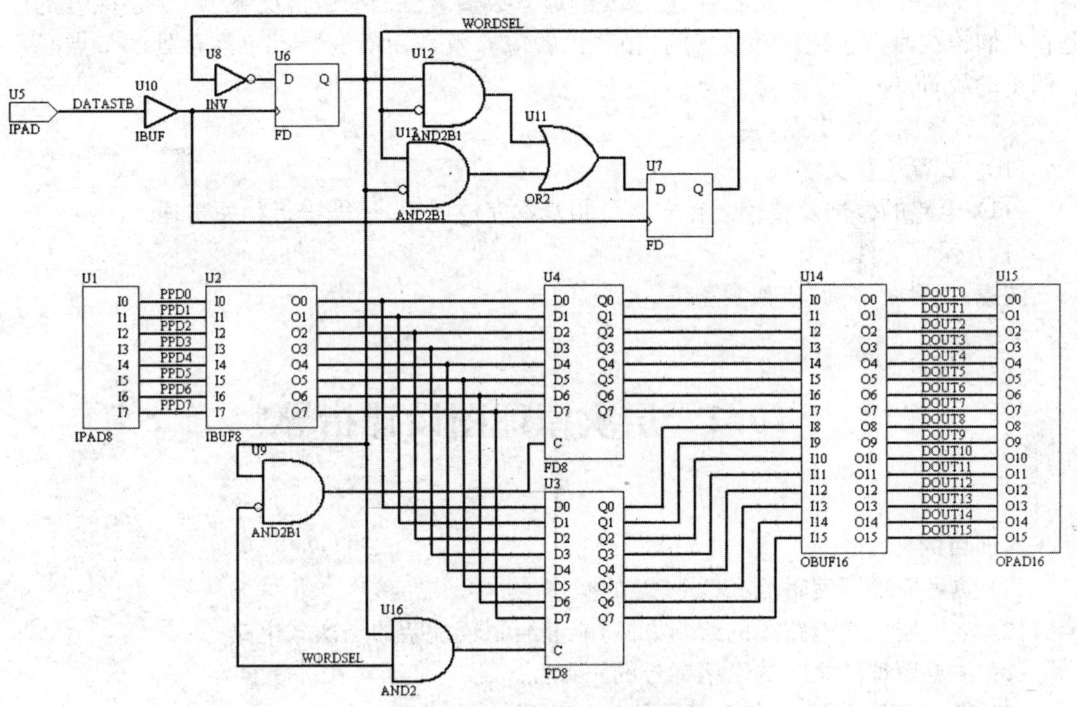

图10.6 译码器电路原理图

表10.3 元件属性

元件样本	元件标号	所属元件库
IPAD8	U1	PLD Symbols. lib
IBUF8	U2	PLD Symbols. lib
IPAD	U5	PLD Symbols. lib
FD	U6～U7	PLD Symbols. lib
OBUF16	U14	PLD Symbols. lib
OPAD16	U15	PLD Symbols. lib
AND2	U16	Miscellaneous Devices. lib
AND2B1	U9、U12、U13	Miscellaneous Devices. lib
INV	U8	Miscellaneous Devices. lib
IBUF	U10	Miscellaneous Devices. lib
OR2	U11	Miscellaneous Devices. lib
FD8	U3、U4	由创建获得

(5) 设置元件属性。根据原理图为每个元件设置相关属性。

(6) 调整元件位置。

(7) 连线。根据电路草图在元件引脚之间连线。

(8) 放置节点。连线完成后,在需要的地方放置节点。一般情况下"T"字连接处的节点是在我们连线时由系统自动放置的(相关设置应有效),而所有"十"字连接处的节点必须由我们手动放置。

(9) 放置输入输出点。

(10) 放置注释文字。

(11) 电路的修饰及整理。在电路绘制基本完成以后,还需进行相关整理。

(12) 保存文件。

注意:元件的布局、布线要整齐、美观。

10.2 层次原理图设计指导

实训目的

(1) 熟悉原理图编辑器(SCH 99)的操作。

(2) 掌握层次式电路图的绘制方法,能够绘制较复杂的层次式电路。

(3) 注意原理图之间的网络标号的一致性。

(4) 进一步熟悉 ERC 校验和网络表的生成。

实训内容

实训 1 调制器电路

实训 2 Xilinx 4K 产品线部分层次电路

实训步骤

(1) 新建电路图,设置图纸大小、方位等文件信息。

(2) 设计层次原理图的项目文件(.prj)。

(3) 按照"自上而下"的方法绘制子电路。

(4) 建立层次电路网络表。

实训分析

(1) 简述设计层次式电路图的步骤。

(2) 设计层次式电路图时应注意的问题。

项目文件(.prj)步骤提示

(1) 放置方块电路。

(2) 设置方块电路编辑对话框。

(3) 方块电路的进出点(Sheet Entry)。

(4) 放置与设置电路的输入/输出点(Port)。

(5) 总线(Bus)。

(6) 总线进出点(Bus Entry)。

(7) 放置网络标号(Net Label)。

实训 1 调制器电路

层次式电路图“调制器电路”的项目文件(.prj)如图 10.7 所示，各子图分别如图 10.8、图 10.9 所示。

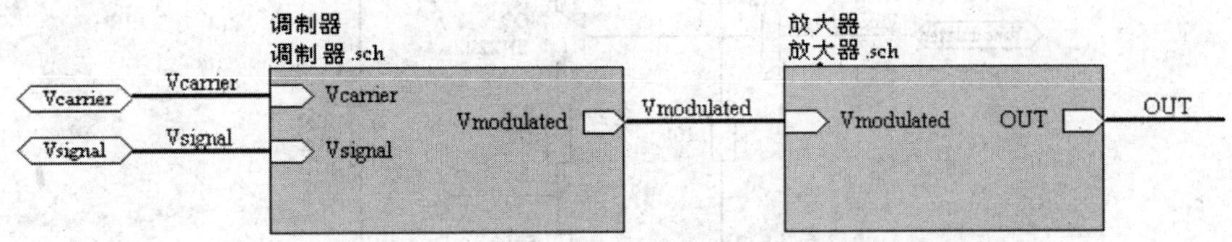

图 10.7 调制器方框图

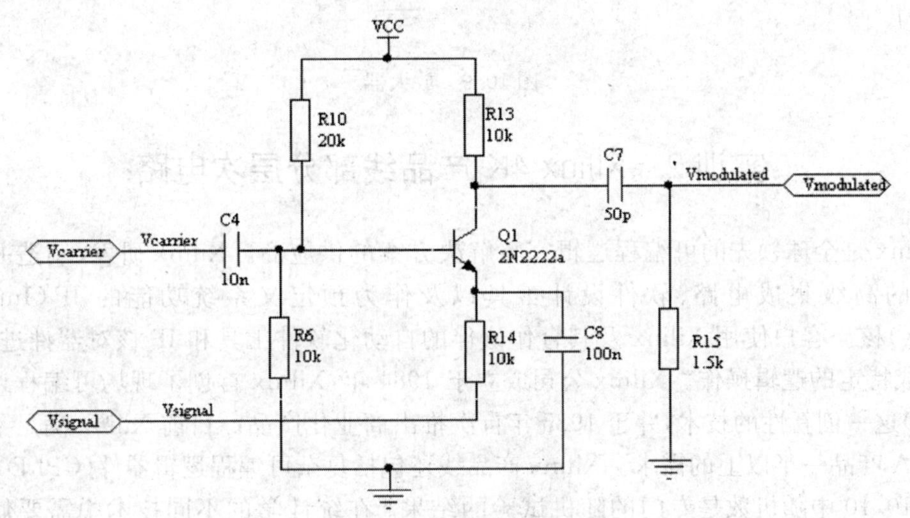

图 10.8 调制器电路原理图

(1) 新建电路图，图纸大小设置为 A4，参照图 10.7，完成层次式电路图主图的绘制。

执行 “Design\Options\Organization”填写图纸信息，在 Sheet 栏中设置图纸编号(No.)为 1；图纸总数(Total)为 2。

(2) 执行 “Design\Create Sheet From Symbol”，将光标移到子图符号“调制器”上，单击鼠标左键，在产生的新电路图上按照图 10.8 绘制第一张子图，设置图纸编号为 1，并保存该电路。

(3) 采用同样的方法，将光标移到子图符号上，单击鼠标左键，在产生的新电路图上按照图 10.9 绘制第二张子图，设置图纸编号为 2，并保存该电路。

(4) 对整个层次式电路图进行 ERC 校验，若有错误则加以修改。

(5) 生成此层次式电路的网络表，检查网络表各项内容是否与电路图相符合。

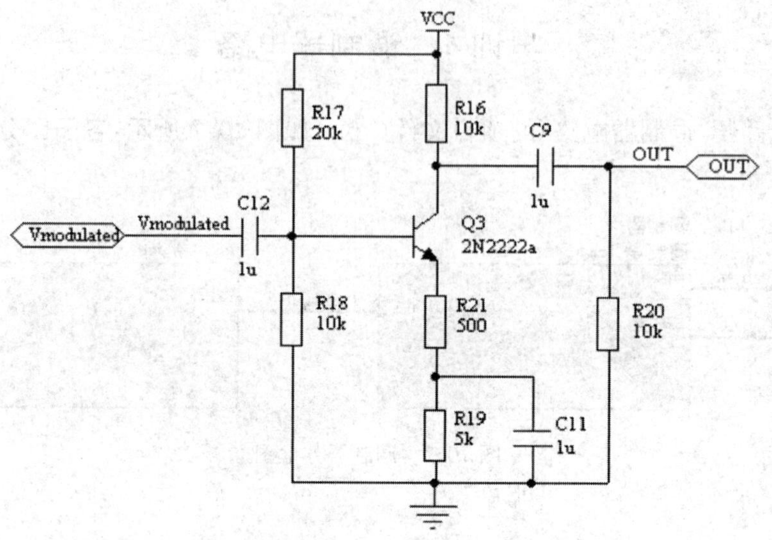

图 10.9 放大器

实训2 Xilinx 4K 产品线部分层次电路

Xilinx是全球领先的可编程逻辑完整解决方案的供应商。Xilinx研发、制造并销售范围广泛的高级集成电路、软件设计工具以及作为预定义系统功能的IP(Intellectual Property)核。客户使用Xilinx及其合作伙伴的自动化软件工具和IP核对器件进行编程,从而完成特定的逻辑操作。Xilinx公司成立于1984年,Xilinx首创了现场可编程逻辑阵列(FPGA)这一创新性的技术,并于1985年首次推出商业化产品。目前Xilinx满足了全世界对FPGA产品一半以上的需求。Xilinx产品线还包括复杂可编程逻辑器件(CPLD)。

图10.10中随机数是专门的随机试验的结果。在统计学的不同技术中需要使用随机数,比如在从统计总体中抽取有代表性的样本的时候,产生随机数有多种不同的方法。这些方法被称为随机数发生器。

层次式电路图"Xilinx 4K部分层次电路"的项目文件(.prj)如图10.10所示,各子图分别如图10.11～10.14所示。

(1) 新建电路图,图纸大小设置为A4,参照图10.10所示,完成层次式电路图主图的绘制。

执行"Design\Options\Organization"填写图纸信息,在Sheet栏中设置图纸编号(No.)为1;图纸总数(Total)为4。

(2) 执行"Design\Create Sheet From Symbol",将光标移到子图符号"2位计数器"上,单击鼠标左键,在产生的新电路图上按照图10.11绘制第一张子图,设置图纸编号为"1",并保存该电路。

(3) 采用同样的方法,将光标移到子图符号上,单击鼠标左键,在产生的新电路图上按照图10.12绘制第二张子图,设置图纸编号为"2",并保存该电路。

(4) 然后采用同样的方法,依次绘制第三、四张子图,设置图纸编号为"3"、"4",并保存该电路。

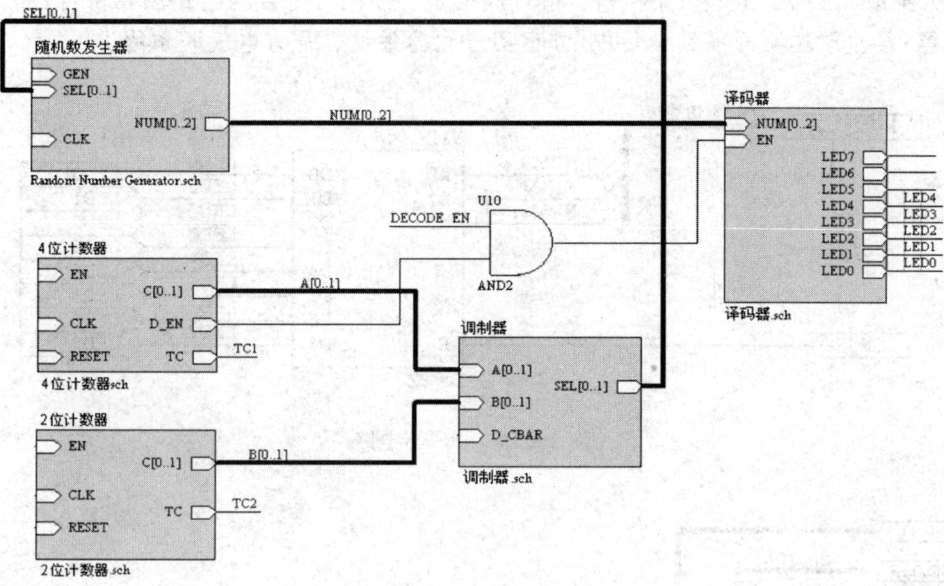

图 10.10　Xilinx 4K 产品线部分方框图

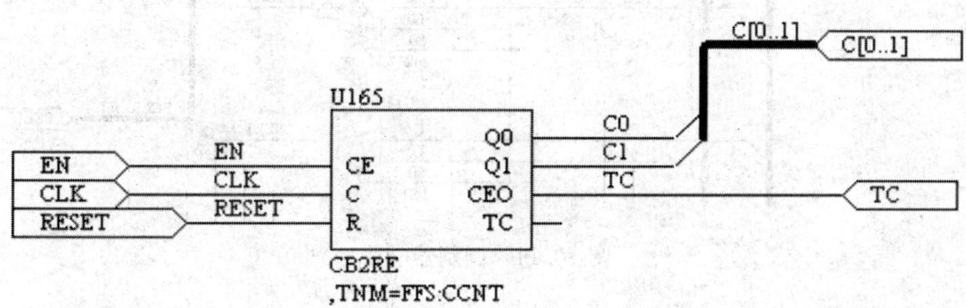

图 10.11　2 位计数器

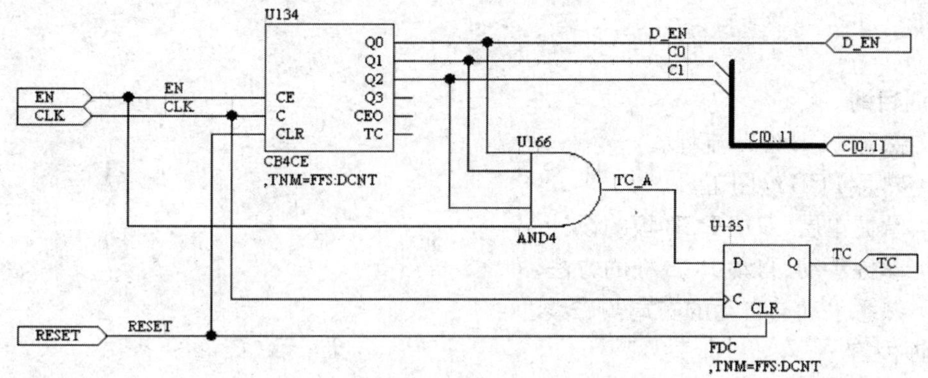

图 10.12　4 位计数器

(5) 对整个层次式电路图进行 ERC 校验,若有错误则加以修改。

(6) 生成此层次式电路的网络表,检查网络表各项内容是否与电路图相符合。

注意:层次原理图的项目文件中,方框图与元器件结合是有电气联系的。

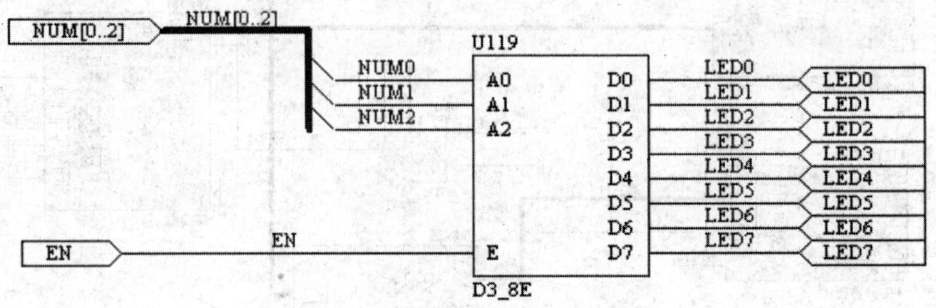

图 10.13 译码器电路

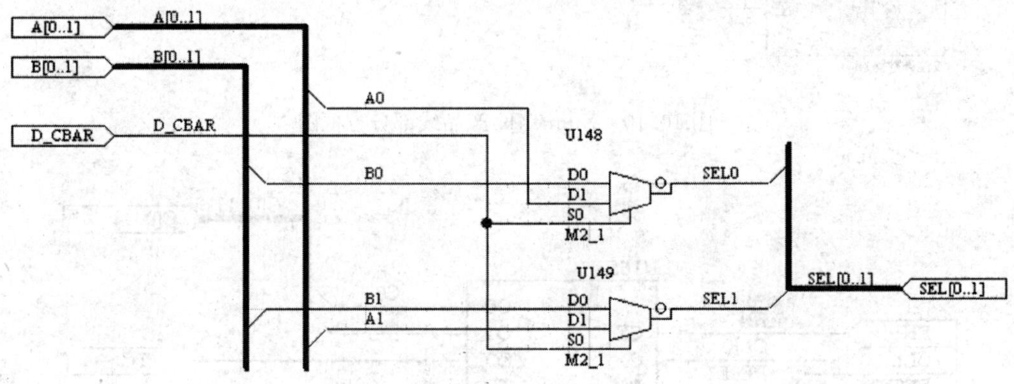

图 10.14 调制器电路

10.3 PCB 板设计实例

实训目的

(1) 熟悉 PCB 设计流程。

(2) 熟悉 PCB 绘图工具。

(3) 掌握单层、双层 PCB 板的设计。

(4) 掌握手动、自动 PCB 板的方法。

(5) 熟悉手动与自动的布局与布线。

实训内容

实训 1 手工绘制单(双)层电路板图

实训 2 设计自动布局、布线的双层印制电路板

实训步骤

(1) 根据电路原理图元件的多少,规划电路板的板长、板宽,单层或多层。

(2) 加载 ADVPCB. ddb 中的 PCB Footprints. lib 元件封装库。

(3) 装入"×××××电路原理图"的网络表。

(4) 执行元器件自动布局、手动调整布局。

(5) 执行元器件自动布线、手动调整布线。

(6) 依次执行放置过孔、泪滴、屏蔽导线、矩形填充、多边形填充等。

(7) 执行 3D 命令并保存 PCB 文件。

实训范例　自动绘制单层电路板图

(1) PCB 板设计准备

如图 10. 15 所示,制作 PCB 板之前,要先绘制电路原理图并制作网络表。其中表 10. 4 为该电路的元件封装及所在元件封装库。

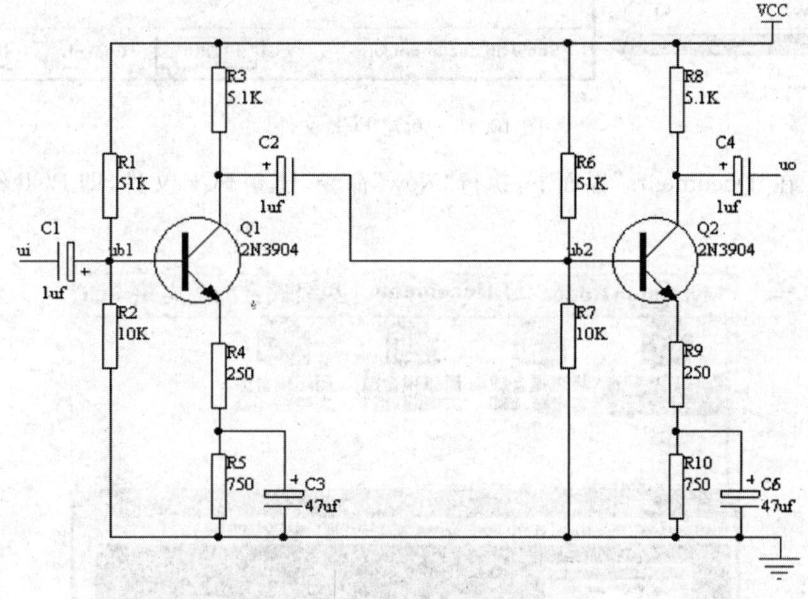

图 10. 15　两级阻容耦合放大电路

表 10. 4　元件属性

元件样本	元件标号	所属元件库
RB. 2/. 4	C1～C5	PCB Footprints. lib
AXIAL0. 4	R1～R10	PCB Footprints. lib
TO-5	BG1～BG2	PCB Footprints. lib

通过"两级阻容耦合放大电路"的 PCB 制作,重点掌握通过在 PCB 电路板装入网络表的途径,实现自动布局、自动布线、手工辅助布局和手工辅助布线的操作步骤和技巧。

(2) PCB设计步骤

步骤1 创建PCB文件,在“Documents”界面下,单击右键,执行“New”命令,出现文件夹对话框,如图10.16所示。

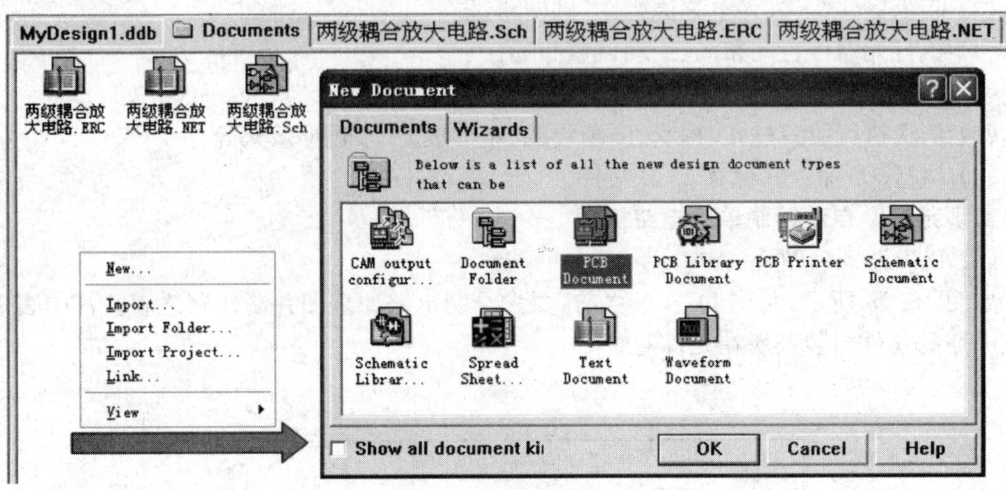

图10.16 新建PCB文件

步骤2 在“Documents”界面下,执行“New”命令,建立PCB文件,即PCB绘图区,如图10.17所示。

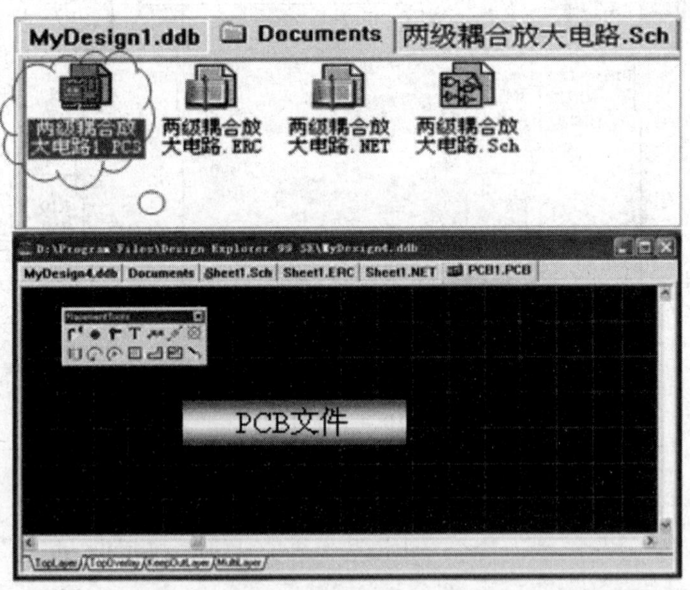

图10.17 建立PCB文件

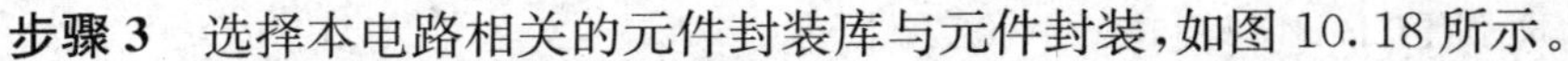

步骤 3　选择本电路相关的元件封装库与元件封装，如图 10.18 所示。

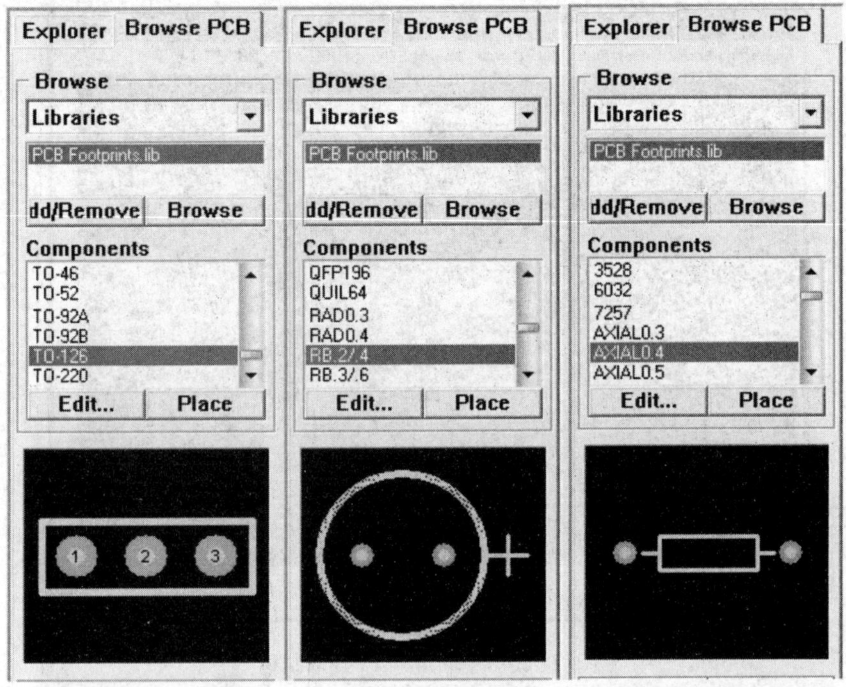

图 10.18　选择元件封装和元件封装库

步骤 4　执行"Design\Options..."命令，选择 PCB 板层，如图 10.19 所示。

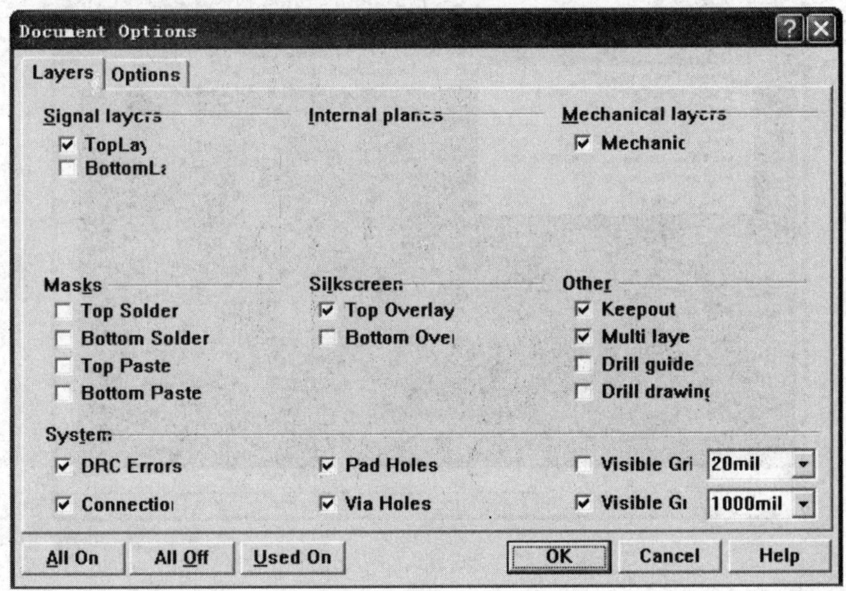

图 10.19　选择 PCB 板层

步骤 5 手动规划 PCB 印制板，如图 10.20 所示。

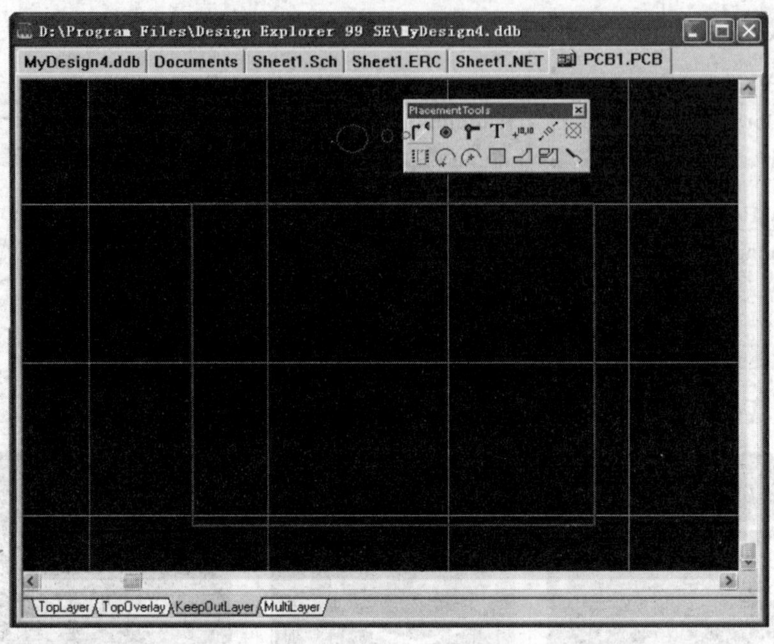

图 10.20 手动规划 PCB 印制板

步骤 6 在 PCB 界面执行装入网络表命令，如图 10.21 所示。

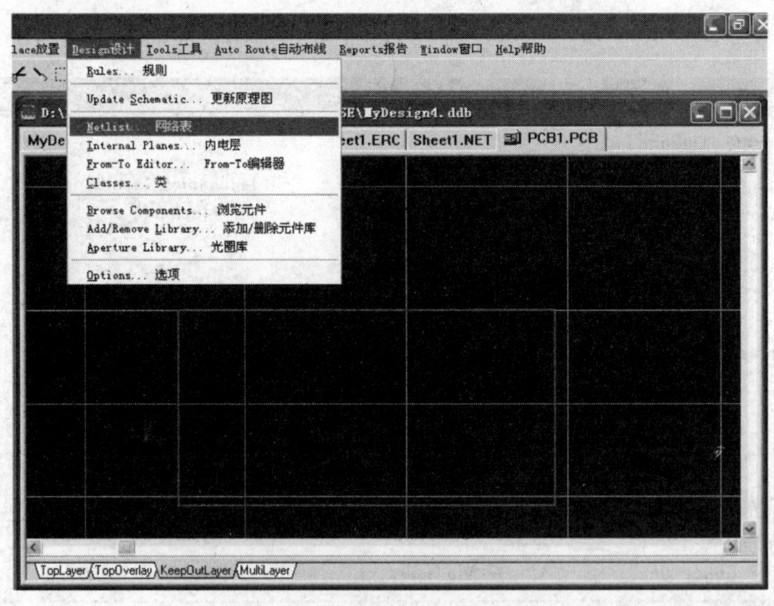

图 10.21 执行装入网络表命令

步骤7　装入网络表,检查元件封装是否选错。

执行"Design\Load Nets"命令菜单,弹出网络表对话框(图10.22),单击对话框中的"Browse"按钮,系统将弹出如图10.23所示的网络表文件选择对话框。

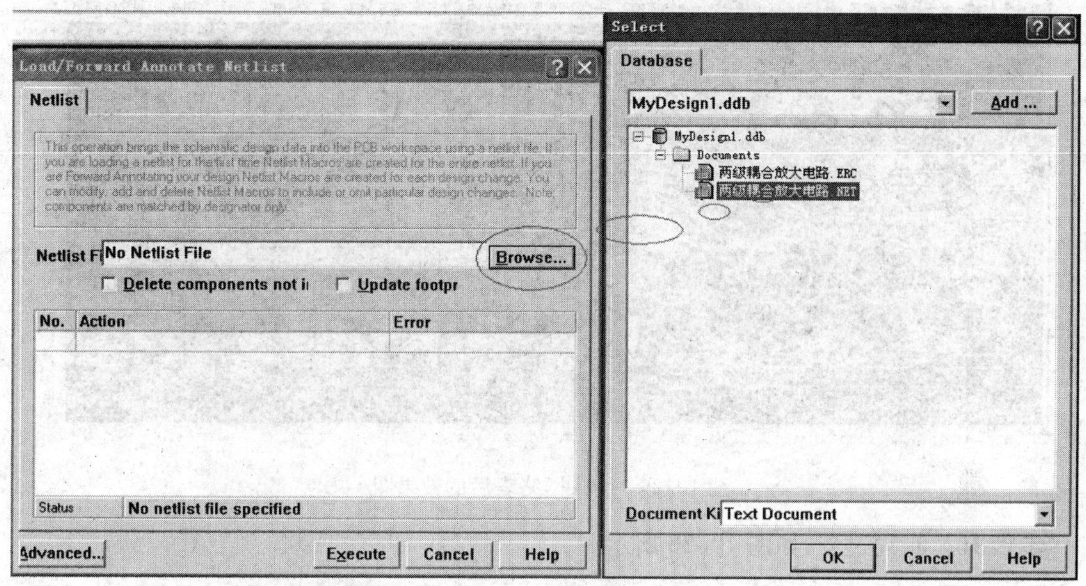

图10.22　装入网络表过程　　　　图10.23　网络表文件选择对话框

步骤8　单击"OK"按钮,退出网络表选择对话框。退出后,系统将指定的网络表装入并进行分析,同时将结果列于下方的列表框中,如图10.24所示。

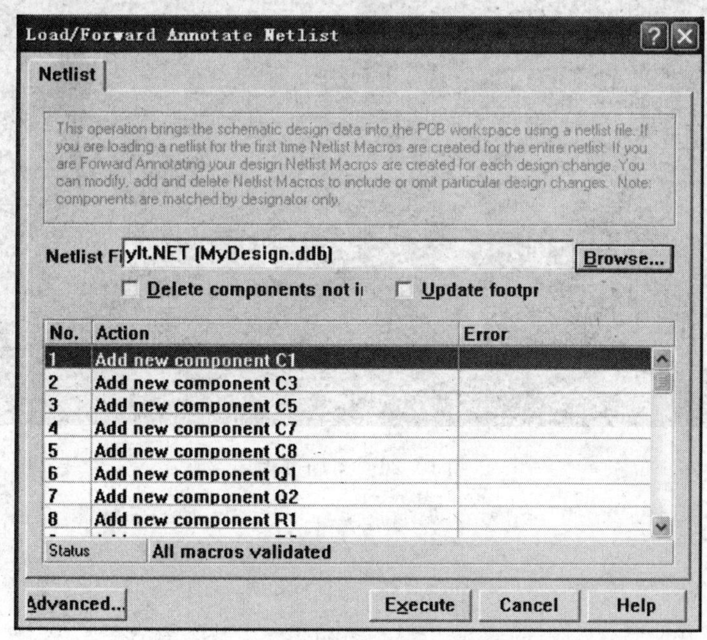

图10.24　装入网络表后的对话框

步骤9 将网络表装入PCB绘图区后的效果图(也可以执行"Design\Update PCB..")进入PCB界面,如图10.25所示。

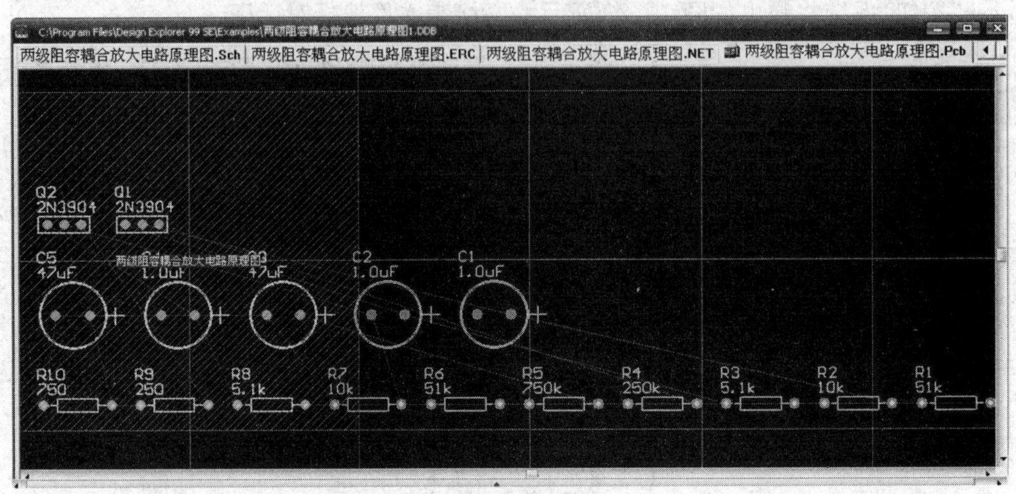

图10.25 装入网络表后的效果图

步骤10 布局过程,如图10.26所示。

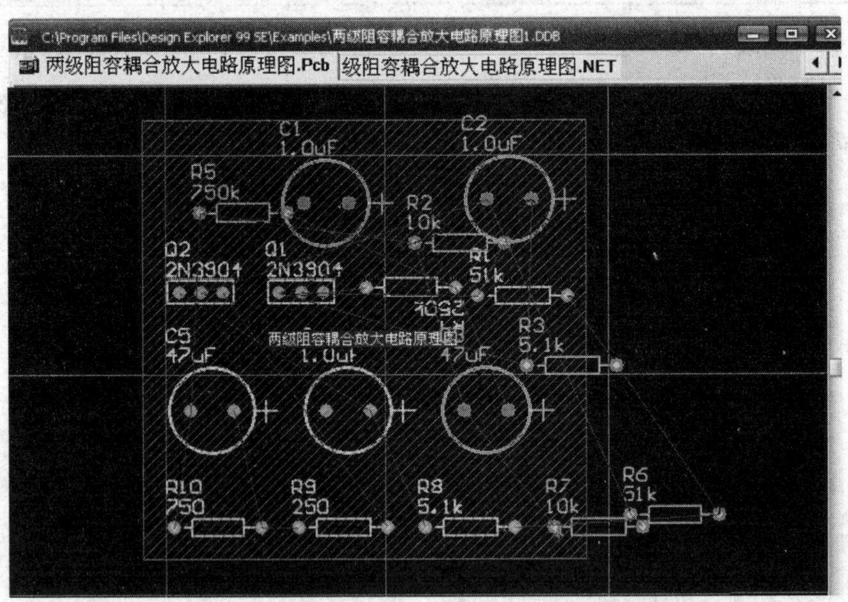

图10.26 布局过程

步骤 11　执行全局布线命令(AutoRoute\All),如图 10.27 所示。

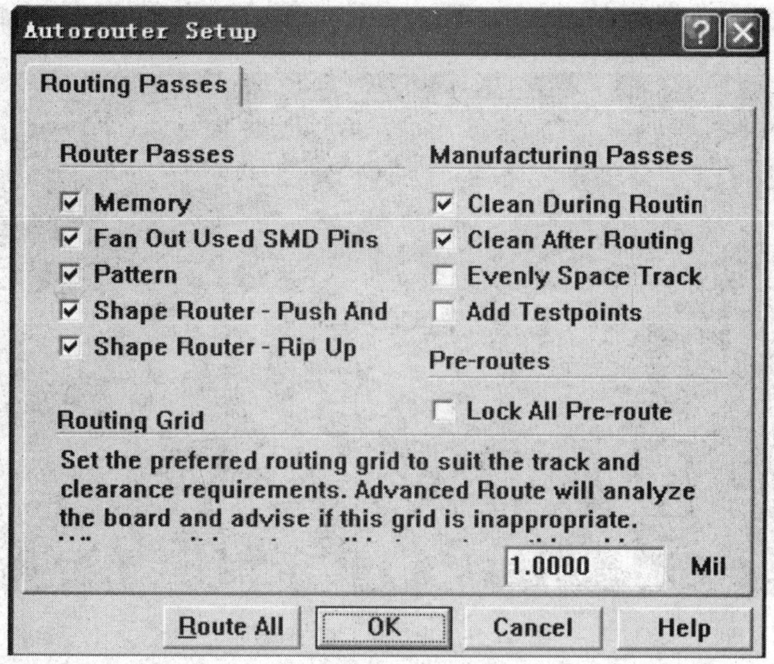

图 10.27　全局布线设置对话框

步骤 12　完成了单面板设计(顶层),如图 10.28 所示。

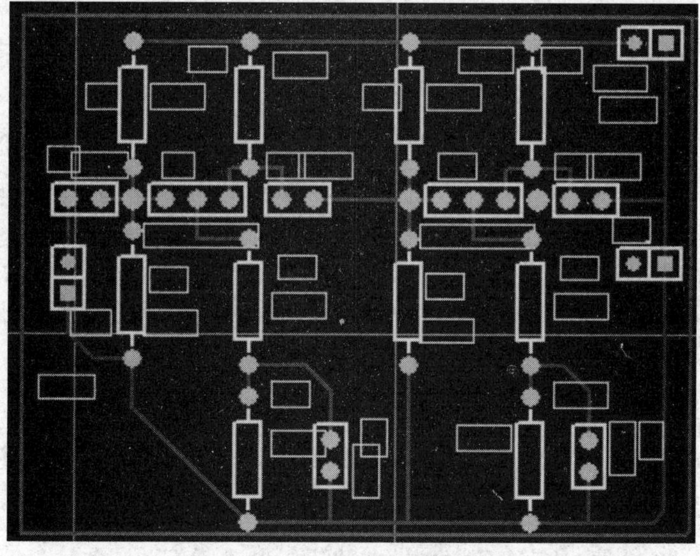

图 10.28　顶层单面板设计

步骤 13 完成了单面板制作(顶层3D效果),如图10.29所示。

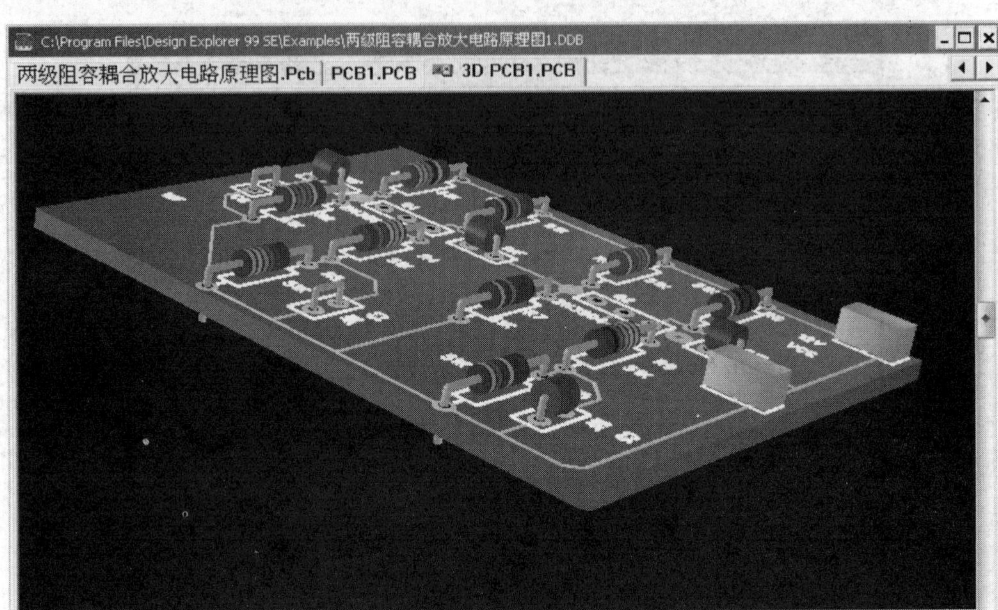

图10.29 顶层单面板3D效果

实训1 手工绘制单(双)层电路板图

实训目的

重点掌握电路板的手工布局和手工布线的操作步骤和技巧。

实训内容

根据如图10.30(279页)所示电路原理图,手工绘制一块单层电路板图。电路板长2000 mil,宽1800 mil。加载ADVPCB.ddb中的PCB Footprints.lib元件封装库。根据表10.5提供的元件封装并参照图10.31进行手工布局。调整布局后在底层进行手工布线,其中+12 V网络和GND网络布线宽度为30 mil,其他布线宽度为15 mil。布线结束后,调整元件标注字符的位置,使其整齐美观;在元件JP的1、3、5脚旁分别添加+12 V、IN和OUT三个字符串。

表10.5 元件一览表

元件名称	元件标号	元件所在SCH库	元件封装	元件所属PCB元件库
RES2	RB1、RB2	Miscellaneous Devices. ddb	AXIAL0. 4	Advpcb. ddb
RES2	RE、RC、RL	Miscellaneous Devices. ddb	AXIAL0. 4	Advpcb. ddb
ELECTR01	C1、C2 CE、	Miscellaneous Devices. ddb	RB. 2/. 4	Advpcb. ddb
NPN	T	Miscellaneous Devices. ddb	TO-5	Advpcb. ddb
接插件	JP	Miscellaneous Devices. ddb	SIP6	Advpcb. ddb

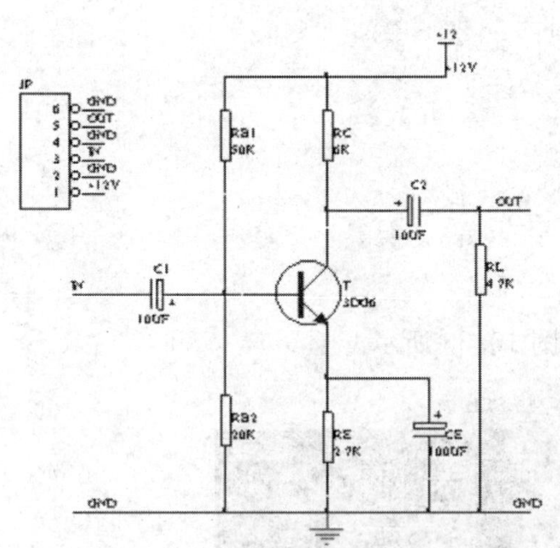

图 10.30　单级电压放大电路原理图

图 10.31　单级电压放大电路 PCB 板布局图

实训 2　设计自动布局、布线的双层印制电路板

任务 1　设计电话监控器电路印制电路板

图 10.32 所示为电话监控器电路原理图。请根据电路原理图自行绘制出印刷电路板图。电路板为矩形,长 2000 mil,宽 2000 mil,双层板设计,自动布线。在自动设计规则中,设置所有网络的走线线宽都为 30 mil。电阻的封装采用 AXIAL0.4,电容 C1 的封装采用 RAD0.4,电容 C2、C3 的封装采用 RB.3/.6,电容 C4、C6 的封装采用 RB.2/.4,电容 C5 的封装采用 RAD0.2,扬声器封装采用 SIP2,二极管的封装采用 DIODE0.4,集成电路的封装采用 DIP8。放置两个焊盘,作为输入信号的引入,并把它们接入相应的网络中。请特别注意二极管元件的管脚编号不一致问题,要求在 PCB 元件编辑器中,对二极管的封装进行修改。

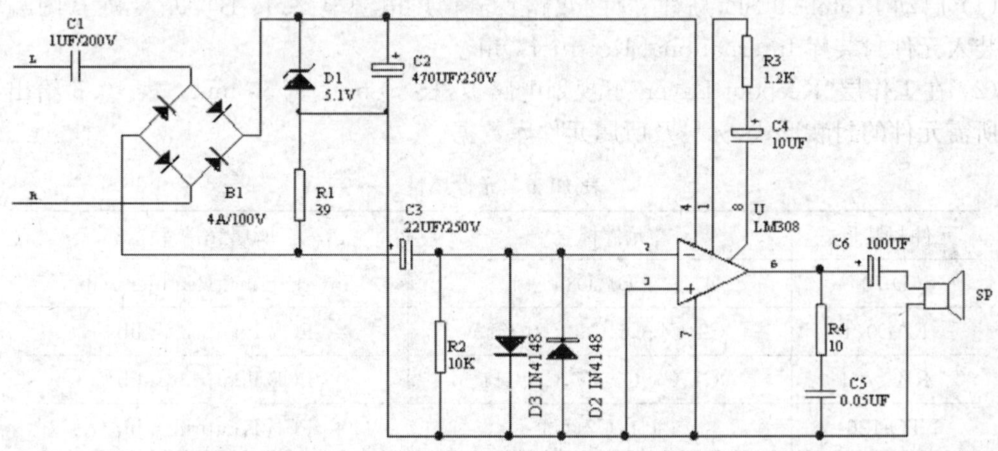

图 10.32　电话监控器电路原理图

任务 2　双路直流稳压电源电路 PCB 图设计

实训目的

学会元件封装的放置。

熟练掌握 PCB 绘图工具。

熟悉手工布局、布线。

实训内容

双路直流稳压电源电路 PCB 图，参考图形如图 10.33 所示。

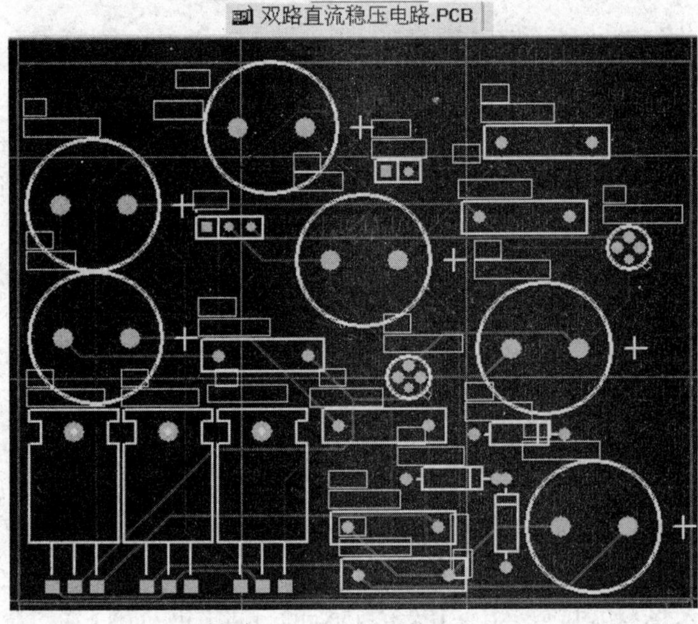

图 10.33　双路直流稳压电源电路

实训步骤

(1) 启动 Protel 99 SE，新建文件“双路直流稳压电源电路. PCB”，进入 PCB 图编辑界面。装入元件封装库 International Rectifiers. lib。

(2) 在工作层“Keepout Layer”下规划电路板，长 90 mm，宽 50 mm。表 10.6 给出了该电路所需元件的封装形式、标号及所属元件库数据。

表 10.6　元件属性

元件封装形式	元件标号	所属元件库
D-70	D1、D3	International Rectifiers. lib
RAD0. 1	C2、C4、C6、C8、C10、C12	PCB Footprints. lib
RB. 2/. 4	C1、C3、C5、C7、C9、C11	PCB Footprints. lib
TO-126	U1、U2、U3	PCB Footprints. lib
DIODE	D2、D4、D6	PCB Footprints. lib

注：变压器为外接，本电路不含变压器封装。

(3) 放置元件封装及其他一些实体,并设置元件属性,调整元件位置。

(4) 按照电路原理图进行布线。

注意:规划电路板后将工作层切换到顶层放置元件封装。

10.4　仿真电路实例

第9章介绍了 Protel 99 SE 中的仿真元件和仿真激励源,并详细讲解了各种仿真分析方法。本章节以介绍仿真电路的典型实例的方式,介绍各种仿真的运用。

实训目的

(1) 熟悉 SIM 99 仿真元件库中的主要元件。

(2) 掌握 SIM 99 中的激励源的类型与编辑。

(3) 熟练不同类型仿真器的设置。

实训内容

实训1　工作点分析实例

实训2　瞬态分析实例

实训3　傅里叶分析实例

实训4　交流小信号分析实例

实训5　直流分析实例

实训6　蒙特卡罗分析实例

实训7　参数扫描分析实例

实训8　扫描温度分析实例

实训9　噪声分析实例

实训步骤

(1) 在原理图界面,装入并调出所需仿真元件库(此处略)。

(2) 绘制仿真原理图。

(3) 添加网络标号。

(4) 设置仿真激励源。

(5) 选择仿真方式并进行仿真设置。

(6) 运行仿真并观察仿真结果。

实训1　工作点分析实例

在进行工作点分析(Operating Point Analysis)时,仿真程序将电路中的电感元件视为短路,电容视为开路,然后计算出电路中各节点对地电压、各支路电流,这就是静态工作分析。

工作点分析仿真的步骤比较简单,现在以共发射极放大电路为例,如图10.34所示。介绍工作点分析仿真的步骤如下。

步骤1 首先绘制仿真原理图，接入激励源，如图10.34所示。其中各元件的参数均标注在原理图上。

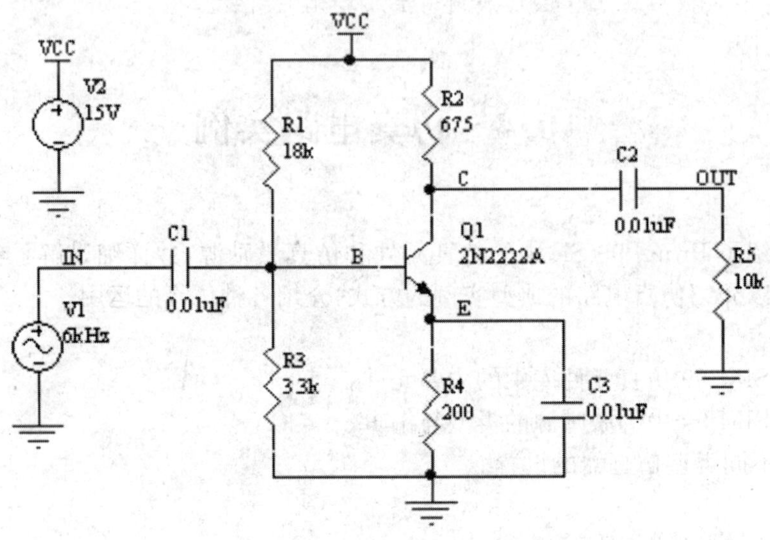

图10.34 共发射极放大电路原理图

步骤2 仿真设置：

执行“Simulate \Setup”命令，弹出“Analyses Setup”对话框，如图10.35所示。在该对话框中选择工作点仿真分析方式“Operating Point Analysis”，对共发射极放大电路直接运行仿真。

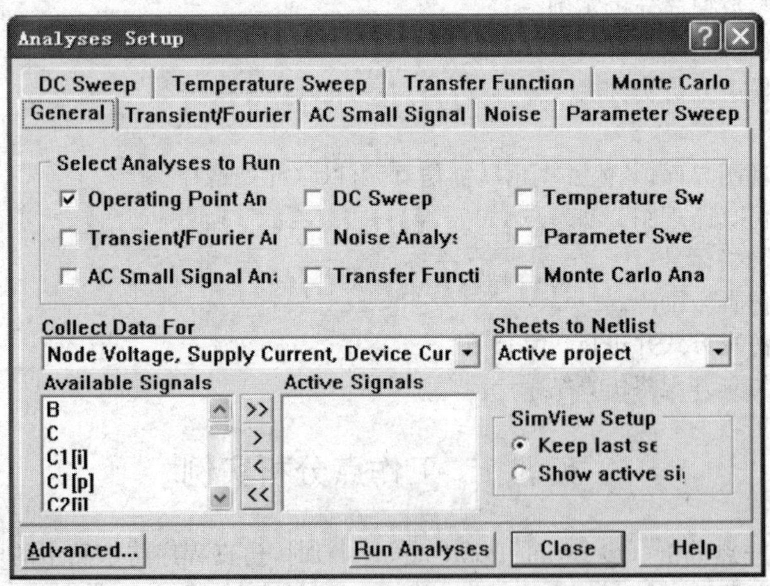

图10.35 工作点分析仿真设置对话框

运行仿真后，生成工作点仿真分析结果，文件的扩展名为“.sdf”，如图10.36所示。

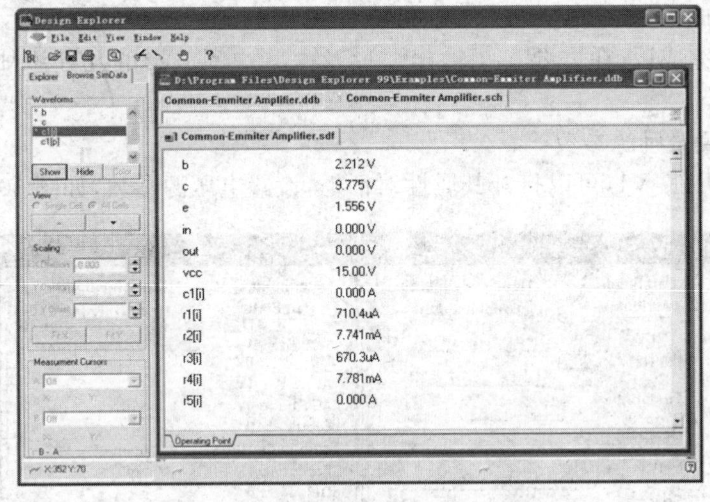

图 10.36　工作点仿真分析结果

实训 2　瞬态分析实例

瞬态特性分析(Transient Analysis)属于时域分析,用于获得节点电压、支路电流或元件功率等信号的瞬时值,即信号随时间变化的瞬态关系,相当于在示波器上直接观察信号的波形,是一种最基本、最常用的仿真分析方式。

现以差分放大电路为例,介绍瞬态分析仿真步骤。

步骤 1　首先绘制仿真原理图,接入激励源,如图 10.37 所示。其中各元件的参数均标注在原理图上。

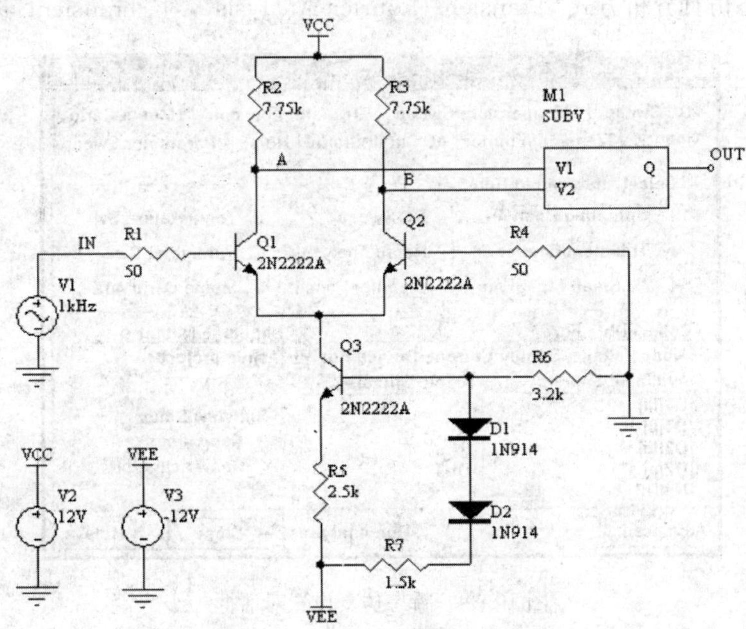

图 10.37　差分放大电路原理图

步骤 2　添加网络标号：

原理图绘制完成后，在需要显示输出波形及一些中间波形的几处添加网络标号，例如 A、B、IN、OUT 等。

步骤 3　设置激励源参数：

双击正弦电压源 V1，可以打开其属性对话框，设置电压源参数，如图 10.38 所示。

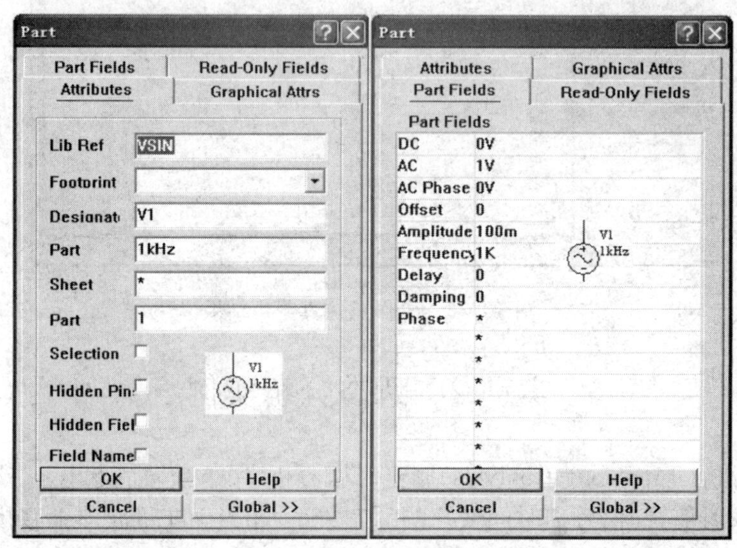

图 10.38　正弦电压源参数设置

步骤 4　仿真设置：

执行“Simulate \Setup”命令，弹出“Analyses Setup”对话框，如图 10.39 所示。在该对话框中选择瞬态仿真分析方式“Transient/Fourier Analysis”，对“Transient”进行设置。

Analyses Setup
DC Sweep | Temperature Sweep | Transfer Function | Monte Carlo
General | Transient/Fourier | AC Small Signal | Noise | Parameter Sweep
Select Analyses to Run
Operating Point An　DC Sweep　Temperature Sw
Transient/Fourier A　Noise Analys　Parameter Swe
AC Small Signal An　Transfer Functi　Monte Carlo Ana
Collect Data For: Node Voltage, Supply Current, Device Cur
Sheets to Netlist: Active project
Available Signals: D1[id] D1[p] D2[id] D2[p] NetD2_1
Active Signals: A B IN OUT
SimView Setup: Keep last se / Show active si
Advanced...　Run Analyses　Close　Help

图 10.39　瞬态仿真设置对话框

步骤 5　将有效信号列表(Available Signals)区域中的“A”、“B”、“IN”、“OUT” 添加到激

活信号列表(Active Signals)区域,表示显示这几个信号的仿真波形。其他设置均采用默认值。

步骤 6　单击运行仿真(Run Analyses)按钮,执行仿真分析。分析结束后,自动弹出仿真波形图(图 10.40)。

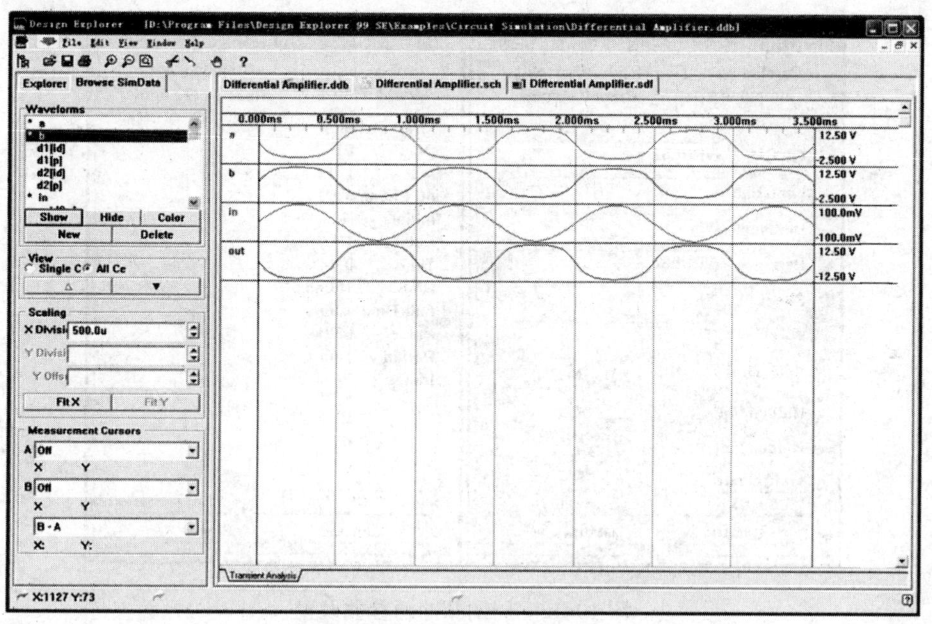

图 10.40　瞬态分析结果

实训 3　傅里叶分析实例

傅里叶分析(Fourier)选用瞬态特性分析的最后一个周期进行,可以观察电路的谐波失真现象。下面以一个带通滤波器电路为例,介绍傅里叶仿真分析的具体步骤。

步骤 1　首先绘制仿真原理图,接入激励源,如图 10.41 所示。其中各元件的参数均标注在原理图上。

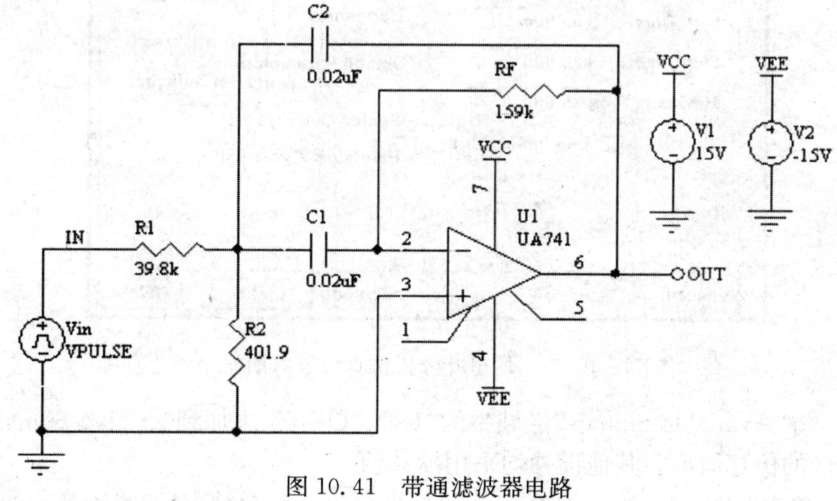

图 10.41　带通滤波器电路

步骤2 添加网络标号：原理图绘制完成后，添加网络标号，IN、OUT。

步骤3 设置激励源参数：双击周期脉冲源Vin，可以打开其属性对话框，设置电压源参数，如图10.42所示。

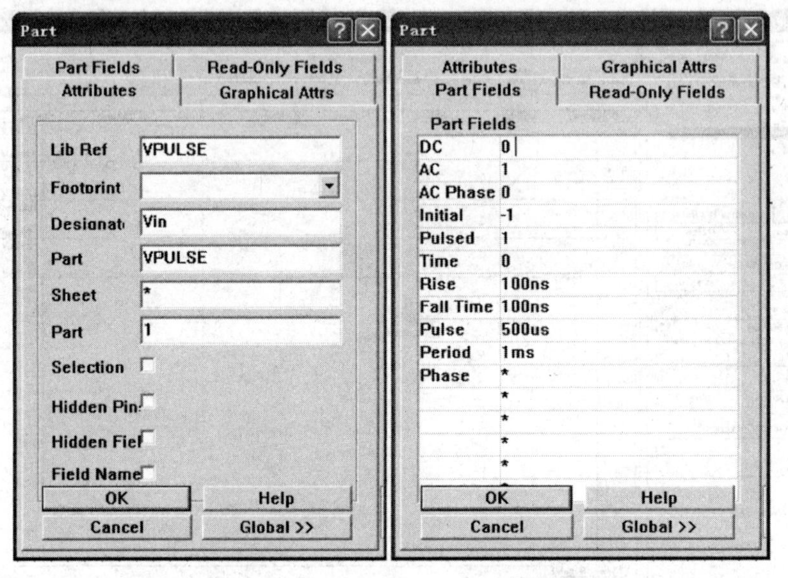

图10.42 周期脉冲源参数设置

步骤4 仿真设置：执行“Simulate \Setup”命令，弹出“Analyses Setup”对话框，如图10.43所示。在该对话框中选择瞬态/仿真分析方式“Transient/Fourier Analysis”分别对瞬态分析(Transient Analysis)和傅里叶分析(Fourier Analysis)进行设置。

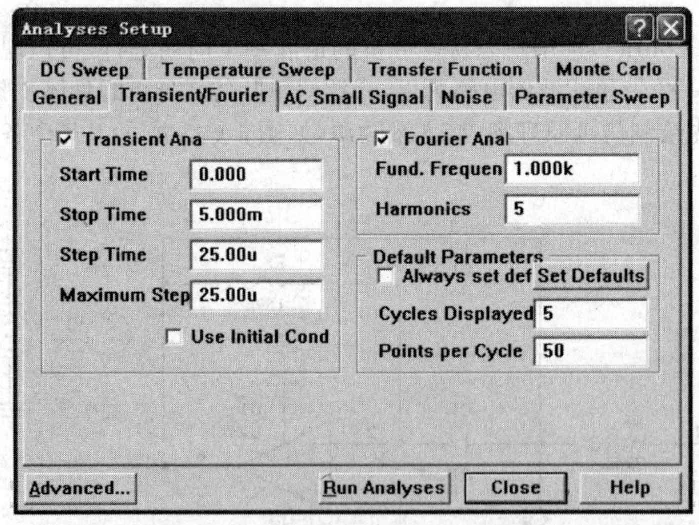

图10.43 傅里叶分析仿真设置对话框

步骤5 将“Available Signals”区域中的“IN”、“OUT” 添加到“Active Signals”区域，显示这几个信号的仿真波形。其他设置均采用默认值。

步骤6 单击“Run Analyses”按钮，执行仿真分析。分析结束后，自动弹出仿真波形图，如图 10.44 所示。

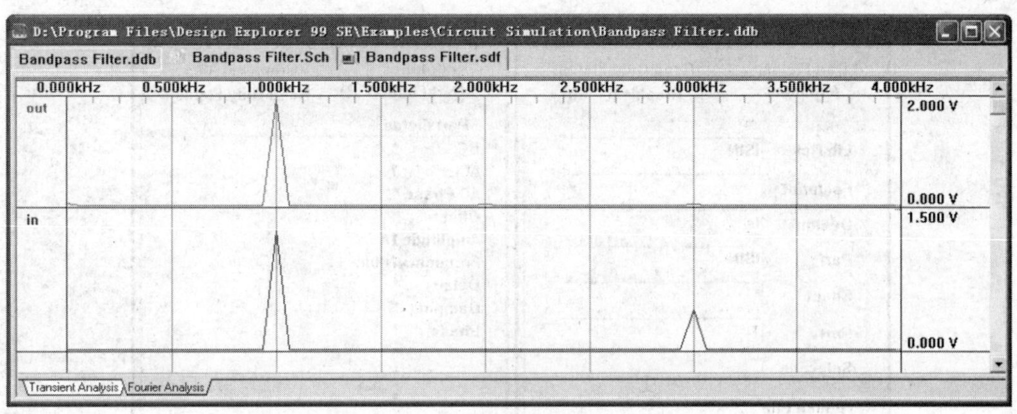

图 10.44 傅里叶分析仿真波形图

实训 4 交流小信号分析实例

AC 交流小信号分析(AC Small Signal Analysis)用于获得电路中,如放大器、滤波器等的频率特性。交流小信号分析将交流输出变量作为频率的函数计算出来。先计算电路的直流工作点,决定电路中所有非线性元器件的线性化小信号模型参数,然后在设计者指定的频率范围内对该线性化电路进行分析。

并联谐振电路如图 10.45 所示。下面介绍交流小信号分析过程。

步骤 1 首先绘制仿真原理图,接入激励源,如图 10.45 所示。其中各元件的参数均标注在原理图上。

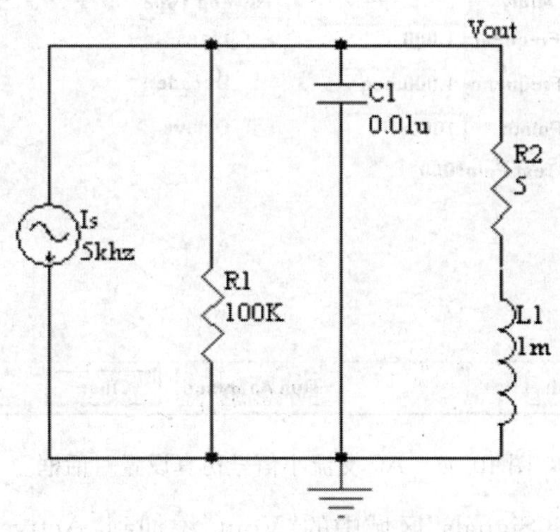

图 10.45 并联谐振电路原理图

步骤 2 添加网络标号“Vout”。

步骤 3 设置激励源参数:

双击正弦电流源 IS,可以打开其属性对话框,设置电流源参数,如图 10.46 所示。

图 10.46　正弦电流源参数设置

步骤 4　仿真设置:

执行“Simulate \Setup”命令,弹出“Analyses Setup”对话框,如图 10.47 所示。在该对话框中选择 AC 交流小信号仿真分析方式“AC Small Signal”。

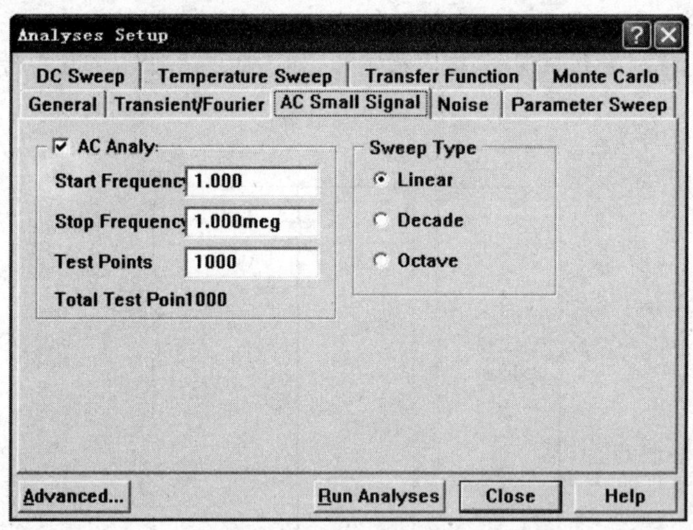

图 10.47　AC 交流小信号仿真设置对话框

步骤 5　将“Available Signals”区域中的“Vout”添加到“Active Signals”区域,以显示输出仿真波形。其他设置均采用默认值。

步骤 6　单击“Run Analyses”按钮,执行仿真分析。分析结束后,自动弹出仿真波形图,如图 10.48 所示。

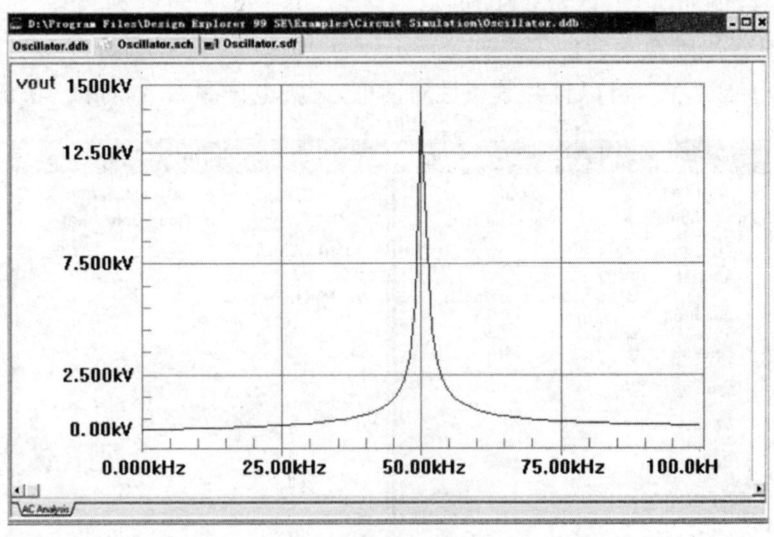

图 10.48　AC 交流小信号分析仿真波形图

实训 5　直流分析实例

直流扫描分析(DC Sweep Analysis)方法是在指定范围内,输入信号源电压变化时,进行一系列的工作点分析以获得直流传输特性曲线,常用于获取运算放大器、TTL、CMOS 等电路的直流传输特性曲线,以确定输入信号的最大范围和噪声容限。直流扫描分析也常用于获取场效应管的转移特性曲线。直流扫描分析不适用于获取阻容耦合放大器的输入/输出特性曲线。

下面以运算放大电路为例,进行直流扫描分析仿真的演示。

步骤 1　首先绘制仿真原理图,接入激励源,如图 10.49 所示。其中各元件的参数均标注在原理图上。

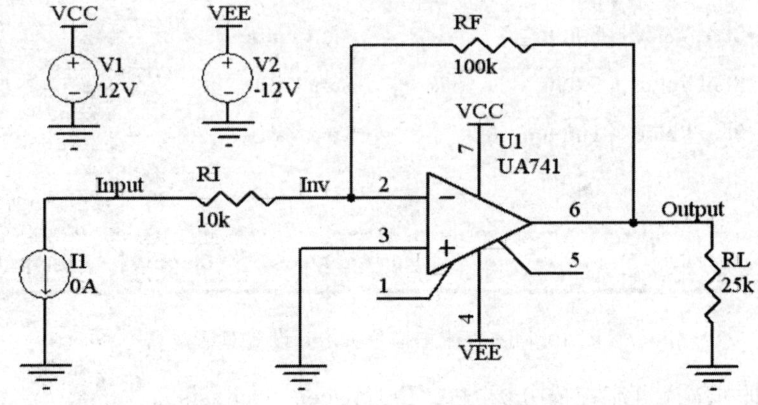

图 10.49　运算放大电路原理图

步骤 2　添加网络标号:原理图绘制完成后,在需要显示输出波形及一些中间波形的几处添加网络标号,例如 A、B、IN、OUT 等。

步骤 3 设置激励源参数:

双击正弦电压源 V1,可以打开其属性对话框,设置电压源参数,如图 10.50 所示。

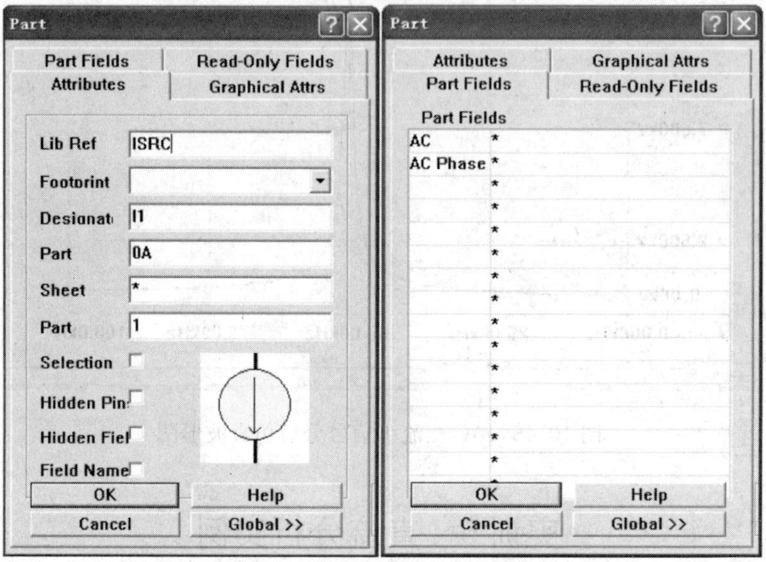

图 10.50 正弦电压源参数设置

步骤 4 仿真设置:

执行"Simulate \Setup"命令,弹出"Analyses Setup"对话框,如图 10.51 所示。

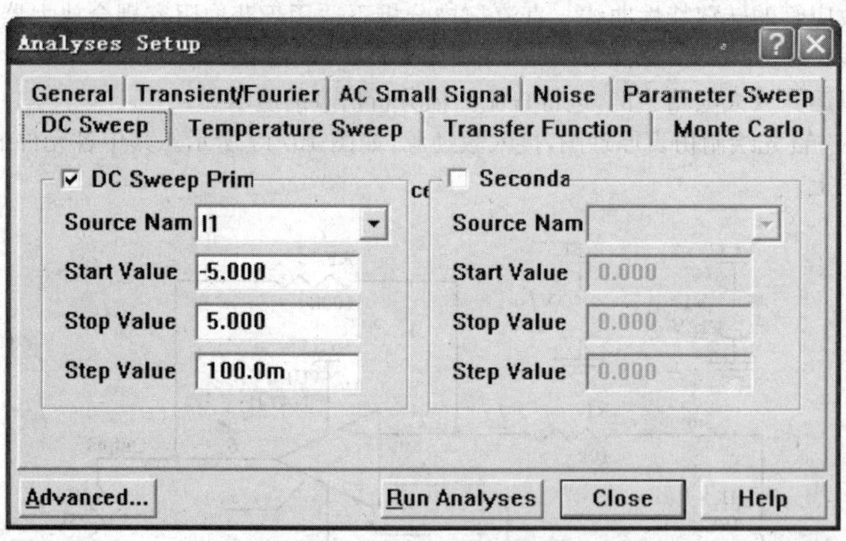

图 10.51 直流扫描分析仿真设置对话框

在该对话框中选择直流扫描分析方式"DC Sweep Analysis"。

步骤 5 将"Available Signals"区域中的"A"、"B"、"IN"、"OUT" 添加到"Active Signals"区域,表示显示这几个信号的仿真波形。其他设置均采用默认值。

步骤 6　单击"Run Analyses"按钮，执行仿真分析。分析结束后，自动弹出仿真波形图（图 10.52）。

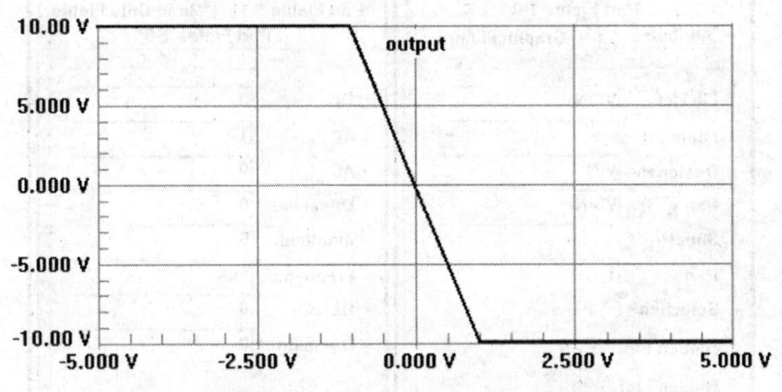

图 10.52　直流扫描分析仿真波形图

实训 6　蒙特卡罗分析实例

蒙特卡罗分析(Monte Carlo Analysis)主要用于观察元件参数误差对电路性能的影响。蒙特卡罗分析可以和其他标准分析结合，通过在指定的元件偏差范围内随机更改元件参数来执行仿真项目。

本节以滤波器电路为例，介绍蒙特卡罗分析仿真的操作步骤。

步骤 1　首先绘制滤波器仿真原理图，接入激励源，如图 10.53 所示。其中各元件的参数均标注在原理图上。

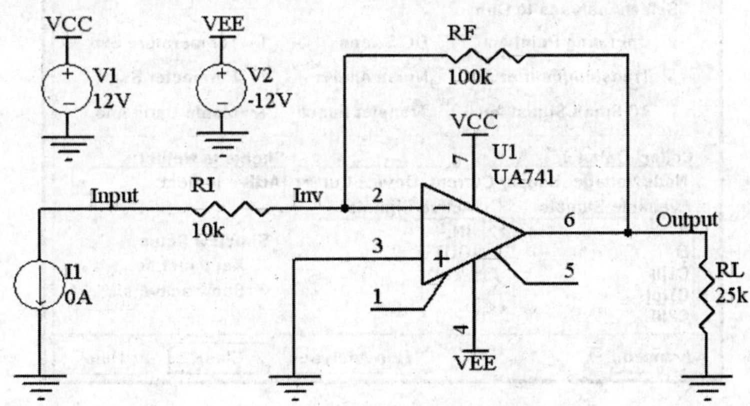

图 10.53　滤波器电路原理图

步骤 2　添加网络标号：原理图绘制完成后，在需要显示波形的点处添加网络标号，如图 10.53 中的 IN、OUT 等。

步骤 3　设置激励源参数：

双击正弦电压源 V1，可以打开其属性对话框，设置电压源参数，如图 10.54 所示。

步骤 4　仿真设置：

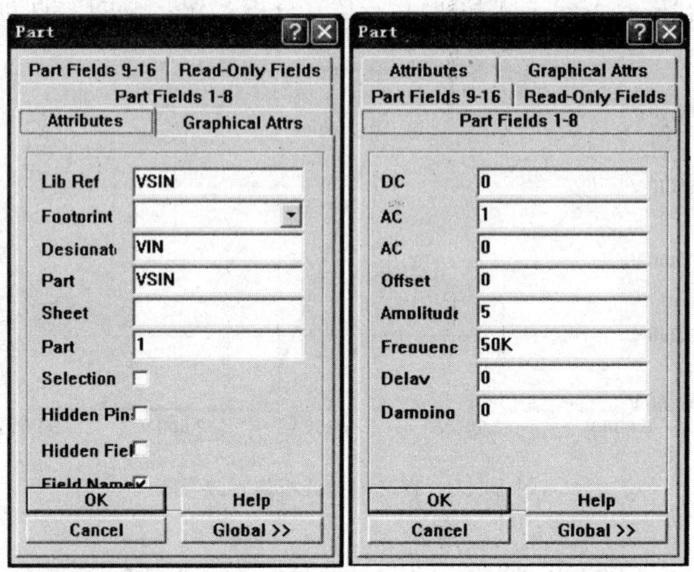

图 10.54 正弦电压源参数设置

执行“Simulate \Setup”命令，弹出“Analyses Setup”对话框，如图 10.55 所示。在该对话框中选择瞬态仿真分析方式“Monte Carlo Analysis”，对滤波器电路进行蒙特卡罗仿真分析方式进行设置。

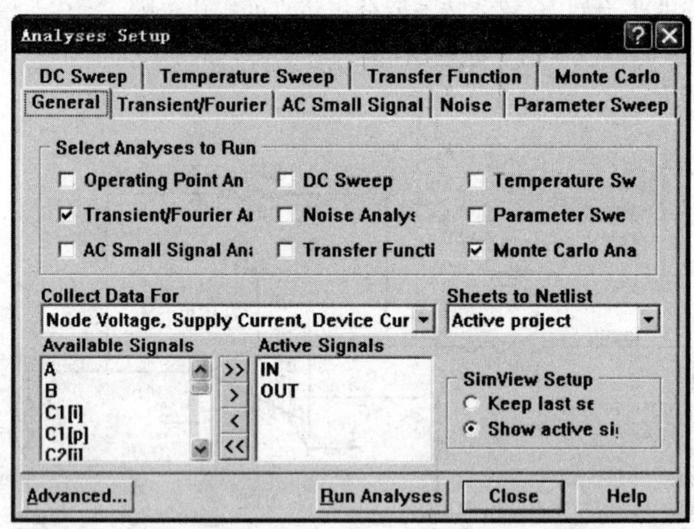

图 10.55 蒙特卡罗分析仿真设置对话框

步骤 5 将“Available Signals”区域中的“IN”、“OUT” 添加到“Active Signals”区域，以显示这几个信号的仿真波形。其他设置均采用默认值。

步骤 6 单击“Run Analyses”按钮，执行仿真分析。分析结束后，自动弹出蒙特卡罗分析仿真波形图，如图 10.56 所示。

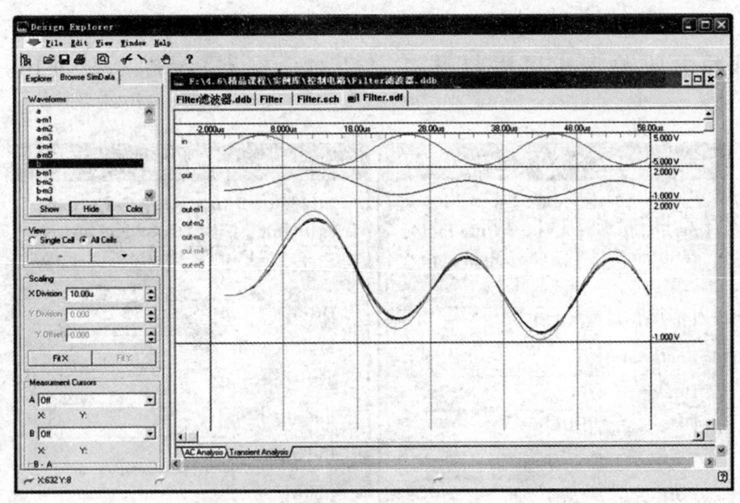

图 10.56　蒙特卡罗分析仿真波形图

实训 7　参数扫描分析实例

参数扫描分析(Parameter Sweep Analysis)用于研究电路中某一元器件参数变化对电路性能的影响,常用于确定电路中某些关键元件参数的取值。在进行瞬态分析、交流小信号分析或直流分析时,同时启动“参数扫描分析”,即可非常迅速、直观地了解到电路中特定元件参数变化对电路性能的影响。

本节仍以带通滤波器电路为例,介绍与交流小信号分析同时启动的参数扫描分析的操作步骤。

步骤 1　首先绘制带通滤波器仿真原理图,接入激励源,如图 10.57 所示。各元件的参数均标注在原理图上。

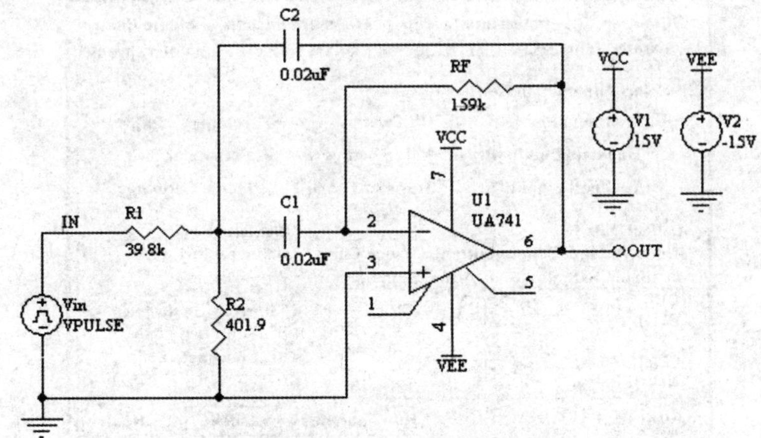

图 10.57　带通滤波器原理图

步骤 2　添加网络标号:

原理图绘制完成后,在需要显示波形的点处添加网络标号,如图 10.57 中的 IN、OUT 等。

步骤 3 设置激励源参数：

双击周期脉冲电压源 V1，可以打开其属性对话框，设置周期脉冲电压源参数，如图 10.58 所示。

Part
Part Fields 1-8
Part Fields 9-16 | Read-Only Fields
Attributes | Graphical Attrs
Lib Ref VPULSE
Footprint
Designat Vin
Part VPULSE
Sheet *
Part 1
Selection
Hidden Pin
Hidden Fiel
Field Name
OK | Help
Cancel | Global >>

Part
Part Fields 9-16 | Read-Only Fields
Attributes | Graphical Attrs
Part Fields 1-8
DC 0
AC 1
AC 0
Initial -1
Pulsed 1
Time 0
Rise 100n
Fall Time 100n
Pulse 500u
Period 1m
OK | Help
Cancel | Global >>

图 10.58 周期脉冲源参数设置

步骤 4 仿真设置：

执行“Simulate \Setup”命令，弹出“Analyses Setup”对话框，如图 10.59 所示。在该对话框中选择 AC 小信号仿真与参数扫描“Parameter Sweep Analysis”的分析方式，对滤波器电路进行参数扫描分析方式进行设置(图 10.60，图 10.61)。

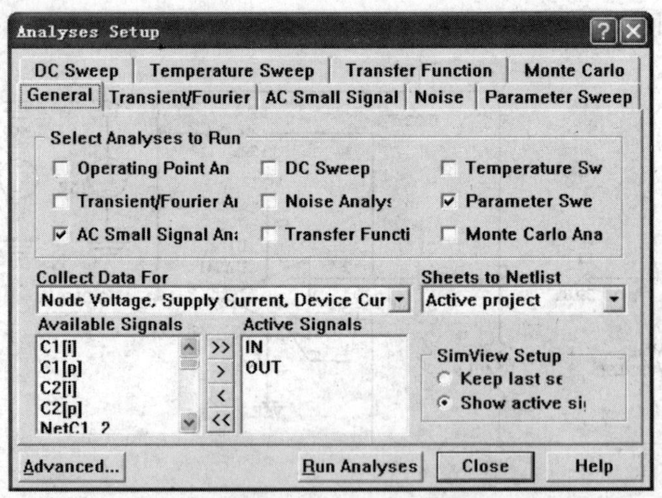

图 10.59 参数扫描分析与 AC 分析仿真设置

步骤 5 单击“Run Analyses”按钮，执行仿真分析。分析结束后，自动弹出参数扫描分析仿真波形图，如图 10.62 所示。

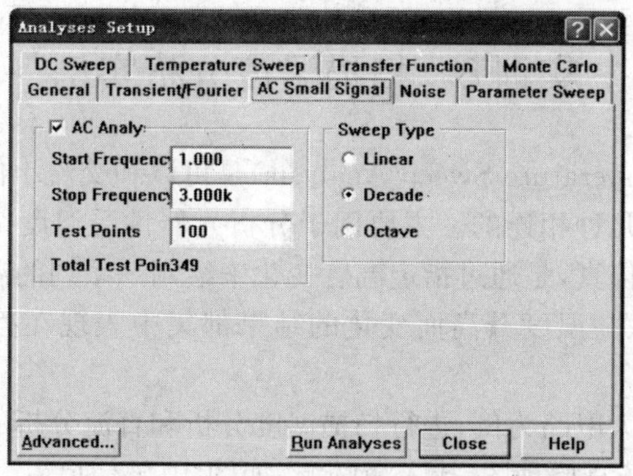

图 10.60　AC 小信号仿真设置对话框

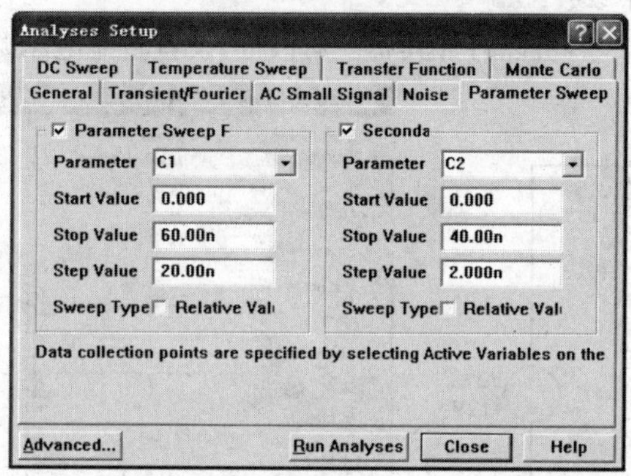

图 10.61　参数扫描仿真设置对话框

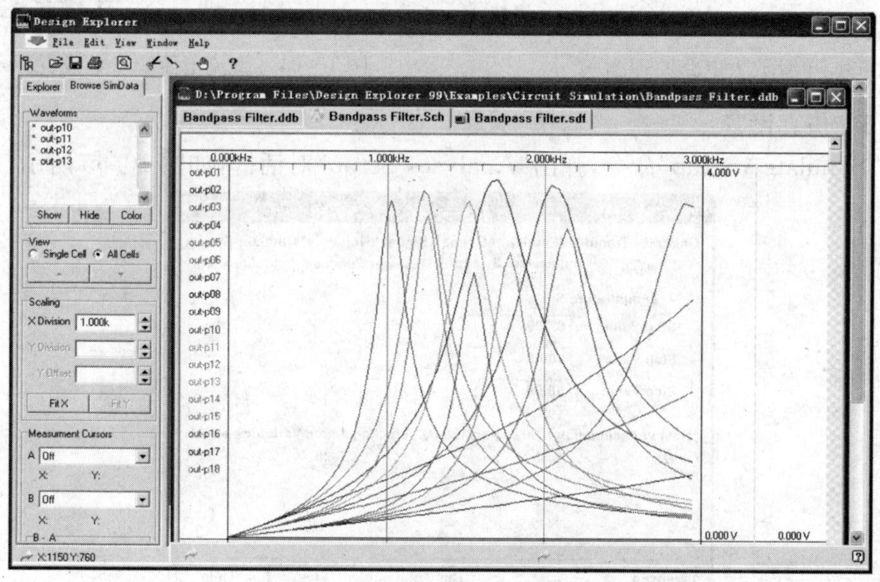

图 10.62　参数扫描分析仿真波形图

实训 8　扫描温度分析实例

扫描温度分析(Temperature Sweep Analysis)是可以和交流小信号分析、直流分析及瞬态特性分析中的一种或几种相连的。主要用于分析元器件受温度影响后,电路工作状态的变化。扫描温度分析的仿真,是通过指定温度变化来绘制一系列的温度变化曲线。

例如晶体管,其参数随温度升高而变化的结果都集中表现在静态工作点电流 IC 的增大上。

下面通过晶体管放大电路为例,进行扫描温度分析和直流分析的相连的仿真步骤。

步骤 1　首先绘制仿真原理图,接入激励源,如图 10.63 所示。其中各元件的参数均标注在原理图上。

步骤 2　设置激励源参数:

双击直流电压源 V1,V2,可以打开其属性对话框,设置直流电压源参数,如图 10.64 所示。

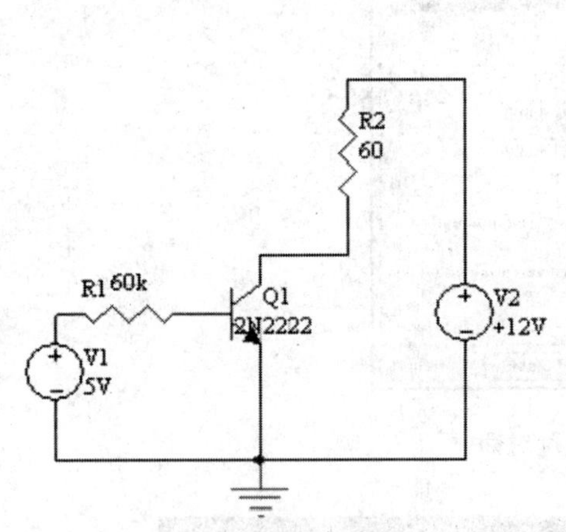

图 10.63　单管放大电路原理图

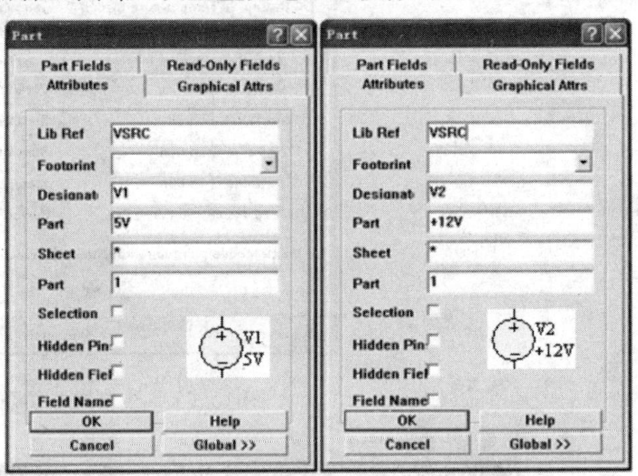

图 10.64　直流电压源参数设置

步骤 3　仿真设置:

执行"Simulate \Setup"命令,弹出"Analyses Setup"对话框,如图 10.65 所示。

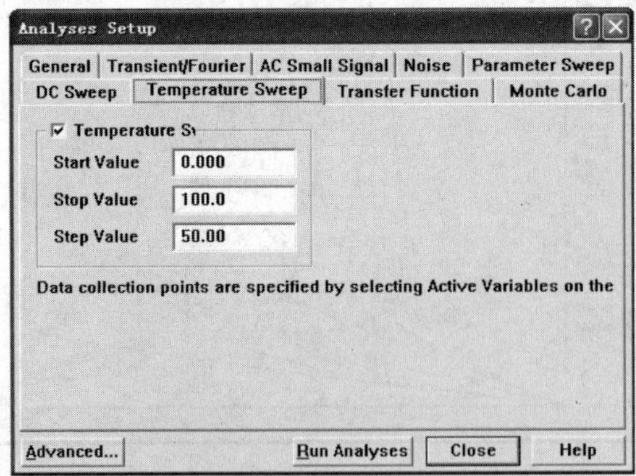

图 10.65　扫描温度仿真设置对话框

在该对话框中选择扫描温度仿真分析方式“Temperature Sweep”和直流仿真方式“DC Sweep Prim”进行设置(图 10.66)。

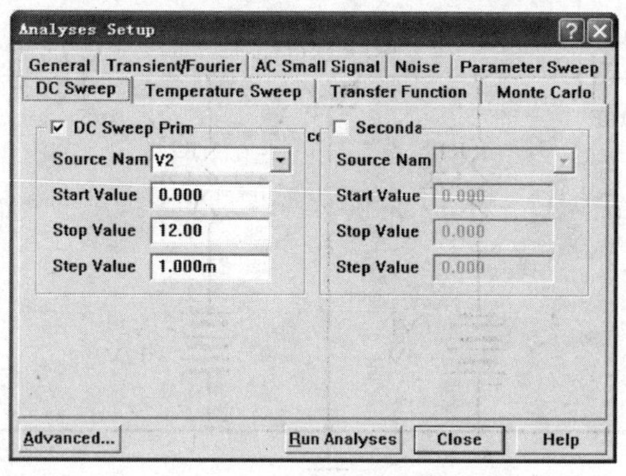

图 10.66　直流信号仿真设置对话框

步骤 4　将“Available Signals”区域中的“R2”添加到“Active Signals”区域，以显示 R2 中电流的仿真波形。其他设置均采用默认值。

步骤 5　单击“Run Analyses”按钮，执行仿真分析。分析结束后，自动弹出仿真波形图，如图 10.67 所示。

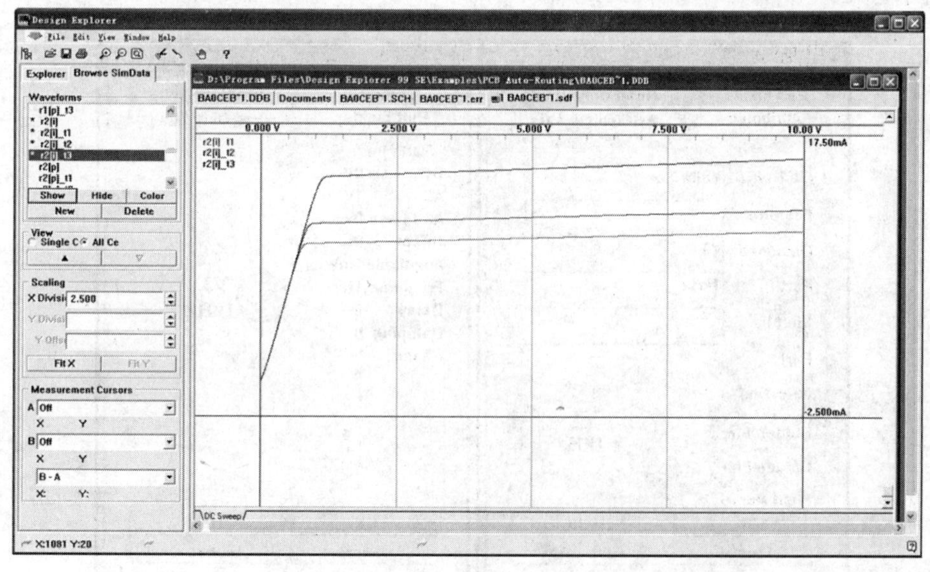

图 10.67　单管放大电路流过 R2 的电流仿真波形图

实训 9　噪声分析实例

噪声分析(Noise Analysis)用于分析电路的等效噪声，是同交流分析一起进行的。

下面以共基极放大电路为例，进行噪声分析仿真的演示。

步骤 1 首先绘制噪声分析仿真原理图,接入激励源,如图 10.68 所示。各元件的参数均标注在原理图上。

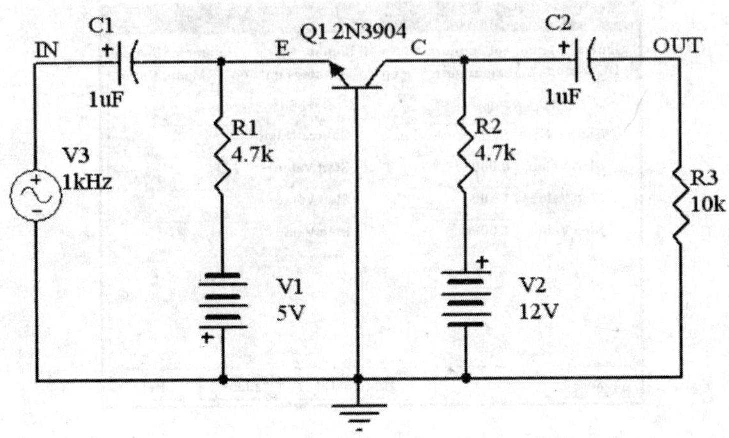

图 10.68 共基极放大电路原理图

步骤 2 添加网络标号:原理图绘制完成后,在需要显示输出波形及一些中间波形的点添加网络标号,例如 IN、E、C、OUT 等。

步骤 3 双击正弦电压源 V3,可以打开其属性对话框,设置正弦电压源参数,如图 10.69 所示。

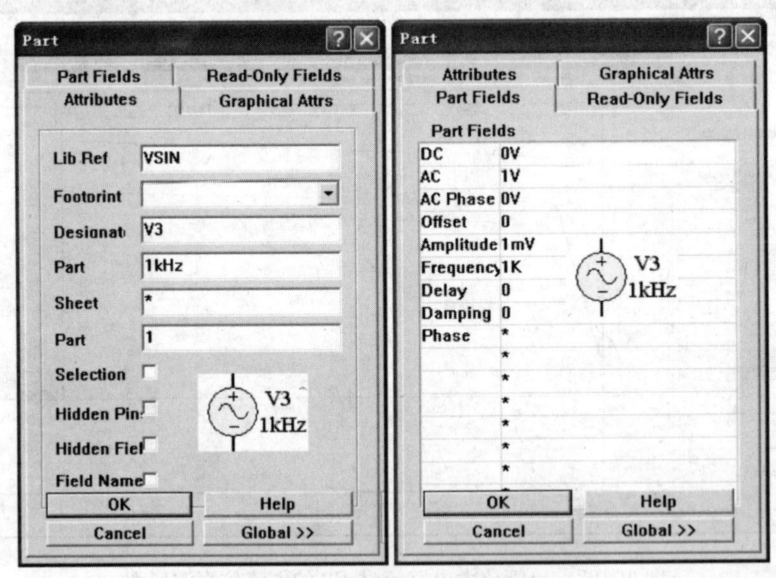

图 10.69 正弦电压源参数设置

步骤 4 执行"Simulate \Setup"命令,弹出"Analyses Setup"对话框,如图 10.70 所示。在该对话框中选择噪声分析方式"Noise Analysis"。

步骤 5 将"Available Signals"区域中的"IN"、"E"、"C"、"OUT" 添加到"Active Signals"区域,表示显示这几个信号的仿真波形。其他设置均采用默认值。

步骤 6 单击"Run Analyses"按钮,执行仿真分析。分析结束后,自动弹出仿真波形图,如图 10.71 所示。

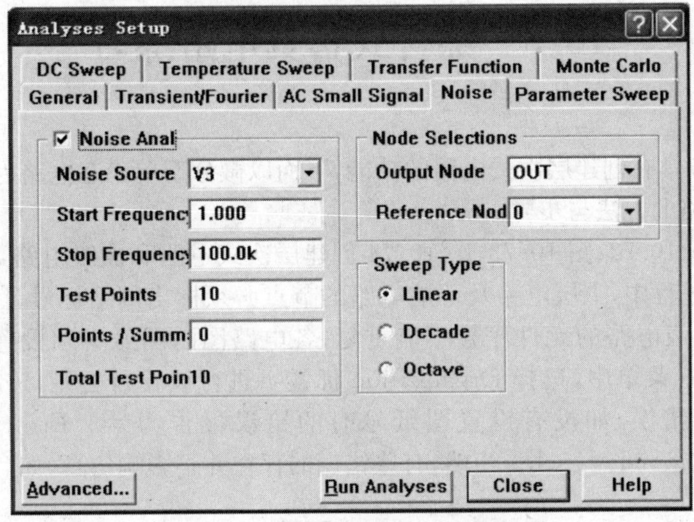

图 10.70　噪声分析仿真设置对话框

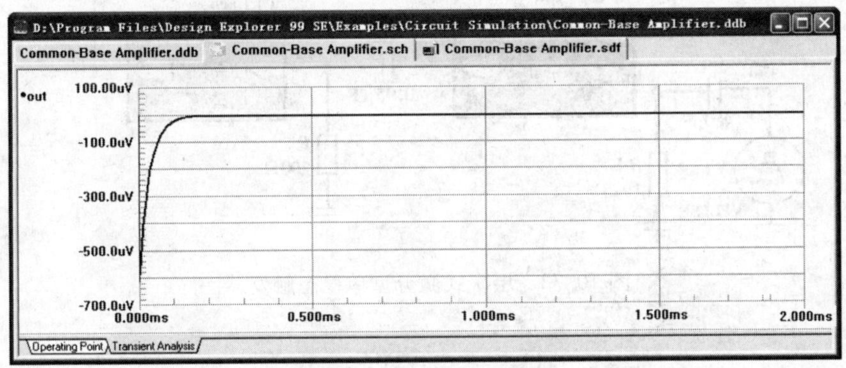

图 10.71　共基极放大电路噪声分析输出波形图

仿真常见错误

◆ 电路没有连接好，电路中有游离的元器件和摇摆的节点。

◆ 电路中没有设置参考接地点或者电路中存在某些节点，软件找不到这些节点到接地点的 DC 通路。

◆ 输入数据时，将 O 当作 0(零)输入了。

◆ 错把 M 单位(兆)当作 m 单位(毫)使用。

◆ 元器件参数设置不合理或者仿真设置不合理。

说明：每项仿真都有其适用范围，不是任意电路都适用于所有的仿真。

10.5 综合式仿真电路练习

Protel 99 SE具有创建层次式电路的功能，下面以微分型单稳态电路为例介绍用层次式电路仿真脉冲电路的方法与步骤。

步骤1 按图10.72、图10.73、图10.74创建层次式电路和次级电路，完成单稳态电路的设计。在设计过程中，上层电路及下层电路的节点必须标出网络标号且网络标号应与端口名称相同；各次级电路的元件序号不能重复；各电路图的图号必须设置为不同的值（在Document Options菜单中，选择Organizition标签页进行设置），否则，进行电路规则检查（ERC）时会报告错误，如没有设置图纸号时的错误报告为 #1 Error Duplicate Sheet Numbers 0 ＊.sch And ＊.sch。当然，有些错误的存在并不影响仿真（如#1错误）。

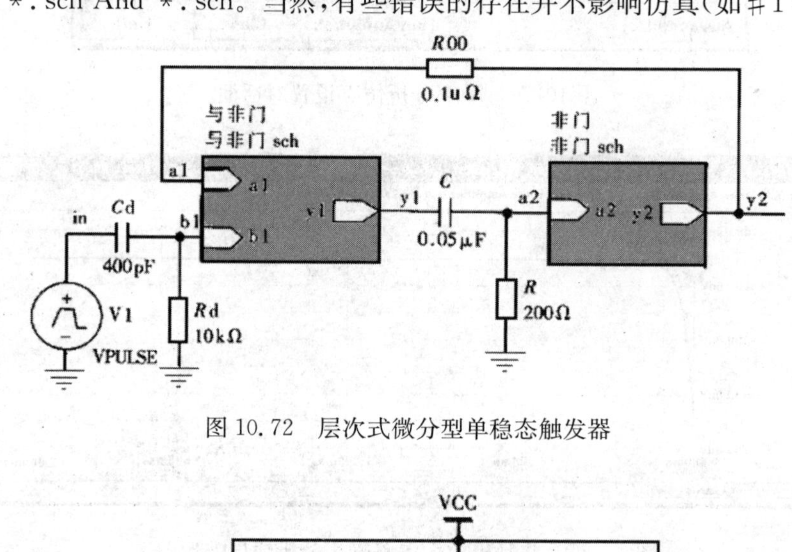

图10.72 层次式微分型单稳态触发器

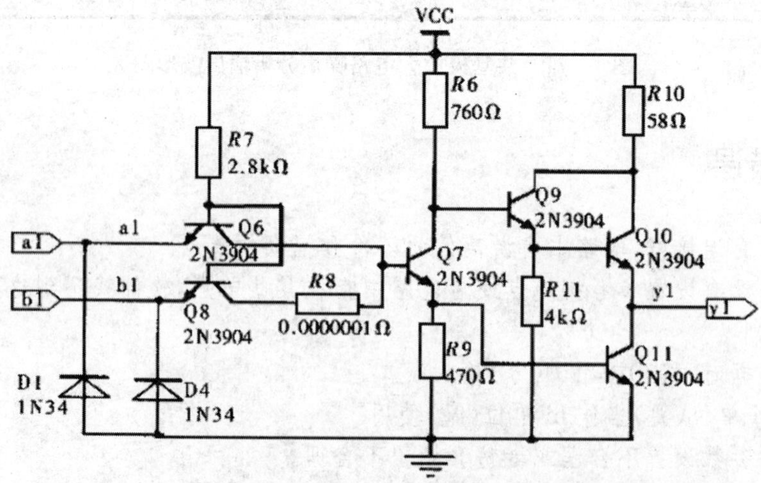

图10.73 次级电路1（与非门）

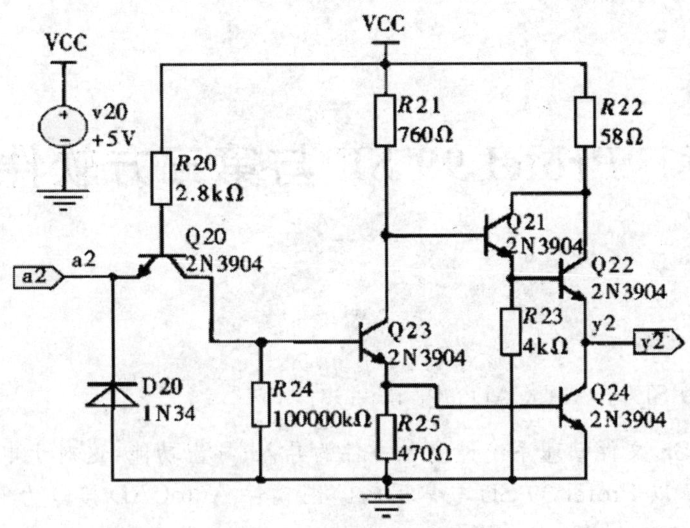

图 10.74　次级电路 2(非门)

步骤 2　设置激励源的属性。激励脉冲的幅度应符合 TTL 电平规范，AC 和 DC 属性及相应延迟可不设置。上升时间(Rise Time)、下降时间(Fall Time)、延迟时间(Delay Time)必须设置为大于 0 的值，否则仿真失败。激励脉冲的周期必须根据电路输出的脉冲宽度 Tw 及电路的恢复时间 Tre 决定，其值必须大于电路的分辨时间。

步骤 3　设置好仿真类型(瞬态分析)、仿真步长和仿真时间等选项，并选取要观察的信号。

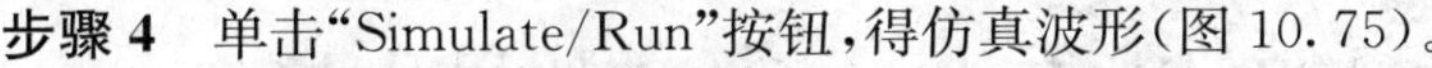

步骤 4　单击“Simulate/Run”按钮，得仿真波形(图 10.75)。

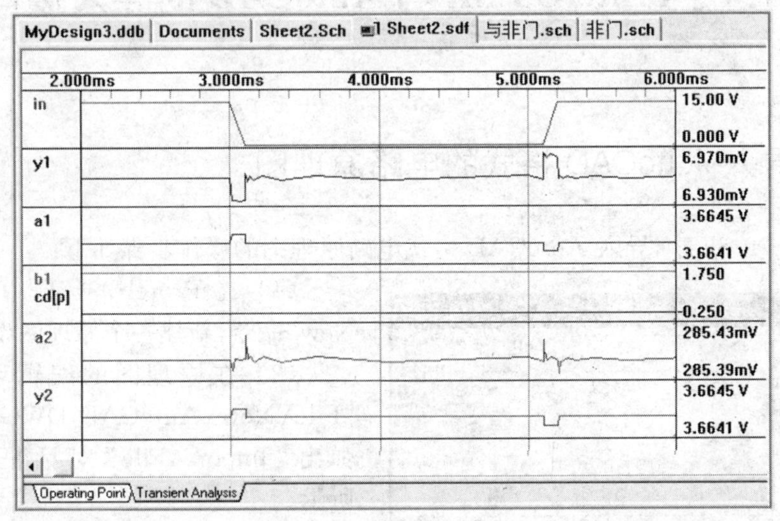

图 10.75　层次式微分型单稳态触发器仿真波形图

步骤 5　在绘制层次原理图时，元器件的编辑要添加封装号，建立网络表。

步骤 6　执行“Design Update PCB...”进入 PCB 界面或新建 PCB 文件进入 PCB 界面，装入网络表。

步骤 7　按照设计 PCB 板的步骤，即：设计板层、布局、布线、完成设计双层 PCB 印制电路板。

第 11 章　Protel 99 SE 与第三方软件的接口

【内容提要】

■　Protel 99 SE 与 AutoCAD 的接口

在 Protel 99 SE 文件管理系统设置了文件的导入、导出功能，这对于电子设计资源的交流非常有用。本章以 Protel 99 SE 与常用的绘图软件 AutoCAD 接口为例，介绍 Protel 99 SE 与第三方软件接口的方法与步骤。

AutoCAD 是 Autodesk 公司的一款应用非常广泛的 CAD 设计软件，用于计算机辅助设计的各个领域。主要应用于机械和建筑方面的二维或三维设计，也可用于电气图类的设计。AutoCAD 设计的电路原理图一般保存为 DXF 格式，PCB 图一般保存为 DWG 格式。

在 Protel 99 SE 中提供了对 AutoCAD 的接口。只要执行文件命令中的子命令："Import"、"Export"就可以很方便地将 AutoCAD 导入和导出。

11.1　Protel 99 SE 与 AutoCAD 的导入接口

11.1.1　导入 AutoCAD 格式的电路原理图

在 Protel 99 SE 中，导入 AutoCAD 格式电路原理图的操作步骤如下：

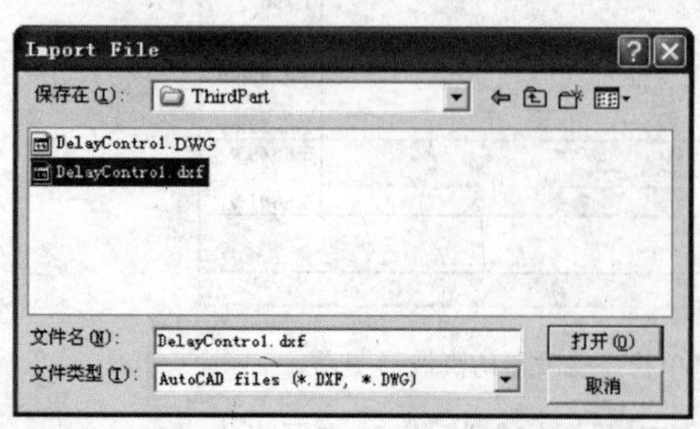

图 11.1　"Import File"对话框

(1) 在 Protel 99 SE 中，选择"File\New"命令，新建一个原理图设计文档。

(2) 在原理图的编辑环境下，选择"File\New\AutoCAD DWG/DXF"命令，弹出"Import File"对话框，如图 11.1 所示。

(3) 在对话框中选择 DXF 文件，单击"打开"按钮，此时弹出"Import File AutoCAD"对话框，内容如图 11.2 所示。其中：

◆ "AutoCAD to Protel Line Width Mapping [mil]"用于设置 AutoCAD 到 Protel 的

线宽映射。

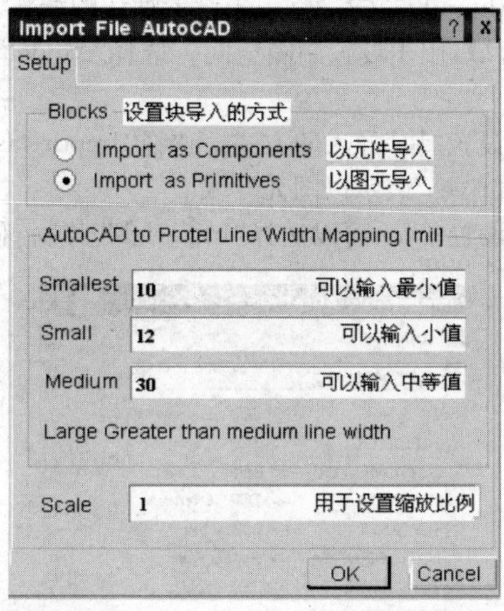

图 11.2　“Import File AutoCAD” 对话框

(4) 单击“OK”按钮，即可将 AutoCAD 中的电路图导入到 Protel 中。

11.1.2　导入 AutoCAD 格式的印制电路板图

在 Protel 99 SE 中，导入 AutoCAD 格式的 PCB 图的操作步骤如下：

(1) 在 Protel 99 SE 中，新建一个空白 PCB 设计文档。

(2) 选择“File\Import \ AutoCAD DWG/DXF”命令，弹出“Import File” 对话框，如图 11.3 所示。

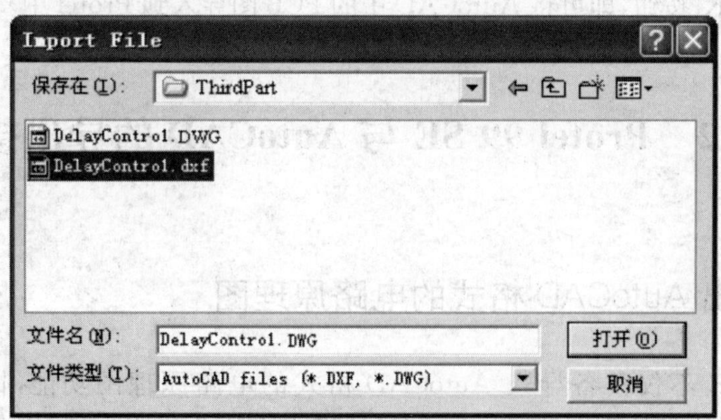

图 11.3　“Import File”对话框

(3) 在其中选择 DWG 格式的文件，单击“打开”按钮。

(4) 此时弹出“Import File AutoCAD”对话框，如图 11.4 所示。其设置内容包括：

◆ “Layer Mapping”区域，用于设置板层的映射。

◆ “Default Line Width[mil]”文本框，用于设置默认的线宽。

◆ “Drawing Space”区域，用于设置制图空间。选择“Model”表示模型，选择“Paper”表示图纸。

◆“Blocks”区域，用于设置“块”导入的方式。选择“Import as Components”表示以元件导入，选择“Import as Primitives”表示以图元导入。

◆ “Units”区域，用于设置单位，可以选择“Imperial”[英制]和“Metric”[公制]两种。

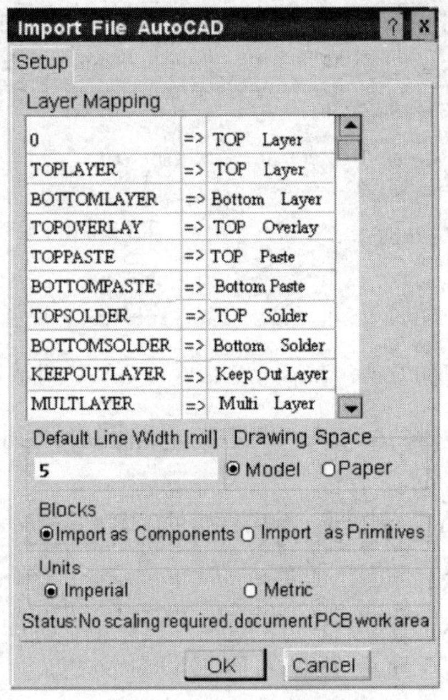

图 11.4 “Import File AutoCAD” 对话框

(5) 单击“OK”按钮，即可将AutoCAD中的PCB图导入到Protel中。

11.2 Protel 99 SE 与 AutoCAD 的导出接口

11.2.1 导出 AutoCAD 格式的电路原理图

Protel 99 SE不仅具备导入AutoCAD格式的电路原理图功能，同时也具备导出AutoCAD格式的电路原理图功能。AutoCAD格式的电路原理图的后缀名为.dxf。其操作步骤如下：

(1) 在Protel 99 SE中，选择“File\ Export \ AutoCAD DWG/DXF”命令，弹出“Export File” 对话框，如图11.5所示。

(2) 在“保存类型”下拉列表中选择“AutoCAD Files(.DXF,.DWG)”，单击“保存”

按钮。

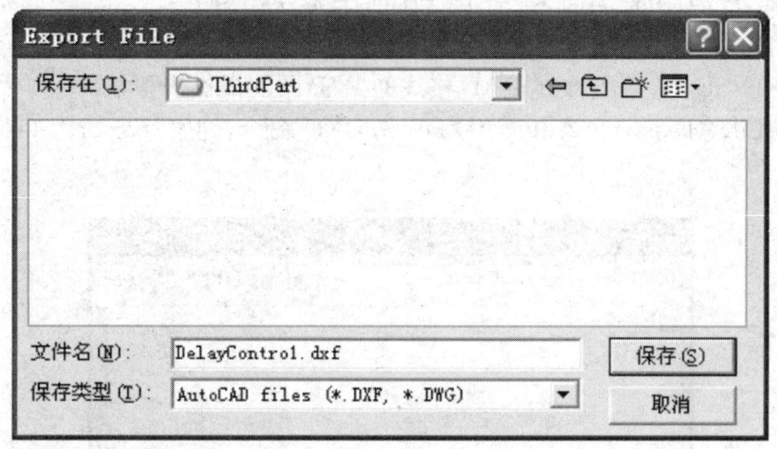

图 11.5　“Export File”对话框

(3) 如图 11.6 所示,在弹出的“Export to AutoCAD”中,设置内容如下:

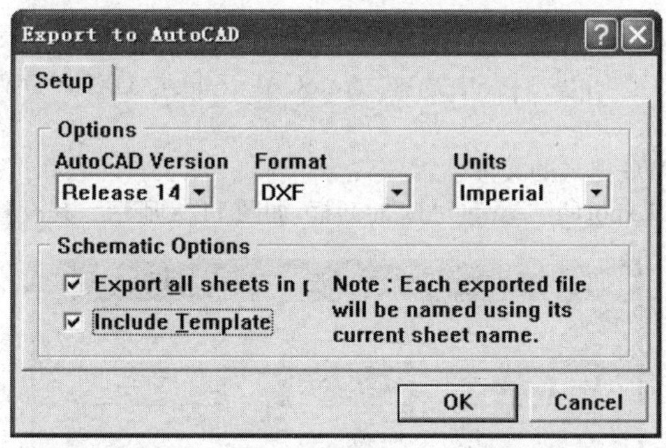

图 11.6　“Export to AutoCAD” 对话框

◆ “AutoCAD Version”下拉列表,用于设置 AutoCAD 版本。

◆ “Format”下拉列表,用于选择生成的格式,可以选择“DWG”和“DXF”两种。对于电路原理图,一般选择 DXF。

◆ “Units”下拉列表,用于选择单位,可以选择“Imperial”[英制]和“Metric”[公制]两种。

◆ “Export all sheets in project”复选框,用于输出当前项目中所有的图纸。

◆ “Include Template” 复选框,用于包含模板。

(4) 设置完毕,单击“OK”按钮,系统自动执行转换。

11.2.2 导出 AutoCAD 格式的印制电路板图

在 Protel 99 SE 中，导出 AutoCAD 格式的 PCB 图的操作步骤如下：

(1) 选择“File \Export \ AutoCAD DWG/DXF”命令，弹出“Export File” 对话框，如图 11.7 所示。

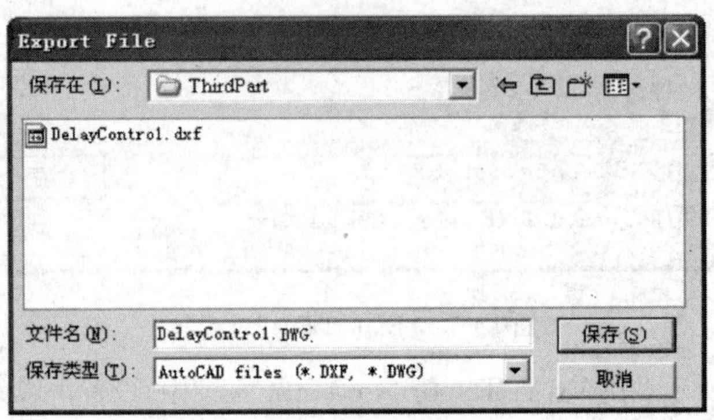

图 11.7 “Export File”对话框

(2) 在“保存类型”下拉列表中选择“AutoCAD Files(. DXF,. DWG)”，单击“保存”按钮。

在其中选择 DWG 格式的文件。

(3) 此时弹出“Export to AutoCAD”对话框，如图 11.8 所示。其设置内容包括：

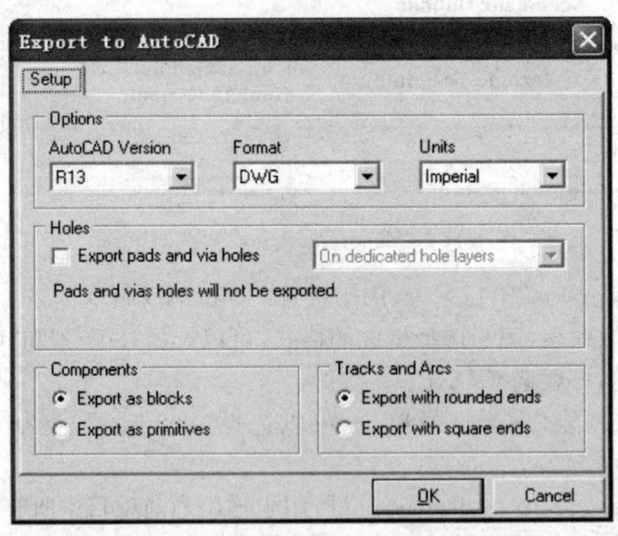

图 11.8 “Export to AutoCAD” 对话框

◆ “AutoCAD Version”下拉列表，用于设置 AutoCAD 版本。

◆ “Format”下拉列表，用于选择生成的格式，可以选择“DWG”和“DXF”两种。对于 PCB 图，一般选择 DWG。

◆ “Units”区域，用于设置单位，可以选择“Imperial”[英制]和“Metric”[公制]两种。

◆ “Export pads and holes”复选框，用于输出焊盘和过孔。
◆ “Export as blocks”单选项，用于设置元件作为“块”输出。
◆ “Export as primitives”单选项，用于设置元件作为图元输出。
◆ “Export with rounded ends”单选项，用于设置使用圆形端子输出导线和圆弧。
◆ “Export with square ends”单选项，用于设置使用方形端子输出导线和圆弧。

(4) 设置完毕，单击“OK”按钮，完成导出。

小结

本章主要介绍了 Protel 99 SE 与 AutoCAD 的接口，包括电路原理图的导入与导出；PCB 图的导入与导出。Protel 99 SE 与其他相关软件进行转换也比较方便，如在 PCB 界面用 Import 可以读取：

(1) Orcad Layout V9 (*. max)。

(2) Import\Export P-CAD 2000\V1. 5 PDIF(*. PDF)。

(3) Import PADS ASCII 一直到 Power PCB V. 2 的所有版本。

(4) A Import\Export AutoCAD 一直到 R14 版的(*. DWG, *. DXF)文件。

附录 1 Miscellaneous Devices 元件库部分元件

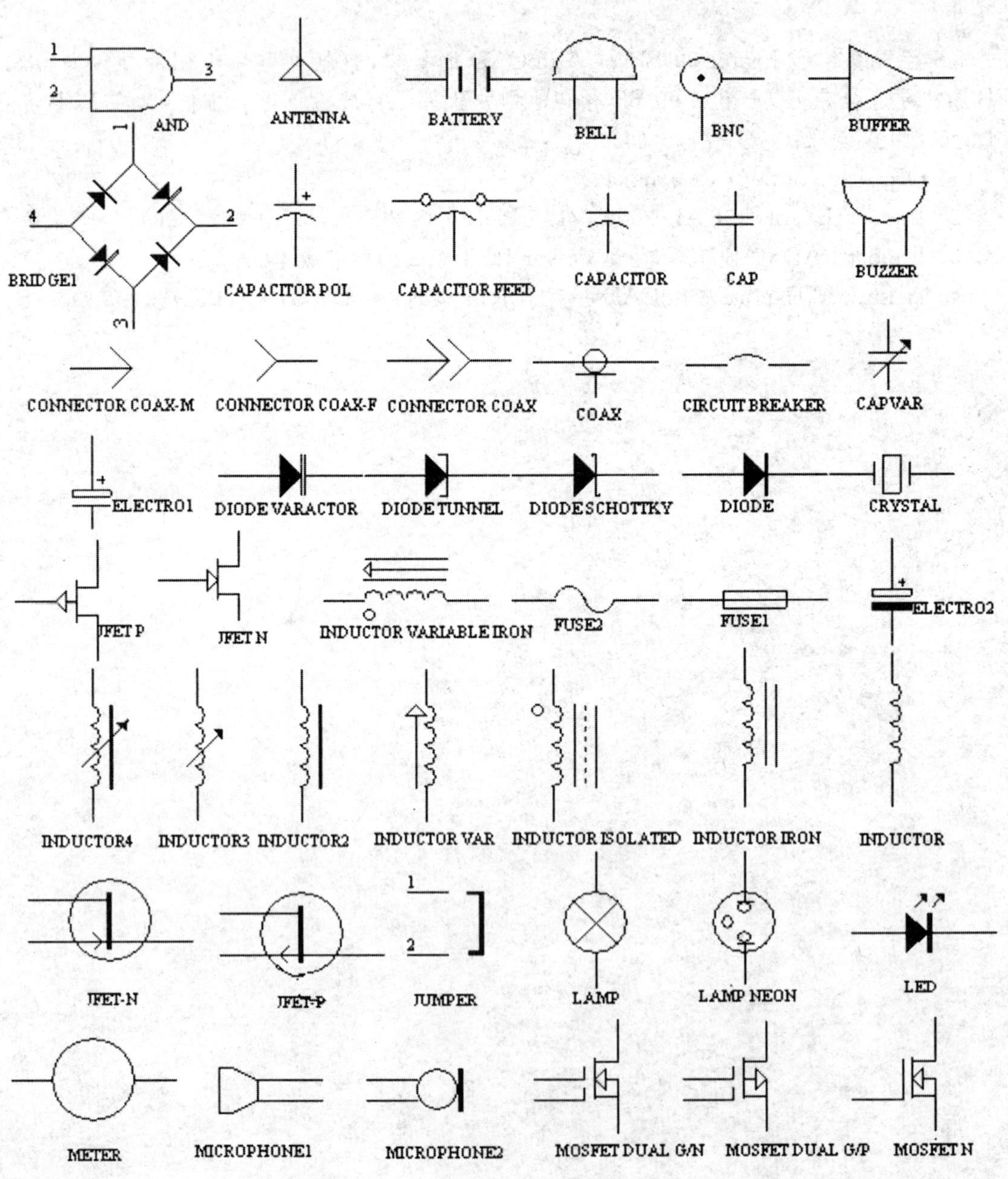

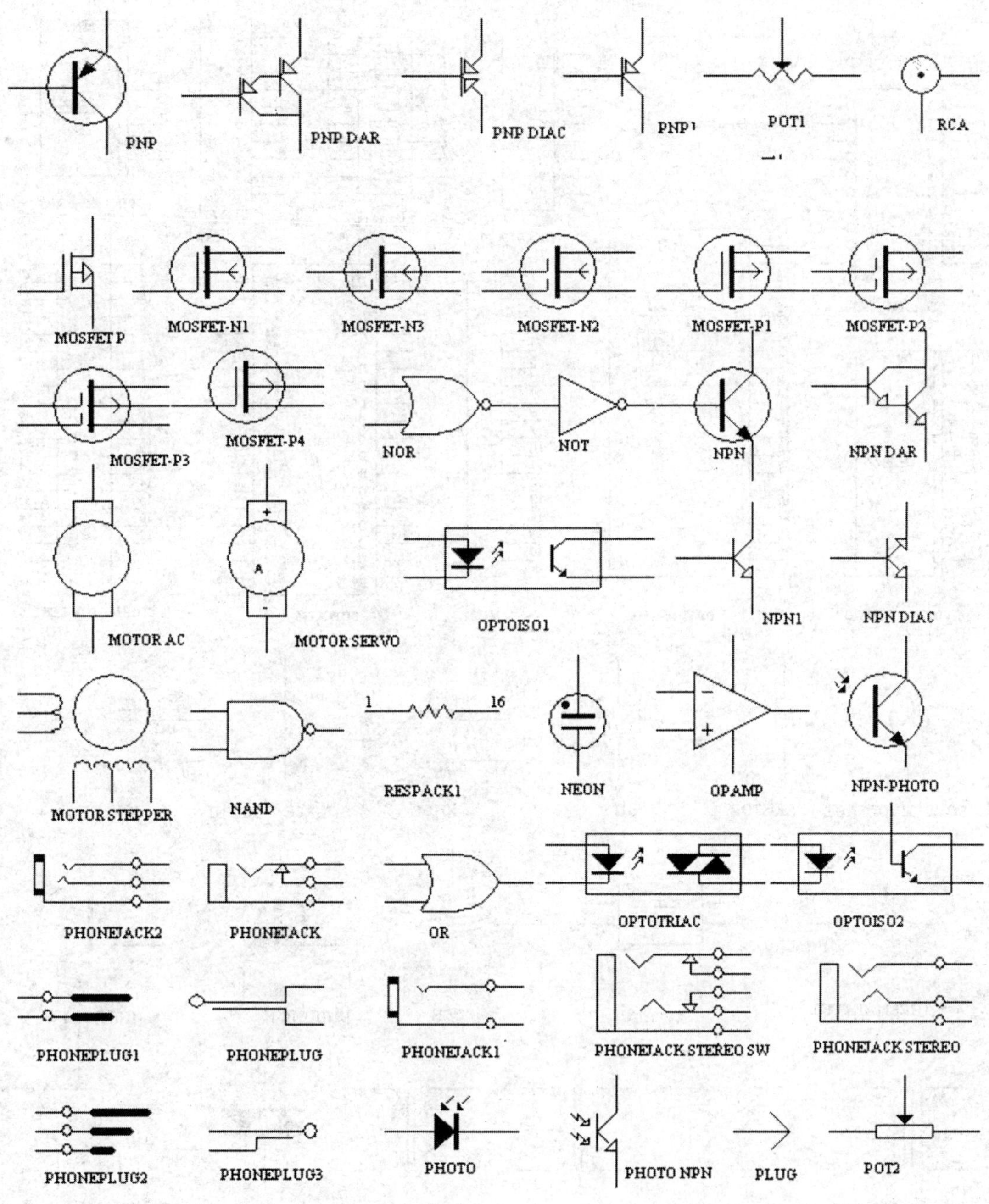
PNP
PNP DAR
PNP DIAC
PNP1
POT1
RCA
MOSFET P
MOSFET-N1
MOSFET-N3
MOSFET-N2
MOSFET-P1
MOSFET-P2
MOSFET-P3
MOSFET-P4
NOR
NOT
NPN
NPN DAR
+
A
-
MOTOR AC
MOTOR SERVO
OPTOISO1
NPN1
NPN DIAC
MOTOR STEPPER
NAND
1
16
RESPACK1
NEON
-
+
OPAMP
NPN-PHOTO
PHONEJACK2
PHONEJACK
OR
OPTOTRIAC
OPTOISO2
PHONEPLUG1
PHONEPLUG
PHONEJACK1
PHONEJACK STEREO SW
PHONEJACK STEREO
PHONEPLUG2
PHONEPLUG3
PHOTO
PHOTO NPN
PLUG
POT2

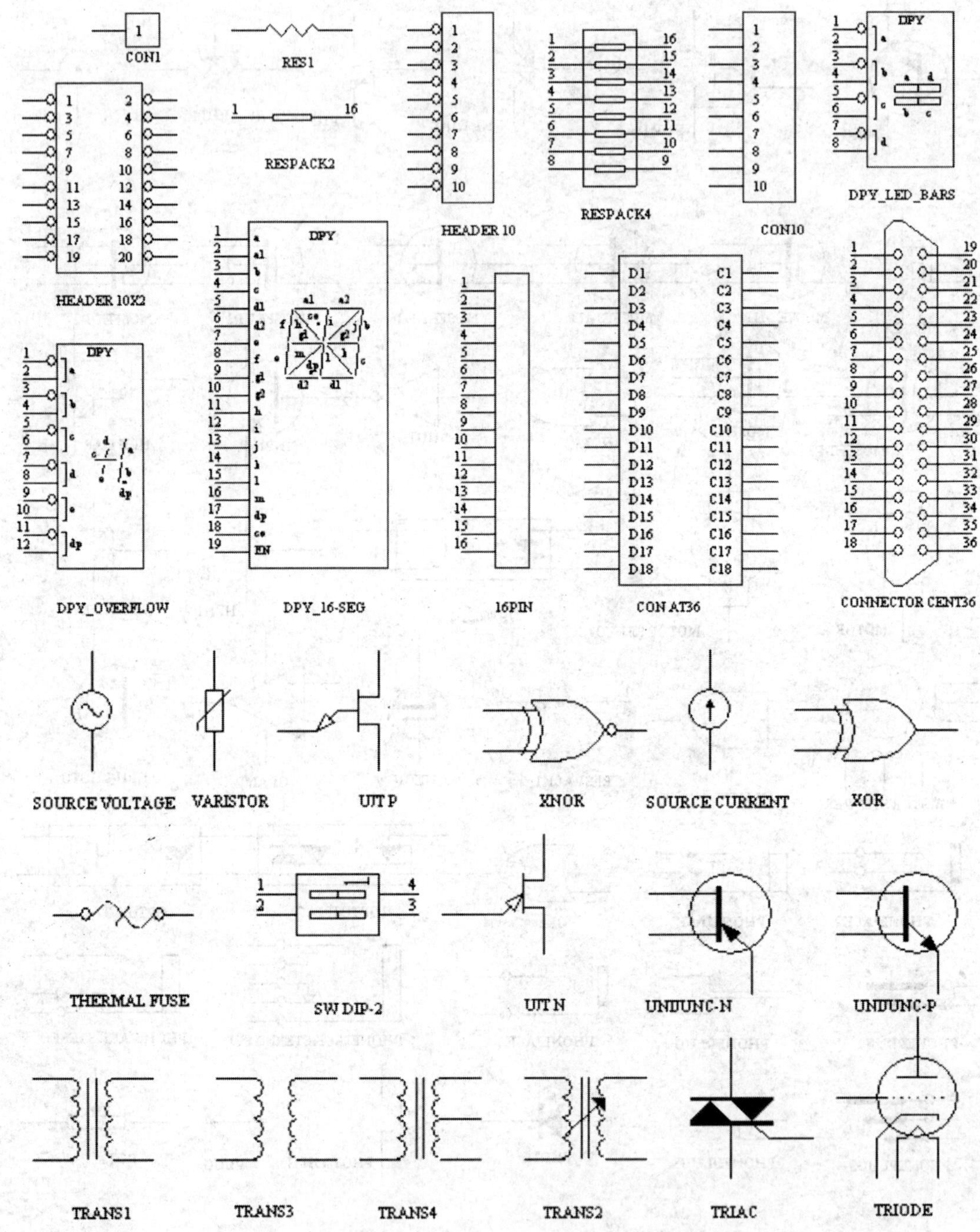

CON1
RES1
RESPACK2
HEADER 10
RESPACK4
CON10
DPY_LED_BARS
HEADER 10X2
DPY_OVERFLOW
DPY_16-SEG
16PIN
CON AT36
CONNECTOR CENT36
SOURCE VOLTAGE
VARISTOR
UJT P
XNOR
SOURCE CURRENT
XOR
THERMAL FUSE
SW DIP-2
UJT N
UNIJUNC-N
UNIJUNC-P
TRANS1
TRANS3
TRANS4
TRANS2
TRIAC
TRIODE

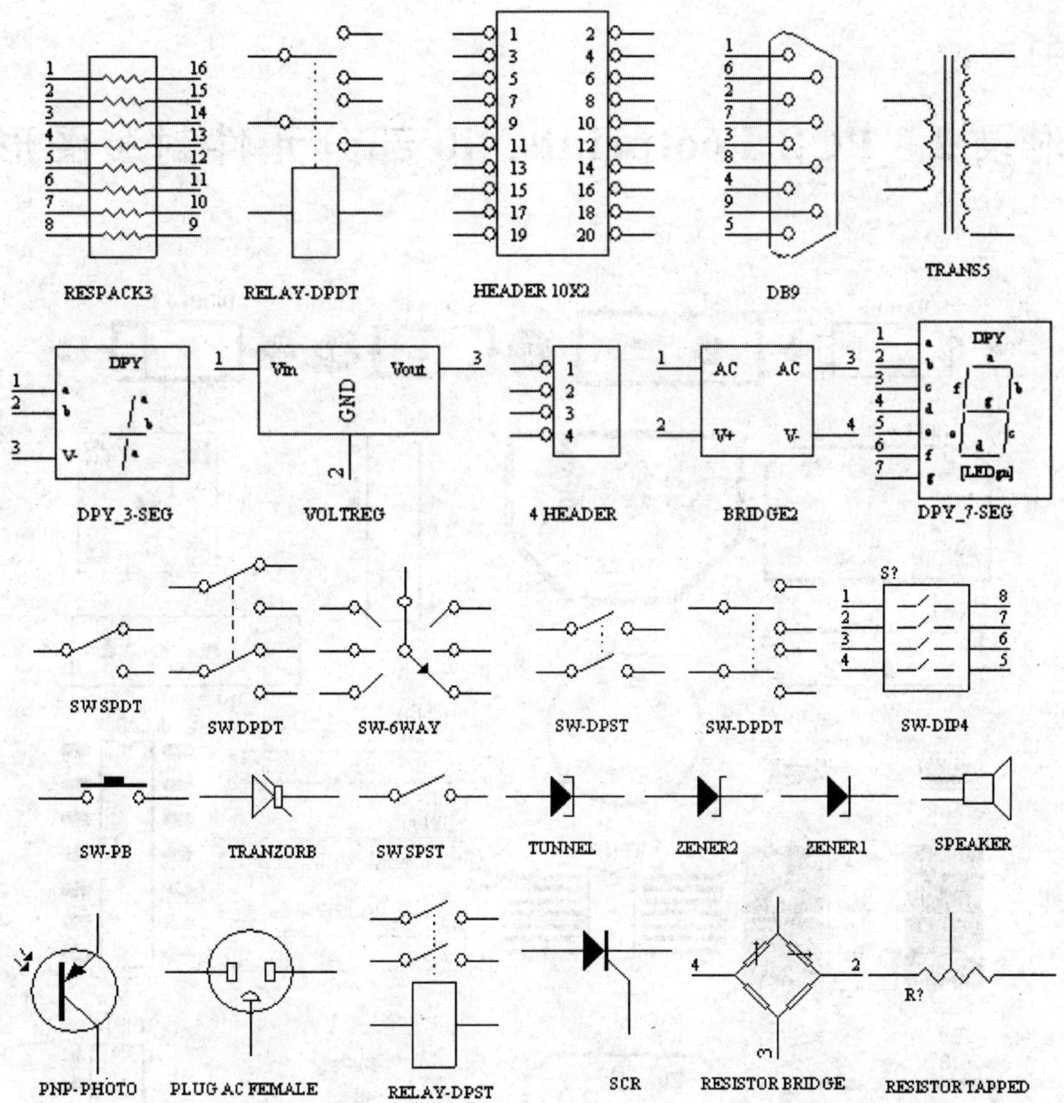
RESPACK3
RELAY-DPDT
HEADER 10X2
DB9
TRANS5
DPY_3-SEG
VOLTREG
4 HEADER
BRIDGE2
DPY_7-SEG
SW SPDT
SW DPDT
SW-6WAY
SW-DPST
SW-DPDT
SW-DIP4
SW-PB
TRANZORB
SW SPST
TUNNEL
ZENER2
ZENER1
SPEAKER
PNP-PHOTO
PLUG AC FEMALE
RELAY-DPST
SCR
RESISTOR BRIDGE
RESISTOR TAPPED

附录 2　PCB Footprints. lib 部分元件封装图形

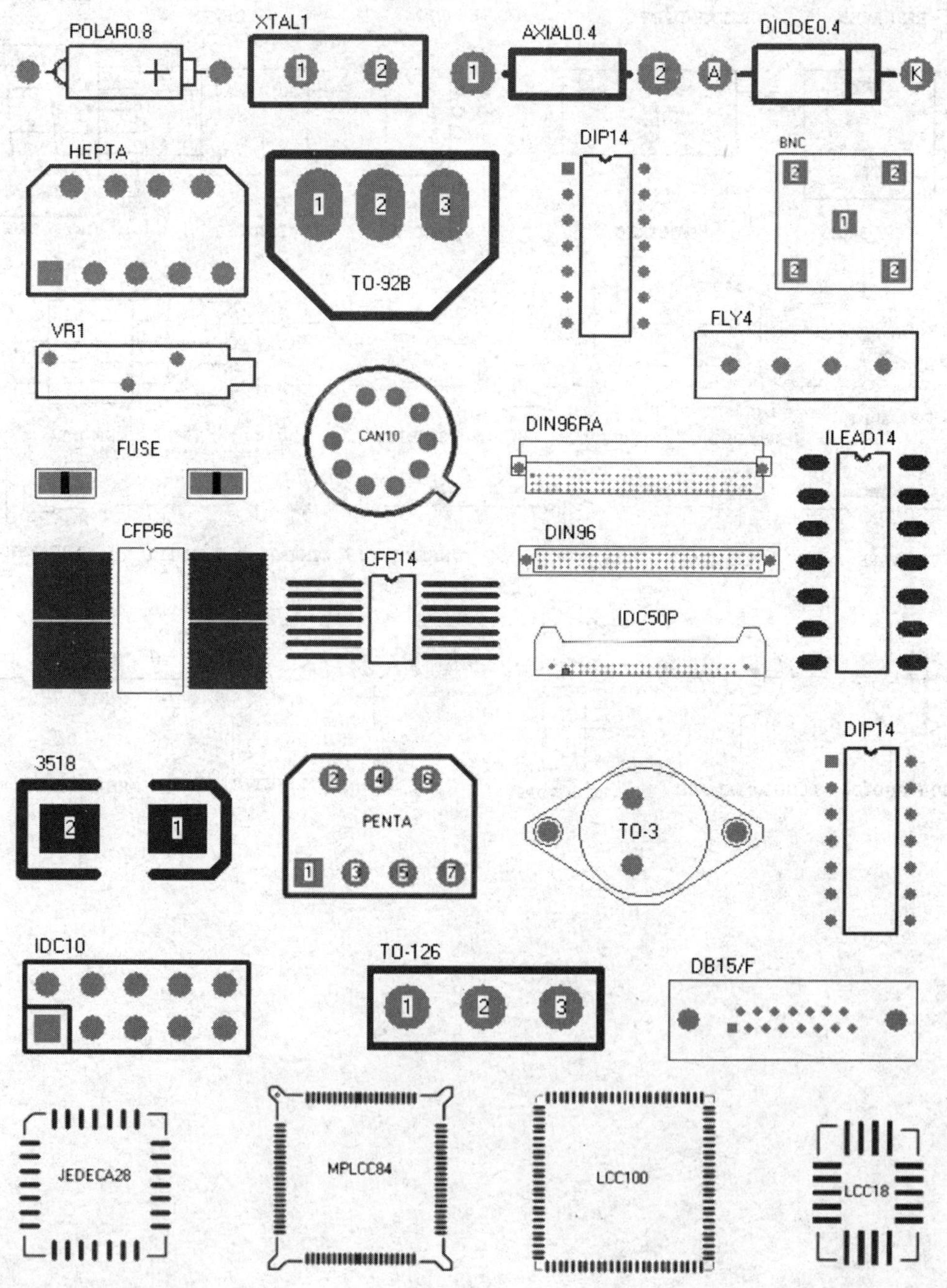

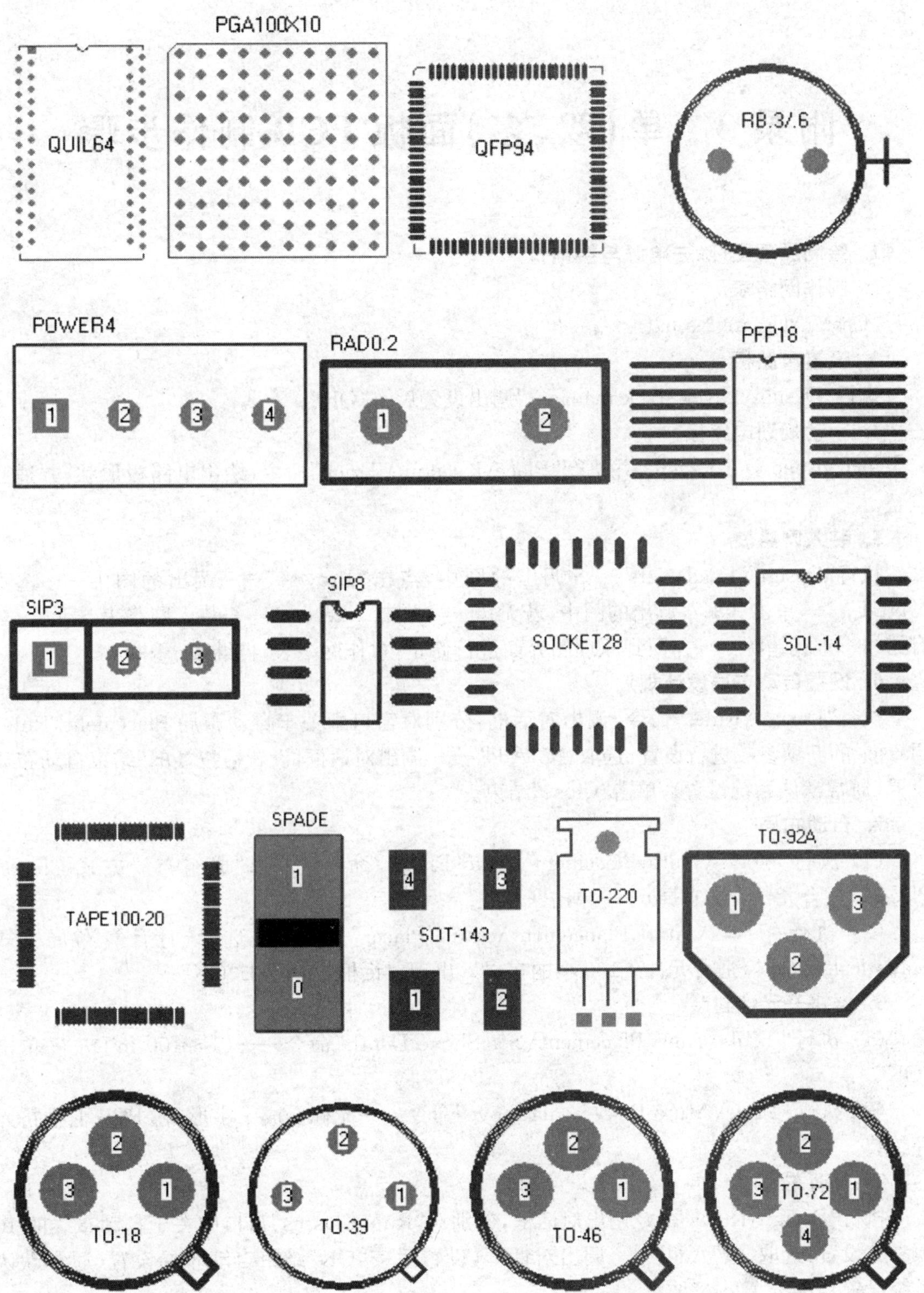
PGA100X10
QUIL64
QFP94
RB.3/.6
POWER4
RAD0.2
PFP18
SIP3
SIP8
SOCKET28
SOL-14
SPADE
TAPE100-20
SOT-143
TO-220
TO-92A
TO-18
TO-39
TO-46
TO-72

附录3　单(双、多)面板PCB制作步骤

1. 绘制原理图(除去电源与接地)

2. 制作网络表

"Design\Create Netlist..."。

3. 设置电路板

执行"Design\Layer stack manager"调出设置后击"OK"。

4. 手动规划电路板

单击"Keep Out Layer",并执行"Place\Keepout\Track"命令,绘出电路板形状,并适当调整。

5. 装入网络表

执行"Design\Load Nets"——调出的图中,点击"Browse"——调出的图中——选中".NET"——单击"OK",调出的图中,若无错——单击"Execute"——装入网络表与元件;若有错——查找错源——并回到原理图界面进行修正,重作网络表,再继续……

6. 设置自动布局设计规划

执行"Design\Rules"命令,调出对话框,分别对窗口中关于自动布局 Placement\Rule\Classes 的 5 项参数进行设置:选取、按"Add"——调出对话框,设置后按"OK"结束自动布局设置(通常默认系统设置),单击"Close"结束。

7. 自动布局

(1) 执行"Tools\Auto Placement\Auto Placer"命令——选"成组布局方式 Cluster Placer"(适合元件少的布局)——单击"OK"。

(2) 执行"Tools\Auto Plancement\Auto Placer"命令——选"统计计算布局方式 Statistical Placer"(适合元件>100 个的布局),出现对话框——单击"OK"。

8. 推挤开元件封装

(1) 执行"Tools\Auto Placement\Set Shove Depth"命令——(1～100 mil)——单击"OK"。

(2) 执行"Tools\Atuto Placement\Shove"命令——光标变成十字形,在 PCB 上推挤元件封装。

9. 自动布线

执行"Design\Rules"命令调出对话框,分别对"Rule Classes"窗口中关于自动布线的 10 项参数设置:选取、按"Add"——调出对话框,设置后按"OK"结束自动布局设置(通常默认系统设置),单击"Close"结束。

10. 全局布线

执行"AutoRoute\All"命令——对话框,设置完后,单击"Route All"系统对电路板进行

自动布线。布线结束后弹出布线信息对话框——单击“OK”。

11. 增加引线端

(1) 执行“Place\Pad”——添加焊盘[形:圆、八角、方]。

(2) 在焊盘对话框中调出焊盘高级标签页“Advanced”,在其中的“Net”项选择网络名称如:+9 V、Out1、Out2、VCC、GND 等等。

12. 保护预布线

执行“Edit\Select\Net”命令——每次双击一条走线,调出对话框——锁定。

13. 放置矩形填充

执行“Place\Keepout\Fill”命令——对电源与接地增强系统的抗干扰性。

14. 放置多边形填充

执行“Place\Polygon Plane”命令(90°、45°、竖直、水平)——提高电路板的抗干扰能力。

15. 补泪滴设置

执行“Tools\Teardrop Options”命令——坚固导线与焊盘或过孔的连接,以防因钻孔时应力集中而使接触处断裂。

16. 放置屏蔽导线(又称“包地”)

执行“Edit\Select”命令——选取“Net(网络)”或“Connected Copper”——防止导线间的相互干扰。

附录 4　元件封装库

1394 Serial Bus	串行通信
Advpcb	半导体元件封装
DC to DC	直流到直流(变流)
General IC	通用集成电路
International Rectifiers	(国际)整流管
Miscellaneous	多种器件
Modified DIL	改进的数字集成逻辑电路
Newport	组合逻辑电路元件
PGA	(针脚式)可编程数字集成电路
Tapepak	(黏着式)可编程数字集成电路
Transformers	变压器
Transistors	晶体管

附录 5 Protel 99 SE 仿真实例库

C\Program Files\Design Explorer 99\Example	C\程序流程图\设计管理器\例子
Examples\Circuit Simulation	电路仿真
555 Astable Multivibrator	三 5 非稳态多频振荡器
555 Monostable Multivibrator	三 5 单稳态多频振荡器
741 Operational Amplifier	741 运算放大器
Amplified Modulator	调节放大器
Analog Amplifier	模拟放大器
Analog Relay	模拟继电器
Bandpass Amplifier	带通晶体滤波器
Bandpass Filter	带通滤波器
Basic Power Supply	基准电源
BCD-to-7 Segment Decoder	BCD7 段译码器
Bistable Multivibrator	双稳多谐振荡器
Charging and Discharging Capacitors	充放电扼流圈
Collector Coupled Astable Multivibrator	集成极耗尽层非稳态多谐振荡器
Common Source JFET Amplifier	共源极 JFET 放大器
Common-Base Amplifier	共基极放大器
Common-Emmiter Amplifier	共发射极放大器
Crystal Oscillator	晶体振荡器
Differential Amplifier	微分放大器
Dual Polarity Power Supply	双极性电源
Filter	滤波器
Frequency To Voltage Converter	频率压敏电阻(转炉)
Fuse	熔断器
Lossless Transmission Line	(电磁)有损耗衰减器
Mathematical Function	函数发生器
Mixed-mode Binary Ripple 555	可变电抗混频放大器
Mixed-mode Binary Ripple 93	低噪声微波放大器
Oscillator	振荡器
Peak Detector	峰值(偏差)检波器
Phase Locked Loop	锁相环滤波器

Power Supply	电源
Programmable Unijunction Transistor	可编程单结晶体管
Push-Pull Amplifier	推挽放大器
RIAA Amplifier	雷达控制放大器
Schmitt Trigger Oscillator	施密特触发器
Simple RC Circuit	简单检波器
State Machine	国家机械
Unijunction Transistor	单结晶体管
Vaccum-Tube Power Amplifier	封管机关功率放大器
Voltage Controlled Oscillator	压控相移器

Clien 99(客户机程序)

Examples\PCB Auto-Routing\Board1－Board3	PCB 电路板
Examples\PLD\Decode	译码器
Examples\PLD\LCD Driver	液晶屏幕电路
Examples\PLD\PLD Digital	可编程数字逻辑电路

附录 6　SIM 99 仿真库及主要元件

74××. Lib	74 系列 TTL 数字集成电路
7SEGDISP. Lib	7 段数码显示器
*** BJT. Lib	工业标准双极型晶体管
BUFFER. Lib	缓冲器
CAMP. Lib	工业标准电流反馈高速运算放大器
CMOS. Lib	CMOS 数字集成电路元器件
Comparator. Lib	比较器
Crystal. Lib	晶体振荡器
*** Diode. Lib	工业标准二极管
IGBT. Lib	工业标准绝缘栅双极型晶体管
JFET. Lib	工业标准结型场效应管
MATH. Lib	二端口数学转换函数
MESFET. Lib	MES 场效应管
Misc. Lib	杂合元件
MOSFET. Lib	工业标准 MOS 场效应管
OpAmp. Lib	工业标准通用运算放大器
OPTO. Lib	光电耦合器件
Regulator. Lib	电压变换器,如三端稳压器等
Relay. Lib	继电器类
SCR. Lib	工业标准可控硅
Simulation Symbols. Lib	仿真测试用符号元件库
Switch. Lib	开关元件
Timer. Lib	555 及 556 定时器
Transformer. Lib	变压器
TransLine. Lib	传输器
TRIAC. Lib	工业标准双向可控硅
TUBE. Lib	电子管
UJT. Lib	工业标准单结管

参 考 文 献

[1] 肖玲妮,袁增贵. Protel 99 SE 印刷电路板设计教程[M]. 北京:清华大学出版社,2003.

[2] 高鹏. 电路设计与制版 Protel 99 入门与提高[M]. 北京:人民邮电出版社,2002.

[3] 关键,张晓娟. 电子 CAD 技术[M]. 北京:电子工业出版社,2006.

[4] 潘永雄,等. 电子线路 CAD 实用教程[M]. 西安:西安电子科技大学出版社,2001.

[5] 王廷才. 电子线路 CAD Protel 99 使用指南[M]. 北京:机械工业出版社,2001.